本书是国家自然科学基金地区科学项目"明清以来珠江中上游山地的人类活动与环境效应"（项目编号：41661024）的最终成果

明清以来

珠江中上游山地的
人类活动与环境效应

刘祥学◎著

科学出版社

北　京

内 容 简 介

本书在前人研究的基础上，通过梳理、分析人类活动对环境所产生的影响，揭示人类活动与自然景观、文化景观形成的内在关系，进而梳理出其历史演变的脉络，从中总结规律及教训，为探索小尺度区域的历史地理提供有效的研究范式。此外，本书还对人类活动所产生的环境效应进行分析，为当今珠江中上游山区的经济和乡村振兴事业提供历史经验借鉴及政策支撑。

本书可供历史地理学等专业的师生阅读和参考。

图书在版编目（CIP）数据

明清以来珠江中上游山地的人类活动与环境效应/刘祥学著. —北京：科学出版社，2022.8
ISBN 978-7-03-071873-0

Ⅰ. ①明… Ⅱ. ①刘… Ⅲ. ①珠江流域-山地-人类活动影响-研究 Ⅳ. ①X24

中国版本图书馆 CIP 数据核字（2022）第 043880 号

责任编辑：任晓刚 / 责任校对：张亚丹
责任印制：张 伟 / 封面设计：润一文化

科学出版社 出版
北京东黄城根北街 16 号
邮政编码：100717
http://www.sciencep.com
北京中科印刷有限公司 印刷
科学出版社发行 各地新华书店经销
*
2022 年 8 月第 一 版 开本：720×1000 1/16
2023 年 1 月第二次印刷 印张：21
字数：340 000
定价：98.00 元
（如有印装质量问题，我社负责调换）

目　　录

绪　　论

一、问题的提出

在地球生物圈内，人是其中的重要组成部分，地球表层环境是人类生存、发展的基本场所。自从有人类以来，人类就与所在地表环境形成了十分紧密的联系。人类的生产活动与生活方式既深刻地影响到所在区域的环境，同时又深受环境变迁的影响。人类既是环境的适应者，也是环境的塑造者。随着人类文明的进步，人类所掌握的科学技术水平不断提高，人类适应环境、利用环境、塑造环境的能力就越强，但不论人类文明如何进步，地表环境始终是人类活动的依赖。从这个意义上来讲，研究环境变迁的目的，就是揭示人类与环境互动关系发展变化的规律，借鉴其中的经验与教训，以期获得更好的发展。由于地理学研究的核心内容是人地关系，在人地关系演化的进程中，人类活动扮演着十分重要的角色，故人类活动与环境的关系是人地关系研究中不可缺少的重要内容。

在人地关系研究中，环境视角始终是一个重要的视角，几乎可以说，人与环境的关系是地理学研究的永恒主题。由于环境对人类而言所具有的极端重要性，自古以来，人们就没有停止过对人与环境关系的思考。早在春秋时期，人们就已认识到人类活动对环境的影响，以及自然对人类活动的制约，对自然开发要合理有度的重要性，"春气至则草木产，秋气至则草木落。产与落或使之，非自然也。……竭泽而渔，岂不获得，而明年无鱼；焚薮而田，岂不获得，而明年无兽"①。千百年来，这一直成为人类尊重自然、遵守自然规律的圭臬。在西方，一些思想家很早就对社会文明与环境的关系展开研究与探讨，提出著名的"地理环境决定论"。古希腊哲学家亚里士多德和法国的孟德斯鸠等人还用气候寒暖来解释亚洲文明与欧洲文明的差异性特征。至 19 世纪，人们开始对"地理环境决定论"的思想进行反思，认为环境的决定并不是绝对的、必然的，最终还是要看人的选择。

随着工业革命的发展，人类生产技术不断提升，人们对环境的认识更加深刻，逐渐认识到人类生产活动与环境和谐发展的重要性。恩格斯在《自然辩证法》中指出："西班牙的种植场主曾在古巴焚烧山坡上的森林，以为木灰作为肥料足够最能赢利的咖啡树利用一个世代之久，至于后来热带的倾盆大雨竟冲毁毫无保护的沃土而只留下赤裸裸的岩石，这同他们又有什么相干呢？"②这是对人类向自然环境毫无节制地索取活动提出警告。至 20 世纪 60 年代，伴随工业发展产生的大量污染，思想家们开始深刻检讨人类对自然环境的态度，相继提出了人与环境的共生思想，强调人与自然的和睦共处，指出人与环境是同舟共济、相互依赖的关系。此外，还提出了环境容量思想，指出环境对人类影响的承受限度。应该说，随着社会的发展，人们对人与环境关系的思考也上升到更多、更高的维度，为人们研究人地关系提供了有益的借鉴。

根据环境容量的思想，人类活动对环境的影响取决于环境承载力的大小。环境承载力，就是在一个独立的地理单元内，在人类的生存发展不受影响、自然生态平衡不受破坏的前提下，所能容纳的人口活动数量。不同地区，环境承载力不同。一般而言，土壤肥沃、降水丰沛的平原、丘陵地带，生态的修复能力较强，拥有较高的环境承载力，能够容纳的人口数量亦大，当然能够承受强度较高的人类活动。那些降水较少、植被稀疏、土质松散、盐碱化严重的地区，或者土厚石薄、降水较多的地区，生态的修复能力较弱，环境承载力就较低，能够容纳的人口数量较小。从历史上来看，最先因人类活动而使环境遭到破坏、产生巨大变迁的，都是这些区域。北方毛乌素沙地和西南石漠化地区，皆是环境承载力较低之地。

---

① （汉）高诱：《吕氏春秋》卷14《孝行览第二·首时》，上海：上海书店出版社，1986年，第146—147页。

② （德）恩格斯：《自然辩证法》，北京：人民出版社，2018年，第316页。

人类活动对环境的影响，也与人们的环境意识密切相关。人类活动固然会影响到所在区域之环境，但如果有较高的环境保护意识，注意吸取经验教训，坚决杜绝破坏环境的行为，也可实现人与环境的和谐共处。古代各地均有保护森林、涵养水源的乡规民约，还有民间保护环境的格言警句，都是人们正确处理人与环境关系的宝贵精神财富。

近年来，随着社会经济的快速发展，人类对环境的干预大大加强，引发的环境灾害也时有发生，造成的后果都十分严重。每一次的环境治理，都让人类付出了高昂的代价，足以令人警醒。当然，今日环境的变化，并非一日完成，而是有一个逐步演变的过程。很多时候，需要追溯历史。当前，环境史的研究日益兴盛，是人们环境意识觉醒的结果。为了社会经济可持续发展，借鉴历史经验，从历史的角度研究人类与区域环境的关系，同样具有现实必要性。

从人类活动与环境变迁的关系研究而言，珠江中上游地区无疑是值得关注的区域。因为这一区域正好处于云贵高原向两广丘陵的过渡地带，包括桂北、黔南、黔西南、滇东南广大的岩溶山区，受流水侵蚀影响，地表切割较深，地貌十分复杂，多数属生态环境脆弱、敏感地带。与其他流域不同的是，珠江中上游河网密布，左江、右江、南盘江、北盘江、红水河、龙江、柳江、桂江诸水汇流，呈典型的"树状"结构。按地形的自然分割，中间又可分为若干个小流域。地形的破碎、阻隔，使得各地人们的生产方式与社会习俗均有明显的差异。在这一区域内，壮、彝、布依、苗、瑶、仡佬、仫佬、侗、毛南、水等诸多少数民族交错杂居，他们的生产活动与地理环境的关系也十分密切。明代以降，随着中央政府对西南地区统治的不断加强，汉族移民开始不断流向珠江中上游山地，他们在带来先进生产工具与生产技术、促进民族交流的同时，也改变了这一区域的环境及人地关系。由于地处珠江中上游流域的关系，历史上人类的活动对这一区域环境的影响并不仅止于自身，对下游的珠江三角洲也有影响。因此，珠江中上游山地是开展区域历史地理研究较为理想的区域。基于此，笔者以人类活动与环境的关系为视角，选取这一区域做专门的研究。

本书的研究意义主要如下：一是通过梳理、分析人类活动对环境所产生的影响，揭示南方山地人地关系演进的规律，进一步丰富区域历史地理的研究内容，为探索小尺度区域的历史地理提供有效的研究范式。二是通过对人类活动所产生的环境效应的分析，为当今珠江中上游山区的经济发展和乡村振兴事业提供经验借鉴及政策支撑。这一区域，环境脆弱、敏感，少数民族分布较广，不同小区域之间民族文化习俗各有差异，面临的发展环境也有较大不同。需要因地制宜，找准发展路径，发展特色产业，以实现经济发展与生态环境的平衡。通过对人类活动与环境效应的关系分析，可以有效地为当今社会经济发展提供经验借鉴。

二、国内外研究现状

对于人类活动与环境的关系的理论研究，西方学术界研究起步较早，早在20 世纪中叶，就出现了行为地理学、生态地理学等学派。早期的行为地理学主要侧重于研究外在行为（如旅行行为）和环境感应，其后扩展到对态度、决策、学习和人格方面的分析①。研究人类行为的方法也开始强调要从宏观走向微观。在对人与环境相互关系的研究上，开始从环境（特别是自然地理环境）对人（特别是自然人）的影响研究转向人（特别是社会人）与环境（特别是社会地理环境）的互动研究②。生态地理学的兴起稍早，最先是在地理学研究中提出的。1924 年，美国地理学者 H. H. 巴罗斯（H. H. Barrows）在阐述人文地理学研究对象时提出："'人类生态学'的方向，主张地理学的目的不在于考虑环境本身的特征与客观存在的自然现象，而是要研究人类与自然和生物环境间的相互影响，从这些作用过程、机制的探讨到环境政策的制定和环境的整治。"③至 20 世纪 70 年代，生态地理学又开始向生物地理学方向延伸，一些国外学者开始研究地理学对解决生态问题的贡献，并明确指出生态学方向是地理学研究的新方向④，同时还指出人类经济活动对环境的有害影响，并不仅限于物质对环境的污染，它对自然资源的再生产、毁灭性过程的发生和发展及自然界的其他现象等都有很深的影响。"必须寻求各种方式使人类的生产活动对

① （美）D. J. 沃姆斯利、G. J. 刘易斯著，王兴中、郑国强、李贵才译：《行为地理学导论》，西安：陕西人民出版社，1988 年，第 4 页。

② 柴彦威：《行为地理学研究的方法论问题》，《地域研究与开发》2005 年第 2 期。

③ 杨展、李希圣、黄伟雄主编：《地理学大辞典》，合肥：安徽人民出版社，1992 年，第 9 页。

④ （苏）I. P. 格拉西莫夫著，李世玢、黎勇奇译：《地理学与生态学》，北京：高等教育出版社，1990 年，第 3 页。

环境的损害减小到最低限度，而且还应有计划地影响自然过程，使环境的发展有利于人类的生存活动"①。正是越来越意识到生态地理学在当今经济建设中的重要性，所以越来越多的学者将研究的目光转到这上面来。胡焕庸在《新兴的生态地理学》一文中指出，生态地理学的产生，源于许多生物学家，尤其是生态学家，从生态学的角度研究改善自然环境来保护人类，并强调了生态地理学的重要性②。其后方兴未艾，并由此形成了较有影响的生态地理学派③。近年来，随着交叉学科的研究不断深入，一些学者将人类学的方法运用到边疆地区的民族地理研究之中，也取得了一些颇有价值的研究成果。其中，尹绍亭、秋道智弥主编的《人类学生态环境史研究》，提出了一些较为新颖的观点，他们认为研究环境史，就是以人类系统与自然系统的关系为研究对象④。书中收录了十多篇有关民族地区环境史方面的论文，对云南边疆地区少数民族与环境的关系进行了深入的研究，为边疆区域地理研究提供了新的思考，进一步推动了生态地理学的发展。

在实践研究方面，随着人类社会经济的日益发展，对自然资源的开发与依赖、利用程度不断加深，人类活动对环境的相互影响也日益增强，大气污染、水土流失等环境问题显现，早已引起国内外科学界的高度重视。早在 20 世纪 70 年代初，继实行"国际生物学计划"后，联合国教科文组织科学部门又发起了一项政府间跨学科的大型综合性研究计划，即"人与生物圈计划"，其中有针对人类活动和土地利用措施对放牧地、热带稀树草原和草场的影响；人类活动对干旱、半干旱地区生态系统动态变化的影响；人类活动对湖泊、沼泽、河流、三角洲、河口和沿海地区的价值和资源的生态学影响；人类活动对山地和平原生态系统的影响等方面的研究。20 世纪 80 年代，国际科学联盟理事会实施了"国际地圈生物圈计划"，明确强调加强区域研究，特别是典型区域的研究，重视关键过程，并提出了"集成"研究的新思路。在此大背景下，国内科学研究也紧跟国际步伐，先后制定并实施了攀登计划预选项目

① （苏）I. P. 格拉西莫夫著，李世玢、黎勇奇译：《地理学与生态学》，北京：高等教育出版社，1990 年，第 33 页。

② 胡焕庸：《新兴的生态地理学》，《生态学杂志》1982 年第 4 期。

③ 傅声雷，傅伯杰：《生态地理学概念界定及其经典案例分析》，《地理科学》2019 年第 1 期。

④ 尹绍亭，（日）秋道智弥主编：《人类学生态环境史研究》，北京：中国社会科学出版社，2006 年，第 3 页。

"我国未来生存环境变化趋势的预测研究"和"西部气候、生态和环境演变分析与评估"等基础研究计划。国内学者对环境史以及人与自然关系的研究也日益深入[①]。

众所周知，中国幅员辽阔，各地区的自然环境与社会经济文化发展差异较大，各地的人类活动与自然环境的关系也有不同特点，必须根据地形地貌特点，开展分区域的细致研究，才能更好地从宏观上把握中国各地区人地关系演进的特点，认识区域历史发展的多样性与中国历史发展的共性。为此，国内不少学者针对一些典型区域、典型领域的人类活动与环境关系，相继展开了学术研究。大致分为以下几个方面：

一是探讨人类活动与河湖变迁的关系研究。例如，顾延生等人所著《2万年来气候变化人类活动与江汉湖群演化》[②]一书，对史前时期（约2万年）以来江汉平原地区的气候变化、人类活动及江汉湖群的沉积演化过程进行研究，重点研究了气候变化、人类活动对江汉湖群的影响，为人们了解江汉盆地古环境演变与当代江汉湖群环境保护的关系提供了新的视角。水利电力出版社所编《人类活动对径流的影响（论文汇编）》[③]一书，收录了多篇中外学者的论文，从理论到实践层面探讨人类活动对流域的影响。李杰等人的《人类行为与湖泊生命》[④]一书，以滇池为研究对象，全面深刻地分析了滇池污染产生的社会原因及价值损失，认为导致滇池污染有多方面的社会原因，并对滇池流域社会运行机制与居民行为方式对滇池污染的影响进行了对策研究。张胜利、康玲玲、魏义长的《黄河中游人类活动对径流泥沙影响研究》[⑤]一书，从黄土高原的自然侵蚀与加速侵蚀、黄河流域水沙变化近期趋势、黄河中游水利水土保持减沙作用分析评价、人类活动对河川径流泥沙影响研究实例分析等多个方面进行研究，并提出了黄河中游水土保持措施和黄河中游水沙变化模式。冉大川等人的《黄河中游近期水沙变化对人类活动的响应》[⑥]一书，系统分析了1997—

① 田丰，李旭明主编：《环境史：从人与自然的关系叙述历史》，北京：商务印书馆，2011年。

② 顾延生等：《2万年来气候变化人类活动与江汉湖群演化》，北京：地质出版社，2009年。

③ 水利电力出版社：《人类活动对径流的影响（论文汇编）》，北京：水利电力出版社，1958年。

④ 李杰等：《人类行为与湖泊生命》，北京：中国社会科学出版社，2007年。

⑤ 张胜利，康玲玲，魏义长：《黄河中游人类活动对径流泥沙影响研究》，郑州：黄河水利出版社，2010年。

⑥ 冉大川等：《黄河中游近期水沙变化对人类活动的响应》，北京：科学出版社，2012年。

2006 年黄河中游水沙变化的特点，剖析了人类活动对黄河中游近期的水沙变化的影响程度，分析计算了黄河中游近期水利水土保持综合治理等人类活动的减水、减沙作用。

二是关于人类活动与海洋关系的研究。例如，崔振昂等人的《南海北部湾全新世环境演变及人类活动影响研究》①一书，通过航行调查取得的资料，对北部湾海洋环境及人类活动影响进行多学科的研究。李加林等人的《人类活动影响下的浙江省海岸线与海岸带景观资源演化——兼论象山港与坦帕湾岸线及景观资源的演化对比》一书，采用史料查阅及野外实地调研相结合的方法，运用遥感和地理信息技术获取海岸带资源环境开发利用及其对资源环境存量影响的基本信息，以空间拓扑分析为支持，对近年来人类活动影响下的浙江省海岸带空间格局演化进行研究②。

三是人类活动与江河流域的环境变迁研究。例如，许炯心的《中国江河地貌系统对人类活动的响应》③一书，以黄河、长江的丰富资料为基础，按照侵蚀带、泥沙输移带、泥沙沉积带与河口三角洲沉积的顺序，系统地阐述了人类活动对中国江河流域地貌系统的影响。张建民、鲁西奇主编的《历史时期长江中游地区人类活动与环境变迁专题研究》，以人地关系演变为视角，对历史时期长江流域的植物、动物、聚落环境、经济活动与环境的关系等方面进行了深入研究，全面探讨人类活动在此过程中的影响④。高登义等人的《世界第一大峡谷——雅鲁藏布大峡谷历史、资源及其与自然环境和人类活动关系》⑤一书，对西藏地区雅鲁藏布江大峡谷地区的资源环境变迁与人类的活动关系进行了专门探讨，其中提到水汽通道对西藏自然环境与古人类的影响，以及水汽通道对西藏文明的影响。

四是对人类活动与气候的相互影响研究。人类活动对气候当然会产生影

---

① 崔振昂等：《南海北部湾全新世环境演变及人类活动影响研究》，北京：海洋出版社，2017 年。

② 李加林等：《人类活动影响下的浙江省海岸线与海岸带景观资源演化——兼论象山港与坦帕湾岸线及景观资源的演化对比》，杭州：浙江大学出版社，2017 年。

③ 许炯心：《中国江河地貌系统对人类活动的响应》，北京：科学出版社，2007 年。

④ 张建民，鲁西奇主编：《历史时期长江中游地区人类活动与环境变迁专题研究》，武汉：武汉大学出版社，2011 年。

⑤ 高登义等：《世界第一大峡谷——雅鲁藏布大峡谷历史、资源及其与自然环境和人类活动关系》，杭州：浙江教育出版社，2001 年。

响，《人类活动对亚洲中部水资源和环境的影响及天山积雪资源评价》①一书，是由中国科学院新疆地理研究所和哈萨克斯坦国家科学院地理研究所合编而成的论文集，书中收集了中、哈两国学者的研究成果，该书运用观测及遥感资料，对人类活动影响下的亚洲内陆水环境及天山的冰川、积雪进行研究。同时，一些学者也敏锐地注意到气候同样影响到人类的活动。美国学者罗德·迪迈罗（Rob DeMillo）所编《天气和人类活动》②一书，从科学的角度详细介绍了气候对人类活动产生影响的原理。

对于特殊区域的环境史研究，当然也是学者们关注的重要领域。主要通过环境脆弱敏感地带的环境变迁，分析人类活动在此过程中的作用及机制，其中有几个重点区域。第一，对中国北方农牧交错带的研究，相关成果如下：韩茂莉的《草原与田园：辽金时期西辽河流域农牧业与环境》③一书，聚焦中国北方生态敏感带的西辽河流域，对辽金两代这一地区的人类活动方式从以游牧业为主向农业占主要地位转变展开研究，分析论证人类活动的空间变化特征以及对环境的影响。邓辉等人的《从自然景观到文化景观——燕山以北农牧交错地带人地关系演变的历史地理学透视》④一书，对处于中国北方农牧交错带东段的冀、辽、内蒙古交界地区的"燕山以北地区"或"燕北地区"进行专门研究，涉及的内容有这一地区在漫长的历史发展过程中人类从农业的发生、畜牧业的分化到农业文化、畜牧业文化的交替扩张与收缩的巨大变化，以及这些变化对中国历史的发展进程产生的巨大影响。第二，对黄土高原环境史的研究。史念海无疑是这方面的引领者与集大成者，其《黄土高原历史地理研究》⑤一书，汇集了作者近三十年考察研究黄土高原的主要收获和研究成果，对历史时期黄土高原地区的自然地理和人文地理变迁进行了深入研究，阐明了历史时期黄土高原地区的山川、原野、森林、草原及生态环境演变的历史和现状，提出

① 加帕尔·买合皮尔，（哈）И. В. 谢维尔斯基主编：《人类活动对亚洲中部水资源和环境的影响及天山积雪资源评价》，乌鲁木齐：新疆科技卫生出版社，1997 年。

② （美）Rob DeMillo 编著，冯志强译：《天气和人类活动》，广州、深圳：广东人民出版社、纬辉电子出版公司，1995 年。

③ 韩茂莉：《草原与田园：辽金时期西辽河流域农牧业与环境》，北京：生活·读书·新知三联书店，2006 年。

④ 邓辉等：《从自然景观到文化景观——燕山以北农牧交错地带人地关系演变的历史地理学透视》，北京：商务印书馆，2005 年。

⑤ 史念海：《黄土高原历史地理研究》，郑州：黄河水利出版社，2001 年。

了治理、改善的意见和建议，具有很高的学术价值和现实意义。王元林的《泾洛流域自然环境变迁研究》①一书，以大量翔实的资料，利用历史地理学的相关方法，结合作者的实际考察，分析泾洛流域自然环境诸因素（如气候、地形、水文、土壤、植被、灾害等）变迁的特征及原因，并总结了这一流域自然环境变迁的规律。相关论文方面，则有王菱、王勤学、张如一的《人类活动对黄土高原生态环境及现代气候变化的影响》②一文，分析人类活动对黄土高原生态环境和现代气候变化的影响，认为黄土高原的平均气温从 20 世纪 50 年代以来不断升高，降水持续减少，并找出人口增减对气温影响的关系。郭娇等人的《气候变化和人类活动对黄土高原小流域生态环境的影响》③一文，利用土壤侵蚀强度的变化程度代表生态环境的变化，以及近 50 多年来的气象、社会经济和遥感监测等资料，分析气候变化和人类活动对黄土高原麻地沟地区生态环境的影响。第三，河西走廊地区的人地关系与环境史研究。李并成的《河西走廊历史时期沙漠化研究》④一书，在沙漠化调查研究的基础上，系统论述了河西走廊地区历史时期形成的沙漠化问题，复原了古绿洲自然与人文景观概貌，探讨了河西绿洲生态环境的演变、水系与植被变迁，揭示了沙漠化过程及其形成机制。其《河西走廊历史地理》第 1 卷⑤，亦对这一地区的自然环境变迁问题做了全面研究。李并成、张力仁主编的《河西走廊人地关系演变研究》⑥，收录了 20 余篇有关河西走廊的论文，涉及农业开发与环境变迁、军事活动与环境以及旅游活动与环境变迁等多方面内容。

此外，一些学者还敏锐地意识到从人与环境适应的角度探讨区域人地关系演化的特征，从宏观上思考两千年来人类的活动与环境变化的关系，提出新的科学课题，即人类面对环境变化，如何调整自己的生产与生活方式⑦。有的学者独辟蹊径，从人类情感、习俗等因素对人类行为的影响方面，运用"有限理

① 王元林：《泾洛流域自然环境变迁研究》，北京：中华书局，2005 年。

② 王菱，王勤学，张如一：《人类活动对黄土高原生态环境及现代气候变化的影响》，《自然资源学报》1992 年第 3 期。

③ 郭娇等：《气候变化和人类活动对黄土高原小流域生态环境的影响》，《地球环境学报》2013 年第 2 期。

④ 李并成：《河西走廊历史时期沙漠化研究》，北京：科学出版社，2003 年。

⑤ 李并成：《河西走廊历史地理》第 1 卷，兰州：甘肃人民出版社，1995 年。

⑥ 李并成，张力仁主编：《河西走廊人地关系演变研究》，西安：三秦出版社，2011 年。

⑦ 韩茂莉：《2000 年来我国人类活动与环境适应以及科学启示》，《地理研究》2000 年第 3 期。

性人"理论与历史地理学结合的方法，研究历史时期小区域山地的流民行为与环境的关系，如张力仁对秦岭大巴山地区人类活动的研究①。

相较于其他地区，珠江中上游地区人类活动与环境关系的研究则要薄弱得多。近年来，一些学者从云贵高原的土地利用出发，考察了人、土地与生态三者之间的关系。例如，杨伟兵的《云贵高原的土地利用与生态变迁（1659—1912）》②一书，从土地利用的角度出发，考察了 1659—1912 年云贵高原的人、土地与生态三者之间的关系。其主编的《明清以来云贵高原的环境与社会》③是一部会议论文集，研究内容涉及云贵地区的环境变迁、生态危机、农业发展、矿业发展及云贵高原地区的开发对民族地区社会的影响、新作物的引种对环境的影响等方面。韩昭庆主要对贵州地区的石漠化过程进行了系统的地理背景研究，并撰写了相关论著及论文④。程安云等人的《贵州省喀斯特石漠化历史演变过程研究及其意义》⑤一文，针对贵州省喀斯特石漠化历史演变过程研究不足的现状，从人口数量、粮食需求、坡耕地开垦、石漠化发生发展的角度，并结合石漠化发生的地质背景等因素，对其历史时期人地关系进行分析。程安云的博士学位论文《贵州喀斯特石漠化历史演变过程研究及其现代启示意义》⑥，从历史时期人地关系及矛盾的角度出发，并结合地质背景等因素对贵州石漠化的发生发展过程进行研究，认为贵州石漠化发生发展经历了一个长期、渐进、从量变到质变的过程，人口数量增长是其关键因素，其实质是人口与土地资源之间承载能力的不协调。马国君的《清代至民国云贵高原的人类活动与生态环境变迁》⑦一书，对清代至民国时期云贵高原的开发政策、土地垦殖、矿业开采、外来作物的传入、战争与生态环境，以及各民族生计方式在生态环境维护中的作用和改变等方面进行研究。以上学者的研究，部分内容已

① 张力仁：《清代陕南秦巴山地的人类行为及其与环境的关系》，《地理研究》2008 年第 1 期。

② 杨伟兵：《云贵高原的土地利用与生态变迁（1659—1912）》，上海：上海人民出版社，2008 年。

③ 杨伟兵主编：《明清以来云贵高原的环境与社会》，上海：东方出版中心，2010 年。

④ 韩昭庆：《雍正王朝在贵州的开发对贵州石漠化的影响》，《复旦学报》（社会科学版）2006 年第 2 期；韩昭庆：《荒漠、水系、三角洲——中国环境史的区域研究》，上海：上海科学技术文献出版社，2010 年。

⑤ 程安云等：《贵州省喀斯特石漠化历史演变过程研究及其意义》，《水土保持通报》2010 年第 2 期。

⑥ 程安云：《贵州喀斯特石漠化历史演变过程研究及其现代启示意义》，中国科学院地球化学研究所 2009 年博士学位论文。

⑦ 马国君：《清代至民国云贵高原的人类活动与生态环境变迁》，贵阳：贵州大学出版社，2012 年。

涉及珠江上游地区。此外，还有一些内容涉及珠江中游方面的研究。例如，个别学者从人地关系的角度，考察了清代广西的生态环境变迁问题①。

以上这些研究以关注汉族地区为主，在研究中又多侧重于环境本身的变化，因而难免存在"见地不见人"的不足。珠江中上游山地属于典型的多民族杂居区域，民族分布区域广大，民族人口众多，各民族世居于此的历史十分久远，不同民族生活的地域环境互有差异，域内各少数民族也形成了与当地自然环境相适应的人类活动形式，并与区域内地理环境之间存在十分密切的互动关系。长期以来，他们不仅适应环境，同时也在积极地利用与改造着当地的环境，人地关系的演变也有自身的特殊性，这是西南地区历史地理研究无法绕过的区域。加强对这一区域人与环境的关系研究，才能在研究中做到既"见人"，又"见地"，进一步弥补以往研究中的不足。同时，民族关系的发展，归根到底是受人地关系影响的，研究这一区域人类活动与环境的关系，有助于更好地把握西南岩溶地区人地关系演化的规律与实质，为调适民族关系、促进域内民族关系的健康发展提供理论借鉴，还可吸收流域内各民族适应环境的生存发展智慧，为西南岩溶地区的水资源保护与利用、石漠化防治与治理提供有价值的实证研究成果。

三、研究思路与研究方法

1. 研究思路

首先，关于研究范围的界定。珠江中上游地区，虽然是一个相对宽泛的地理概念，广义而言，它包括了今粤北山地，以及广西全部、贵州南部、云南东南部在内的广大区域。笔者所研究的范围，以珠江干流——西江流域为主，具体以梧州以上的珠江流域为主，对流域之内的山区进行重点考察。

其次，资料的使用。由于珠江中上游山地，自明以降随着大量汉族移民的进入，基本处于多民族杂居状态，故在资料的搜集使用上，除了依据传统的正史、实录、杂史、私人笔记、文集、家族谱牒等资料外，还需要以各地方志资料、民间歌谣、碑刻资料、契约资料为补充，尽可能做到资料的全面性。

---

① 郑维宽：《清代广西生态变迁研究——基于人地关系演进的视角》，桂林：广西师范大学出版社，2011年。

最后，关于"环境"的概念。一般而言，它主要是指自然环境，即人类依存的地理环境。由于人类的活动同样具有社会性，故在本书中，亦将人文环境纳于研究范围之内。

主要的研究思路，就是从明清以降这一流域的人类活动入手，根据不同的研究专题，分析其外在的自然环境的效应，并扩展到人文环境的响应之中，以揭示人类活动与自然景观、文化景观的内在关系，进而梳理出历史演变的脉络，从中总结其规律及教训。

2. 研究方法

（1）文献分析法。通过搜集较为全面的文献资料，分析明清以降珠江中上游地区人类活动及环境变迁的关系，总结其规律。

（2）统计分析法。根据所掌握的资料，整理出相关数据，对相关问题进行必要的统计分析，开展精细化研究，以增强研究结论的说服力。

（3）田野调查。根据需要，深入一定的研究区域进行必要的地理田野调查，增强感性认识，并与文献记载相互印证。

四、本书结构

绪论。主要介绍选题来源、研究意义，以及有关选题的国内外研究现状评述，阐明研究思路与研究方法。

第一章，珠江中上游地区地理概貌。对珠江中上游地区山脉、水系、气候等自然地理状况，以及明清以来这一区域的居民构成及分布进行必要的阐述。

第二章，人类活动与珠江中上游地区地理认识的演进。主要针对红水河流域地理认识的演进、漓江源地理认识的演进及其环境变迁因素进行探讨。

第三章，人类活动与珠江中上游的政区、地名及环境。主要探讨明清时期珠江中上游民族聚居区由土司统辖区到国家基层政区的演化过程，乃至这一地区山地开发过程中的地名变迁，以及从中反映的人口迁移、交融的内涵。

第四章，灾害与人类活动。从小冰期影响下明清时期珠江中上游地区气候的转冷趋势，分析明清至民国年间珠江中上游自然灾害、时空特征及人类活动的因素，探讨灾害对地区社会的重大影响。

第五章，人类活动与"长寿之乡"乡土形象的形成。通过梳理"旱夭之地”说法的流播及式微，探讨明清时期珠江流域等地区“长寿之乡”乡土形象的重塑过程，分析人类活动对南方地理环境认知不断深入的过程。

第六章，生产方式、生活习俗与环境。探讨珠江中上游地区的壮、瑶、布依、水、毛南、仫佬、苗、侗等民族的生产方式与生活习俗及区域特征，研究其变迁与环境变迁的关系。

第七章，市场律动与珠江中上游地区的环境效应。探讨明清以来珠江中上游地区与外界经济联系不断增强，商业不断发展，民众商业观念的变化过程，以及林木种植出现商品化的发展趋势，分析甘蔗、杉、松、油桐、油茶的种植对该地区环境变迁的影响。

第八章，珠江中上游山地人类活动与环境效应的规律。主要运用“了解之同情”及“他者”理论与山地人类活动、行为选择，归纳明清以降珠江中上游地区人地关系演化的规律，分析河流上下游区域间环境联动、坝子与山地互动关系。

第一章　珠江中上游地区地理概貌

发源于云南东部乌蒙山脉的珠江，年径流量仅次于长江，是中国南方居全国第二位的大河。其流经区域呈明显的扇状，其中上游为广西大部、云南、贵州的一部分，为壮、瑶、苗、侗、彝、布依、水、毛南、仫佬等民族的世居地。多山少田的地形，广布的岩溶，密布的水系，构成了这一地区居民生息发展的地理基础。

第一节　自然地理概貌

一、高原、山系与平原

珠江中上游地区主要处于云贵高原向两广丘陵的过渡地带，地域内地貌复杂，地形多样。既有高原，又有高大的山岭、延绵的山系，中间夹杂着小块的河谷两岸平原、岩溶盆地。

作为西江重要干流的红水河中游以上地区，以及重要支流的柳江中上游、右江上游地区，大致从广西三江侗族自治县—融水苗族自治县—河池市宜州区—忻城县—百色市一线以北开始，地势不断突起，属于云贵高原的南缘地带。广西北部山地，平均海拔在800米。至贵州西南的北盘江流域即进入云贵高原的核心区域，这里海拔上升至1000—2000米。云南东部的南盘江流域，海拔则上升至2000米以上①。整个地势西北高、东南低，自西北向东南逐级降低。受河流侵蚀、切割的影响，云贵高原地形十分破碎，地质上多断层而形成较多的山间盆地，高原内部，山地、峡谷、丘陵、河谷平原与山间盆地相互交错，呈现出山高谷深、水流湍急的独特地貌，因此人们将云贵高原称为山地性的高原。

珠江中上游地区的地质与地貌，使这一区域还孕育出一系列不同走向的高大巍峨的山岭。它们或南北走向，或东北—西南走向，成为各条河流、各个盆地平原天然的分界线。其中，云贵高原内部的山岭海拔较高，两广丘陵地带山岭海拔相对较低，但都有绝对高差大的特征。

其中，主要如下：

乌蒙山。位于贵州西部与云南东部一带，大致呈东北—西南走向，主峰海拔2900米，既是南、北盘江的分水岭，也是南、北盘江的发源地，珠江的上游南盘江、北盘江即发源于此。史称："盘江在霑益州，有二源，北流曰北盘江，南流曰南盘江，环绕诸部，各流千余里。"②

桂西北云贵高原边缘山地，是沿滇桂交界、黔桂交界分布的系列山脉。它们大致呈西北—东南走向，海拔多在1000米以上。这当中，位于那坡县的六韶山，自云南文山一直延伸至那坡县中部，由于河流的侵蚀作用，六韶山山高坡陡，沟谷幽深。金钟山、岑王老山、青龙山、东风岭，自西林、隆林一带一直延伸至乐业、天峨一带，依次排列。其中，岑王老山最高峰海拔达2062米，为桂西最高峰。这些山脉山体高大，连绵不绝，层层升高，具有鲜明的"山原"化山脉特色，由于土层较厚，山上植被十分茂密，是桂西地区重要的水源发源地。因受河流侵蚀，切割严重，这些山脉大都具有山高谷深、山体陡峭、山脊狭窄的特点。

桂北边缘山地。主要位于黔南桂北交界地区的系列山脉，其中的凤凰山位于广西正北部，自天峨、南丹一直向河池、宜山延伸，山体北高南低，海拔多在900米以上。山体由灰岩构成，为砂页岩山地，山内坡陡谷深。九万大山，横跨在环江、罗城、融水三县之间，呈西北—东南走向，山势大致由北向南倾

① 李乡壮主编：《中国国家地理百科》上册，长春：吉林大学出版社，2008年，第115页。
② （明）李贤等：《大明一统志》卷87《曲靖军民府》，西安：三秦出版社，1990年，第1331页。

斜，向西北延伸至贵州省境内，是广西地层最古老的山脉，整个山体峰峦起伏，气势雄伟，峡谷深邃，植被丰富。摩天岭是融水北部较为高大的山岭，走势奇特，呈北北东—南南西走向，山势较高，海拔多在 1500 米以上，主峰海拔 1938 米。山上森林茂密，水源丰富。大苗山位于融水苗族自治县中东部，呈东北—西南走向，绵延 50 余千米，海拔多在 1500 米以上，主峰因形似元宝，而称元宝山，海拔 2081 米，为广西第三高峰。山上植被物种丰富，呈垂直分布，至今亦是广西最为重要的林区。大南山，自湖南城步延伸进入龙胜境内，东北—西南走向，连绵 80 千米，故又称八十里大南山。山体海拔在 1300 米以上，山路崎岖，地势陡峭。天平山，自龙胜向南延伸至临桂、永福境内，山体海拔多在 1300 米以上，由于断层发育，山体破碎，内部沟谷纵横，植被丰茂，水源发达。

桂东北的南岭山系。其主要系由大致为一系列东北—西南走向的山岭组成，自西往东，依次如下：猫儿山，又称苗儿山，位于资源县与兴安县境内，山体由花岗岩及古生代变质岩组成，山体高大，巍峨雄壮，海拔 1800 米以上的山峰不少，主峰海拔为 2141 米，系南岭山系，同时也是广西最高峰。山上林木荫翳，是漓江、资江、浔江的发源地。越城岭，古称始安岭，从湖南延伸至全州、资源、兴安境内，山体绵延 100 多千米，是南岭中最北的一座山岭，海拔一般在 1500 米左右，主峰真宝顶海拔达 2123 米。山上林木丰富，河流沿两侧山体发育。海洋山，古称阳海山，是跨全州、灌阳、兴安、灵川、恭城数县的一大山岭，主峰宝界岭海拔 1936 米。整个海洋山，山体庞大，峡谷纵横，水资源丰富，湘江、潮田河等大小河流均发源于此。都庞岭，为湘桂两地界山，跨广西灌阳、恭城，湖南江永、道县四地，山峰海拔多在 1400 米左右，主峰海拔为 2009 米，山上以亚热带常绿阔叶林为主，水系沿山体东西两侧发育。萌渚岭，自湖南江华延伸至广西贺州市北，山体高峻，海拔多在 1100 米左右，森林资源丰富。

广西中部地区弧形山岭。主要如下：驾桥岭，自永福向南延伸至荔浦修仁一带，山岭海拔在 800 米左右，周围多为较为破碎的低山，成为桂东北平原与桂中平原重要的分界线。大瑶山，主要位于金秀瑶族自治县内，包括荔浦、象州、蒙山、武宣、桂平、平南等部分区域，山体由外向里，层层升高，多数山峰海拔在 1300 米以上，主峰圣堂山海拔为 1979 米，为桂中地区最高峰。大瑶山植被茂密，河流水系发达。

　　除此之外，珠江中游地区知名的山岭，尚有位于贺州市八步区南部的大桂山，容县一带的大容山，浦北、玉林、博白一带的六万大山，横贯上思、宁明等县的十万大山，都安、巴马一带的都阳山，武鸣、上林、马山一带的大明山等。海拔一般在数百米至 1000 米之间，但林木资源都较为丰富，同样也是重要的水源地。

　　珠江中上游地区地形的典型特征是山多平原少，山岭面积占绝大多数。云南东部南盘江流域，曲靖、陆良、宜良、弥勒等市县，山地面积占比都在 70%以上，有的甚至达到90%[1]。贵州更是以山原、高原、山地、丘陵为主的省份，这四种地貌面积占全省土地面积的97%[2]。其中，黔南地区高中山、中山、低中山、低山、丘陵占比高达99.5%，坝子仅占0.5%[3]。广西的中山、低山、山丘、丘陵占全区总面积的74.8%[4]。据相关资料统计，有关平原分布情况见表1-1。

表1-1　珠江中上游地区主要平原分布情况一览表　（单位：平方千米）

地区	名称	面积
滇东[5]	陆良坝	771.99
	弥勒坝	230.50
	邱北坝	184.76
	师宗坝	177.15
黔南[6]	惠水盆地	65
	都匀盆地	80
	榕江盆地	20
	兴义盆地	100

　　① 云南省地方志编纂委员会：《云南省志》卷 1《地理志》，昆明：云南人民出版社，1998 年，第220 页。

　　② 贵州省地方志编纂委员会：《贵州省志·地理志》下册，贵阳：贵州人民出版社，1988 年，第710 页。

　　③ 黔南布依族苗族自治州史志编纂委员会：《黔南布依族苗族自治州志》第2卷《地理志》，贵阳：贵州人民出版社，1986 年，第107 页。

　　④ 廖正城主编：《广西壮族自治区地理》，南宁：广西人民出版社，1988 年，第58 页。

　　⑤ 云南省地方志编纂委员会：《云南省志》卷 1《地理志》，昆明：云南人民出版社，1998 年，第232 页。

　　⑥ 惠水盆地与都匀盆地根据黔南布依族苗族自治州史志编纂委员会：《黔南布依族苗族自治州志》卷 2《地理志》，贵阳：贵州人民出版社，1986 年，第 106 页数据估算。榕江盆地根据黔东南苗族侗族自治州地方志编纂委员会：《黔东南苗族侗族自治州志·地理志》，贵阳：贵州人民出版社，1990 年，第 136 页数据计算。

续表

地区	名称	面积
广西[1]	湘桂走廊	2040.25
	桂中平原	5415.5
	南宁盆地	385.5
	玉林盆地	758.5
	浔江平原	1244.25
	右江平原	811.25
	贺江平原	1341
	武鸣盆地	771.75

二、岩溶地貌

珠江中上游地区属典型的岩溶地貌区，石厚土薄。岩溶分布面积极广，溶岩十分发达。地表分布的碳酸岩包括灰岩、云灰岩、泥灰岩、白云岩、燧石岩等多种类型。广西全境，岩溶地貌占全区一半以上面积，漓江流域、柳江流域、红水河流域所在的柳州、河池所辖区域，溶岩更是占比在 60%以上[2]。自柳州往西北，溶峰高大密集。红水河流经的忻城、大化等县，原属思恩府，清人称："山水清旷，石峰多奇，秀峭拔仙灵"[3]，东兰县"危峰叠嶂，列峙如戟"[4]；沿灵川以南的漓江两岸，石山遍布，明人王士性称："自灵川至平乐皆石山拔地而起，中乃玲珑透露，宛转游行。"[5]红水河上游所在地区的贵州西南部、南部，由于碳酸盐岩与碎屑岩互层，岩溶地貌更是形成了溶沟、槽谷、漏斗、洼地、落水洞、岩溶湖等数十种岩溶地貌类型，红水河附近的贞丰、罗甸、册亨等县，峰丛洼地、峰丛谷地，面积广布。史料载："贵州多洞壑，水皆穿山而过，则山之空洞可知。"[6]南盘江流域所在的滇东地区，包括曲靖、弥勒、泸西、罗平、丘

---

① 广西壮族自治区地方志编纂委员会：《广西通志·自然地理志》，南宁：广西人民出版社，1994年，第 86—100 页。

② 廖正城主编：《广西壮族自治区地理》，南宁：广西人民出版社，1988 年，第 59 页。

③ 雍正《广西通志》卷 4《图经·柳州府图经》，《景印文渊阁四库全书·史部》第 565 册，台北：商务印书馆，1986 年，第 57 页。

④ 雍正《广西通志》卷 4《图经·庆远府图经》，《景印文渊阁四库全书·史部》第 565 册，台北：商务印书馆，1986 年，第 58 页。

⑤ （明）王士性撰，吕景琳点校：《广志绎》卷 5《西南诸省》，北京：中华书局，1981 年，第 113 页。

⑥ （清）顾炎武撰，谭其骧等点校：《肇域志·贵州·方舆崖略》，上海：上海古籍出版社，2004年，第 2471 页。

北、平远、富宁等地，亦是岩溶发育区，清代广西府"山谷幽阻""峰峦重叠"①，广南一带"山崖高峻，道途崎岖"②，峰林、峰丛、漏斗、溶蚀洼地，地下河十分发育。岩溶地貌使地表水易于渗漏，对于水土保持殊为不易，明人称："广右石山分气，地脉疏理，土薄水浅。"③

三、树状水系

地势西北高、东南低的地形，使得珠江水系十分发达。珠江与其他河流相比最大的特点，就是它的支流众多，流域呈广阔的扇面分布。自上游而下，几乎每条河流都汇集了至少两条河流，以致越往下游，汇聚的支流越多，水流量越大。南盘江与北盘江于黔西南的望谟县蔗香乡两江口汇合后，称红水河，成为西江的主源。另一支流柳江，由源自贵州的都柳江与源自广西龙胜的寻江，在广西三江侗族自治县老堡乡老堡村汇合后，称为融江，南流与源自摩天岭的贝江汇合后，至柳城县凤山镇与源自贵州独山的龙江汇合后，始称柳江。龙江南流过程中又汇集了打狗河、大环江、小环江等支流。柳江南流，又在鹿寨县江口乡与源自龙胜南的洛清江汇合，至象州县石龙镇与红水河汇合，始称黔江。黔江流至桂平，与郁江相汇，即称浔江。郁江也是西江水系较大的支流，由发源于云南广南县的右江与源于越南境内的左江，在南宁江南区江西镇宋村汇合而成。浔江东流至藤县，先后汇入蒙江、北流江，到梧州又与桂江交汇，至广东封开时，再纳入源自贺州萌渚岭的贺江。这样构成了珠江最重要的干流——西江。至此可以看出，珠江中上游水系的"树状"结构十分明显。

四、气候

珠江中上游地区，处于北纬22°—26°，北回归线横贯中部。南临南海，北接南岭山地，西靠云贵高原，属典型的亚热带季风气候和热带季风气候。在西北部的高原地区与北部的高山地区，海拔高差较大，气候垂直分布明显，各地温差较大。例如，滇东一带，清代史料称："风气和平无大

---

① （明）李贤等：《大明一统志》卷87《广西府》，西安：三秦出版社，1990年，第1328页。

② （明）李贤等：《大明一统志》卷87《广南府》，西安：三秦出版社，1990年，第1327页。

③ （明）王士性撰，吕景琳点校：《广志绎》卷5《西南诸省》，北京：中华书局，1981年，第116页。

寒，暑春多风，虽盛夏，雨即清凉，多风少雪，值大霜雪始严寒。……师宗气候多寒，冬则大寒，多下雾雨，下则终日昏闭不开"①，南盘江、北盘江流域所在的云贵高原地区，处在东亚大陆季风区内，受副热带的影响，常年多雨，明代时就有"天无三日晴，地无三里平"②之谚。广西大部地区则气候温暖，光照充足，雨水丰沛，夏长冬短，无霜期长。高山地区，冷暖交替，昼夜温差大。在明清时期气候变冷的大背景下，这一区域也深受影响。

第二节　居民的构成与分布

一、世居的少数民族

珠江中上游地区自古就是少数民族聚居之地。在宽广的流域内，各少数民族呈现出大杂居、小聚居的分布格局。自明代以降，随着汉族人口的流移，少数民族杂居的范围呈不断扩大之势。流域之内，由于地形中山岭、河流的阻隔制约，以及农耕民族的特性，各个民族的分布区域相对稳定。

南盘江流域。明代在此分布的民族主要有被称为"罗罗""夷罗""蛮"的彝族先民，以及被称为"沙蛮""土僚""沙夷""沙人""侬人"的壮族先民。其中滇东北部地区以彝族为主。南盘江发源地霑益州一带，"罗罗以黑、白分贵贱，其婚娶论门第，财礼用牛马，以多者为贵"③；路南州，"州之土民若罗罗之类"④；陆凉州，"其州亦夷、汉杂处，而罗罗乃其土著之民也，居止多在深山"⑤。滇东中部则以彝壮交错杂居为主。在广西府，史称：

---

①　乾隆《广西府志》卷2《星野》，台北：成文出版社，1975年，第46页。

②　（清）顾炎武撰，谭其骧等点校：《肇域志·贵州·方舆崖略》，上海：上海古籍出版社，2004年，第2471页。

③　（明）陈文修，李春龙、刘景毛校注：《景泰云南图经志校注·曲靖军民府·霑益州·风俗》，昆明：云南民族出版社，2002年，第125页。

④　（明）陈文修，李春龙、刘景毛校注：《景泰云南图经志校注·澂江府·路南州·风俗》，昆明：云南民族出版社，2002年，第114页。

⑤　（明）陈文修，李春龙、刘景毛校注：《景泰云南图经志校注·曲靖军民府·陆凉州·风俗》，昆明：云南民族出版社，2002年，第129页。

"郡中夷罗杂处，有曰广西蛮者，乌蛮之别部，其性犷悍，据险以居"①；又载："其地东邻水下沙夷，西近龟山寇巢，南连路南，北接陆凉、旧越州土舍。夷僳四面杂处，而沙夷尤称犷悍。"②"有曰沙蛮者，戴竹箬笠……掘鼠而食之"③；师宗州"州之夷民有曰土僚者，以犬为珍味"④；弥勒州，"土僚之服，与罗罗无异"⑤；维摩州，"土僚每岁以十二月为节"⑥。这些被称为"沙夷""土僚"的，皆为壮族先民不同支系的他称。

北盘江流域。明时，属贵州布政使司镇宁州、普安州、安南卫等辖地，清时则分属兴义宁、普安厅所辖。清初史料称贵州"民即苗也，土无他民，止苗夷，然非一种，亦各异俗。曰宋家，曰蔡家，曰仲家，曰龙家，曰曾行龙家，曰罗罗，曰打牙仡佬，曰红仡佬，曰花仡佬，曰东苗，曰西苗，曰紫姜苗，总之盘瓠子孙"⑦。大体指今之布依、彝、仡佬、苗等少数民族，可见贵州乃多民族杂居之地，但将之全归为盘瓠子孙则显系错误。因为仲家是今布依族的先民，为百越族系，明清时分布在黔西南、黔南以及滇东等地，"其种有三：一曰补笼，一曰卡尤，一曰青仲，贵阳、平越、都匀、安顺、南笼各属皆有之，有黄、罗、班、莫、柳、文、龙等姓，好楼居，衣尚青"⑧。当然，苗族是贵州分布最广的民族，有青苗、花苗等多种支系，其中"青苗，修文县、镇宁州、黔西州皆有之"⑨。至于仡佬，分布范围较广，除了北盘江流域外，在广西西北部亦有零星分布。

---

①（明）陈文修，李春龙、刘景毛校注：《景泰云南图经志校注·广西府·风俗》，昆明：云南民族出版社，2002 年，第 181 页。

②（清）顾炎武撰，谭其骧等点校：《肇域志·云南·广西府》，上海：上海古籍出版社，2004 年，第 2360 页。

③（明）陈文修，李春龙、刘景毛校注：《景泰云南图经志校注·广西府·风俗》，昆明：云南民族出版社，2002 年，第 181—182 页。

④（明）陈文修，李春龙、刘景毛校注：《景泰云南图经志校注·广西府·师宗州·风俗》，昆明：云南民族出版社，2002 年，第 183 页。

⑤（明）陈文修，李春龙、刘景毛校注：《景泰云南图经志校注·广西府·弥勒州·风俗》，昆明：云南民族出版社，2002 年，第 185 页。

⑥（明）陈文修，李春龙、刘景毛校注：《景泰云南图经志校注·广西府·维摩州·风俗》，昆明：云南民族出版社，2002 年，第 114 页。

⑦（清）顾炎武撰，谭其骧等点校：《肇域志·贵州·方舆崖略》，上海：上海古籍出版社，2004 年，第 2471 页。

⑧ 乾隆《贵州通志》卷 7《地理·苗蛮》，清乾隆六年（1741 年）刻本，第 10 页。

⑨ 乾隆《贵州通志》卷 7《地理·苗蛮》，清乾隆六年（1741 年）刻本，第 13 页。

红水河流域。自贵州南流入广西中部岩溶山区，这一区域以壮族、瑶族的分布较多。在红水河以北的区域，分布一称叫"依苗"的少数民族，原系壮人的一支，清雍正年间改隶贵州之后，成为布依族的一部分。史书所谓："依苗在永丰州之罗斛、册亨等处，雍正五年自粤西改隶黔省，其俗衣服剃发俱效汉人。"①一些学者认为，"依苗"是文献中新出现的族称，因距离交通要道以及汉族统治中心较远，汉人对其缺乏了解，汉文献中时而称为"依"，时而称为"补笼"，时而又称为"僮"，实际上是称为"依苗"的布依族②。在红水河以南的两岸流域，则主要分布着壮、瑶民族。史称明时庆远府"在西北极境，环绕土夷。……郭以外，民之家一，而瑶僮之穴九"③。尤其是南丹、东兰、那地诸土州，均以僮人为主，皆由韦姓土司控制。明人称："东兰、那地、南丹三州狼兵，能以少击众。"④忻城县"洪武初设流官知县……莫氏遂徙居忻城界。宣、正以后瑶僮狂悖"⑤。其周围的迁江、都安、上林等地，明时称为八寨，是瑶壮杂居之地，"迁江八所……旧有狼兵数千，以分制八寨瑶贼之势，后因贼势日盛，各官皆不敢复入，反遂与之交通结契"⑥。思恩府所辖的红水河流域，"瑶、僮杂处，不事诗书"⑦。

左右江流域。左右江流域是传统的以壮族为主的民族聚居区，历来为壮族土司统辖之地。当地土司主要为黄氏、岑氏土司世袭统治，宋以来即将其地视为一个完整的地形区，称为"左右两江溪峒"。明时于左江流域设有太平府、思明府，所领茗盈、安平、思同、养利、万承、全茗、龙英、结伦、都结、上下冻州等，相当于今广西崇左市辖地。右江流域则有田州、泗城、镇安诸州，上游则为云南广南府，是壮族最重要的聚居区，间有少量瑶族分布。明人称：

① 乾隆《贵州通志》卷7《地理·苗蛮》，清乾隆六年（1741年）刻本，第24页。

② 刘锋：《百苗图疏症》，北京：民族出版社，2004年，第180—181页。

③ （明）杨芳：《殿粤要纂》卷1《庆远府图说》，北京图书馆古籍出版编辑组：《北京图书馆古籍珍本丛刊》第41册，北京：书目文献出版社，1998年，第765页。

④ （明）魏浚：《峤南琐记》卷下，四库全书存目丛书编纂委员会：《四库全书存目丛书·子部》第243册，济南：齐鲁书社，1995年，第560页。

⑤ （明）曹学佺：《广西名胜志》卷9《右江土司·忻城》，《续修四库全书·史部》第735册，上海：上海古籍出版社，2002年，第102页。

⑥ （明）陈子龙等：《明经世文编》卷131《处置八寨断藤峡以图永安疏》，北京：中华书局，1962年，第1286页。

⑦ （明）李贤等：《大明一统志》卷85《思恩军民府》，西安：三秦出版社，1990年，第1304页。

"右江三府则纯乎夷，仅城市所居者民耳，环城以外悉皆瑶僮所居，皆依山傍谷。"①清代时，在广西西北部的西隆州（今西林、隆林）一带，分布的壮族又有"狼""僮"之称，如"西隆僮，男衣带皆黑，妇女衣不掩膝"②。当地还有彝、布依族等分布，"西隆州去府治四百余里，民有四种：曰侬，曰倈，曰罗罗，曰仲家。风俗大抵相类，村舍俱在山巅"③，此外分布有"狼人"的，为泗城府、崇善、左州、养利、太平土州、永康、安平、恩城、万承、茗盈、结伦、都结、结安、凭祥、罗阳、上映等土府、州、县之地。右江上游的广南府，分布的主要是被称为"侬人""沙人"的壮族，"其地多侬人，世传以为侬智高之后"④；富州"其地亦皆侬人，饮食、衣服之俗与府同"⑤；"侬人、沙人，男女同事犁锄，构楼为居"⑥。

柳江流域。上游都柳江流域地区主要为黔南的都匀府、黎平府南部辖地，为多民族杂居之地，当地分布的少数民族主要有苗、瑶、水、侗族等。明代地方志史称"山谷间，诸夷相处，俗尚各异"⑦；"都匀府平浪司苗民阿向及侄阿四更名王聪者，负险恃屯，世济凶逆"⑧；"苗僚错处，种类不同"⑨。"紫姜苗在都匀、舟江、清平与独山"⑩；"峒人皆在下游，冬采茅花为絮以御寒"⑪。

① （明）王士性撰，吕景琳点校：《广志绎》卷 5《西南诸省》，北京：中华书局，1981 年，第118 页。

② （清）谢启昆修，胡虔纂：《（嘉庆）广西通志》卷 278《诸蛮一·僮》，南宁：广西人民出版社，1988 年，第 6886 页。

③ 雍正《广西通志》卷93《诸蛮·蛮疆分隶》，《景印文渊阁四库全书·史部》第567册，台北：商务印书馆，1986 年，第 574 页。

④ （明）陈文修，李春龙、刘景毛校注：《景泰云南图经志校注·广南府·风俗》，昆明：云南民族出版社，2002 年，第 190 页。

⑤ （明）陈文修，李春龙、刘景毛校注：《景泰云南图经志校注·广南府·富州·风俗》，昆明：云南民族出版社，2002 年，第 193 页。

⑥ （清）顾炎武撰，谭其骧等点校：《肇域志·云南·广南府》，上海：上海古籍出版社，2004 年，第 2359 页。

⑦ （明）沈庠修，赵瓒纂：《贵州图经新志》卷 1《贵州宣慰司上·风俗》，贵阳：贵州省图书馆，1985 年油印本，第 10 页。

⑧ （清）顾炎武撰，谭其骧等点校：《肇域志·贵州·秩官志》，上海：上海古籍出版社，2004 年，第 2466 页。

⑨ 乾隆《贵州通志》卷 7《地理·风俗》，清乾隆六年（1741 年）刻本，第 2 页。

⑩ 乾隆《贵州通志》卷 7《地理·苗蛮》，清乾隆六年（1741 年）刻本，第 18 页。

⑪ 乾隆《贵州通志》卷 7《地理·苗蛮》，清乾隆六年（1741 年）刻本，第 21 页。

其中荔波县一带，"无一民，皆六种夷杂居"①，"水、佯、伶、侗、瑶、僮六种，杂居荔波县，雍正十年自粤西辖于黔之都匀府"②。柳江支流龙江上游的罗城、环江一带，明清时属庆远府辖下的天河（今罗城仫佬族自治县）、思恩（今环江毛南族自治县）等县，为多民族杂居之地，既有壮、瑶族等，又有仫佬、毛南这样地方独有的少数民族。"庆远府处粤西偏，自昔用武之地，附郭宜山而外，北为天河，地尽瑶。西则思恩、河池，亦号蛮薮"③。罗城"在万山中，鸟道羊肠，伶僮居之"④。天河县"多夷种，而散处四境者又各不同。东则为伶僚，名曰姆姥。南则狼种，性稍淳朴，北则略与华同"⑤。根据相关史料，"姆姥"即今之仫佬族，因其族源与壮族一样，源自百越，故史料又称"伶僚，僮之别种"⑥。思恩县"五十二峒及仪凤、茅滩上中下瞳，皆瑶僮居之，俗亦与宜山同，伶人则谓之苦薏伶"⑦。毛南族即由居于当地"茅滩"等地的少数民族发展而来。龙江中下游的河池、宜山，瑶壮居多，"宜山县僮人男衣短狭，色尚青。……河池州瑶僮十居八九，婚姻以牛为礼"⑧。三江、融安、融水一带，原属怀远县、融县地，世居于此的民族，明代称为"土夷"，所谓"荔波、怀远二县皆土夷"⑨，"融县瑶僮甚夥，有僮村、瑶村，或分地而居，或彼此相错。……怀远县夷有瑶、僮、侗、伶、但、苗六种，耕

① （明）王士性撰，吕景琳点校：《广志绎》卷 5《西南诸省》，北京：中华书局，1981 年，第118 页。

② 乾隆《贵州通志》卷 7《地理·苗蛮》，清乾隆六年（1741 年）刻本，第 24 页。

③ 雍正《广西通志》卷 93《诸蛮·蛮疆分隶》，《景印文渊阁四库全书·史部》第 567 册，台北：商务印书馆，1986 年，第 570 页。

④ （明）杨芳：《殿粤要纂》卷 1《罗城县图说》，北京图书馆古籍出版编辑组：《北京图书馆古籍珍本丛刊》第 41 册，北京：书目文献出版社，1998 年，第 755 页。

⑤ 雍正《广西通志》卷 93《诸蛮·蛮疆分隶》，《景印文渊阁四库全书·史部》第 567 册，台北：商务印书馆，1986 年，第 571 页。

⑥ （清）陈梦雷编，（清）蒋廷锡校订：《古今图书集成》卷 1415《方舆汇编·职方典·庆远府部·汇考三》，北京、成都：中华书局、巴蜀书社，1985 年。

⑦ 雍正《广西通志》卷 93《诸蛮·蛮疆分隶》，《景印文渊阁四库全书·史部》第 567 册，台北：商务印书馆，1986 年，第 571 页。

⑧ 雍正《广西通志》卷 93《诸蛮·蛮疆分隶》，《景印文渊阁四库全书·史部》第 565 册，台北：商务印书馆，1986 年，第 570 页。

⑨ （明）王士性撰，吕景琳点校：《广志绎》卷 5《西南诸省》，北京：中华书局，1981 年，第118 页。

田纳赋谓之住瑶，种山而食，去来无常，谓之流瑶"①。至于支流洛清江流域所在的永宁州、永福县、雒容县一带，壮族的分布较多，明代时曾爆发大规模的反抗斗争。

邕江、郁江流域。左江、右江在南宁汇合后，即称邕江，至横州以下河段，即称郁江。这一流域两岸，基本处于河岸平原，其中最大者，当为南宁盆地。这一区域属汉、壮、瑶杂居之地。其中壮人较多者，在南宁北部的武缘县（今武鸣）与宾州（今宾阳），"武缘一县而土司之属有九……武缘县杂民夷……宾州柳属邑也，柳之为郡，僮七民三，而宾州以南，厥类实夥，尤称犷悍"②；"横州民一僮三，僮俗佃田，与民杂处。山子则散居震龙、六磨诸山，无版籍定居"③，山子，即山子瑶。贵县（今贵港市）、武宣一带，分布有不少"僮人"，史籍称为"贵县僮"，武宣"接来宾界，皆僮人"④。

漓江流域与桂江流域。至明代，漓江流域的上游山区，也是瑶族、苗族、壮族的杂居地。兴安县，"土颇腴，民瑶驯，扰惟西距武冈，山多人少，此瑶彼苗相勾引为疆圉患"⑤；灵川县，"界内瑶僮惟六都、七都最多，近俱已向化，间如杨梅、丈古、下车等瑶人，自昔号称顽悖，然亦止窃牛盗禾"⑥。至平乐府以下的府江（即桂江）流域，瑶壮分布较为集中。史称："平乐郡中瑶僮十居七八，自滨江至昭平，夹岸置堡数百里……故称夷窟。"⑦《明史》也称："府江有两岸三洞诸僮，皆属荔浦，延袤千余里，中间巢峒盘络，为瑶、僮窟穴。"⑧所辖恭城、富川，则主要分布的是瑶族，而贺县、钟

① 雍正《广西通志》卷93《诸蛮·蛮疆分隶》，《景印文渊阁四库全书·史部》第567册，台北：商务印书馆，1986年，第569页。

② 雍正《广西通志》卷93《诸蛮·蛮疆分隶》，《景印文渊阁四库全书·史部》第567册，台北：商务印书馆，1986年，第572页。

③ 雍正《广西通志》卷93《诸蛮·蛮疆分隶》，《景印文渊阁四库全书·史部》第567册，台北：商务印书馆，1986年，第566页。

④ （清）谢启昆修，胡虔纂：《（嘉庆）广西通志》卷278《诸蛮一·僮》，南宁：广西人民出版社，1988年，第6888页。

⑤ （明）杨芳：《殿粤要纂》卷1《兴安县图说》，北京图书馆古籍出版编辑组：《北京图书馆古籍珍本丛刊》第41册，北京：书目文献出版社，1998年，第736页。

⑥ （明）杨芳：《殿粤要纂》卷1《兴安县图说》，北京图书馆古籍出版编辑组：《北京图书馆古籍珍本丛刊》第41册，北京：书目文献出版社，1998年，第735页。

⑦ （明）杨芳：《殿粤要纂》卷2《平乐府图说》，北京图书馆古籍出版编辑组：《北京图书馆古籍珍本丛刊》第41册，北京：书目文献出版社，1998年，第781页。

⑧ 《明史》卷317《广西土司一·平乐》，北京：中华书局，1974年，第8213页。

山，壮人不少。

桂中山地。桂中山地即武宣、象州、荔浦、蒙山、平南、桂平之间的大瑶山区，自明代起，瑶人相继迁入，形成以瑶族聚居为主的山区，南部的桂平一带，明代设有武靖土州，为迁来的壮族据守。北部的修仁县、西部的象州县一带，则为壮族分布。

至于梧州附近的岑溪、藤县等地山区，皆为瑶、壮杂居。

总之，自明以降，珠江中上游地区，少数民族分布较广，种类繁多，呈现明显的大杂居、小聚居的分布格局。其中，以广西最为典型，少数民族人口占有较高比例。"盖通省如桂平、梧、浔、南宁等处，皆民夷杂居，如错棋然。民村则民居民种，僮村则僮居僮耕，州邑乡村所治犹半民也"①。

二、汉族

珠江中上游地区的汉族的分布，是历史上不断迁入而形成的。其迁入分布的特点，大致呈现沿水陆交通沿线分布的特征，也就是在这些区域，形成了民"夷"杂居或"蛮"汉错处的格局。

南盘江流域的滇东地区。汉族在这一地区的分布是随着中原王朝统治的深入而不断增多的。早在唐代，这一地区即有部分汉人进入南盘江上游的曲靖一带，与当地少数民族杂居，《蛮书》载："第七程至蒙夔岭。岭当大漏天，直上二十里，积阴凝闭，昼夜不分。从此岭头南下八九里，青松白草，川路渐平。第九程至鲁望，即蛮汉两界，旧曲靖之地也。"②及至明代统一云南，迁入云南的汉人不断增多，史称："官军从大将军南下，及五方之人，或以戍，或以徙，或以侨寓不归，是曰汉人；并生夷地，是曰夷人。……总计夷汉，汉人三之，夷人七之。"③处于南盘江腹地的广西府，随着改土归流的进行，汉人开始迁于此地的坝子谷地之中，陈时范称："滇

① （明）王士性撰，吕景琳点校：《广志绎》卷 5《西南诸省》，北京：中华书局，1997 年，第118 页。

② （唐）樊绰撰，向达校注：《蛮书校注》卷 1《云南界内途程第一》，北京：中华书局，1962 年，第29—30 页。

③ （明）刘文征撰，古永继校点：《滇志》卷 1《地理志第一之一·地图总论》，昆明：云南教育出版社，1991 年，第 25 页。（明）王士性撰，吕景琳点校：《广志绎》卷 5《西南诸省》，北京：中华书局，1981 年，第 127 页载："大抵云南一省夷居十之六七，百蛮杂处，土酋割据。"

是郡为东南陲要害……我朝成化间更置流官……隆庆五年，江右戴君时雍来临兹土，兴革弛张，与民同欲。于是，郡之耆绅段国宾、赵廷相辈得相率以筑城告，且愿输助。"①这些"耆绅"应该是早前迁于此地的汉族，有了一定汉族人口的迁入，才具备改土归流的人力基础。至清代康熙年间，汉族人口所占比例有所上升，康熙《师宗州志》称："州郭虽分四乡，然村寨落落如晨星，汉居其一，罗其居二。"②

北盘江所在的黔西南地区以及柳江上游的黔南地区，一直是少数民族分布较集中之地。汉族的进入，也是随着封建王朝统治的深入而增多的。自明代建省以来，"郡人多中州之迁谪，故居处服食器用，咸尚朴实"③。又载："贵州四面皆蛮夷，所可知者，各府若卫军民之数甚寥落也。蜀中、江右之民侨寓于此者甚众，买田宅长子孙者，盖多有之。"④其中，黔南的都匀府，"郡人皆□州迁调，故其习俗男女有别，甚重廉耻"⑤；黔南的程蕃府，"地连川广，居杂汉夷"⑥。及至清中叶，实施大规模的改土归流政策，破除了土司割据的壁垒，汉族移民得以深入民族地区。黔西南的兴义府，至嘉庆二年（1797年）时，"流寓之客民日增。现在统计男妇大小四万五百六十二名口，客民十居七八，苗民不过十之二三"⑦，府城之内汉人占了人口的大多数。但在偏远一些的安南县，"汉少夷多"⑧。普安直隶厅，"普安自兴义平定以后，土旷人稀，其土目大姓招佃种土，流民凑聚，气类不一，滇蜀失业穷黎，携妻挈子而

①（明）刘文征撰；古永继校点：《滇志》卷20《艺文志第十一之三·广西府筑城记》，昆明：云南教育出版社，1991年，第658页。

②康熙《师宗州志》卷上《州郭村寨》，台北：成文出版社，1974年，第63页。

③（明）沈庠修，赵瓒纂：《贵州图经新志》卷1《贵州志·风俗》，贵阳：贵州省图书馆，1985年油印本，第10页。

④嘉靖《贵州通志》卷3《户口》，《天一阁明代地方志选刊续编》第68册，上海：上海书店，1990年，第403页。

⑤（明）沈庠修，赵瓒纂：《贵州图经新志》卷8《都匀府·风俗》，贵阳：贵州省图书馆，1985年油印本，第94页。

⑥嘉靖《贵州通志》卷2下《形胜·程蕃府》，《天一阁明代方志选刊续编》第68册，上海：上海书店，1990年，第300页。

⑦（清）爱必达修，杜文铎等点校：《黔南识略》卷27《兴义府》，贵阳：贵州人民出版社，1992年，第226页。

⑧（清）爱必达修，杜文铎等点校：《黔南识略》卷28《安南县》，贵阳：贵州人民出版社，1992年，第231页。

来者，踵相接也"①。黔南都匀府荔波县，明中叶时，称"皆土夷"②，清嘉庆年间时，已有汉人迁入，县内"汉民一千五百零三户，又城厢内外汉民七百六十五户，共计汉民二千二百六十八户，皆住山坡"③。从江县，原先"万山丛杂，久为生苗巢穴，外人无与往来。乾隆五十年后，始有汉人入山伐木者"④。

以广西为主的珠江中游地区，汉族迁入的时间可以追溯至秦代统一岭南之时。自此之后，中原移民皆有迁入者，但最初多分布在桂林、柳州、梧州等桂东地区的军事据点周围地区。之后，才向民族地区迁移，形成交错杂居格局，但汉族人口所占比例较少。例如，柳州府"郭以外，绕地率瑶僮矣"⑤，象州"山多田少，自郭三里而外，瑶僮丛错"⑥；平乐县"为民村者，一百一十有五，为瑶僮村者，不啻倍焉"⑦。贺县则"民夷杂居"⑧；荔浦县"偏氓三而瑶与僮七"⑨。此外，部分来自广东的疍户，开始分布于广西郁江、邕江等河中，以捕鱼为生，"三江疍户其初多广东人，产业牲畜皆在舟中，即子孙长而分家，不过为造一舟耳"⑩。明代广西地区的汉人所占比重不高，史称："广

① （清）爱必达修，杜文铎等点校：《黔南识略》卷 29《普安直隶厅》，贵阳：贵州人民出版社，1992 年，第 240 页。

② （明）王士性撰，吕景琳点校：《广志绎》卷 5《西南诸省》，北京：中华书局，1981 年，第 118 页。

③ （清）爱必达修，杜文铎等点校：《黔南识略》卷 11《荔波县》，贵阳：贵州人民出版社，1992 年，第 108 页。

④ （清）爱必达修，杜文铎等点校：《黔南识略》卷 22《下江通判》，贵阳：贵州人民出版社，1992 年，第 186 页。

⑤ （明）杨芳：《殿粤要纂》卷 1《柳州府图说》，北京图书馆古籍出版编辑组：《北京图书馆古籍珍本丛刊》第 41 册，北京：书目文献出版社，1998 年，第 747 页。

⑥ （明）杨芳：《殿粤要纂》卷 1《象州图说》，北京图书馆古籍出版编辑组：《北京图书馆古籍珍本丛刊》第 41 册，北京：书目文献出版社，1998 年，第 762 页。

⑦ （明）杨芳：《殿粤要纂》卷 2《平乐县图说》，北京图书馆古籍出版编辑组：《北京图书馆古籍珍本丛刊》第 41 册，北京：书目文献出版社，1998 年，第 782 页。

⑧ （明）杨芳：《殿粤要纂》卷 2《贺县图说》，北京图书馆古籍出版编辑组：《北京图书馆古籍珍本丛刊》第 41 册，北京：书目文献出版社，1998 年，第 790 页。

⑨ （明）杨芳：《殿粤要纂》卷 2《荔浦县图说》，北京图书馆古籍出版编辑组：《北京图书馆古籍珍本丛刊》第 41 册，北京：书目文献出版社，1998 年，第 793 页。

⑩ （明）王士性撰，吕景琳点校：《广志绎》卷 5《西南诸省》，北京：中华书局，1981 年，第 114 页。

西一省，狼人半之，瑶人三之，居民二之。"①清代改土归流后，汉族人口大量迁入，尤其是向珠江中上游的山区迁移，在形成多民族杂居的同时，也极大地改变了广西的人口构成。一些偏远的少数民族县地，汉族人口也增长数倍，从嘉庆年间的广西编户人口统计推测，此时汉族人口比例大为上升，甚至开始超过了少数民族②。

———————————

　　① （明）吴瑞登：《两朝宪章录》卷 12 "嘉靖二十五年六月丁亥"条，《续修四库全书》编纂委员会：《续修四库全书·史部》第 352 册，上海：上海古籍出版社，2002 年，第 627—628 页。

　　② 刘祥学，刘玄启：《走向和谐：广西民族关系发展的历史地理学研究》，北京：民族出版社，2011 年，第 47 页。

第二章 人类活动与珠江中上游地区地理认识的演进

珠江中上游地区位于云贵高原向两广丘陵的过渡地带上，地表起伏大，河流切割深，岩溶广布，沟谷纵横。历史上，这一区域因闭塞的地形、崎岖的道路，制约了人类的活动，因而有一个逐步开发的过程，人们对其地理环境的认识也有一个从模糊到清晰的演进过程。这个过程，同时也是这一区域人类活动增多、地理封闭状态被打破的过程。

第一节 红水河流域地理认识的演进

一、温水、郁水、豚水与牂牁江之辩

南盘江和北盘江在贵州省望谟县蔗香村汇合后，始称红水河，自此东流，然后南折，穿越壮族分布的腹心地带，因而被壮族人民视为母亲河，在壮族人民心目中有崇高地位。历史上，红水河有不同的名称，红水河这一名称的确定，是在入清之后。以往学者对于红水河的研究，主要集中在对移民的考察与文化的研究上。其实，从历史地理的视角来看，红水河名称的演变，与这一区域人类活动增加有关。

历史上对红水河的记载，最早是从汉代开始的，但是汉代至隋代，史籍所

记载的红水河名称错乱而复杂。为了说明这个问题，有必要从红水河的河源——南盘江与北盘江名称谈起。南盘江在《汉书·地理志》中称"温水"，其载益州郡下辖 24 个县，其铜濑（一说在今云南马龙境内，一说在云南陆良县西北）条下载："谈虏山，迷水所出，东至谈稿入温。"①由此可知，迷水为温水支游，自谈虏山流出后，至谈稿县（今贵州盘县西南）与温水汇合。《汉书·地理志》又载牂牁郡下辖 17 县，分别为且兰、镡封、鳖、漏卧、平夷、同并、谈指、宛温、毋敛、夜郎、毋单、漏江、西随、都梦、谈稿、进桑、句町。其镡封县（今云南砚山县西北）条下明载："温水东至广郁入郁，过郡二，行五百六十里"②，"文象水东至增食入郁"③。汉代广郁县治今广西巴马瑶族自治县西北、凌云县东南一带。很明显，汉代时将广郁县下河道，称为郁水。从地望上分析，广郁县境以上河道温水为今南盘江确凿无疑。南盘江称为温水，在唐代以前并无变化。对此，史籍有明确的记载。常璩的《华阳国志》称："镡封县，有温水"，宛温县条下载："郡北三百里有盘江，广数百步，深十余丈，此江有毒瘴。"④南北朝时郦道元《水经注》亦载：

> 温水出牂牁夜郎县……温水自县西北流，径谈藁，与迷水合，水西出益州郡之铜濑县谈虏山，东径谈藁县，右注温水。温水又西径昆泽县南，又径味县……水侧皆是高山，山水之间，悉是木耳夷居，语言不同，嗜欲亦异……温水又西南径滇池城……温水又西会大泽，与叶榆仆水合。温水又东南，径牂牁之毋单县……桥水注之。……温水又东南，径兴古郡之毋掇县东。……与南桥水合……温水又东南，径律高县南……温水又东南，径梁水郡南……温水东南，径镡封县北，又径来惟县东，而仆水右出焉。又东至郁林广郁县，为郁水。秦桂林郡也，汉武帝元鼎六年，更名郁林郡。……应劭地理风俗记曰：《周礼》郁人掌欋器，凡祭酿宾客之欋事，和郁鬯以实樽彝。郁，芳草也，百草之华，煮以合酿黑黍，以降神者也。或说今郁金香是也。一曰郁人所贡，因氏郡矣。温水又东径增食县，有文象

① 《汉书》卷 28 上《地理志·益州郡》，北京：中华书局，1962 年，第 1601 页。
② 《汉书》卷 28 上《地理志·牂牁郡》，北京：中华书局，1962 年，第 1602 页。
③ 《汉书》卷 28 上《地理志·牂牁郡》，北京：中华书局，1962 年，第 1602 页。
④ （晋）常璩撰，刘琳校注：《华阳国志校注》卷 4《南中志》，成都：巴蜀书社，1984 年，第 457 页。

水注之，其水导源牂柯句町县。……又东至领方县，东与斤南水合。①

结合现代地理考察，《水经注》所述温水源于牂牁郡夜郎县，与文象水在增食县（治今广西隆安县）相汇，显然错谬。因为夜郎县至广郁县、增食县之间，有一系列西北—东南走向的山脉存在，广郁县北部有位于云贵高原边缘，海拔达 2062 米的岑王老山以及海拔达 1900 余米的金钟山。增食县北则有海拔 1000 余米的都阳山，两水不可能在此汇合。有关记载错谬问题，清人陈澧在其著述《水经注西南诸水考·序》中评价称："郦道元身处北朝，其注《水经》，北方诸水大致精确，至西南诸水，则几乎无一不误。"②此外，对此错误问题，近人杨守敬、熊会贞在他们的注疏中也曾明确指出过，但我们不应怀疑《水经注》的文献价值。相反，《水经注》的记载恰好证明汉代至南北朝时，称南盘江为温水，偶尔称为盘江。

《汉书·地理志》夜郎条下载："豚水东至广郁。"③可见广郁县内除了有温水流入郁水外，还有一条被称为豚水的河流。再结合《汉书·地理志》郁林郡条"郁水首受夜郎豚水，东至四会入海，过郡四，行四千三十里"④的记载综合分析，广郁是温水与豚水的交汇之地，两江汇合之后即称郁水。结合地望，豚水当为今之北盘江。

根据以上史料记载分析，唐以前的郁水实际上共有两条：一是接纳豚水（北盘江）之后的红水河，及流至四会入海的这一段漫长的河道，即《史记》所称行四千三十里之河水，包括今之红水河、黔江、浔江、西江统称为郁水。二是自增食（治今隆安县）的右江、邕江、郁江、浔江、西江段河道，也称为郁水⑤。郁水之名，虽然《水经注》言或来自郁人、郁金香之故，但笔者认为郁江之名应与郡名相关。西汉时设郁林郡，其下设有广郁县，其时所辖就是桂西北大片山区。流经郁林郡内的河道，称为郁水。之所以会产生郁水出现两个

① （北魏）郦道元著，谭属春、陈爱平校点：《水经注》卷 36《温水》，长沙：岳麓书社，1995 年，第 522—524 页。

② （清）陈澧著，郭忠培点校：《水经注西南诸水考·序》，《陈澧集》第 5 册，上海：上海古籍出版社，2008 年，第 450 页。

③ 《汉书》卷 28 上《地理志·牂牁郡》，北京：中华书局，1962 年，第 1602 页。

④ 《汉书》卷 28 下《地理志·郁林郡》，北京：中华书局，1962 年，第 1628 页。

⑤ 方国瑜认为汉代郁水当分为北盘水与南盘水，《水经》不别二水，而混为一水，以致名称错乱，令后人难解。参阅方国瑜：《中国西南历史地理考释》上册，北京：中华书局，1987 年，第 161—164 页。

流向的记载，这是其时人们对桂西北广大山地地理认识缺乏了解的缘故。

值得注意的是，司马迁《史记》中提到夜郎与岭南之间有牂牁江相通，《史记》卷 116《西南夷列传》首次提到牂牁江之名，称"牂牁江，广数里，出番禺城下"，以及"夜郎者，临牂牁江，江广百余步，足以行船"的详细记载。围绕牂牁江究竟是流经广西的哪一条河流的问题，自唐以来，即争论不休，莫衷一是。笔者认为，唐以前，中原王朝统治势力虽已及于广西地区，但其控制之地主要是在东部、南部的丘陵地带，对红水河流域以及贵州西南、滇东南一带少数民族较多的区域，统治还无法深入，因而中原人士对这一区域的了解还相当有限，有关记载并不一定符合当时的实际。司马迁为写《史记》，亲自考察了全国不少地方，但其足迹并未到达贵州、岭南的两广地区，因而他引用的是当时人们的传说资料，一会儿称"江广数百步"，一会儿又称"江广数里"。同理，牂牁江也应是流经牂牁郡内的河流。其时牂牁郡所辖范围广大，辖今之贵州中南部以及云南东南之地。所谓"马湖，古牂柯地"[①]，马湖府位于今云南东北昭通绥江县内；"广西，古牂牁地，僻在滇之东南陲"[②]，广西府治今云南东南部的泸西县；"施秉县者，镇严邑也，古牂柯地"[③]，施秉县则位于贵州中东部。也正因牂牁郡辖地广阔，其时人们因对这一区域地理状况并不了解，将流经该郡的河流称为牂牁江。实际上，牂牁郡境内有多条流经广西的河流，于是何为牂牁江就成为后世难解的谜题。

二、都泥江、乌泥江背后的地理认识

唐代之后，红水河有多种名称，但至明代，以都泥江、乌泥江之名较为常用。

都泥江之名，最早出现在唐代中叶的史料之中。李吉甫《元和郡县图志》澄州条下载："澄州，贺水下。"按唐时的澄州，治所即今之广西上林县境。其所辖之县有上林、无虞、止戈、贺水四县，俱跨大明山南北，但都位于红水河南岸。其中，贺水县距红水河南岸最近，过江即广西忻城县治，故《元和郡

① 嘉靖《马湖府志》卷 1《府纪》，明嘉靖三十四年（1555 年）刻本。
② （明）刘文征撰，古永继校点：《滇志》卷 21《艺文志第十一之四·广西府迁学记》，昆明：云南教育出版社，1991 年，第 694 页。
③ 乾隆《贵州通志》卷 41《艺文·建施秉县城碑记》，清乾隆六年（1741 年）刻本，第 29 页。

县图志》载："贺江水,一名都泥江,在县(止戈县)北一百九十里……都泥江,在县(贺水县)北一百四十里。"①从中不难看出,唐时红水河即有贺江、都泥江两名。值得注意的是,宣化县(治今南宁市)、武缘(治今武鸣)县下条分别又载："郁江水,经县(宣化)南,去县二十步……郁江水,经县(武缘)南,去县三十步。"②横州属下宁浦县(今横县)条载："郁江水,俗名蛮江水,北去县十步。"③贵州属下郁林县(治今贵港市)条载："郁江水,南去县十五步。"④说明自唐代始,已开始将今天的右江、邕江,固称为郁江水,这样明确将两条不同河源,最后又在郁林汇合的河流区别开来,说明时人已对广西的地理认识有所进步,但对红水河流域的中心地带的认识,依然处于模糊不清的状态。当然,唐宋时期,中央王朝对广西地区的统治已有所加强,在红水河流域腹地建立了一些羁縻州县,却始终无法深入,统治徒具虚名而已。

由于一般人较难涉足此地,故当时人对红水河的认识仅局限于红水河下游的上林、来宾一带。对于红水河中上游地区,人们的认识始终停留在想象层面上。如柳宗元有诗描绘来宾段的"大江",称:"瘴江南去入云烟,望尽黄茅是海边"⑤,"瘴"正是中原人士对南方民族地区的基本感觉,反映了唐时人们对红水河中上游地区还不了解的情况。宋人周去非在《岭外代答》中,根本没有提到红水河,仿佛不知道红水河的存在。一些史籍所记载的,基本上都是今天广西来宾市、南宁市北部上林县所见的红水河。例如,宋代撤无虞、止戈、贺水三县,并入上林县,当时上林县内的主要河流有"贺水、武齐水、吉东水"⑥,其中贺水即今红水河,沿用唐称。其后宋人不少著作都提到贺水、

①(唐)李吉甫撰,贺次君点校:《元和郡县图志》卷 38《岭南道五·邕管经略使·澄州》,北京:中华书局,1983 年,第 950 页。

②(唐)李吉甫撰,贺次君点校:《元和郡县图志》卷 38《岭南道五·邕管经略使·邕州》,北京:中华书局,1983 年,第 946 页。

③(唐)李吉甫撰,贺次君点校:《元和郡县图志》卷 38《岭南道五·邕管经略使·横州》,北京:中华书局,1983 年,第 951 页。

④(唐)李吉甫撰,贺次君点校:《元和郡县图志》卷 38《岭南道五·邕管经略使·贵州》,北京:中华书局,1983 年,第 948 页。

⑤(明)李贤等:《大明一统志》卷 83《柳州府》,西安:三秦出版社,1990 年,第 1276 页。

⑥(宋)乐史撰,王文楚等点校:《太平寰宇记》卷 165《岭南道九·澄州》,北京:中华书局,2007 年,第 3160 页。

大江之名，应该是其时红水河的代称。例如，《方舆胜览》载："贺水，在迁江县，其水流入柳江。"①迁江即今广西来宾市西南迁江镇，说贺水流入柳江，可见作者误以为柳江是主流。实际上，贺水只与柳江汇合，而流入郁江。又该书象州条载："大江，在来宾县西五十步，至武仙县（今武宣县），通广州入海"②；《舆地广记》来宾县条记载："有大江"③，迁江县条记载："有都泥山、贺水。"④由此可见，宋时红水河来宾段有大江之名，而上林段则称为贺水。南宋末年，已开始出现乌泥江之名。广西经略安抚使李曾伯在《可斋续稿》中称："是秋，敌犯邕境，赖我师遏之，不致深入。明年开庆己未，筑凿甫竣，边遽已动。七月，敌渡乌泥江，八月犯横山。"⑤

　　明代中叶以后，随着中央王朝对广西地区统治不断深入，人们对这一地区的地理环境开始有了稍为深入的了解。也就是这一时期，都泥江、乌泥江开始成为红水河的主要名称。不过，对比其时都泥江、乌泥江的相关记载，"都""乌"音近，应为当地民族语言的汉字记音。一些学者也从语言学的角度对此进行考察，因为红水河在壮语里叫"达咽"，"dah nyenz（壮语方言）"即【ta^6n_0e：n^2】，用汉语记音即"都泥"，为使汉人能够看得懂、听得懂，才在后面加上"江"字。壮语称河为"达"，汉人记音为"驮""达""打""都"。例如，历史上广西河流有"驮娘江"、"打狗河"（"狗"为壮语弯弯曲曲之意，打狗河就是弯弯曲曲的河）、"都柳江"等。"泥"是壮语"咽"，是【n_0e：n^2】的汉字记音，因汉语中没有【n_0】音，只能记作近音的"泥"。同样，汉语中没有与【n_0e：n^2】对应的字，只能找近音的"咽"字代替。"咽"即【n_0e：n^2】的含义，在壮语中为听见、听的意思，当地壮族居民称红水河为"达咽"，意为发生声音特别大，听得到声音的河流。这是十分符合红水河

---

　　① （宋）祝穆撰，祝洙增订，施和金点校：《方舆胜览》卷41《广西路·宾州》，北京：中华书局，2003年，第740页。

　　② （宋）祝穆撰，祝洙增订，施和金点校：《方舆胜览》卷40《广西路·象州》，北京：中华书局，2003年，第719页。

　　③ （宋）欧阳忞：《舆地广记（附札记）》卷36《广西南路上·象州·来宾县》，北京：中华书局，1985年，第370页。

　　④ （宋）欧阳忞：《舆地广记（附札记）》卷37《广西南路下·象州·迁江县》，北京：中华书局，1985年，第378页。

　　⑤ （宋）李曾伯：《可斋续稿》后卷12《杂著·桂阃文武宾校战守题名记》，《景印文渊阁四库全书·集部》第1179册，台北：商务印书馆，1986年，第835页。

流域地貌的。红水河落差较大，流经山谷之间，河水发出的响声特别大，人们居住在很远地方都能"听见"它的声音①。因此，都泥江之名当为汉人借壮语（或古越语）的记名。

在明人所撰地理学著作中，"乌泥江"之名主要指广西迁江以上江段，甚至包括南盘江与北盘江，而"都泥江"之名则常指广西迁江以下江段。李贤等纂修《大明一统志》载："乌泥江，在忻城县六里，合龙江、北流过东水源等江入于浔、梧州界"②；明人张天复《皇舆考》称红水河来宾段为"大江"，而称忻城段为"乌泥江"③。明人曹学佺《广西名胜志》称那地州段红水河"其川曰乌泥江、龙泉江，古百粤地，唐为溪峒之地，名曰那地"④，忻城县下条称："忻城县在府南一百四十里……其川曰乌泥江、龙塘江。"⑤嘉靖《广西通志》已经认识到来宾、上林段红水河实为一江，载来宾"大江在县南，发源迁江□都泥江"⑥；"牂牁水，自牂牁流经本县，合于大江"⑦；"贺水，在县西二里，源出上林，流会都泥"⑧；嘉靖《广西通志》又载迁江，"都泥江，在县北二里，自宜州落木渡（按：一些史书称为罗木渡）而来，东流汇贺水，合柳江，经浔、梧入于海"⑨，首次指明了贺水为都泥江支流，纠正了唐宋时期以贺水代称都泥江的情况，给后世留下了分辨率更高的地理记载。

① 覃乃昌：《来宾市壮族文化考察札记》，覃彩銮，卢运福主编：《多维视野中的来宾壮族文化》，南宁：广西民族出版社，2005年，第394页。

② （明）李贤等：《大明一统志》卷84《庆远府》，西安：三秦出版社，1990年，第1280页。

③ （明）张天复：《皇舆考》卷10《广西》，四库全书存目丛书编纂委员会：《四库全书存目丛书·史部》第166册，济南：齐鲁书社，1996年，第403、404页。

④ （明）曹学佺：《广西名胜志》卷9《那地州》，《续修四库全书》编纂委员会：《续修四库全书·史部》第735册，上海：上海古籍出版社，2002年，第102页。

⑤ （明）曹学佺：《广西名胜志》卷9《忻城县》，《续修四库全书》编纂委员会：《续修四库全书·史部》第735册，上海：上海古籍出版社，2002年，第102页。

⑥ 嘉靖《广西通志》卷13《山川志二》，北京图书馆古籍出版编辑组：《北京图书馆珍本善本丛刊》第41册，北京：书目文献出版社，1998年，第199页。

⑦ 嘉靖《广西通志》卷13《山川志二》，北京图书馆古籍出版编辑组：《北京图书馆珍本善本丛刊》第41册，北京：书目文献出版社，1998年，第199页。

⑧ 嘉靖《广西通志》卷13《山川志二》，北京图书馆古籍出版编辑组：《北京图书馆珍本善本丛刊》第41册，北京：书目文献出版社，1998年，第200页。

⑨ 嘉靖《广西通志》卷13《山川志二》，北京图书馆古籍出版编辑组：《北京图书馆珍本善本丛刊》第41册，北京：书目文献出版社，1998年，第200页。

明人对乌泥江的源流依然产生了较为明显的错误认识，这些错误主要表现在对南、北盘江不加区分或者对河流具体流向的记载上。

明人陈全之《蓬窗日录》载："盘江，源出四川乌撒府普畅寨东，经古夜郎地，又为黔中，隶牂牁郡，今普安州，东北下流入安南卫，经广西泗城州入庆远府乌泥江，下合柳江，即为右江。"①这里的盘江指的应是北盘江。顾炎武《肇域志·贵州·安顺府·镇宁州》也将贵州西南一带的北盘江称为"乌泥江"，言："乌泥江，在城南一百里。南流入广西田州。"②明人魏浚《西事珥》载："乌泥江源出曲靖、澂江、通海诸水，皆会于阿迷，绕贵州乌撒，出泗城，皆称盘江，水多伏流，或落漯辄数十百丈，飞流溅沫十数里，夹沙土浑浊似黄河，故曰乌泥。"③魏浚所言的盘江，则应为南盘江。"乌泥江"之名，魏浚认为其河携带大量泥沙，浊如黄河之故。根据史料记载，乌泥江既指迁江以上红水河，还包括其上源南盘江、北盘江。两条流向完全不同的支流，何以会共用"乌泥江"之名？主要还是明人对红水河上游地区的地理环境还缺乏足够的了解。对于南、北盘江的流向，依然存在与前代相似的错误认识。《大明一统志》称："盘江在霑益州有二源，北流曰北盘江，南流曰南盘江。环绕诸部，各流千余里，至平伐横山寨合焉。"④认识到盘江南北分流为二，这是地理认识的进步，但言南、北盘江最后汇于横山寨则大谬。明人的记述中，对红水河及其上游地区的记载仍然存在较多错误。明代中叶地理学家王士性《广志绎》载："都泥江出贵州程蕃府，经南丹、来宾。始浊，乃入大藤峡，出峡抵浔州北门为黔江，亦名浔水。"⑤这条史料的可贵在于准确记载都泥江流经南丹土州和来宾县（今来宾市），流向大致正确，又记载了都泥江经过来宾之后"始浊"的情况，使我们能够了解到明中叶时都泥江上游地区的水文特征，但其认为都泥江源于贵州程蕃府（治今贵州惠水县），则完全错误。除此之外，

---

① （明）陈全之著，顾静标校：《蓬窗日录》卷1《寰宇》，上海：上海书店出版社，2009年，第12页。

② （清）顾炎武撰，谭其骧等点校：《肇域志·贵州·安顺府·镇宁州》，上海：上海古籍出版社，2004年，第2457页。

③ （明）魏浚：《西事珥》卷1《乌泥江源》，四库全书存目丛书编纂委员会：《四库全书存目丛书·史部》第247册，济南：齐鲁书社，1996年，第753页。

④ （李）李贤等：《大明一统志》卷87《曲靖军民府》，西安：三秦出版社，1990年，第1331页。

⑤ （明）王士性撰，吕景琳点校：《广志绎》卷5《西南诸省》，北京：中华书局，1981年，第113页。

王士性对南、北盘江流向的记载，也完全继承了前代的错误，对柳江源的叙述以及称大融江源自靖州，皆误。他称：

> 广西水自云贵交流而来，皆合于苍梧。左江正派始于盘江，北盘江出乌撒，绕贵普安之东，南盘江出霑益、六凉、澂江、通海，而皆会于阿迷，绕贵罗雄之南，两江合而下泗城、田州，至南宁合江镇又与丽江合，丽江出交趾广源川，经太平、思明府。而下横州，至浔州南门为郁江，即古牂牁江，汉武帝使归义侯发蜀罪人下牂牁江会于番禺即此。右江正派始于柳江，源出都匀府，下独山，经庆远至柳城与大融江合。大融江出靖州，经怀远。过柳州至江口与洛溶江合，洛溶江出义宁，经洛溶。下象州与都泥江合。①

明末，徐霞客亲自进入红水河地区实地考察，对不少地方的描述是较为精确的。游广西之前，他仔细研读过《大明一统志》对广西的记载，并通过实地考察予以对照，因而相关记载有较高的历史地理价值。例如，其游记记载其抵达广西上林县苏吉镇后，"又北十五里，则一江西自万峰石峡中破隘而出，横流东去，复破万峰入峡，则都泥江也。有刳木、小舟二以渡人，而马浮江以渡。江阔与太平之左江、隆安之右江相似；而两岸甚峻，江嵌深崖间，渊碧深沉。盖当水涸时无复浊流溽漫上色也。……渡江而北，饭于罗木堡……其地已属忻城，而是堡则隶于庆远，以忻城土司也。宾、庆之分南北，以江为界"②。此外，他对南盘江部分流向的描述基本上还是准确的，称："南盘自霑益州炎方驿南下，经交水、曲靖，南过桥头，由越州、陆凉、路南，南抵阿弥州境北，合曲江、泸江，始东转渐北，合弥勒巴甸江，是为额罗江；又东北经大柏坞、小柏坞，又北经广西府东八十里永安渡，又东北过师宗州东七十里黑如渡，又东北过罗平州东南巴旦寨，合江底水；经巴泽、巴吉，合黄草坝水；东南抵坝楼，合者坪水；始下旧安隆。"③他对北盘江上游及南盘江下游

---

① （明）王士性撰，吕景琳点校：《广志绎》卷5《西南诸省》，北京：中华书局，1981年，第112—113页。

② （明）徐弘祖著，褚绍唐、吴应寿整理：《徐霞客游记》卷4上《粤西游日记三》，上海：上海古籍出版社，2010年，第190页。

③ （明）徐弘祖著，褚绍唐、吴应寿整理：《徐霞客游记》卷5上《滇游日记二·盘江考附》，上海：上海古籍出版社，2010年，第383页。

流向记载明显错误，称："北盘自杨林海子，北出嵩明州果子园，东北经热水塘，合马龙州中和山水，抵寻甸城东，北去彝地为车洪江；下可渡桥，转东南经普安州北境，合三板桥诸水；南下安南卫东铁桥，又东南合平州诸水，入泗城州东北境；又东注那地州、永顺司，经罗木渡，出迁江、来宾，为都泥江，东入武宣之柳江。是南盘出南宁，北盘出象州，相去不下千里。而南宁合江镇，乃南盘与交趾丽江合，非北盘与南盘合也。其两盘江相合处，直至浔州府黔、郁二江会流时始合，但此地南北盘已各隐名为郁江、黔江矣。则谓南盘、北盘，即为南宁左、右江之误，宜订正者三。"①实际上，车洪江下游称牛栏江，与金沙江相汇，非北盘江源流。他在游记中反复强调："今则以黔、郁分耳。南盘自富州径田州至南宁合江镇合丽江，是为右江。北盘自普安经忻城至庆远，合龙江，是为乌泥江。下为黔江，经柳、象至浔州，合郁亦为右江。是南北二盘，在广右俱为右江，但合非一处耳。《云南志》以为二盘分流千里，至合江镇合焉，则误以南宁之左、右二江，俱为盘江，而不知南盘之无关于丽江水，北盘之不出于合江镇也。"②可见，徐霞客知道南、北盘江不同，但却不清楚南盘江的具体流向，称南盘江自云南富州流经田州，至南宁合江镇汇合丽江（即右江），几乎完全重复了前人的错误。他认为南盘江流经南宁，北盘江流往象州，更是完全错误。又，他到柳城考察时称："柳城县在江东岸……城西江道分而为二，自西来者庆远江也，（其源一出天河县为龙江，一出贵州都匀司为乌泥江，经忻城北入龙江，合流至此；）自北来者，怀远江也，（其源一出贵州平越府，一出黎平府，流经怀远、融县至此。）二江合而为柳江。"③他所言乌泥江经忻城北汇入龙江，显系错误。至于言怀远江（即融江）又分别自贵州平越府（今贵州福泉市）、黎平府（今贵州黎平县）流过，同样存在明显的错误地理认识。

①　（明）徐弘祖著，褚绍唐、吴应寿整理：《徐霞客游记》卷5上《滇游日记三》，上海：上海古籍出版社，2010年，第383页。

②　（明）徐弘祖著，褚绍唐、吴应寿整理：《徐霞客游记》卷3下《粤西游日记二》，上海：上海古籍出版社，2010年，第126页。

③　（明）徐弘祖著，褚绍唐、吴应寿整理：《徐霞客游记》卷3下《粤西游日记二》，上海：上海古籍出版社，2010年，第126页。

三、清代红水河流域地理认识的清晰

入清以后，尤其是雍正年间实行大规模的改土归流以后，清朝对包括广西在内的西南少数民族地区统治不断深入，人们对红水河流域的了解才不断增多。有关历史记载也越来越详细，对其流域环境的认识不断加深。因而我们能从清以后有关文献记载中，得到有关红水河流域地理环境分辨率较高的图像。红水河之名称的最终确定，是人们对滇东、黔西南、黔南及桂西北山区地貌充分了解的结果。

清代，在红水河没有最终确定名称之前，人们常将今流入广西的南盘江当作红水河，而不自觉地忽视北盘江的存在，故在不同时期，红水河分别有乌泥江、都泥江、红水江、红江河、红水河、浑水河、八达河等多种名称，而以红水江最为常用。其实，若按今天关于红水河的定义，南、北盘江汇流之前，是不属于红水河的，但在红水河名称确定之前，时人将广西境内南盘江视为红水河一段，是很正常的。红水河最初只是偶称，最后成为常称。雍正《广西通志》及嘉庆《广西通志》对红水河流经各段名称都有较为详细的记载。例如，雍正《广西通志》载广西南丹县段河道，"乌泥江在县西六里，自东兰经安定夷江流入县境，下迁江"①；载宾州段河道，"古漏水，在州西源出古漏山下，流合宾水、李依江入都泥江合大江"②；载迁江段河道，"清水江，源出上林，至城东北合红水江流下来宾，达浔、梧、东粤"③，"红水江，亦曰都泥江，源出贵州穿山，泻至城东北会清水江，合流而下，秋夏水红黄，难饮食，春冬水清。上有滩十五处，高险无比"；载东兰土州段河道，"九曲水在州东北，源出九曲山，绕银海池下合红水河"④；载思恩府段河道，"红水江，一名红江河，发源云南，由西隆州入界，经泗城、东兰等境，自罗墨渡

① 雍正《广西通志》卷16《山川·庆远府·忻城土县》，《景印文渊阁四库全书·史部》第565册，台北：商务印书馆，1986年，第438页。
② 雍正《广西通志》卷17《山川·思恩府·宾州》，《景印文渊阁四库全书·史部》第565册，台北：商务印书馆，1986年，第445页。
③ 雍正《广西通志》卷17《山川·思恩府·迁江县》，《景印文渊阁四库全书·史部》第565册，台北：商务印书馆，1986年，第447页。
④ 雍正《广西通志》卷17《山川·思恩府·东兰土州》，《景印文渊阁四库全书·史部》第565册，台北：商务印书馆，1986年，第438页。

出，流庆远府与柳江合下浔州与左右两江会流"[1]；载田州土州段河道，"红水河，源自滇中，由泗城、那地、东兰绕州东，北界万洞溪，在城西二十里，其水深阔，居民常渔于此"[2]；载安定土司（今都安瑶族自治县境内）河段，"红水江距西四十里，横渡于司治之南。冬涸阔仅十数丈，霆雨则泛滥汪洋不可度。拟通河皆赤，上下俱名红水江"[3]；载泗城府（治今凌云县）段河道，"红水江自西隆流入府界，又东北经那地、东兰二州入都阳、安定司界"[4]；载西隆州（治今西林县）段河道，"浑水河，即红水。源自云南陆凉州来，西南入州境，逶迤而东，北经巴结甲南，绕那贡寨，北至坝达山，下板坝塘，入剥弼甲，流出府界百乐寨"[5]。

可见，入清之后，红水河虽还有都泥江、乌泥江之称，但以红水江之名较为常见，红水河、浑水河还只是偶称。值得注意的是，其时红水江之名多指迁江以上河段，而浑水河则只指其时云南进入广西后流经西隆州的一段。此外，这一时期的《读史方舆纪要》《水道提纲》等都对红水河各段进行了极为详尽、准确的记述，嘉庆《广西通志》多从中采引，各段所用名称多与雍正《广西通志》所载相同。不同河段亦存在都泥江、乌泥江、红水江等名，但红水河名称的使用越来越频繁，且记述越来越清晰。《明史》卷45《地理志》载："州东南有隘洞江，一名都泥江，又名红水河，又名乌泥江"，将支流隘洞江误作主流红水河。对此错误，顾祖禹在《读史方舆纪要》中做了订正，"隘洞江，在州东北，流入南丹州界合都泥江"[6]。清人齐召南在《水道提

① 雍正《广西通志》卷17《山川·思恩府》，《景印文渊阁四库全书·史部》第565册，台北：商务印书馆，1986年，第441页。

② 雍正《广西通志》卷17《山川·思恩府·田州土州》，《景印文渊阁四库全书·史部》第565册，台北：商务印书馆，1986年，第450页。

③ 雍正《广西通志》卷17《山川·思恩府·安定土司》，《景印文渊阁四库全书·史部》第565册，台北：商务印书馆，1986年，第455页。

④ 雍正《广西通志》卷17《山川·泗城府》，《景印文渊阁四库全书·史部》第565册，台北：商务印书馆，1986年，第456页。

⑤ 雍正《广西通志》卷17《山川·泗城府·西隆州》，《景印文渊阁四库全书·史部》第565册，台北：商务印书馆，1986年，第457页。

⑥ （清）顾祖禹撰，贺次君、施和金点校：《读史方舆纪要》卷109《广西四》，北京：中华书局，2005年，第4931页。

纲》中明确指出：“两盘江既合，总称曰红水河。”①这一提法提出后，有一个逐渐获得认同的过程，此后在嘉庆《广西通志》中，对忻城、泗城府段河道均直接沿用红水河之名。红水河流域所修地方志也多用红水河的名称。这样，在清嘉庆以后，源自云南，流经广西腹地数百千米的重要河流，完成了由都泥江（乌泥江）—红水江—红水河的演变过程。红水河之名一直沿用至今。

四、人地关系、环境变迁与红水河名称的确定

从现有文献记载看，红水河得名与河水颜色有较为密切的关系，即河水泛黄。前述雍正《广西通志》中称红水河“秋夏水红黄难饮，春冬水清”②，“冬涸阔仅十数丈，霪雨则泛滥汪洋不可度。拟通河皆赤”③。又载，东兰州“隘洞水在州东北，即红水河，又名乌泥江，自那地州流入，又东南经思恩之都阳、安定诸司入忻城界，水势汹涌昏黑，直等黄河”④。嘉庆《广西通志》则谓：“入夏即红，顷刻涨数丈，秋深水乃定。”⑤显然，红水河是因其夏秋雨季涨水，河水呈黄红色而得名的，人们的直觉也完全正确，但要解释红水河之水因何而变红，则必须从明清以降桂西北地区红水河流域，以及其上游的滇东、黔西南人地关系与环境变迁的角度加以分析。

从气候上，这一区域属南亚热带逐渐向中亚热带、北亚热带、暖温带过渡地带，全年平均气温在 14—22℃，年际变化不大。由于上游地区南盘江、北盘江所在的滇东与黔西南地区正好处在西太平洋副高压带与西藏高压带的交汇地带，属滇黔辐合区⑥。每年夏秋之季，多降暴雨。这是红水河夏秋之季来水较多、河水暴涨的原因。对这一气候现象，古人已有所认识。晋人常璩《华

① （清）齐召南：《水道提纲》卷19《粤江中》，《景印文渊阁四库全书·史部》第583册，台北：商务印书馆，1986年，第216页。

② 雍正《广西通志》卷17《山川·思恩府·迁江县》，《景印文渊阁四库全书·史部》第565册，台北：商务印书馆，1986年，第447页。

③ 雍正《广西通志》卷17《山川·思恩府·安定土司》，《景印文渊阁四库全书·史部》第565册，台北：商务印书馆，1986年，第455页。

④ 雍正《广西通志》卷16《山川·庆远府·东兰州》，《景印文渊阁四库全书·史部》第565册，台北：商务印书馆，1986年，第436页。

⑤ （清）谢启昆修，胡虔纂：《（嘉庆）广西通志》卷111《山川略十八·川三·柳州府·来宾县》，南宁：广西人民出版社，1988年，第3309页。

⑥ 陈宗瑜主编：《云南气候总论》，北京：气象出版社，2001年，第31页。

阳国志》载："郡上值天井，故多雨潦"①。《旧唐书》称："土气郁热，多霖。"②在地貌上，红水河流域及上源的滇东、黔西南地区多为石灰岩广布的喀斯特岩溶地貌，峰林、峰丛、洼地是地貌的主要特征。这些地区山多地少，石厚土薄，红水河流域腹地的忻城、都安、巴马、东兰、乐业等县都是著名的大石山区，号称广西的石头大县。红壤是这一地区最主要的土种，其中滇东以红壤居多，黔西南则以黄壤为主。这一区域由于地处云贵高原向两广丘陵的过渡地带，地形破碎，切割度大，地表受侵蚀、冲刷严重，属典型的生态脆弱地区。从清代文献看，当时人们显然已对红水河流域的人地关系变化导致环境变迁有了一定的认识，才最终将红水河流域的地理图像较为清晰地描绘出来。归纳起来，导致红水河河水颜色变红的原因，主要是流域内及上游地区人口不断增多，山区过度垦殖，坡耕农业发展，采矿业发展，造成水土流失，在暴雨的冲刷下，大量红壤、黄壤沙粒被带入河中，从而形成夏秋雨季河水变红泛黄的特有现象。

从历史上看，这一地区人口有一个不断增多的过程。红水河腹地的忻城、都安、东兰、南丹等地属少数民族人口较为聚集的地区，在清代以前并没有完整的人口统计。在此，只能以红水河上游的滇东、黔西南地区人口增长为例加以说明。

唐以前，这一地区人口不多，《汉书·地理志》载牂牁郡"户二万四千二十九，口十五万三千三百六十"③；《华阳国志》则载汉牂牁郡"属县：汉十七，户（六）万"，至西晋时，"县（四），户五千"；夜郎郡"属县二，户千"；朱提郡"属县五，户八千"；兴古郡"属县（十一），户四万"④。考虑到当时的牂牁、夜郎诸郡辖区甚大，这些户口数当属较低值。显然，较少的人口，对于当地环境的影响不是很大。这从史籍记载当地存在的"瘴毒"就可以得到一定程度的说明。明代时，随着统治的不断深入，红水河上游滇东与黔西南地区，随着外来移民的进入，人口已有所增加，见表2-1。

① （晋）常璩撰，刘琳校注：《华阳国志校注》卷4《南中志》，成都：巴蜀书社，1984年，第378页。
② 《旧唐书》卷197《西南蛮传·牂牁蛮》，北京：中华书局，1975年，第5276页。
③ 《汉书》卷28上《地理志·牂牁郡》，北京：中华书局，1962年，第1602页。
④ （晋）常璩撰，刘琳校注：《华阳国志校注》卷4《南中志》，成都：巴蜀书社，1984年，第455页。

表 2-1 明代滇东、黔西南府州卫户口统计简表

地区	府、州、卫	户数/户	丁口数/人
滇东地区	曲靖府	8492	59 995
	澂江府	4860	35 460
	广西府	4867	85 628
	合计	18 219	181 083
黔西南地区	普安州	3141	39 525
	普定卫	6565	24 470
	普安卫	2656	6998
	安南卫	2486	6980
	镇宁州	15 201	25 578
	永宁州	2369	10 096
	合计	32 418	113 647

资料来源：万历《云南通志》卷 6《户口》，林超民主编：《中国西南文献丛书》第一辑《西南稀见方志文献》第 21 卷，兰州：兰州大学出版社，2004 年；嘉靖《贵州通志》卷 3《户口》，《天一阁明代地方志选刊续编》第 68 册，上海：上海书店，1990 年

这些户口，当然都是登记在册的汉族人口为主，不纳赋税的少数民族人口无法统计。嘉靖《贵州通志》载："贵州四面皆蛮夷，所可知者，各府若卫军民之数甚寥落也。蜀中、江右之民侨寓于此者甚众，买田宅长子孙者，盖多有之。"①这反映出明代这一地区外来人口不断增加的事实。当然，人口的增长，主要还是在清雍正年间改土归流之后。

不断增加的人口，必然会带来生存空间拓展的问题。为满足众多人口的生存需要，必然要增加耕种面积，发展农业生产，从而增加土地的承载力。自明代起，即开始在滇东与黔西南地区开展大规模的屯田，如普定卫，"水陆田地七万六千七百二十四亩，水田三万四千亩，陆地四万二千七百二十四亩"；安南卫，"水陆田地三万四千六百七十亩九分，水田一万九千六百五十八亩六分，陆地一万五千一十二亩二分"；普安卫，"水陆田地七万八千四百四十亩七分，水田三万五千四百七十八亩六分，陆地四万一千

① 嘉靖《贵州通志》卷 3《户口》，《天一阁明代地方志选刊续编》第 68 册，上海：上海书店，1990年，第 403 页。

九百六十六亩一分"①。一般而言，在河谷地区及平坝地区垦殖，尤其是水田，引起严重水土流失的可能性不大。造成水土流失的，主要还是坡耕农业。在地形切割较深，坡度较陡的地方，水土流失尤甚。在夏秋多雨之季，垦松的表层红壤、黄壤，被雨水携带，带往下游地区。例如，滇东的陆凉州（今陆良县），水田较少，因为收成低，粮食产量少，只好尽力扩大耕地面积，"虽高岗硗垅，亦力垦之，以种甜、苦二荞自瞻"②。此外，矿产开采也是造成水土流失的重要原因之一，红水河流域拥有丰富的矿产如金、铅、锌、铁、铜、银、锡、汞等资源，开发时间可以追溯至汉代。大规模的开采主要还是入清之后。

　　人类活动的影响造成的水土流失，使红水河流域含沙量上升，在汛期出现了河水泛红的水文现象，这是红水河名称最终确定的原因。同时，红水河名称的确定，也是人们对这一区域地理环境认识不断清晰的结果。从有关历史记载以及统治机构的设置来看，历史时期人们对红水河流域的地理环境认识，明显呈现出由两头向中间扩展的特征，即从南、北盘江的河源地区和红水河下游的来宾、迁江段逐渐向红水河中游地区扩展，这与人类对其他河流由中下游向上游认识不断扩展的规律是明显不同的。造成这一特殊现象的根本原因，在于这一流域的独特的地理环境。从地形看，红水河及上游的南、北盘江流域，是云贵高原向丘陵地带的过渡地带，受地表切割的影响，流域内多高山峡谷与陡坡，地形闭塞。滇东地区地形相对平坦，自秦以来就是中原王朝统治势力伸入西南地区的前沿基地。外来人口的进入，也多先经此地，故中原人士对滇东地理环境了解较早也较多，有关文献记载也相对准确，而广西忻城以下红水河段，主要是由丘陵向平原的过渡地带，地形平坦，没有大的阻隔，交通条件较好，正好处于桂林至南宁的交通线附近，便于中央控制。由此往西，即进入少数民族聚居区，地形闭塞，道路崎岖，历来为土司直接统治区，中原人士足迹少有至此，对这一地区了解十分有限，故所记多不准确。清代改土归流之后，打破了割据封闭的状态，移民进入，原先显得神秘、外人难测的地理环境，

① 嘉靖《贵州通志》卷3《土田》，《天一阁明代地方志选刊续编》第68册，上海：上海书店，1990年，第390页。

② （明）陈文修、李春龙、刘景毛校注：《景泰云南图经志书校注》卷2《曲靖军民府·陆良县》，昆明：云南民族出版社，2002年，第129页。

遂为人们完全了解。可以说，红水河名称的最终确定，是人类活动范围扩大的结果。

第二节　清代前期红水河流域的经济开发与环境效应

一、清以前红水河流域的自然地理环境

红水河流域的滇东、滇东南、黔西南以及桂西北、桂北地区，山岭崎岖，交通十分不便，当地居民以世居的彝、苗、布依、壮、瑶等少数民族为主。由于人口不多，生产力水平低下，开发程度有限，因而在清以前，红水河流域大部分地区还保持着较好的自然生态环境。清代康熙年间之后，随着中原人口激增，人口不断向边疆民族地区迁移，红水河流域人口不断增多。在不少地方不断得到开发的同时，自然环境也随之发生了难以逆转的变化。关于清初以前红水河流域的自然生态环境，可以从其时森林覆盖情况和中大型的野生动物种群两方面加以考察。

红水河流域的森林覆盖情况，清初以前没有明确的统计资料，也缺乏科学的测量手段，其具体数值已不可得知。结合现存各种地方志、私人游记、诗文等史籍对红水河流域内的山区植被状态所做的大量描述加以综合判断，其森林保有较高的覆盖率。例如，在南盘江流经的滇东地区，位于曲靖府东部的郎目山，"山色苍翠"；位于府境西南的真峰山和多罗山，"山峦秀丽，饶花木……多茂林"①。澂江府境的阳宗县（今云南澄江市东北）天马山地区，"危峰茂林，流泉环绕"；新兴州（今云南玉溪市）奇梨山，"林木荟蔚"；位于州境东汇入盘江河的铁池河两岸，"竹山五丛，林木深密"②。南盘江大拐弯的滇东南地区：临安府（今云南建水县），东南部的矣和城山，"林壑荟蔚如画"；西北的丰山，"地肥草茂"；石屏州（今云南石屏县）的干阳山，

---

① （明）刘文征撰，古永继校点：《滇志》卷 2《地理志·山川·曲靖府》，昆明：云南教育出版社，1991 年，第 85—86 页。

② （明）刘文征撰，古永继校点：《滇志》卷 2《地理志·山川·澂江府》，昆明：云南教育出版社，1991 年，第 87 页。

"佳木苍翠"。宁州（今云南华宁县）的万松山，"多松林"①。广西府弥勒州（今云南弥勒市）十八寨山，"山箐连属"②。在师宗州与罗平州交界之山，明末徐霞客经过时，但见"皆丛木其中，密不可窥；而峰头亦多树多石，不若师宗皆土山茅脊也"③。可见，明末之际，红水河上游的南盘江流域大部分地区都还保持着较好的自然生态，植被覆盖较为良好。在黔西南、黔南地区，山多平原少，至明中后期时，山间坝子与河流两岸都已得到开发，如贵阳以南的程蕃府，府治周围的平坝地区，"亩亩相接，地土肥饶平旷如砥，宜稻宜麦"，但在大多数的山区，还保持着较原始的自然生态，所谓"山广箐深，重岗叠寨"④。明末徐霞客路过程蕃府定番州与广顺州（今贵州惠水县至长顺县境）交界山地时，记载"其岭峻石密"，属典型的岩溶山地地貌。然而，山上植被覆盖良好，一些地方"密树深丛"，一些地方"层篁耸木，亏蔽日月"⑤。黔西南普安州（今贵州盘州市）一带，河谷地带开发较早，皆为良田，山区植被良好。因当地水热条件较好，分布有大面积的阔叶林。例如，嘉靖时普安州境的八纳山，"泉声树色常与烟岚掩映，人迹罕到"⑥。明人丁养浩曾有《普安公署》诗云；"好山如画压城头，尽日岚光翠欲流。峻岭到天偏碍月，密林藏雨不知秋。"⑦至明末，徐霞客游至此地，城北河流两岸"箐树蒙密，水伏流于下，惟见深绿一道"，西南土山"则松阴寂历，松无挺拔之势"⑧。红水河流域的广西西北部地区，在明代均为土司辖境，明代地方志中没有任何记载。清初时，所修地方志对此记载亦较简略，故清初以前这一地区

①（明）刘文征撰，古永继校点：《滇志》卷 2《地理志·山川·临安府》，昆明：云南教育出版社，1991 年，第 78 页。

②（明）刘文征撰，古永继校点：《滇志》卷 2《地理志·山川·广西府》，昆明：云南教育出版社，1991 年，第 91 页。

③（明）徐弘祖著，褚绍唐、吴应寿整理：《徐霞客游记》卷 5 上《滇游日记二》，上海：上海古籍出版社，2010 年，第 236 页。

④（明）沈庠修，赵瓒纂：《贵州图经新志》卷 8《程蕃府长官司·形势》，贵阳：贵州省图书馆，1985 年油印本，第 87 页。

⑤（明）徐弘祖著，褚绍唐、吴应寿整理：《徐霞客游记》卷 4 下《黔游日记一》，上海：上海古籍出版社，2010 年，第 216 页。

⑥嘉靖《普安州志》卷 1《舆地志·山川》，明嘉靖二十八年（1549 年）刻本，第 18 页。

⑦嘉靖《普安州志》卷 9《艺文志》，明嘉靖二十八年（1549 年）刻本，第 44 页。

⑧（明）徐弘祖著，褚绍唐、吴应寿整理：《徐霞客游记》卷 4 下《黔游日记二》，上海：上海古籍出版社，2010 年，第 227 页。

的自然环境状况已无从细考。红水河干流所经的东兰州至迁江县一带，史籍记载较为丰富。从史料记载看，清初以前，数百千米的红水河两岸山地，植被较为茂密，生态环境较好。例如，南丹卫所在地三里（今上林县境），徐霞客记载："土膏腴懿，生物苗茂，非他处可及"[①]；明末曹学佺所撰《广西名胜志》卷五《宾州·上林县》也载，县境西南的古渌山"古树参天，远望葱蔚"；雍正《广西通志》卷十七《山川·思恩府·上林县》亦载，高眼山，"在城东南，其山最高，林木深郁"；大明山，"层峦插霄，青翠夺目，飞瀑悬崖，人迹罕到"。兴隆土司（今马山县境）境内的暗山，"林木深郁"；境内主要河流为红水河支流清水江，"一线澄清，水色不杂"；定罗土司（位于今大化瑶族自治县境内），大成山"峰峦秀拔，峭立云表，树木翁郁"[②]。红水河北岸忻城与永定土司分界的横山，"磊石与密树蒙蔽，上下俱莫可窥眺；南丹治所北部山区，"石峰复出，或回合，或逼仄，高树密枝，蒙翳深倩。……惟闻水声潺潺，而翳密不辨其从出"[③]。

总之，红水河流域的大部分地区在清初以前都还保持着较好的自然生态，森林覆盖率较高。

此外，红水河流域的自然环境状况，也可从当地分布的一些中大型的野生动物种群中得到一定程度的反映。据史料记载，清以前红水河流域分布的主要兽类见表2-2。

表2-2　清以前红水河流域主要兽类分布表

区域	主要兽类	资料出处
滇东与滇东南地区	临安府：熊、豹、虎等	天启《滇志》卷3《物产·临安府》、卷31《灾祥》；康熙《云南通志》卷28《灾祥》
	曲靖府：野牛、虎等	天启《滇志》卷3《物产·曲靖府》；康熙《云南通志》卷28《灾祥》
黔西南地区	普安州：豹、虎、猴、麂等	嘉靖《普安州志》卷2《土产》
广西境内的红水河流域	宾州：虎、豹、鹿、麂、熊、猿、猴、豺、狼	万历《宾州志》卷4《物产》

① （明）徐弘祖著，褚绍唐、吴应寿整理：《徐霞客游记》卷4上《粤西游日记四》，上海：上海古籍出版社，2010年，第188页。

② 雍正《广西通志》卷17《山川·思恩府·定罗土司》，《景印文渊阁四库全书·史部》第565册，台北：商务印书馆，1986年，第453页。

③ （明）徐弘祖著，褚绍唐、吴应寿整理：《徐霞客游记》卷4上《粤西游日记四》，上海：上海古籍出版社，2010年，第207页。

从表 2-2 不难看出，至少在明朝中后期，红水河流域的部分区域，还有虎、豹等在生态系统中居于食物链顶端的大中型野生兽类种群的存在。根据一般动物生态学理论，每一种野生动物都有自己的领域，以满足其基本的生存需要。在没有人类干扰的情况下，一些野生兽类的领域是不会改变的。例如，豺是动物界中少数终生一夫一妻制的哺乳动物之一，一对豺通常占领一块领域后，终生即很少改变。豹的性情较为孤僻，其领域变动也不大，在缺少食物情况下，则在森林中作数十千米的移动①。对于中大型的兽类而言，一定面积原生态的森林，是其获取生存所需食物的重要保证。生长在南方的虎，活动于茂密、潮湿的热带雨林中，通常情况下，一只成年老虎，需 20—100 平方千米不等的森林为其提供捕食，以保证其基本的生存需求。至于野生动物中，以青草、嫩芽、松子、浆果、蚂蚁、土蜂、鱼、蛙、鸟卵、鼠、兔等为食的熊类、猿类，以及以野果、嫩叶等为食的猴类，森林就是它们栖息的家园。猿、猴还有较强的社会性，尤其是猿，严格实行一夫一妻制，一对公母下有三四只未成年幼兽，每个家庭占据几百亩至一两千亩不等的山林，作为自己的领域②。西南地区的野牛为食草性动物，以野草、嫩枝叶、笋、嫩竹等为食，其生境特点是，野牛生活在林木葱郁，树荫多，环境清幽，蝇蚊少的陡坡之上。根据这些野生动物的习性和生存环境，大致可以判断一个地区的自然生态环境状况。清以前，以上野生兽类在红水河流域不少地区都有分布，从记载看，一些野生动物种群数量还不少。如曲靖府，明后期时还存在一种野马，史称："马，巨者状拟稚象，野处千群，有司取以贡。"③又如黔西南兴义府一带，弘治时人何景明路过此地，曾留有《盘江行》诗，诗中云："危丛古树何阴森，寻常行客谁敢临？瑶妇清晨出深洞，虎群白昼行空林"④，生动地描绘了当地林木深密，野生动物怡然出入的原生态景观。这都说明，从明中后期至清初，红水河流域不少地区还处于未开发状态，森林覆盖状况较好。

---

① 高耀亭等：《中国动物志·兽纲》卷 8《食肉目》，北京：科学出版社，1987 年，第 350 页。

② 谭邦杰：《中国的珍禽异兽》，北京：中国青年出版社，1985 年，第 36 页。

③ （明）刘文征撰，古永继校点：《滇志》卷 3《物产·曲靖府》，昆明：云南教育出版社，1991 年，第 117 页。

④ 咸丰《兴义府志》卷 12《河渠志·水道·盘江行》，民国三年（1914 年）铅印本。

二、清代红水河流域的农业开发

虽然自明代开始，即有不少汉族移民进入红水河流域地区，明代曾在滇东与黔西地区组织过较大规模的屯田，但其时开发范围主要在交通沿线及治所附近，地势相对较为平坦的坝子与河谷沿岸地区，这在《徐霞客游记》中有所反映。从事屯田的基本上是那些来自中原内地的士兵，如黔西南地区的普安州，"军卫戍卒，多系中土"①，他们在卫所附近且耕且守，维持着明对西南地区的统治。因此，明代在红水河流域的开发还相对有限。红水河流域得到大规模开发是在入清以后，尤其是雍正年间以后，其原因与汉族人口的大量迁入有密切关系。

众所周知，自康熙年间之后，全国人口呈现出快速增长之势，至乾隆时全国人口已突破 3 亿。在内地不少省区，因人口增长迅猛，人地关系极为紧张，因而不少人口自发地向边远山区流移。另外，西南地区改土归流完成后，打破了土司间森严的壁垒，为移民进入与彼此交流创造了宽松的外部环境。红水河流域也是当时人口迁入的重要地区之一，这在史料中有较多的反映。例如，滇东地区的霑益，因地处要冲，"商旅丛集，五方聚处"②，显然已有较多的外来人口。又如师宗州，史载："士多乡居，民多散处，城居者四五十户，而客户半之。"③黔西南北盘江流域，自清初以来，迄道光年间，外来人口的流移从未中断过。如安顺府，"新垦之田土有限，滋生之丁口渐增，纵有弃产之家，不待外来客民存心觊觎，已为同类中之捷足者先登"④；兴义府，"屯民日渐滋生，族党新故，授引依附而来"⑤。这些迁来的移民，多系湖广、四川以及本省其他地区的贫苦农民，他们"租垦荒山"，"终岁竭蹶，仅足糊口"。因兴义府外来移民数量较多，以致时人声称："黔省固多客民，兴义府尤其渊薮。"⑥桂西北的红水河流域，如凌云县一带，史载清代两百年间，

① 嘉靖《普安州志》卷1《舆地志·风俗》，明嘉靖二十八年（1549年）刻本，第21页。

② 光绪《霑益州志》卷2《风俗》，台北：成文出版社，1967年，第59页。

③ 康熙《师宗州志》卷上《纪略·城池沟洫》，台北：成文出版社，1974年，第101—102页。

④ （清）罗绕典修，杜文铎等点校：《黔南职方纪略》卷1《安顺府》，贵阳：贵州人民出版社，1992年，第282页。

⑤ （清）罗绕典修，杜文铎等点校：《黔南职方纪略》卷2《兴义府》，贵阳：贵州人民出版社，1992页，第288页。

⑥ （清）贺长龄：《耐庵奏议存稿》卷5《覆奏汉苗土司各情形折》，《清代诗文集汇编》编纂委员会：《清代诗文集汇编》第550册，上海：上海古籍出版社，2010年，第262页。

"四方商旅，径筑其居，投籍浡广，人口因之骤增"①；至于红水河下游地区的迁江、上林一带，因地处丘陵向平原的过渡地带，交通相对便利，自明中后期以来即不断有外省籍汉族迁入，人口增长也很快，如迁江"八寨平靖，汉人之生齿始繁，而陆续来自山东各省者，亦益盛矣"②。此外，红水河流域的矿区亦吸纳了不少外地人口，如广西南丹与河池交界一带有丹池锡矿，随着当地铜锡矿的开采，聚集了许多矿民，"多居大厂一带，该处附近数十里，均无田地可耕"。史料又载，清雍正时，"积匪矿徒甚多……据云自明季至今，约有十万余人，盘踞在内"③。移民的不断流入，使红水河流域地区人口数量增加很快。据曹树基、梁方仲研究，至嘉庆二十五年（1820 年）时，红水河流域的滇、黔、桂三省各府人口均有较大幅度增长，人口增长率普遍较高，其原因与移民有密切的关系，详见表 2-3。

表 2-3　嘉庆二十五年（1820 年）红水河流域各地人口基本情况表

地区	府名	口数/万人	增长率	人口密度/（人/平方千米）
滇东、滇东南	澂江府	56.5	6.2‰	77.81
	曲靖府	58.2	13.1‰	21.05
	广西直隶州	9.8	31.6‰	7.63
	临安府	53.2	6‰	15.89
黔西南	兴义府	30.9	7‰	32.24
	普安直隶厅	7.5	12‰	16.06
桂西北	庆远府	77.4	7.6‰	19.08
	泗城府	32.7	2‰	19.10
	思恩府	49.7	10.4‰	30.67

资料来源：曹树基：《中国人口史》第 5 卷《清时期》，上海：复旦大学出版社，2005 年，第 215、262、209 页；梁方仲：《中国历代户口、田地、田赋统计》甲表 88，上海：上海人民出版社，1980 年，第 278—279 页

　　清代，移民不断涌入红水河流域，使流域内人口不断增加，必然带来生存压力问题。在原先河谷、坝子已经开发垦殖的情况下，只好转向山区，以求扩大耕地面积，增加粮食产量，以满足新增人口的生存需求。在这样的情况下，

①　民国《凌云县志》第 2 篇《人口》，台北：成文出版社，1974 年，第 64 页。

②　民国《迁江县志》第 2 编《社会·民族》，台北：成文出版社，1967 年，第 27 页。

③　吴尊任：《粤西矿产纪要》篇甲《纪金属矿》，桂林：文化印刷局，1936 年，第 92 页；《世宗宪皇帝朱批谕旨》卷 8 下，《景印文渊阁四库全书》第 416 册，台北：商务印书馆，1986 年，第 425 页。

清代红水河流域农业得到进一步的开发，具体表现如下：

耕种面积不断扩大，许多坡地被开发成良田。例如，云南平彝，境内平原面积较小，山地居多。康熙年间平定"三藩之乱"后，外来移民较多。地方官吏王文晟到任时，称："今抚滋土，见烟灶相连，林林总总，生聚实繁，大非昔日气象。"①为刺激农业发展，当地官吏还请求减轻田租，以提高生产积极性；政府组织开荒，以扩大生产面积。"令地方官量借牛种及出陈米石，务使力耕有成"②。经过努力，不少坡地被开发成梯田，所谓"亩若阶梯"③；在师宗州，一些彝族聚居的山区坡地，也出现了梯田。康熙《师宗州志》载："涧水湾泻一溪，田田高下作胡梯。"④贵州西南的兴义府一带，外来移民不断往山区垦殖，至嘉庆年间时，"兴义各属已无不垦之山"⑤。广西庆远府的"溪蛮山峒"，在道光初年时，"皆为楚、粤、黔、闽人垦耕"⑥。这样，从康熙至道光年间，红水河流域各地都开垦出大量田地。各地耕田面积在这一时期都有程度不等的提高，尤其是在原先汉族较少，少数民族人口较多的地区，较为明显。例如，云南的广西府（后改为直隶州），康熙三十年（1691年）时有成熟民田六千三百七十四顷八十七亩三分，雍正十年（1732年）时增至七千八百五十八顷四十四亩四分，道光七年（1827年）再增至七千九百一十二顷六十四亩九分⑦。又如贵州兴义府，乾隆前有成熟民田二万七千七百七十七亩有奇，乾隆时增至三万八千五百二十亩三分⑧。在原先汉族人口较多，地势相对平坦的地区，康乾之际的耕田面积略有差异。如曲靖府，康熙三十年（1691年）时有成熟民田六千二百十五顷五十九亩七分，雍正十年（1732年）时增至七千八百四十五顷九十二亩三分，道光七年（1827年）为七千七百四十二顷四十九亩三分。澂江府在以上三个年份的民田数分别为五千三百八十四顷四十一亩八分、五千一百三十二顷四十一亩四分、五千一百七十

① 康熙《平彝县志》卷10《艺文志·请减屯粮疏》，台北：成文出版社，1974年，第310页。
② 康熙《平彝县志》卷10《艺文志·筹请屯荒减则贴垦疏》，台北：成文出版社，1974年，第302页。
③ 康熙《平彝县志》卷3《地理志·风俗》，台北：成文出版社，1974年，第138页。
④ 康熙《师宗州志》卷上《彝嶍道上杂诗》，台北：成文出版社，1974年，第95页。
⑤ （清）贺长龄：《耐庵奏议存稿》卷5《覆奏汉苗土司各情形折》，《清代诗文集汇编》编纂委员会：《清代诗文集汇编》第550册，上海：上海古籍出版社，2010年，第262页。
⑥ 道光《庆远府志》卷3《地理志·风俗》，清道光九年（1829年）刻本。
⑦ 道光《云南通志稿》卷60《食货志二·田赋四·广西直隶州》，清道光十五年（1835年）刻本。
⑧ 咸丰《兴义府志》卷24《田赋》，民国三年（1914年）铅印本。

九顷四十一亩四分①。

根据以上数据稍加分析，可以得出这样的结论：

第一，康乾之际，尤其是康熙至雍正年间，红水河上游流域耕田数增长较快，乾隆后田地数目增长不大，说明这一地区的农田拓垦主要集中在康乾时期。

第二，澂江府等汉族人口较多的地区，耕田面积在这一时期增长不多，甚至还略呈负增长状态，说明原先宜耕土地已基本开垦完毕，不可能再有新的宜耕土地可供开垦了。再结合表 2-3 所列红水河流域各地人口基本情况表分析即可发现，凡是民田增加明显的地方，也是人口增长率较高的地方，这与移民流向的情况是十分吻合的。

再从粮食产量看，康乾间红水河流域一些地区产粮增加明显，如阿迷州（今云南开远市），雍正时"地亩田粮日见增溢"②。此外，红水河流域粮食产量上升，也可从史料记载的常平仓积谷数得到反映。在康熙至嘉庆年间，红水河流域各地常平仓都有较大幅度的增长。例如，广西庆远府，雍正时积谷总额为 3.2 万石，嘉庆年间时升至 62349 石，接近雍正时的 2 倍；泗城府，雍正时积谷为 1.2 万石，嘉庆年间升至 19052 石，约为原额的 1.6 倍③。又如贵州兴义府，乾隆三年（1738 年）时常平仓积谷为 1920 石，乾隆二十九年（1764年）时增至 21546 石，道光九年（1829 年）时再增为 33082 石④，是最初的 17 倍多。以上积谷数额充分反映了清康熙至道光年间红水河流域粮食总产量不断提高的事实。虽然粮食总产量的提高，有生产技术提高的因素，但在流域内的土壤多为红壤与黄壤、土地肥力不高、地下溶洞多、地表蓄水困难的地质条件下，可以认为康乾之际红水河流域粮食总产量的提高，并非完全依靠改进耕作技术、提高单位亩产量而获得的，而主要是扩大耕种面积产生的结果。

此外，清代红水河流域农业的开发，还可以从这一地区水利的兴修中得到

① 道光《云南通志稿》卷 59《食货志二·田赋三·曲靖府》，清道光十五年（1835 年）刻本；道光《云南通志稿》卷 59《食货志二·田赋三·澂江府》，清道光十五年（1835 年）刻本。

② 雍正《阿迷州志》卷 13《田赋》，台北：成文出版社，1975 年，第 149 页。

③ 参阅雍正《广西通志》卷 29《积贮》，《景印文渊阁四库全书·史部》第 565 册，台北：商务印书馆，1986 年，第 737、739 页；（清）谢启昆修，胡虔纂：《（嘉庆）广西通志》卷 162《经政略十二·积贮一》，南宁：广西人民出版社，1988 年，第 4531、4536 页。所有数据只取整数。

④ 咸丰《兴义府志》卷 29《积贮》，民国三年（1914 年）铅印本。

一定程度的反映。这在各地的地方志中都有大量的记载，尤其是红水河上游的南盘江流域。例如，在云南霑益州，清代修有双河坝、天生坝、黑蛇坝、羊场七坝、铜车坝、沙河三闸、梅家闸等大大小小数十处水利工程①。这些水利工程为保障农田稳产发挥了重要作用。

三、清代红水河流域的矿业开发

红水河流域山多田少、石厚土薄，农业生产发展的潜力有限。然而，区域内富含铜、铁、锡、铅、银等有色金属以及雄黄等非金属矿藏。开采矿藏成为拉动地方经济发展、增加地方财税来源的重要手段，因而康熙以后，各地官吏对矿业的开发给予了高度重视，纷纷采取措施，利用地方资源优势，发展矿业。在此情况下，红水河流域不少地区的矿业发展起来。

一是铜、银、锡矿的开发，主要在滇东的曲靖府、澂江府以及滇东南地区的广西府、临安府以及桂北的庆远府一带。这些地区自明代开始即兴办了一些采炼场，清康熙至乾隆年间进行了大规模的开采冶炼作业。乾隆三十一年（1766 年），云贵总督杨应琚奏称："滇省近年矿厂日开，砂丁人等聚集，每处不下数十万人。"②从清朝收取的铜课数额看，云南滇东与滇东南南盘江流域一带铜厂产量不小。澂江府路南州是铜厂的主要分布地，当地开设的凤凰坡厂与红石岩厂，清朝下达的年办额均为 1.2 万斤；红坡厂与大兴厂，年办额均为 4.8 万斤。4 处铜厂年办额合计 12 万斤。根据一些学者所研究的成果，综合考虑到私铜存在的因素，各厂实际产铜量应为官铜占总产量的 75%，私铜占总产量的 25%③。道光《云南铜志》载凤凰坡厂与红石岩厂"每年出铜约七八千斤及一万二千斤不等"；红坡厂稍低，年出铜"约七八千斤及一万余斤"；大兴厂每年约出铜"八九十万斤及一百万余斤"④。按各厂公布的最大值加以综合换算，则路南州的 4 个铜厂每年实际产铜量亦十分可观。康乾之际在南盘江流域各地，所开铜厂共计 36 处，开采时间长短不一，各厂年产量缺乏详细的

① 光绪《霑益州志》卷 2《水利》，台北：成文出版社，1967 页，第 76 页。
② 道光《云南通志稿》卷 74《食货志八·矿厂二·铜厂》，清道光十五年（1835 年）刻本。
③ 杨煜达：《清代中期（公元 1726—1855 年）滇东北的铜业开发与环境变迁》，《中国史研究》2004年第 3 期。
④ （清）戴瑞徵著，梁晓强校注：《〈云南铜志〉校注》卷 2《厂地下》，成都：西南交通大学出版社，2017 年，第 72 页。

数据，因而南盘江流域内的铜厂总产量实难做出更进一步的估算。银厂则主要在临安府建水县地，当地共有 3 处银厂，其中摸黑银厂在道光年间还在开采。广西庆远府南丹州、那地州也是铜、银、锡的产地之一。明时即已开始，徐霞客在其游记中记载："其地（厂有三：）曰新州，属南丹；曰高峰，属河池州；曰中坑，属那地。皆产银、锡。"①清代南丹一带还有挂红等银厂、锡厂数处，清朝曾于此抽取课税，另河池有响水铜厂，不过很早即被封闭②。

二是铁、铅矿的开发，主要在滇东、滇东南地区与红水河下游地区的上林县。例如，铁矿有位于石屏州的上下厂、小水井厂，陆良州的三山厂，建水县的普马山厂；铅矿有平彝县的块泽厂，罗平州的卑浙厂，建水县的摸黑厂、普马厂，弥勒州的发咱厂、野猪耕厂。其中产铅量较大的是卑浙、块泽、普马三厂，清廷给其年办额均为 219769 斤③。假定其私铅也占总产量的 25%，那每厂年实际产量也会比官方征收的总数要高，达到 274711.25 斤。红水河下游地区的广西上林县则有大罗山铅矿等，不过开采时间不长即封闭了。

还有就是硝石、雄黄、水银矿的开发，主要在滇东与黔西南地区。清康乾间南北盘江流域产硝的厂矿主要如下：宣威州的安得厂、师宗县的五落河厂、石屏州龙朋里的三宝硐厂、阿弥州的阿弥州厂、罗平州的波落厂、建水县的乾沟红厂与夷初大小头厂、宜良县的大矿塘厂。年办额在 2500 斤至 9000 斤不等。黔西南地区则有回龙水银厂，册亨县有板楷、八卧两个雄黄厂，从康熙年间即已开采。咸丰年间时，兴义府境内税课竟"以水银、雄黄为大宗"④。

这些金属与非金属矿的开采，由于有较大利益的诱惑，在吸纳了大量的外地人口的同时，也吸引了众多的本地人口。例如，兴义府的水银矿、雄黄石开采后，"贫民多作矿丁"⑤。不过，不论是从矿厂数量，还是从开采门类与产量看，云南境内的南盘江流域无疑是主要的，详见表 2-4。

---

① （明）徐弘祖著，褚绍唐、吴应寿整理：《徐霞客游记》卷 4 上《粤西游日记四》，上海：上海古籍出版社，2010 年，第 207 页。
② （清）谢启昆修，胡虔纂：《（嘉庆）广西通志》卷 161《经政略十一·榷税》，南宁：广西人民出版社，1988 年，第 4507 页。
③ 道光《云南通志稿》卷 74《食货志八·矿厂二》，清道光十五年（1835 年）刻本。
④ 咸丰《兴义府志》卷 27《赋役志·税课》，民国三年（1914 年）铅印本。
⑤ 咸丰《兴义府志》卷 40《风土志·风俗》，民国三年（1914 年）铅印本。

表2-4　清康乾间南盘江流域主要矿厂情况一览表

种类	矿厂名称	位置	开采年代	封闭年代
银厂	摸黑银厂	建水县	乾隆七年（1742年）	▲
	黄泥坡厂		雍正五年（1727年）	乾隆三十五年（1770年）
	华祝箐厂		康熙五十八年（1719年）	康熙六十年（1721年）
铁厂	三山厂	陆凉州		▲
	龙朋里上下厂	石屏州	康熙二十四年（1685年）	
	路南小水井厂			▲
	普马山厂	建水县	无考	无考
铅厂	卑浙厂	罗平州	雍正七年（1729年）	▲
	块泽厂	平彝县		▲
	摸黑厂	建水县	乾隆四十二年（1777年）	▲
	普马厂		乾隆四十二年（1777年）	嘉庆十三年（1808年）
	发咱厂	弥勒州	无考	乾隆二十三年（1758年）
	野猪耕厂		乾隆二十九年（1764年）	乾隆三十六年（1771年）
硝磺厂	安得厂	宣威州	无考	▲
	五落河厂	师宗县	无考	▲
	三宝硐厂	石屏州	无考	▲
	阿弥州厂	阿弥州	无考	▲
	波落厂	罗平州	无考	▲
	乾沟红厂	建水县	无考	▲
	夷初大小头厂		无考	▲
	大矿塘厂	宜良县	无考	▲
铜厂	凤凰坡厂	路南州	乾隆六年（1741年）	▲
	红石岩厂			▲
	红坡厂		乾隆二十五年（1760年）	▲
	大兴厂		乾隆二十三年（1758年）	▲
	龙宝等厂		康熙四十四年（1705年）	乾隆五年（1740年）
	大龙箐厂		雍正五年（1727年）	雍正五年（1727年）
	象牙厂		乾隆十年（1745年）	乾隆十一年（1746年）
	母鸡厂		乾隆二十三年（1758年）	乾隆二十四年（1759年）
	斐母、三允等厂	建水县	康熙四十四年（1705年）	无考
	那白厂		雍正六年（1728年）	乾隆四年（1739年）
	豹子箐厂		乾隆九年（1744年）	乾隆十一年（1746年）
	灵丹厂		乾隆二十四年（1759年）	乾隆二十五年（1760年）
	落水硐厂		乾隆二十七年（1762年）	乾隆二十九年（1764年）
	双岩厂		乾隆二十九年（1764年）	乾隆三十八年（1773年）

续表

种类	矿厂名称	位置	开采年代	封闭年代
铜厂	鲁纳厂	建水县	乾隆三十三年（1768年）	乾隆三十八年（1773年）
	波迷厂		乾隆三十四年（1769年）	乾隆三十八年（1773年）
	翠柏厂		乾隆三十七年（1772年）	乾隆三十九年（1774年）
	大多山厂		乾隆三十九年（1774年）	乾隆四十年（1775年）
	大石硐厂	宜良县	无考	无考
	桅杆山厂		乾隆十七年（1752年）	乾隆二十二年（1757年）
	二租租厂		乾隆三十三年（1768年）	乾隆三十九年（1774年）
	大铜山厂		乾隆二十一年（1756年）	乾隆三十一年（1766年）
	龙宝大山厂	平彝宣威界	乾隆十年（1745年）	乾隆二十年（1755年）
	新裕铜厂	霑益州	乾隆四十六年（1781年）	乾隆四十六年（1781年）
	阿紫柏厂	罗平州	雍正十二年（1734年）	乾隆三年（1738年）
	鲁机厂		乾隆二十三年（1758年）	乾隆二十七年（1762年）
	鲁法厂		乾隆十八年（1753年）	乾隆十八年（1753年）
	深沟冲厂	平彝县	乾隆二年（1737年）	乾隆三年（1738年）
	紫荆冲厂		乾隆二十二年（1757年）	乾隆二十五年（1760年）
	回龙厂		乾隆二十四年（1759年）	乾隆二十六年（1761年）
	补都箐厂		乾隆二十五年（1760年）	乾隆二十五年（1760年）
	香冲厂		乾隆三十九年（1774年）	乾隆三十九年（1774年）
	大古厂	弥勒县	乾隆二十四年（1759年）	乾隆二十五年（1760年）
	美五寨厂	阿弥州	乾隆二十二年（1757年）	乾隆二十二年（1757年）

注：▲表示道光年间仍处于开采状态。另外，以上所列并不包括子厂

资料来源：道光《云南通志稿》卷73《食货志八·矿厂一》，清道光十五年（1835年）刻本；道光《云南通志稿》卷74《食货志八·矿厂二》，清道光十五年（1835年）刻本；道光《云南通志稿》卷75《食货志八·矿厂三》，清道光十五年（1835年）刻本

四、农矿业开发与红水河流域的环境效应

清代前期红水河流域的农矿业开发，是随着大量移民流入而开展起来的。一方面，有效地改变了当地落后的经济面貌，推动了当地农工商业的快速发展，为改善当地居民生活起到了重要作用。另一方面，这一时期的经济开发活动，又对红水河流域的地表自然环境产生了巨大的影响。归纳起来就是森林减少、水土流失加剧，一些地方出现石漠化趋向，生态环境变得较为脆弱。这个变化的远因可追溯至明代对西南地区的开发活动，但清前期的经济开发使环境变化大大加速。其原因与时人的耕种方式、生产技术、生活方式等方面有

密切关系。

一般来说，坝区的农田引起严重水土流失的可能性不大，引起严重水土流失的主要是山区的坡耕农业。红水河流域山多平原少，平地、坝子主要在滇东、黔西南地区的河谷两岸，这在明代已基本开发完毕。因此康乾之际，红水河流域的经济开发以山区的开发为主。大量移民进入后，在一些坡地开垦出层层梯田，甚至较为偏僻、交通极为不便的山区都得到了开发。例如，地处红水河上游的广西凌云县，"平畴殊少，仰给梯田"①。很显然，在清代，当地已有不少坡地被开发成为梯田。一些地方水土条件较好，坡度虽然超过30°，也不致引起严重的水土流失。一些水土条件不好的梯田，当地称为雷鸣田，基本靠天耕作，产量较低，容易引起水土流失。再就是山区开发用于种植花生、荞麦、玉米、红薯等杂粮的旱地，是最容易引起水土流失的。清代聚居于红水河流域山区的一些少数民族，生产水平不高，旱地农业是其经济生活的重要组成部分。例如，云南霑益州的彝族，"虽高冈硗陇，亦力耕及之，种惟荞菽燕麦，四时勤苦，仅足食"②；平彝县，"种稻者皆曰田，种杂粮者皆曰地"，但当地"绝无平原"③，田少地多。陆良州，也是山区，水田较少，当地种植的五谷一年只能一熟，产量极低，一种叫苋的杂粮则一年三熟，成为重要的经济作物，故当地"虽高岗硗垅，皆可垦，以艺其种。有甜苦二荞，火耕者居多"④。黔西南的兴义府，同样是山多田少，所以种稻之外，"山坡多种杂粮，包谷荞麦之类"⑤，以补充粮食的不足。甚至地处红水河下游丘陵地区的广西迁江县，芋头、红薯在民国年间仍是当地民众维持生存的主要杂粮，史载："芋头，迁江最多……红薯各乡种者极多，贫民赖此充食。"⑥不论是把坡地变为梯田也好，还是变为旱地也好，其前提都需砍伐山坡上的林木，从而造成地表天然植被的减少。尤其是移民大量涌入，人口密度大，人地关系极为紧张的区域，对森林的破坏更大，后果也更为严重。例如，贵州兴义府，道光时，因外省流民大量进入该地后，府属各县"已无不垦之山"，但外地流民还

① 民国《凌云县志》第1篇《地理·地图》，台北：成文出版社，1964年，第25页。

② 光绪《霑益州志》卷2《风俗》，台北：成文出版社，1967年，第61页。

③ 康熙《平彝县志》卷3《地理志·风俗》，台北：成文出版社，1974年，第138页。

④ 乾隆《陆凉州志》卷2《民事》，台北：成文出版社，1975年，第96—97页。

⑤ 咸丰《兴义府志》卷40《风土志·风俗》，民国三年（1914年）铅印本。

⑥ 民国《迁江县志》第4编《经济·物产略》，台北：成文出版社，1967年，第166页。

是不断往此迁移，正如贺长龄在奏中所称："四川客民及本省遵义、思南等处之人，仍多搬往，终岁络绎不绝，亦尝出示饬属严禁而不能止。"[①]为了解决这些移民的生存问题，在当时生产技术有限的条件下，只好不断把耕地向林区扩展，以尽力扩大耕种面积，提高粮食总产量。因此清代红水河流域在自然环境的变迁中，存在一个耕地不断扩大，林地逐渐减少的演进阶段。

除了开垦田地造成红水河流域森林覆盖减少之外，当地居民维持生活所需的薪柴，以及毁林开矿也使流域内森林植被不断减少。在自然生态条件下，林区也存在自然更新、复植的能力，适当砍伐、垦殖对森林影响不大。一旦大量人口涌入，其维持基本生活所需的建筑、家具制作及做燃料用的薪材量就会大大增加。当毁坏力度超过森林自身的复植能力的时候，环境就会朝不可逆的方向发展，林地不断减少乃至消失。根据一些学者研究，20 世纪 80 年代初云南农村每户年均烧柴 3.4 立方米，高寒山区农户则达 6.2 立方米[②]。若以此作为参照，考虑到清代城镇居民的生活燃料也是以柴为主，康乾之际大量人口迁移至红水河流域，其生活所需薪材消耗量也是不小的数量。村落与城镇周围诸山一般作为薪材用地，森林首先消失，林区向边远山区退缩，而矿山均在距村墟、市镇较远的山区，故矿产开采直接对边远森林内部造成毁坏。从作业过程来看，开矿时需先清除一部分地表植被，所谓"选山而劈凿之"[③]，俗称为打礶或叫打硐。为防采矿的巷道坍塌，要用许多木柱支撑，"名曰架镶，间二尺余，支木四，曰一厢，硐之远近以厢计"[④]。很显然，开矿越久，巷道越深，用材量越大。再考虑受潮湿等因素影响，一些木柱年久朽损，需要更换的因素，耗材量还会有所增加。每开一矿，都会吸引大量的人口前来，先是负责开矿的厂民，又称矿丁。如前所述，据云贵总督杨应琚的奏报，每处不下数十万人。此外，还有提供服务的商贩、技工，甚至优伶，"蜂屯蚁聚"；"厂既丰盛，构屋庐以居处，削木板为瓦，编篾片为墙"[⑤]，这些人口的生活也需用大量的木材。清代探测、采炼技术不高，矿厂兴废不常；为利所趋，一些人仅凭

---

① （清）贺长龄：《耐庵奏议存稿》卷 5《覆奏汉苗土司各情形折》，《清代诗文集汇编》编纂委员会：《清代诗文集汇编》第 550 册，上海：上海古籍出版社，2010 年，第 262 页。

② 云南农业地理编写组：《云南农业地理》，昆明：云南人民出版社，1981 年，第 206 页。

③ 道光《云南志钞》卷 2《矿产志·采炼》，清道光九年（1829 年）刊本。

④ 道光《云南志钞》卷 2《矿产志·采炼》，清道光九年（1829 年）刊本。

⑤ 道光《云南志钞》卷 2《矿产志·采炼》，清道光九年（1829 年）刊本。

自己主观断定，发现矿引，就呼朋引类，骗取公文进行试采，结果"往往开采数年无益"。还有的人偷偷在已封的旧厂重新开采，是故清代云南"所谓封厂仍属有名无实"①。开矿之后，还要冶炼，根据矿产品位高低不同，冶炼难易程度不一，但冶炼所需燃料均为木炭。有学者估算为每炼铜 100 斤，平均需要 1000 斤木炭，而 100 斤木炭，平均需要 300 斤木柴。平均每吨铜约毁林 1.2 公顷②。很显然，产量越大，耗炭量也越大，毁林面积也越大。澂江府路南州是南盘江流域内的重要产铜地，每年产铜 137.87 万斤，折合今 827.22 吨，则需毁林 992.67 公顷。因此，清代在滇东一带开办的大量矿厂，也是造成红水河流域森林覆盖不断减少的重要因素之一。

有关森林减少的情况，一些地方有明确的史料记载，如澂江县，民国时称"四周然皆童山濯濯，惟种植杂粮而已"③；又如人口密度高，矿业兴盛的路南州境内，至清后期时已是"童山迷望，怪石嶙峋"④。大部分地区没有明确的史料记载，在此笔者结合红水河流域各地的物产及虎患记载情况，以及红水河下游地区水患灾害做一统计分析。

如前文所述，清以前红水河流域各地的物产记载中，均有虎、豹、豺等猛兽分布，但在清嘉庆年间之后的物产记载中，情况即有了明显变化。例如，黔西南的兴义府，康熙年间虎豹即不多见，时人田榕所作《盘江放歌》，内有"江山清空无雾霭，虎豹遁逃瘴疠息"⑤的诗句。乾隆年间时，境内只有豹、野羊等，还见之于山箐，至于熊、虎等，地方史籍明载："间有之，非常物也"⑥，平常人们已很难见到。只在普安州（后改普安直隶厅）一带，尚有虎、豹、熊罴、猩猩、猿等野兽出没。至咸丰年间，《兴义府志》物产记载中，只有豹、豺，没有虎。这至少说明虎已很难见到。云南的澂江府，开发较早，光绪年间时，境内只有豹、豺之属。虎的栖息需要大片森林，因此一些学

① 道光《云南通志稿》卷 74《食货志八·矿厂二·铜厂上》，清道光十五年（1835 年）刻本。

② 杨煜达：《清代中期（公元 1726—1855 年）滇东北的铜业开发与环境变迁》，《中国史研究》2004 年第 3 期。

③ 澂江县政府：《澂江县乡土资料·地势与地质》，台北：成文出版社，1975 年，第 3 页。

④ 民国《路南县志》卷 1《地理志》，台北：成文出版社，1967 年，第 15 页。

⑤ 咸丰《兴义府志》卷 12《河渠志·水道·盘江考》，民国三年（1914 年）铅印本。

⑥ 乾隆《南笼府志》卷 2《地理志·土产》，清乾隆二十九年（1764 年）刻本。

者把老虎这样的猛兽作为森林的指示剂，这无疑是正确的①，而"虎患"现象反映的主要是人虎争地的现实，说明人类的活动使森林受到的破坏程度已接近虎群存亡的临界值。根据康乾时期云南地方志有关物产的记载，这一时期云南境内的南盘江流域，如霑益州、陆凉州、平彝县、师宗州等地林区都还存在虎、豹、豺等大中型野生兽类。北盘江流域只在宣威和永宁州（今贵州关岭境内）一带有一些虎豹种群分布，而平彝、宣威、永宁州在康乾时期是西南地区发生多次虎患的地区。例如，康熙《平彝县志》卷 1《灾祥》载康熙三十九年（1700 年）时，当地发生"虎噬人"事件。当地官员为此还专门写了一篇《驱虎牒》说："猛虎离其巢穴，负我郊峒，昼伏夜游，吞噬村落，牢豕民不安矣。"②康熙五十九年（1720 年），宣威也发生了严重的虎患，老虎"噬人数百"，宣威守备朱廷贵等率兵猎捕，"连杀九虎，患乃息"③。乾隆七年（1742 年），永宁州也发生虎患，知州陈嘉会一次命人捕杀三十余只猛虎。乾隆三十八年（1773 年）时，当地又有两只老虎窜至学宫附近，被当地官员令人捕杀。这些虎患也从侧面说明红水河流域的森林因人类的经济开发活动而日趋减少的现状。

森林具有涵养水源，延缓河川径流的形成，以及改善局部区域水循环等多重作用，森林减少后，河流的水旱灾害就会频繁发生。因此河流的水旱灾害数量统计也可作为衡量一个区域内森林面积的重要指标。红水河流域有一个重要特点就是除滇东的抚仙湖周围等河谷盆地地势稍平外，多是山高谷深之地，只在其下游地区的广西迁江、来宾一带有稍大面积的冲积、沉积平原，以此地水旱灾害分析，也可以准确反映整个红水河上游地区的森林变化情况，见表 2-5。

表 2-5　元明清三朝红水河下游地区水旱灾害统计表　　（单位：次）

地点	元朝		明朝		清朝	
	水灾	旱灾	水灾	旱灾	水灾	旱灾
迁江县	0	0	1	1	5	0

① 韩昭庆：《雍正王朝在贵州的开发对贵州石漠化的影响》，《复旦学报》（社会科学版）2006 年第 2 期。

② 康熙《平彝县志》卷10《艺文志》，台北：成文出版社，1974 年，第 344 页。

③ 道光《宣威州志》卷 5《祥异》，台北：成文出版社，1967 年，第 99 页。

续表

地点	元朝		明朝		清朝	
	水灾	旱灾	水灾	旱灾	水灾	旱灾
来宾县	1	0	7	7	11	12

资料来源：民国《迁江县志》第 5 编《纪事》，台北：成文出版社，1967 年；民国《来宾县志》下篇《时征》，台北：成文出版社，1975 年

从表 2-5 可以看出，元明清三朝红水河下游地区的水旱灾害呈不断增多的趋势。其中，来宾县在康熙至乾隆年间发生灾害 13 次，水旱次数各为 6 次、7 次，大致相当。值得注意的是，史料明载，所有水灾多是因红水河暴涨的缘故。这说明其上游地区遭受暴雨袭击，短时间内山洪暴发，最终影响到下游地区。这样，红水河上游地区森林植被遭到破坏，结果在下游地区显现出来。

地表森林植被的减少，直接结果就是水土流失加剧，一些区域出现石漠化趋向。这是由红水河流域特殊的气候与地貌状况决定的。在气候上，云贵交接的滇东地区与黔西地区，属典型的季风气候区，是西太平洋副高压带与西藏高压带的交汇地带，称滇黔辐合区。受此影响，夏秋之季，多降暴雨。据统计，滇东、滇东北区，包括曲靖、东川等地，是云南 4 个多雨地区之一。其中罗平、师宗年降水量在 1400 毫米以上，罗平甚至达到过 1600 毫米的纪录[①]。其地夏秋之季多雨的天气现象，这在地方志中有较明确的记载。例如，康熙《平彝县志》卷 1《气候》载："平彝边黔，气候与黔近，似多雨"；康熙《师宗州志》卷上《气候》也载当地多下雾霈雨，"下则竟一月或半月，或终日昏翳不开，或暂开复闭"。正因多雨，红水河的年径流量极大，相当于黄河的 9 倍之多，流域所经的地区则属云贵高原向丘陵地区的过渡地带，地表切割度大，河床落差大，跌水险滩多，所蕴藏的水能极为丰富，也正因如此，红水河流域所受雨水的冲刷强度远比其他流域要大。在地表植被保存良好的情况下，水土流失现象不多，而一旦地表植被遭到人为的破坏，产生的水土流失后果也是极为严重的。由于不少地区石多土少，在仅有的少量泥土因垦殖疏松而被冲走后，剩下的石头根本不可能起到蓄水作用，植被难以生长，遂形成类似荒漠景观的石漠化地区。因此，红水河流域不少地区是不适宜大量人口生存，存在石漠化风险的溶岩地区。清朝乾嘉之际大量人口涌入兴义府，大量开垦荒

---

① 陈宗瑜主编：《云南气候总论》，北京：气象出版社，2001 年，第 31、66 页。

山，种植杂粮，至咸丰年间时全境已是"硗确瘠薄"①。矿业发达的路南州，在清后期时因为植被破坏，当地居民"结蓬茅以为居，耕硗确以为食"②。"硗确"有时又称"硗埆"，即土地坚硬多石之意，这应该是时人对石漠化地貌景观的表达方式。地处红水河流域腹地的广西凌云县，据民国时不完全精确的调查，清末时当地人口已有 14 万多，存在不小的人口压力。县境东部为溶岩地带，中间有少量的杯状谷地。谷地土层均为红色黏土，积层浅而土层疏松，土层最浅处不及一公尺，其下皆砂砾层。这些地方开垦后，最容易受到雨水的冲刷，造成水土流失。尤其是在县境以东的红水河集水地带，地表均为石山构造，水源少，地表土壤也较为有限，"平均每户欲求数亩之地，约需占数里面积不可"③，生存条件十分恶劣，地表生态环境极为脆弱，垦殖之后也成了石漠化的重要分布地区。

在林木相对较多的矿区，开矿过程中产生的矿渣、砂石等各种废弃物，随意弃置，雨水冲刷后被携带至河谷，淤塞河道。例如，史料所称："荆榛瓦砾填塞溪谷，然其余矿弃材，樵夫牧竖犹往往拾取之。"④开矿之后，为输运矿砂以及成品，也需修筑林区道路，都要对林区的地表植被进行翻动，这都有可能造成水土流失。此外，一方面，洗矿、冶炼产生的有害废水，使附近农田生产难免要受到影响。例如，红水河下游流域的上林县大罗山铅矿厂，在乾隆三十四年（1769 年）开采后，因为"有碍田园"⑤，被迫于乾隆三十七年（1772 年）封禁。另一方面，采矿产生的泥沙直接排入河中，成为红水河来沙的重要组成部分。随着农业和矿业的发展，雍正年间，红水河的含沙量已经很高，如前述"水势汹涌昏黑，直等黄河"⑥；嘉庆《广西通志》称红水河"水红黄，不可饮"⑦。乾隆时人王昶入滇时，过滇东一带，但见"土皆

---

① 咸丰《兴义府志》卷 24《赋役志·田赋》，民国三年（1914 年）铅印本。

② 民国《路南县志》卷 1《地理志》，台北：成文出版社，1967 年，第 15 页。

③ 民国《凌云县志》第 2 篇《人口》，台北：成文出版社，1974 年，第 64 页。

④ 道光《云南志钞》卷 2《矿产志·采炼》，清道光九年（1829 年）刊本。

⑤ （清）谢启昆修，胡虔纂：《（嘉庆）广西通志》卷 161《经政略十一·榷税》，南宁：广西人民出版社，1988 年，第 4508 页。

⑥ 雍正《广西通志》卷 16《山川·庆远府·东兰州》，《景印文渊阁四库全书·史部》第 565 册，台北：商务印书馆，1986 年，第 436 页。

⑦ （清）谢启昆修，胡虔纂：《（嘉庆）广西通志》卷 112《山川略十九·川四·思恩府》，南宁：广西人民出版社，1988 年，第 3323 页。

赤埴"①。红色的泥沙被带入河水后，引起河水出现泛红的特有景象。咸丰时，黔西南境内的南盘江"夏秋水红，春冬水清"②。民国时，在下游迁江段，清水江与红水河汇合，"清浊合流，不混者三里"③。可见，红水河自清雍正年间始就已有较高的泥沙含量了，故清雍正之后，人们根据红水河水文特征的变化，开始称原来的都泥江为红水江。嘉庆后再将红水江改称为红水河。这一名称确定是与红水河上游南、北盘江流域内的经济开发有极为密切的关系的。

当然，清代红水河流域人类的开发活动造成的环境变化是多方面因素相互作用的结果。总的来看，红水河上游的南、北盘江流域的开发活动对环境的影响最大。自明代以来，由于这一流域内人口不断增加，人类的开发活动即在局部地区产生了不小的影响。例如，明代在宣威、平彝一带屯田、开矿，使当地水土流失大增，出现了一条泥沙含量很高的小"黄河"④。清代康乾时期，对红水河上游流域高强度的经济开发，对环境的影响则大大超过了明代。其直接结果是，除一些边远的民族地区，如云南广西州南部、贵州永宁州、广西泗城府等地还保留有稍大面积的原生林外，红水河流域很多地区的地表植被遭到了较为严重的破坏，森林覆盖率大为降低。有学者认为广西在康熙年间，在山区大量砍伐天然林，以开垦种植杂粮，使森林覆盖率下降至 39.1%左右。在红水河腹地的庆远府忻城县，1938 年进行林业调查时，当地森林覆盖率竟只有0.05%⑤。另外，清前期流入人口较多，矿厂较为集中的云南省建水县，至民国时周围山林已尽数砍伐，用材已至石屏山林，而石屏山林亦将砍完⑥。凡是人口密度较高的地区，也是人类对自然环境干扰力度较大，森林减少最为明显的地区。森林大量毁坏，必然导致水土严重流失，使这一区域的自然环境由明

① （清）王昶：《滇行日录》，方国瑜主编：《云南史料丛刊》第 12 卷，昆明：云南大学出版社，2001 年，第 207 页。

② 咸丰《兴义府志》卷 12《河渠志·水道·南盘江》，民国三年（1914 年）铅印本。

③ 民国《迁江县志》第 1 编《地理·川》，台北：成文出版社，1967 年，第 15 页。

④ （明）刘文征撰，古永继校点：《滇志》卷 2《山川·曲靖府》，昆明：云南教育出版社，1991 年，第 86 页。

⑤ 阳雄飞主编：《广西林业史》，南宁：广西人民出版社，1997 年，第 12 页；忻城县志编纂委员会：《忻城县志》第 5 篇《林业》，南宁：广西人民出版社，1997 年，第 197 页。

⑥ 《云南森林》编写委员会：《云南森林》，昆明、北京：云南科技出版社、中国林业出版社，1986 年，第 41 页。

以来的渐变模式转变为突变模式，其后果自清后期以来即不断显现出来。由于红水河流域内多数州县多为贫穷之地，地方财政较为困难，地方官吏对利用自身丰富的矿产资源，搞经济开发有较高的热情。一些地区开发获利后，其他地区争相效尤。虽然一些地区通过清前期的开发，经济获得了较快的发展。例如，路南州，清康乾时先后出现了大大小小的铜厂48处，"每月所产之铜为全省冠"，以致当地商贾云集，"以富庶称"，但至民国时当地环境恶化，很快即沦为云南四大"穷州之一"①。这说明在环境脆弱地带搞经济开发，如果缺乏长远规划，没有合理有序进行，最终所付出的代价要远比暂时获取的利益要大得多，这个教训又是深刻的。

第三节　漓江源地理认识的演进

一、历史时期漓江名称的演变

漓江虽然近在广西的核心区域桂林附近，但历史上对其上游地区的地理认识，也有一个发展过程。

漓江有文献记载的历史是从秦朝统一岭南开始的。从早期的文献记载看，它最早的名称叫"离水"。成书于西汉时期的《淮南子》有这样的记载，说秦始皇"利越之犀角、象齿、翡翠、珠玑，乃使尉屠雎发卒五十万，为五军，一军塞镡城之岭，一军守九嶷之塞，一军处番禺之都，一军守南野之界，一军结余干之水，三年不解甲弛弩。使监禄无以转饷，又以卒凿渠"②。东汉许慎作注称："监禄，秦将也。凿通湘水、离水之渠也。"③此后很长时期，"离水"一直是漓江的常称。

《史记》卷113《南越列传》载汉武帝元鼎五年（前112年）时，遣伏波将军路博德统率大军南下统一岭南，称："主爵都尉杨仆为楼船将军，出豫章，下横浦，故归义越侯为戈船、下厉将军……出零陵，或下离水，或抵苍

---

① 民国《路南县志》卷1《地理志》，台北：成文出版社，1967年，第15页。
② （汉）刘安著，（汉）许慎注，陈广忠校点：《淮南子》卷18《人间训》，上海：上海古籍出版社，2016年，第467页。
③ （汉）刘安著，（汉）许慎注，陈广忠校点：《淮南子》卷18《人间训》，上海：上海古籍出版社，2016年，第468页。

梧"，"《集解》徐广曰：在零陵通广信，《正义·地理志》云：零陵，县有离水，东至广信入郁林，九百八十里"①。《汉书》称："零陵，阳海山，湘水所出，北至酃入江，过郡二，行二千五百三十里。又有离水，东南至广信入郁林，行九百八十里。"②大约在南北朝时期，"离水"开始与"漓水"混用。《水经注》称："漓水亦出阳海山。"③杜佑《通典》称："出零陵，或下离水"，注称："今桂江。"④《桂林风土记》称："全义县，漓、湘二水分流处。相传曰：后汉伏波将军马援，开川浚济，水急曲折。……出零陵，下漓水"⑤，又载："漓山，在訾家洲西，一名沉水山，以其山在水中，遂名之。"⑥史料又称："弹丸山，在县东二里，隔离水。"⑦

不过，宋代后，漓水之名使用日趋频繁，逐渐代替了离水之名。同时也是在这一时期始，漓江又有癸水、桂水等名，不过这一名称并不常用。王象之《舆地纪胜》也载："癸水，漓池也。桂林有古记，父老传之，略曰：癸水绕东城，永不见刀兵。漓水自海阳行二百里，自癸方至城下，传闻自始安为郡以来，四封之外数更大寇，独城下未尝受兵，父老以为乐郊福地。……漓山，《寰宇记》云：在城南二里，漓水之阳，因以名焉。一名沉水山，其山孤拔，下有澄潭，傍有洞穴，广数丈，南北直透……"⑧祝穆《方舆胜览》称："汉讨南粤，戈船、下濑将军出零陵……癸水。"⑨宋人周去非对于癸水，有更详尽的记载，称：

①《史记》卷113《南越列传》，北京：中华书局，1959年，第2975页。

②《汉书》卷28上《地理志》，北京：中华书局，1962年，第1596页。

③（北魏）郦道元著，谭属春、陈爱平校点：《水经注》卷38《漓水》，长沙：岳麓书社，1995年，第560页。

④（唐）杜佑撰，王文锦等点校：《通典》卷188《边防四》，北京：中华书局，1988年，第5083页；（唐）李吉甫：《元和郡县图志》卷37《领南道四·桂管经略使》，北京：中华书局，1983年，第918页亦载："桂江，一名漓水，经县东，去县十步。杨仆平南越，出零陵，下漓水，即谓此也。"

⑤（唐）莫休符：《桂林风土记·灵渠》，北京：中华书局，1985年，第7页。

⑥（唐）莫休符：《桂林风土记·漓山》，北京：中华书局，1985年，第4页。

⑦（宋）乐史撰，王文楚等点校：《太平寰宇记》卷162《岭南道六》，北京：中华书局，2007年，第3100页。

⑧（宋）王象之：《舆地纪胜》卷103《广南西路·静江府》，北京：中华书局，1992年，第3162—3163页。

⑨（宋）祝穆撰，祝洙增订，施和金点校：《方舆胜览》卷38《广西路》，北京：中华书局，2003年，第688页。

漓水自癸方来，直抵静江府城东北角，遂并城东而南。古记云："赖有癸水绕东城，永不见刀兵。"又有石记云："湘南、南粤北，此地居然自牛肋，直饶四面血成池，一骑刀兵入不得。"五代、靖康之乱，大盗满四方，独不至静江。风水之说，固有验矣。昔于城东北角，沟漓水绕城而西，复南，东合于漓，厥后居民壅之，沟遂废。范石湖帅桂，乃浚斯沟，涟漪如带。于沟口伏波岩之下，八桂堂之前，创为危亭，名以癸水。此沟未废，桂人屡有登科。既废二十年间，几类天荒。石湖以淳熙甲午复沟，乙未科果有蒋汝霖，戊戌科有蒋来叟，辛丑科二人登科。今石湖《癸水亭记》，但言癸水之为乐土福地耳，复沟之效，未续论也。①

"桂水"一名，见于唐代。唐朝诗人杜甫虽未到过桂林，但其有多首诗与桂林有关。其一称："邦危坏法则，圣远益愁慕。飘飖桂水游，怅望苍梧暮。"②显然，作者笔下的桂水即漓水。其另一首诗《寄杨五桂州谭因州参军段子之任》云："五岭皆炎热，宜人独桂林。梅花万里外，雪片一冬深。闻此宽相忆，为邦复好音。江边送孙楚，远附白头吟。"注解称："桂州，《元和郡国志》梁天监六年立桂州于苍梧、郁林之境，因桂江以为名。桂林，《山海经》桂林八树，在番禺东。《寰宇记》漓水，一名桂江，江源多桂，不生杂木，故秦时立为桂林郡。"③历史上，桂州，因在桂江之滨而得名，桂江因桂树而得名。桂水，即桂州之水。至明代时，又有了进一步的区分，自平乐府始，桂江始称府江。明代曹学佺《广西名胜志》称："三江，以左右二江合府江汇于城南，故名府江，一名桂江，即漓水也。"④

当然，历史上最常使用的还是"离水""漓水"之名。不过自宋代开始，"漓江"之名开始与"漓水"混用，直至近代。北宋广西提点刑狱李师中有诗称："我在漓江上，君行瘴海浔。因劳南去梦，暂望北归心。别后年华改，新

① （宋）周去非著，杨武泉校注：《岭外代答校注》卷 1《地理门·癸水》，北京：中华书局，1999年，第 29—30 页。

② （唐）杜甫著，（清）杨伦笺注：《杜诗镜铨》卷 19《咏怀二首》，上海：上海古籍出版社，1980年，第 973 页。

③ （唐）杜甫撰，（清）钱谦益笺注：《钱注杜诗》卷 11《寄杨五桂州谭因州参军段子之任》，上海：上海古籍出版社，2009 年，第 378 页。

④ （明）曹学佺：《广西名胜志》卷 4《梧州府·苍梧县》，《续修四库全书》编纂委员会：《续修四库全书·史部》第 735 册，上海：上海古籍出版社，2002 年，第 56 页。

来雨露深，凭栏望书信，一字抵千金。"①南宋时，范成大《桂海虞衡志》又载："癸水，桂林有古记，父老传诵之，略曰：癸水绕东城，永不见刀兵。癸水，漓江也。"②又，《文献通考》载："有虞帝祠，去城五里而近，其山曰虞山，漓江汇其左，曰皇泽之湾。"③至明清时期，漓江之名使用更加频繁，并沿用至今，而漓水之名，学者多在引用古代文献时才予以使用。

二、漓江源地区的地理认识演进

与其他河流不同的是，由于漓江一直扮演着珠江上游水上交通要道的角色，故人们对其流向的了解要多于广西境内其他河道。自秦始皇开凿灵渠后，由中原沿湘桂走廊南下，经灵渠下桂林，然后沿漓江顺流而下梧州，再转往桂南各地，或者自苍梧一带，溯桂江而上，前往中原，也必经漓江水道。汉武帝时遣归义侯严为戈船将军，出零陵下漓水，田甲为下濑将军，下苍梧，以开九郡，以漓江为进军路线。东汉马援南征交趾，也是沿此路线行军。广西博白县还有一条河流称饮马水，相传"马援征交趾，尝饮马于此"④。《水经注》载漓江的流向，"漓水又南径始兴县东……漓水又南，右会洛溪，溪水出永丰县西北洛溪山，东流径其县北……又东南径始安县，而东注漓水。漓水又东南流，入熙平县……东南径鸡濑山……漓水又南，得熙平水口，水源出县东龙山……漓水又西径平乐县界，左合平乐溪口，水出临贺郡之谢沐县……南过苍梧荔浦县，濑水出县西北鲁山之东……漓水又南，左合灵溪水口，水出临贺富川县……又南至广信县入于郁水"⑤。按：始兴县治今何处，无考；永丰县，治今荔浦市永丰乡；始安县，治今桂林；熙平县，治今阳朔县兴坪镇。对照今日地图，即可发现，《水经注》对漓江具体流向，在平乐县以上河段，多

---

①（宋）陈思编，（元）陈世隆补：《两宋名贤小集》卷 27《珠溪集·递中得先之兄书取邕钦宜柳归约十二月到此年节已近未闻来朝寄奉》，《景印文渊阁四库全书》第1362册，台北：商务印书馆，1986年，第 524 页。

②（宋）范成大撰，严沛校注：《桂海虞衡志校注·杂志》，南宁：广西人民出版社，1986 年，第 111 页。

③（元）马端临著，上海师范大学古籍研究所、华东师范大学古籍研究所点校：《文献通考》卷 103《宗庙考十三》，北京：中华书局，2011 年，第 3168 页。

④（明）李贤等：《大明一统志》卷 84《梧州府》，西安：三秦出版社，1990 年，第 1288 页。

⑤（北魏）郦道元著，谭属春、陈爱平校点：《水经注》卷 38《漓水》，长沙：岳麓书社，1995 年，第 561—562 页。

有错误，但记叙自平乐县以下，流至广信县与郁水相汇，流向大致是正确的。

对漓江流域地理认识的模糊地带，恰是处于统治中心桂林附近的上游地区，也即人们常称的漓江源的认识，有一个逐步演化的过程。

也许是秦朝修凿灵渠的缘故，历史上人们一直存在"湘漓同源"的地理认知。如前所述，桂州之名，与桂水相关，桂水即桂江，乃是传说"江源多桂，不生杂木"①之故，但这个传说，从梳理的文献记载看，始自唐代。后世学者在引用此传说时，并未能亲临漓江之源进行实地考察，因而也没有发源于漓江的桂树之木的任何记载。历史上有关漓江源头的记载，基本是从文献到文献而已。

最早记载漓江源头的，当为《汉书》，称："归义越侯严为戈船将军，出零陵，下离水"，三国时人张晏注称"离水出零陵"②，但零陵郡所辖范围较大。因此，凭这条史料还看不出漓江具体的发源地。最早指出漓江发源地的是《水经注》，称"漓水亦出阳海山"③，"漓水与湘水出一山而分源也。湘、漓之间，陆地广百余步，谓之始安峤，峤即越城峤也。峤水自峤之阳，南流注漓，名曰始安水。故庾仲初之赋《扬都》云：判五岭而分流者也。漓水又南与沩水合，水出西北邵陵县界，而东南流至零陵县西，南径越城西。……沩水又东南流，注于漓水"④。这应该是湘漓同源最早的史料依据。《水经注》称："湘水出零陵始安县阳海山，即阳朔山也。应劭曰：湘出零山。盖山之殊名也。山在始安县北，县故零陵之南部也。"⑤值得注意的是，湘江发源地原为阳海山，又称阳朔山、零山，这是汉代至魏晋南北朝时期人们的认识。正如前文所述，《水经注》所述西南诸水，几乎皆误。此处所述，地理方位颇多疑惑，又言阳海山，又曰始安峤、越城峤，但其地理方位并不在同一处，越城峤在灵渠之西，而阳海山（即后来之海洋山）在灵渠之东。

① 《旧唐书》卷41《地理志》，北京：中华书局，1975年，第1726页。

② 《汉书》卷6《武帝纪》，北京：中华书局，1962年，第187页。

③ （北魏）郦道元著，谭属春、陈爱平校点：《水经注》卷38《漓水》，长沙：岳麓书社，1995年，第560页。

④ （北魏）郦道元著，谭属春、陈爱平校点：《水经注》卷38《漓水》，长沙：岳麓书社，1995年，第560—561页。

⑤ （北魏）郦道元著，谭属春、陈爱平校点：《水经注》卷38《漓水》，长沙：岳麓书社，1995年，第552页。

阳海山最早见于汉代，《说文解字》称："湘水，出零陵阳海山，北入江"①。虽然至宋代，地理文献上仍沿用此称，但实际上自唐代始，即开始称其为"海阳山"。唐莫休符《桂林风土记》载："在全义县北，又漓、湘二水源也。流至金义北三百步，分流北去，作为湘南，下为漓山，下有庙，前政陈太保奏录，诏封广润侯。"②至明代时，人们开始将海阳山，改称"海洋山"。史籍所载："兴安属桂林府，其水出海洋山，自秦开桂林、象郡，凿渠兴安，分为湘、漓二水，建三十六陡，甃石为闸，以防水泄。汉马援尝修筑之，故世传为援所立。岁久堤岸圮坏，至是始修治之，水可溉田万顷"③。这一名称一直沿用至今。

对于漓江的源头，自《水经注》提出湘漓同源之说后，很长时期被人们继承并沿用下来。《方舆胜览》载："漓水，《舆地广记》云：'漓水、湘水二水皆出海阳山而分源，南流为漓，北流为湘，'"④宋人柳开在《湘漓二水说》中，甚至还从字义等方面论述漓江得名原因，称：

> 湘漓二水，始一水也，出于海阳山。山在桂州兴安县东南九十里，西北流至县东五里岭上，始分南北，为其二水。北为湘水，南为漓水。求其二水之名，于书、于记皆无所说。淳化元年，开自全州移知桂州，乘船溯湘水而抵岭下，复以漓水达于桂州，问其岭之名，即分水岭也。分水是相离水也，二水异流也。谓其同出海阳，至此岭，分南北而离也。二水之名，疑昔人因其水分相离而乃命之曰湘水也、漓水也。其北水所为湘，南水所为漓。将有以上下先后而乃名之也……既二水以二字分名之，即北者为上为先，名湘也。即离者必加南流者也，所以漓江是分水之南名也，因其水之分名为相离也。乃字傍（旁）从水为湘为漓也。凡为字皆命名者也，名者强称物者也。古之以万物错杂，惧难别识也，乃以名各记之矣。即物之名，有类有假有义有因焉，斯二水之名，以其水分相离为名，是取类也，

---

① （汉）许慎撰，（宋）徐铉等校：《说文解字》卷 11 上，上海：上海古籍出版社，2007 年，第 542 页。

② （唐）莫休符：《桂林风土记·海阳山》，北京：中华书局，1985 年，第 6 页。

③ （明）黄光升著，颜章炮点校：《昭代典则》卷 7《太祖高皇帝》，北京：商务印书馆，2017 年，第 210 页。

④ （宋）祝穆撰，祝洙增订，施和金点校：《方舆胜览》卷 38《广西路》，北京：中华书局，2003 年，第 688 页。

是所假也，是从义也，是有因也。今书漓江为漓字，疑其不当为此漓字也，当以离字傍（旁）加水作此漓字也。又字书古无此漓字，酌其理增而今以为字焉，亦由古之他字，皆以义以礼，撰物者以成字也，非与天地同生于自然耳，亦皆由于人者也，于今悉为世所用矣，以斯而言之，即古之所为者，未必即为是，今之所作者，未必即为不是耶。凡事亦无古无今焉，惟其为当者是也，即湘、漓二江之名，孰曰非乎？若以其南方为离，流南方为漓江也，即所说之义，其踈矣。①

对于湘、漓南北分派的地理认识，宋人认为，桂林地势较高，正好处于分水岭位置上。宋范成大称："桂林地势，视长沙、番禺，在千丈之上，高而多风，理固然也"②；周去非也称："其间地势最高者，静江府之兴安县也。"③对于漓江的发源，他有更详细的描述，他指出漓江自海阳山发源，南流与融江相汇，称："湘水之源，本北出湖南；融江，本南入广西。……昔始皇帝南戍五岭，史禄于湘源上流漓水一派凿渠，逾兴安而南注于融，以便于运饷。盖北水南流，北舟逾岭，可以为难矣。……绕山曲，凡行六十里，乃至融江而俱南。今桂水名漓者，言离湘之一派而来也。曰湘曰漓，往往行人于此销魂。"④融江即今大溶江、小溶江，源自兴安华江瑶族乡，周去非称："融江实自瑶峒来。"⑤应该说，这一看法是相当确切的，至少说明宋人已知有溶江的存在，并知晓其发源，但他受传统湘漓同源说的影响，认为漓江自海阳山发源后是南流，汇入融江。

明代，对湘漓同源于海阳山的认识并无什么改变。明人包裕《永济桥记》载："省城东之巨津，广七十丈有奇。水发源兴安海阳山，合大小融江众流泾

① （宋）柳开：《河东先生集》卷 4《湘漓二水说》，《景印文渊阁四库全书·集部》第 1085 册，台北：商务印书馆，1986 年。

② （宋）范成大撰，严沛校注：《桂海虞衡志校注·杂志》，南宁：广西人民出版社，1986 年，第 111 页。

③ （宋）周去非著，杨武泉校注：《岭外代答校注》卷 1《地理门·灵渠》，北京：中华书局，1999 年，第 27 页。

④ （宋）周去非著，杨武泉校注：《岭外代答校注》卷 1《地理门·灵渠》，北京：中华书局，1999 年，第 27 页。

⑤ （宋）周去非著，杨武泉校注：《岭外代答校注》卷 1《地理门·广西水经》，北京：中华书局，1999 年，第 24 页。

津，而南汇西江。"①张鸣凤《桂胜》也载："桂川曰漓，与湘同源，出兴安海阳山。"②清代，顾祖禹也称："漓江与湘江俱出兴安南九十里之海阳山"③；《明史》亦载："兴安府北。南有海阳山，湘水出其北，流入湖广永州府界。漓水出其南，南入梧州府界。北有越城岭，亦曰始安峤，五岭之最西岭，下有始安水流入漓水。"④可见，直到清代乾隆年间之前，人们对于湘漓同源深信不疑。

乾隆年间，随着对漓江上游地区地理认识的加深，才有人对流传千年之久的成说开始怀疑。先是乾隆六年（1741 年），兴安知县黄海主持重修兴安方志时，称："湘漓二水，本不同源"，主要是由于"前人未身历其地，未觇水之所从出"，但他认为漓江"发源于县南之双女井，北流入灵渠，与湘水远不相属"⑤。对于此说，清人查礼进行实地考察，予以批驳，称："要知溯秦以上，无所谓灵渠，即无所谓漓水。又安得双女井为之源哉？且双女井一水，乃出山涧细流，源出县南七里，迳北流至县，入灵渠，方灵渠未凿时，其水由渠之东岸穿渠而西……迄今故道犹存，何得谓之漓水源耶？噫！海既未读《水经》，而所历之地复未明晰，轻出此风影无据之言，欲得改写千百年确然之实迹，诚诐词莠说，固不足与之反覆驳诘。"⑥虽说黄海所言并不正确，但难能可贵的是其对于传统的湘漓同源说提出挑战的勇气，进而掀起了对漓江源开展实地考察研究的学风。其后唐一飞《漓水源流考》对此又进行了详细的探讨。根据实地勘察，他直接否定了双水井为漓江之源说。称：

> 自郦道元《水经注》之误，漓水久也失去源矣。……夫大溶江至此，其来源矣。发源于猫儿山千溪万壑之中，其有名称者，曰华江，曰川江，

① （清）汪森编辑，黄盛陆等校点：《粤西文载校点》卷 34《桥梁记·永济桥记》，南宁：广西人民出版社，1990 年，第 37—38 页。
② （明）张鸣凤著，齐治平、钟夏校点：《〈桂胜·桂故〉校点》卷 16《漓江》，南宁：广西人民出版社，1988 年，第 128 页。
③ （清）顾祖禹：《方舆全图总说》卷 3《广西舆图补注》，清光绪二十八年（1902 年）石印本。
④ 《明史》卷 45《地理志》，北京：中华书局，1974 年，第 1149 页。
⑤ （清）谢启昆修，胡虔纂：《（嘉庆）广西通志》卷 109《山川略十六》，南宁：广西人民出版社，1988 年，第 3265 页。
⑥ （清）查礼：《铜鼓书堂遗稿》卷 28《漓水异源辩》，《清代诗文集汇编》编纂委员会：《清代集汇编》等 338 册，上海：上海古籍出版社，2010 年，第 202 页。

曰融江，曰黄蘗江，四源竞出，至合江口而益大。自合江口三十里至大溶江，可尽行巨舰。由合江口上溯四江，盖百二十里，可泛横纲之舟。双水井即日能连贯于湘漓二水中间，亦不过如汉别不潜，江别为沱之类。……以双女井为湘漓之源，何以异于是？按湘与漓二源皆在兴安，而海阳山则绵亘于邑之南境，源出而北流于全州，迳衡阳，过洞庭，合江汉，北东而入海。猫儿山则盘亘于邑之西乡，源出而南流于灵川，下平梧，趋肇庆，循二水东南而入海，此二水之源流也。……黄海身为县令，查礼身为庆远司马，督修河渠，只熟于邑之东南，实未尝涉历于邑之西北，故源流屡辨而不清。①

唐氏根据源远流长的原则，亲临大溶江上游考察，提出以溶江为漓江主源的见解，这是一个巨大的地理认识进步。不过，唐氏漓江源于猫儿山之论，从提出到被广泛可接受，也有一个发展过程。嘉庆《广西通志》并不认同他的观点，谢启昆认为："汭在漓水之下流，何以为漓之源耶？"②之后，清人蒋锡绅再与人论辩，称："《地舆图》、《方域志》、《水经注》、《河渠考》当日秉笔者，大半未亲其境，多传讹。……究竟漓江江水谁其源？子且为我道根原。我云：君不见六洞之顶曰猫山，山高万仞无比肩。又不见，六洞之水曰龙潭，潭深万丈难穷探。山荫水，水环山，因此汇为巨浸滔滔汩汩直出融江前，从兹漤洄经灵川，会城东绕皆以漓江传。奈何舍融江上游之巨浸不加考，而漫以涓涓枯井强牵连。"③

民国后，不断有学者对漓江源流进行旅行考察，除了根据河源远近、年径流量大小等标准外，还提出根据水流趋势，认为应以猫儿山作为漓江之源。这样，漓江源于猫儿山之说得到社会大众的广泛认同并确立起来。至此，延续百余年的漓江之源争议也最终画上了句号。

漓江与广西的统治中心桂林近在咫尺，其源头何以长期未明？除了人们对

　　① （清）唐一飞：《漓水源流考》，唐兆民：《灵渠文献粹编》，北京：中华书局，1982年，第101—102页。

　　② （清）谢启昆修，胡虔纂：《（嘉庆）广西通志》卷109《山川略十六·川一·桂林府一·兴安县》，南宁：广西人民出版社，1988年，第3268页。

　　③ （清）龚锡绅：《与邑侯张倬云比部蒋元峰茂才彭海运游分水塘观湘漓同源碑归作此辩》，唐兆民：《灵渠文献粹编》，北京：中华书局，1982年，第106页。

灵渠以下河段较为了解外，对于上游实际上并不了解。主要是不论是湘漓同源说，还是漓江源于猫儿山说，在古代均属瑶、苗等少数民族居住区，统治长期未能深入，外人足迹罕有至此。一般学者在未能实地进行河源考察的情况下，不过多沿袭旧说，抄录原有文献而已。另外，由于人类活动范围未及猫儿山区域，对这一地区的地理并不了解，当然也就没有人对旧说进行怀疑，这是错误的湘漓同源学说得以流传上千年的原因。

第四节　明清以来漓江流域的人类活动与环境效应

一、明清时期漓江上游山地的移民活动

漓江是桂林的母亲河，发源于南岭山系，蜿蜒南流百余千米，自古以风景秀丽著称于世，属典型的喀斯特地貌河，砂卵石河床上，滩、潭相间，受人类活动的影响巨大。当前学术界对于漓江流域的研究，主要集中在灾害、地质、社会、旅游发展等方面①，但对于人类活动对漓江产生的环境影响少有涉及。明清以来，是外来移民进入广西的重要时期，不少移民深入漓江上游地区从事农业垦殖活动，并对漓江流域水环境产生了深刻的影响，体现在流经今桂林市内的漓江段河曲发育、沙洲沉积上。

广西自古是少数民族聚居之地，明代中叶以前，当地的少数民族人口还占据明显多数。史称："广西一省，狼人半之，瑶人三之，居民二之。"②然而，随着外来移民活动的不断增加，广西的人口构成也在不断发生变化。地处桂东北的漓江上游山区，为中原进入岭南要冲之地，自明代以来，即不断有外来移民进入，是移民进入广西较早的区域。

如上所述，孕育漓江的上游山地，主要有二：一为今兴安、灵川一线以西的越城岭猫儿山，以及越城岭余脉的锅底塘、磨岭界、五马山等山，山岭海拔

---

① 近年来，有关漓江流域的研究，主要有张雅昕，王存真，白先达：《广西漓江洪涝灾害及防御对策研究》，《灾害学》2015 年第 1 期；罗智丰：《明清时期漓江流域水利社会研究刍议》，《桂林航天工业学院学报》2018 年第 4 期；赵云：《漓江流域旅游开发与生态环境耦合状态的实证性研究》，《经贸实践》2017 年第 18 期等。

② （明）吴瑞登：《两朝宪章录》卷 12 "嘉靖二十五年六月丁亥"条，《续修四库全书》编纂委员会：《续修四库全书·史部》第 352 册，上海：上海古籍出版社，2002 年，第 627—628 页。

自 2100 米左右到 1400 余米不等，自北而南分别发育有六洞河、田江河、小溶江、甘棠江、桃花江等支流；二为今兴安、灵川一线以东呈东北—西南走向的海洋山（旧称海阳山），包括婆殿、螺蛳旋顶、宝界山、雷王殿、笔架山、猪婆岭等，海拔自 1900 米左右至 1200 米不等，亦是漓江重要的水源地。海洋山区南部发育有潮田河、熊村河、西河等，皆系漓江上游支流。明清时，其范围属全州、兴安、灵川、义宁诸县辖地，大抵包括今全州、资源一线南部、兴安、灵川，以及临桂北部区域。

西部越城岭区域，主要居民为瑶、苗等民族，靠近湘桂走廊一带则以汉族居民为主，不少为明以后移居此地。明时，地处兴安县西的越城岭山区已有部分相当的瑶人、苗人居住，对此，史志有这样的记载："路江在县西北七里，发源自瑶洞，东流至县北，分为南北二陂，绕城至北门外合漓江"[①]；又载兴安"土颇腴，民瑶驯。扰惟西距武岗，山多人少，此瑶彼苗相勾引为疆圉患。……唐家、六峒二巡司，白竹山塘二堡弓兵、狼兵共二百二十名"[②]。为防备这一地区的瑶、苗，自明中叶起，即从桂西一带征调当地的壮族"狼兵"驻屯于此。这部分"狼兵"为较早自桂西东迁至此的一批壮人。至明万历间，这里已形成一些零星的壮人村落。

义宁县西边透江堡一带西岭塘、勒安鉴诸村，"村民往尝招僮分田，错处以为卫，既而僮种日繁，犷悍不制"[③]。自此往南为灵川县所属的六都、七都之地，俱系越城岭余脉山地，当地主要居民为瑶人、壮人。"灵川地高旷平衍，不忌旱涝，界内瑶僮惟六都、七都最多，近俱已向化，间如杨梅、丈古、下车等瑶人，自昔号称顽悖"[④]。

由此不难看出，明代漓江发源的越城岭山区，分布的居民还是以瑶、壮、苗等少数民族为主。从其时设置的巡司、堡等基层军事机构分析，西侧越城岭山前平原地区已有不少汉族居民迁入。据《兴安县志》调查，明代迁入的汉族

　　① 嘉靖《广西通志》卷 12《山川志一》，北京图书馆古籍出版编辑组：《北京图书馆珍本善本丛刊》第 41 册，北京：书目文献出版社，1998 年，第 184—185 页。

　　② （明）杨芳：《殿粤要纂》卷 1《桂林府图说·兴安县图说》，北京图书馆古籍出版编辑组：《北京图书馆古籍珍本丛刊》第 41 册，北京：书目文献出版社，1998 年，第 736 页。

　　③ 道光《义宁县志》卷 6《事略》，台北：成文出版社，1975 年，第 164 页。

　　④ （明）杨芳：《殿粤要纂》卷 1《桂林府图说·灵川县图说》，北京图书馆古籍出版编辑组：《北京图书馆古籍珍本丛刊》第 41 册，北京：书目文献出版社，1998 年，第 735 页。

主要如下：李姓，明代来自湖南，主要分布在大洞、宝峰、白竹、灵源等地；张姓，明时来自湖南、江西、江苏，主要分布在五甲、长洲、龙源等地；刘姓，明时迁自湖南、江西，主要分布于田心、城东、福岭、长洲等地。除此之外，明代迁入的还有胡姓、黄姓、彭姓、阳姓、肖姓、曾姓等汉族，主要来源于湖南、江西、湖北等地①。

　　清代时，这一地区的人口不仅增长之势明显，移民活动更是显著增加。对此，史料多有记载。"刘兆龙，湖广籍江西人。顺治初，知兴安县，时县方新定，野无居人，城内皆榛莽，兆龙手披污莱，躬耕自给，招集流民，开垦田地，一年始成邑。为政以宽，和为本"②；"王化明，江南苏州人，由举人顺治中知兴安县。先是邑为战场，城垛毁坏，虎豹伏城中。前任刘以方事招集，未遑劳民。化明至，乃修筑城垣，民赖以安"③；"彭上腾……先是邑中土著流移杂处，人多健讼。……建城楼，垦荒芜，缉奸究"④。经过清初的招徕，外来移民不断增加。至清中叶时，兴安"地处通衢，差使络绎，实为冲繁，且多流寓之人，健讼呈刁，又为难治"⑤。至于兴安县西北、西南山区，当地居民以苗、瑶民族为主。当地方志记载："雍正七年署义宁县知县邓登瀛，乾隆四年，署兴安县知县黄海先后奉文会勘楚粤城步与兴安界址，一勾塘江以江为界，西北属城步，至蓬洞、大坪水五里，苗人住居，东南属兴安，至大湾五里，瑶人住居，交界牛路隘口，以沐水、社水瑶人守御。"⑥又载："融江六峒，在县西南四十里，其地多瑶。"⑦

　　随着人口的增加，清代在兴安西南山地的瑶族聚居区，还建起了义学。"瑶地义学在融江、沐水、车田、高田四处，乾隆四年建，召僮瑶子弟读书，司库岁发馆师修金四十八两"⑧。原先通过移民设立，用于防御瑶人的关隘，至此时多已荒废，故史载："融江六峒，在县西南四十里，其地多瑶。……案

　　① 兴安县地方志编纂委员会：《兴安县志》第6篇《社会·姓氏》，南宁：广西人民出版社，2002年，第614—615页。

　　② 道光《兴安县志》卷15《宦绩》，清道光十四年（1834年）桂林蒋存远堂刻本，第7页。

　　③ 道光《兴安县志》卷15《宦绩》，清道光十四年（1834年）桂林蒋存远堂刻本，第7页。

　　④ 道光《兴安县志》卷15《宦绩》，清道光十四年（1834年）桂林蒋存远堂刻本，第7页。

　　⑤ 道光《兴安县志》卷4《舆地四·风俗》，清道光十四年（1834年）桂林蒋存远堂刻本，第34页。

　　⑥ 道光《兴安县志》卷1《舆地一·疆域》，清道光十四年（1834年）桂林蒋存远堂刻本，第12页。

　　⑦ 道光《兴安县志》卷7《建置三·关隘》，清道光十四年（1834年）桂林蒋存远堂刻本，第18页。

　　⑧ 道光《兴安县志》卷5《建置一·学校》，清道光十四年（1834年）桂林蒋存远堂刻本，第37页。

旧志隘口有楠木、开山、白面、大峰、西峰、画眉、牛路、蜘蛛、白旗等三十四隘，以瑶僮耕其田，令自为防守，迨日久田或荒废，隘无守驻之人矣。"①值得注意的是，汉族移民也不断进入越城岭山区，从而形成民"夷"杂处的局面。正如雍正《广西通志》所言："附郭之临桂，西北之灵川、兴安、义宁，大抵皆民夷杂处"②；"兴安县瑶居五排七地六洞及融江、穿江、黄柏江，与民杂处"③；"灵川县六都多瑶，七都多僮……所在耕山择土宜而迁徙，人莫敢阻"④。灵川的壮族部分来自广西南丹，为军事性质的移民。对此，史志有载："僮族明末由庆远南丹土州奉调到灵剿平红苗，给与田山，使分居六七两都把守各隘，其人多韦姓……充当堡兵耕而守焉。"⑤灵川西北部的东江，明时前分布有少量的苗族，至清中叶时，已迁往龙胜。史载："苗族前散居东江，清乾隆间屡滋事，驱逐至龙胜地方，后无溷迹者矣。"⑥至于义宁西北一带"界连龙胜、怀远、融县等处，山深密林，瑶民杂错"⑦。地处桂林西北山区的龙胜，原为少数民族聚居区，分布有苗、侗、瑶、壮族等民族，从清代中叶开始，外省汉族迁民开始进入，史载："俱在乾、嘉后，湘粤及邻邑居多。"⑧

东部海洋山区，明代即分布有部分瑶族居民，这在明人杨芳《殿粤要纂》卷1《兴安县图说》《灵川县图说》中均做了标示。明代以来，这一地区也是汉族迁入较多的区域。至清代中叶时，海洋山地区汉族人口大增。这在史料中多有反映。例如，兴安"八亩渡……源出东南乡交界之险岭矮江，至莫川长洲龙岩寺与严泉会，过七里峡、锦绣峡，经无比山后……水汇为塘，广三十余丈，上下险滩急水，惟此可渡。前朝人烟稀少，秋冬用竹围立攒，垒石成墩，架木以济，春夏合竹筏渡水。国朝生齿日盛，竹筏止载一二人，催粮

① 道光《兴安县志》卷7《建置三·关隘》，清道光十四年（1834年）桂林蒋存远堂刻本，第18页。
② 雍正《广西通志》卷93《诸蛮·蛮疆分隶》，《景印文渊阁四库全书·史部》第567册，台北：商务印书馆，1986年，第559页。
③ 雍正《广西通志》卷93《诸蛮·蛮疆分隶》，《景印文渊阁四库全书·史部》第567册，台北：商务印书馆，1986年，第560页。
④ 雍正《广西通志》卷93《诸蛮·蛮疆分隶》，《景印文渊阁四库全书·史部》第567册，台北：商务印书馆，1986年，第560页。
⑤ 民国《灵川县志》卷4《人民一·种族·汉族》，台北：成文出版社，1975年，第367页。
⑥ 民国《灵川县志》卷4《人民一·种族·苗族》，台北：成文出版社，1975年，第371页。
⑦ 道光《义宁县志》卷6《事略》，台北：成文出版社，1975年，第172页。
⑧ 广西古籍丛书编辑委员会，广西地方志编纂委员会办公室：《广西通志稿·社会篇·氏族二》第3册，南宁：广西人民出版社，2017年，第2636页。

运仓，多致失误"①；"唐家司渡在县北十五里，商民往来，络绎不绝"②。南部灵川所属的海洋山区，汉族移民居多，根据当地县志、族谱等资料记载，不少为明清时期迁入。民国《灵川县志》载："灵邑土著，大抵瑶苗，所称汉族，均客籍也，江西最多，山东次之，近则湘人占籍亦众。其始多由仕商来，故恒占优胜焉。各区族姓，一区全姓最大且繁，李姓、廖姓富庶居次"③，多为明清时期迁入。海洋山西南一带低山丘陵地区，聚集了相当数量的汉族移民，如大圩镇附近的毛村黄姓，其《黄氏族谱》记载："福建邵武峭山公后裔，峭山公有三妻二十子，其后裔黄冬进为毛村始迁祖。"一些学者根据现存墓碑的文字记录，认为其始祖约在明正德间由广东三水迁入④。旁边东岸村刘姓汉族，根据现存《鼎建汉高祖庙碑记》载，其先祖于洪武五年（1372年）时，由神背村迁居此地。至于当地的混元村、东岸村、西岸村、沙桥村、上桥村、李家村、花江村、大历村等李姓汉族，据相关学者调查，为元末明初自湖南迁入。熊村熊姓汉族，则是元末明初自福建迁入。

由于移民活动的显著增加，自元明以来，漓江上游地区的人口也呈增长之势。灵川西北一带，"在明成化、宏（弘）治间，村落稠密，鸡犬相闻……正德初始招僮，则民僮相杂矣"⑤。灵川县"清初原额全县人口六千零六十三，康熙二十年审增为一万……自乾隆三十七年以迄清亡一百三十九年间，丁口已达十余万……滋生率可谓猛矣"⑥。地处桂林西北的义宁县地，"元时诸色人户共二千七百七十户，明季凡二千五百六十九户，凡一万四千三百八十八丁。……康熙二十至年五十年，审增人丁共三千六百四十八。……嘉庆二十五年，造报七千九百九十八户，丁二万一千百八十九，妇女一万五千八百八十七口"⑦；兴安县，"国朝兴安县原额人丁五千五百二十五……康熙二十年审增

① 道光《兴安县志》卷3《舆地三·津渡》，清道光十四年（1834年）桂林蒋存远堂刻本，第46页。

② 道光《兴安县志》卷3《舆地三·津渡》，清道光十四年（1834年）桂林蒋存远堂刻本，第49页。

③ 民国《灵川县志》卷4《人民一·种族·汉族》，台北：成文出版社，1975年，第365页。

④ 参阅熊昌锟：《明末至民国时期桂北圩镇与周边农村社会研究——以灵川大圩为中心》，广西师范大学2012年硕士学位论文，第107页。

⑤ 雍正《灵川县志》卷1《舆图志》，故宫博物院：《故宫珍本丛刊》第198册，海口：海南出版社，2001年，第198页。

⑥ 民国《灵川县志》卷4《人民一·户口表》，台北：成文出版社，1975年，第357页。

⑦ 道光《义宁县志》卷1《户口》，台北：成文出版社，1975年，第17页。

丁一千零四……道光十三年，造报大小民丁一十二万七千三百八十七名口，大小屯丁九万八千六百六十二名口"①；桂林北部的全州县，清初统计为 17000 人，雍正十三年（1735年）时为51000多人，乾隆二十九年（1764年），增至130197人。"较明之中叶盛极之朝且过半焉"②。

二、漓江上游山地居民的农业垦殖活动

移民的不断到来，使得漓江上游山地的人口持续增加，逐步演变成为瑶、苗、壮、汉多民族杂居之地。这些劳动人口在漓江中上游山地从事垦殖活动，促进了漓江上游山区的经济开发。

由于明清时期移居于此地的人口以农民为主，故在他们的垦殖活动中，最为重要的就是开垦田地。当地县志载："民务农业，暑雨祁寒，不辞力作。"③如前述兴安县城周边的平原地区，早在清初刘兆龙为兴安知县时，就"招集流民，开垦田地"④。至于居于高山地区的少数民族，虽然生产方式、生产技术较为落后，但也以农业垦殖为主，当地县志载："瑶僮如六岗、融江、川江、富江诸处，风俗与四乡无异，上乡七地，田种晚稻，不用牛犁，用锄以挖。"⑤义宁县，当地民居"多务耕种，不喜工商。……妇人力作，倍于男子"⑥，保留有较多的少数民族风习。灵川县，"山岭周环，中路稍平，田腴水足，种宜五谷。民力耕外，经营小贩、渔业，风俗驯良"⑦。

在当地农业人口的持续努力下，漓江上游地区开垦的农田面积有所增长。兴安县"万历间官民田地塘二千顷三十七亩六分三厘有奇。……国朝兴安县原额官民屯附征共田二千二百一十顷七亩八分七厘"⑧。义宁县，"元时官民田二十五顷十亩……明洪武年间官民田池塘一千一百一十一顷五十五亩八分七厘……乾隆二年、十二年、十九年，除被水冲豁外，实田一千一百七顷七十亩

① 道光《兴安县志》卷8《经政一·户口》，清道光十四年（1834年）桂林蒋存远堂刻本，第1页。
② 嘉庆《全州志》卷4《田赋·户口》，清嘉庆四年（1799年）刻本，第2页。
③ 道光《兴安县志》卷4《舆地四·风俗》，清道光十四年（1834年）桂林蒋存远堂刻本，第34页。
④ 道光《兴安县志》卷15《宦绩》，清道光十四年（1834年）桂林蒋存远堂刻本，第7页。
⑤ 道光《兴安县志》卷9《经政二·瑶僮》，清道光十四年（1834年）桂林蒋存远堂刻本，第31页。
⑥ 道光《义宁县志》卷2《风俗》，台北：成文出版社，1975年，第41页。
⑦ 民国《灵川县志》卷2《舆地二·图》，台北：成文出版社，1975年，第88页。
⑧ 道光《兴安县志》卷8《经政一·田赋》，清道光十四年（1834年）桂林蒋存远堂刻本，第11—12页。

七分八厘"①。至清代中叶时，漓江上游地区的耕田情况见表2-6。

表2-6　清代漓江上游地区征税田亩情况一览表　（单位：顷）

县名	雍正年间应征税粮田亩数②	嘉庆年间应征税粮田亩数③
兴安	2037	2210
灵川	3340	3357
义宁	1128	1186
临桂	5806	5892

注：本表只列田亩整数，顷以下余数未列

　　从表2-6数据不难看出，至清代嘉庆年间，灵川、义宁两县的税田面积其实增长并不多，应该与多山地形、生产力水平不高、可供开垦的田地数量有限有关。事实上，至民国时，随着人口的进一步增加，一些地区的耕田面积也没有明显增加，甚至还有所减少。例如，灵川县在民国年间各区耕田总额为267885亩④，折合2678顷有余，人地关系的紧张状态由此可见。时人称："自乾隆三十七年以迄清亡一百三十九年间，丁口已达十余万（现计一三八五一〇）……滋生率可谓猛矣。以旧日田亩额二十八万，平均之人得耕二亩有奇，尚不敷一人终岁之食。"⑤由于义宁县山区人地关系紧张，使得阶级矛盾趋于尖锐。当地西黄沙一带的少数民族首领吴金龙在清乾隆年间，还不时起来反抗统治。清廷平定吴金龙反叛后，勘"叛产三百余亩，檄义宁县招民承耕"⑥。

　　农业的垦殖发展，还可以从当地水利的发展当中得到相当程度的反映。明清以来，这一区域居民为确保农田灌溉，兴修了为数众多的水利工程。兴安县城所在的湘江两岸平原，除了灵渠之外，有回龙堤，"在花桥底下东江底，初渡头江之水自大石门直出，利于舟楫，不利灌溉。迨旱田开垦，土民呈请创

　　① 道光《义宁县志》卷1《田赋》，台北：成文出版社，1975年，第18页。

　　② 雍正《广西通志》卷22《田赋》，《景印文渊阁四库全书·史部》第565册，台北：商务印书馆，1986年，第618—619、622页。

　　③（清）谢启昆修，胡虔纂：《（嘉庆）广西通志》卷155《经政略五·田赋一》，南宁：广西人民出版社，1988年，第4392—4393、4396页。

　　④ 民国《灵川县志》卷2《舆地二·田亩》，台北：成文出版社，1975年，第115、134、155、175、213、231页。

　　⑤ 民国《灵川县志》卷4《人民一·户口表》，台北：成文出版社，1975年，第357页。

　　⑥ 道光《义宁县志》卷6《事略》，台北：成文出版社，1975年，第172—173页。

堤。……蓄水灌田，屡修屡坏，不能经久。雍正庚戌，创筑石堤，万亩田畴利赖"①；东南的海洋山区，明代即修有昌陂，"在县东南六十里，源出海阳……明永乐年间，里人户部郎中赵清举奏筑，溉远近田百余亩"②。县城西北部山区，早在明代前即修有潞江陂，"流自瑶峒，中流分南北二陂，灌田万亩"③。其他大大小小的渠堰，据清代《兴安县志》记载，还有数十处之多。灵川县内的漓江流域"地高于水，利用车渠以资灌溉，此外山高水陡，率用陂堰截水为宜"④。在灵川县西北部山区，清以来当地居民沿龙岩江筑坝截水，建有南宅坝、渡潭坝、大山坝、蒋家坝、雷公堰等十余处水利设施。其余几条溪河锦江水、神江水均修筑了简易的堤堰，以灌溉农田。"按旧志一都水利一十四所，鹿黄陂、大山甘陂、黄田甲陂、大拓芦陂、吹陂……现时采访，名同而堰坝有四十处，盖人口增则水利渐兴，不假他人代为谋也。"⑤在东部山区，当地居民至清时已普遍使用筒车，"汲水于河，以资灌溉"⑥，当地农民修筑有洪武坝、八字坝、齐公坝、石龙坝等众多的小型水利设施。水利的兴修，是这一区域农田不断得到开垦的直接反映。此外，为加强田间除害管理，当地农民还利用当地丰富的石灰岩资源，开山取石烧灰，撒于田中，"古东岩，县西十五里，民间采石烧灰壅田，农民赖之"⑦。

　　除了开辟农田外，为维持生计，漓江上游山地居民还开垦山地，种植杂粮，兼从事一些必要的养殖活动。在很多缓坡地带，则种植经济林木。种植的杂粮主要有红薯、玉米、花生等。种植的经济林木中，既有松、杉、竹、茶、桐等，也有银杏、板栗、桃、李、梨等果木。例如，兴安县，道光年间种植的果木有"梅子、杨梅、桃子、李子、梨子、柑子、橙子、橘子"⑧等。

　　漓江上游山区种植的粮食作物，除传统的水稻外，从明代中叶起，就开始引种荞麦、大麦、小麦之类的作物。至清嘉庆时，麦类作物的种植已在漓江上

①　道光《兴安县志》卷3《舆地三·水利》，清道光十四年（1834年）桂林蒋存远堂刻本，第34页。
②　道光《兴安县志》卷3《舆地三·水利》，清道光十四年（1834年）桂林蒋存远堂刻本，第36页。
③　道光《兴安县志》卷3《舆地三·水利》，清道光十四年（1834年）桂林蒋存远堂刻本，第35页。
④　民国《灵川县志》卷2《舆地二·水利》，台北：成文出版社，1975年，第110页。
⑤　民国《灵川县志》卷2《舆地二·水利》，台北：成文出版社，1975年，第134页。
⑥　民国《灵川县志》卷2《舆地二·水利》，台北：成文出版社，1975年，第174页。
⑦　道光《义宁县志》卷2《山川》，台北：成文出版社，1975年，第27页。
⑧　道光《兴安县志》卷4《物产》，清道光十四年（1834年）桂林蒋存远堂刻本。

游的临桂等地成为普遍现象，"粤土惟桂林面各府重之"①。从美洲引种的作物中，玉米与南瓜的种植，在漓江上游山区发展较快。清雍正年间时，开始传入，"玉米白如雪，圆如珠，品之最贵者"②，至道光年间，全州、兴安、义宁等地已均有种植。番薯在漓江上游山地的引进种植稍晚，道光《义宁县志·物产》一目已有"薯蓣"记载。至清末时，"东北部之兴安、全县，东南部之桂平、郁林尤多"③，最终在漓江上游山地普遍开始种植开来。至于居住在山区的少数民族居民，更是以杂粮为主食。灵川壮族，"明末由庆远、南丹土州奉调到灵……架木茸茅而栖，种粟、芋、豆、薯，或养蜜剖瓢以为生"④，瑶族则"种桐、茶、毛竹、薯、粱、粟、黍、旱稻、是合、冬菰、芋魁、大粽叶、棕榈制纸为生，向猎兽剖瓢为业"⑤。

在经济林木中，松树与杉树的种植最为普遍。其中全州、义宁等地，是重要产地。史志载："松，全州者较古，宋杨文广所植……杉，义宁出者佳。"⑥茶树与油桐是这一时期漓江上游山区较为普遍，也较为重要的经济林木，在当地居民的经济生活中占有较大的比重。据当地史志记载，清道光年间时，兴安西部山区、义宁等地，已普遍种植。"茶，各州县出，而临桂之刘仙岩、兴安之六峒，全州之清湘特佳"⑦。桐树，主要取其果实榨取桐油作为油漆的原料，清代中叶以来，多有种植。"桐油子，树类梧桐而不甚高大，三月花开，色白，瓣上界一红丝，子如核桃，七八月取其子作油，为用甚广"⑧。清代道光年间以降，兴安、灵川、义宁等县，均作为重要的物产。道光年间义

① （清）谢启昆修，胡虔纂：《（嘉庆）广西通志》卷 89《舆地略十·物产一·桂林府》，南宁：广西人民出版社，1988 年，第 2824 页。

② 雍正《广西通志》卷 31《物产》，《景印文渊阁四库全书·史部》第 565 册，台北：商务印书馆，1986 年，第 763 页。

③ 广西统计局：《广西年鉴》第 2 回，南宁：广西省政府总务处，1936 年，第 190 页。

④ 民国《灵川县志》卷 4《人民一·种族·壮族》，台北：成文出版社，1975 年，第 367—368 页。

⑤ 民国《灵川县志》卷 4《人民一·种族·瑶族》，台北：成文出版社，1975 年，第 368 页。

⑥ 雍正《广西通志》卷 31《物产》，《景印文渊阁四库全书·史部》第 565 册，台北：商务印书馆，1986 年，第 765 页。

⑦ 雍正《广西通志》卷 31《物产》，《景印文渊阁四库全书·史部》第 565 册，台北：商务印书馆，1986 年，第 764 页。

⑧ 雍正《广西通志》卷 31《物产》，《景印文渊阁四库全书·史部》第 565 册，台北：商务印书馆，1986 年，第 764—765 页。

宁县的物产就有"松、柏、桐"①等林木。至民国年间，茶与桐在经济生活中的重要性更趋明显。灵川县二区一带的物产，以"稻菽为大宗，红茶次之。湘人贩义宁茶往衡者，必取和于此，否则色不鲜而味不浓也"②，又言灵川县一区"以稻谷、松胶、竹木、猪牛为大宗，近则桐茶之利日益增拓，蔗糖惟三四段有出，鱼利亦厚"③。靠近桂林西北义宁县一带的六区，"颇饶煤、银等矿，近者富山、学校之桐茶，金灵川山麓之茶树，以及长岭、十字墟、黄岭、黄茅岭等处之茶子，成效皆已可观"④。

银杏，是漓江上游海洋山区重要的经济林木，种植较为普遍。从今灵川县海洋乡现存银杏古树的树龄看，当地至少在宋元之际就已开始种植银杏。在雍正《灵川县志》卷 3《物产志》中，已明确将"银杏"列为重要物产之中。由此可以推断，至迟在清代前期时，这一区域就已开始有目的地大面积种植银杏了。另据一些学者实地调查，广西桂林有百年生以上的古银杏 73000 余株，主要分布在灵川、兴安、全州 3 个县 12 个乡镇⑤。至民国年间，这一区域白果产量大增。其中灵川第五区一带的银杏，"为五区出产大宗，近一区亦有植者"⑥，主要销往桂林附近的大圩等地。又载灵川五区"田产外地产如桐茶……椎栗、花生、玉米等均有输出，柴炭销流于桂者虽多，而山利实未尽。四五六七里诸山童濯相望也"⑦，足见经济林木在当地经济结构中的重要地位。

其余各地，有通过种植竹子，以造纸为业者；如民国时灵川县"六区大半山岭，田亩不及五分之一，居民俭啬力耕，东西两江流域，纯以竹、木、茶、纸为生，谷米仰给内地，耕地虽少固无伤于人满也。七区山岭丛沓，与六区同，不适于商，居民力耕自给，流风江内专以竹、木、纸、桐、茶为业，其他工艺亦鲜"⑧。有利用当地蕴藏的矿产资源，开采矿产，如铅矿等。例如，

① 道光《义宁县志》卷 2《物产》，台北：成文出版社，1975 年，第 40 页。

② 民国《灵川县志》卷 2《舆地二·物产》，台北：成文出版社，1975 年，第 136 页。

③ 民国《灵川县志》卷 2《舆地二·物产》，台北：成文出版社，1975 年，第 116 页。

④ 民国《灵川县志》卷 2《舆地二·物产》，台北：成文出版社，1975 年，第 156 页。

⑤ 邓荫伟、杨林林，邓鑫州：《广西桂林古银杏现状与开发利用》，中国林学会银杏分会：《全国第十九次银杏学术研讨会论文集》，北京：中国林业出版社，2012 年，第 277 页。

⑥ 民国《灵川县志》卷 2《舆地二·物产》，台北：成文出版社，1975 年，第 196 页。

⑦ 民国《灵川县志》卷 2《舆地二·物产》，台北：成文出版社，1975 年，第 196 页。

⑧ 民国《灵川县志》卷 4《人民一·职业表》，台北：成文出版社，1975 年，第 362 页。

"葡萄车山在县西二百四十里城步交界境上，山多产铅，奸徒每乘岁暮，聚集盗采，宜加严辑"①。采矿在灵川山区居民的经济生活中并不占主要地位。

三、漓江上游山地人类活动的山地环境效应

漓江所流经的区域，主要为喀斯特地貌区，上游多陡坡山地，溪流落差较大，水土易于流失。明清以降，这些山地移民的增加及农业垦殖的持续开展，产生了显著的环境效应。这些环境效应，主要表现在以下两个方面：

一是随着农业垦殖的不断发展，人工次生经济林不断增加，天然林则逐渐退减。这个变化最先是从湘桂走廊谷地开始的，渐次向两侧山区拓展。湘桂走廊北端全州一带的植被，早在明代时就因人类开垦、烧炭等活动的影响退化严重。山地天然林遭到无节制的砍伐，水源短缺，以致地方官府不得不予以禁止。当地史志载："水所发源，必借林樾蔽翳，乃免燥烁。近年万升乡民规利目前，鬻商贩置炭窑，伐木无时，林疏而山就童，窑密而土益燥，经旬不雨，流脉微细，田畴失溉。"②全州县龙水乡龙水村旧祠堂内，还保留有一块明万历二十九年（1601 年）桂林府理刑厅萧推爷的"禁示榜谕"石碑，碑文称："为禁护水源林以资灌溉，以裕征纳事。淋田一源，出自天仙而来。分派下灌，何啻千百余亩。然山阴则源润，虽有旷旱不竭，故培养山林滋润源头亦至理也。曾经吴成举赴州告给示禁伐，第彼意在利市，假公济私，以一人禁，以一人伐，而数十木巨木欲卖尽矣。此本厅之所亲而目睹者。今七排复呈禁伐，故不得以成举概，疑众排间而有之。所有水源林木，务在培养茂盛，则源不期裕而自裕矣。系国课民命，敢有违禁，擅取一木一竹者，许七排指名呈究，定行严治不贷，特禁示。"③兴安、灵川一带地处湘桂走廊中段、南段，为中原进入岭南的交通孔道。南宋时，这一地区还保留着较为茂密的原生植被。范成大入桂时，"平野豁开，两傍（旁）各数里，石峰森峭……夹道高枫古柳"④。至明中叶时，兴安县两侧的山前谷地，皆已开垦成田，道旁两侧已开始为松木代替。全州南部、兴安北部一带谷地，"咸水之南，大山横亘，曰里山隘；咸

---

① 道光《兴安县志》卷 2《舆地二·山》，清道光十四年（1834 年）桂林蒋存远堂刻本，第 13 页。

② 康熙《全州志》卷 8 下《艺文志·纪事》，清康熙二十八年（1689 年）刻本，第 30 页。

③ 唐楚英主编：《全州县志》，南宁：广西人民出版社，1998 年，第 1023 页。

④ （宋）范成大撰，孔凡礼点校：《范成大笔记六种》，北京：中华书局，2002 年，第 59 页。

水之北，崇岭重叠，曰三清界：此咸水南北之界也。咸水溪自三清界发源……渡桥西南行，长松合道，夹径蔽天"①，"入兴安界，古松时断时续，不若全州之连云接嶂矣"②。这是徐霞客游历自全州进入兴安辖境时所见的山岳植被景象。与之相对的，则是开辟的田亩，"一望平畴，直南抵里山隈"③。甚至一些山区谷地，由于人口不断增多，也得到较为充分的开垦。徐霞客经由兴安县东部的附近山区，记载："其阳即为镕村，墟上聚落甚盛，不特山谷所无，亦南中所（少）见者"④；"河塘西筑塘为道，南为平畴，秧绿云铺"⑤，已是一派兴盛的农耕景象。

不过，其时湘桂走廊两侧的山区地带，不少山岭还保持着较好的植被。例如，桂林市东边的尧山，元代时，植被还保存较好，水源十分丰富，成为山脚平原田地灌溉的主要水源，史称："泉源混混，溉灌尤博。"⑥明末徐霞客考察湘江发源的海洋山时，"三里，登山脊，至九龙庙，南、北、东皆崇山逼夹；南陆即溯溪之北麓，溪声甚厉"⑦。

入清以后，湘桂走廊两侧山区的植被逐渐有了更大的变化。清雍正年间，鄂尔泰称兴安"山突而童，水峻而旋"⑧。至于北部的全州、灌阳一带，至乾隆年间时，山林毁坏更甚。主要原因就是当地居民的农耕生产活动。嘉庆《全州志》卷 1《舆地·物产》载："全人非稻不饱，故以种稻为恒业，其诸谷俗名杂粮，皆客民杂植于山谷高原、水泉阻绝之处。"除水稻种植外，经济作物种植对环境的影响也很大。谢庭瑜在《论全州水利上临川公》中就对当地居民

---

① （明）徐弘祖著，褚绍唐、吴应寿整理：《徐霞客游记》卷 3 上《粤西游日记一》，上海：上海古籍出版社，2010 年，第 94 页。

② （明）徐弘祖著，褚绍唐、吴应寿整理：《徐霞客游记》卷 3 上《粤西游日记一》，上海：上海古籍出版社，2010 年，第 94 页。

③ （明）徐弘祖著，褚绍唐、吴应寿整理：《徐霞客游记》卷 3 上《粤西游日记一》，上海：上海古籍出版社，2010 年，第 94 页。

④ （明）徐弘祖著，褚绍唐、吴应寿整理：《徐霞客游记》卷 3 上《粤西游日记一》，上海：上海古籍出版社，2010 年，第 97 页。

⑤ （明）徐弘祖著，褚绍唐、吴应寿整理：《徐霞客游记》卷 3 上《粤西游日记一》，上海：上海古籍出版社，2010 年，第 97 页。

⑥ （元）郭思诚：《归复唐帝庙田碑》，（清）汪森编辑，黄盛陆等校点：《粤西文载校点》卷 38《碑文》，南宁：广西人民出版社，1990 年，第 131 页。

⑦ （明）徐弘祖著，褚绍唐、吴应寿整理：《徐霞客游记》卷 3 上《粤西游日记一》，上海：上海古籍出版社，2010 年，第 95 页。

⑧ 道光《兴安县志》卷 3《舆地三·水利》，清道光十四年（1834 年）桂林蒋存远堂刻本，第 18 页。

种植烟草导致的植被毁坏进行了客观的评述，称：

> 郡之资灌溉者，多沟洞细流，其源发于山溪，往者山深树密，风雨暴斗，雷奔云泄，旱干无虞，惟苦泛滥。比岁以来，流日狭浅，弥旬不雨，土田坼裂，农夫愁叹，水讼纷纭。……洞水之源，虽由山而发，实借树而藏，水竹交互，柯叶蓊蔚连阴数里，日光不到，泉涌湍飞。……迩来愚民规利目前，伐木为炭，山无乔材，此一端也。其害大者，五方杂氓，散处山谷，居无恒产，惟伐山种烟草为利，纵其斧斤，继以焚烧，延数十里，老干新枝，嘉植丛卉，悉化灰烬，而山始童矣。庇荫既失，虽有深溪，夏日炎威，涸可立待，源枯流竭，理固宜然。……烟草虽多，饥不可啖，而其害一至于此，此阖郡士民痛心疾首，莫能禁抑者也。①

灌阳县亦是如此，由于当地居民农耕活动的拓展，康熙年间时，灌阳境内河谷之间，植被尽被田亩、杂粮所代替。康熙《灌阳县志》卷 8《兵防志·道路》称："今耕作既久，林麓渐尽，田原旷土，遍布垦种。民餍山泽之利，结庐保守远近，相望无复昔日枭境之虑。"至清道光年间，由于烧炭等活动的影响，灌阳县境内植被再遭破坏，对此当地史志有载："山川不独疆界所由分，亦即田禾所由茂，何也？以土浅水薄，十日不雨，田即干拆。惟赖深山树木浓荫，水源不竭，沟浍常有山崝长流之水到田，是以田禾葱茂，秋成有获。乃见小利者往往斩伐树木，烧炭挖瓢，剥取香皮，种种戕贼，真可痛恨。"②甚至在更为边远的西延山区（今资源县境）一带，随着人口的增多，林地成田的现象，在道光时也已成为常态。据道光《西延轶志》卷 10《杂记》记载："近时人烟稠密，到处开垦成田，即深山穷谷，无人迹不到之处矣。"山地开垦导致的直接后果是"延地山本多树，近时刊（砍）伐渐遍"③。

灵川县辖境内，植被的变化也较为明显。至民国年间，在一些山区，已明显由经济林所取代。例如，据民国《灵川县志》载，"小符竹山……小溶江流

---

① 嘉庆《全州志》卷 12《艺文下》，清嘉庆四年（1799 年）刻本，第 11—12 页。
② 道光《灌阳县志》卷 1《舆地·水利》，清道光二十四年（1844 年）刻本，第 26 页。（清）顾炎武撰，黄珅等校点：《天下郡国利病书·广西备录·全州志》，上海：上海古籍出版社，2012 年，第 3455 页也载："灌之富人又引占田僮、夹板瑶，散布田间，名则借力耕种，实阴通群寇，为害不细。今耕作既久，林麓渐尽，山原旷土，遍布蓝种；民餍山泽之利，结庐俟守，远近相望，无复昔日枭境之虑。"
③ 道光《西延轶志》卷 2《舆地下·气候》，清光绪二十六年（1900 年）西延理苗州署刻本，第 14 页。

经其下，多杉竹杂树"①，"大源山……邑东二十里，中多油桐、油茶"②。"城乡各处桐、茶、杉、松，葱蔚成林，居民亦知所竞矣"③，六区"东江、西江以内均有经济森林，各段森林触目皆是"④。当地民族聚居的山区，"原以高而山多，水以急而滩恶，交通殊形不便，兼之林木稀疏，水源易竭，土质硗瘠，生产难丰"⑤。当然，在一些边远的山区，也还保持着较为原始的森林植被状态。例如，义宁县九十九岅山，在"县北六十里，高大深邃，树木丛密，不通大道"⑥。灵川县七都西北隅，"毗近义宁，山深林密，道路险曲"⑦；东三十五里的东山，"公有林深广不测，道径险曲，杨堰水出焉"⑧。

　　二是人虎关系的紧张。人类在漓江上游地区的垦殖活动，除了造成植被分布的变迁外，对动物活动的影响也是显而易见的。对于处于食物链顶端的虎豹而言，更是如此。历史上，漓江上游山地也是华南虎的分布地，它的绝迹有一个发展演变过程，而"虎患""虎灾"就是其中最为重要的一个阶段，其根源当然是深受人类垦殖活动影响导致的植被变迁。在一定生产力水平下，随着漓江上游山区人口增加，人地关系趋于紧张，而人类活动不断向山区拓展，进而导致人虎关系紧张。虎豹入城、进村伤害人畜，这就是史志上记载的"虎患""虎灾"，其本质仍是人地关系发生变化的结果。从漓江上游地区的史志记载看，明中叶后至清中叶是"虎患""虎灾"发生频率较高的时期。其中，灵川县，"（嘉靖）十八年戊戌，虎入市熟睡，及明行市中，逐之"⑨；嘉靖"二十年庚子，虎捕人食，三年不休，积至数百人"⑩；嘉靖三十至四十年（1551—

① 民国《灵川县志》卷2《舆地二·城区·森林》，台北：成文出版社，1975年，第101页。

② 民国《灵川县志》卷2《舆地二·城区·森林》，台北：成文出版社，1975年，第101页。

③ 民国《灵川县志》卷4《人民一·职业表》，台北：成文出版社，1967年，第359—360页。

④ 民国《灵川县志》卷2《舆地二·物产·六区·森林》，台北：成文出版社，1975年，第209页。

⑤ 民国《灵川县志》卷首《重修灵川县志序》，台北：成文出版社，1975年，第6页。

⑥ 道光《义宁县志》卷2《山川》，台北：成文出版社，1975年，第28页。

⑦ 民国《灵川县志》卷3《舆地三·镇隘》，台北：成文出版社，1975年，第256页。

⑧ 民国《灵川县志》卷2《舆地二·城区·森林》，台北：成文出版社，1975年，第101页。

⑨ 雍正《灵川县志》卷 4《祥异》，故宫博物院：《故宫珍本丛刊》第 198 册，海口：海南出版社，2001年，第298页。

⑩ 雍正《灵川县志》卷 4《祥异》，故宫博物院：《故宫珍本丛刊》第 198 册，海口：海南出版社，2001年，第298页。

1561 年）间，"辛酉，虎入城搏豚犬……虎负子出不复来"①；隆庆二年（1568年）春正月，"虎入城，截守卒。……由械获虎，杀之"②；万历七年（1579年）秋七月，"虎入城搏牛豕，次年亦如之"③；万历三十二年（1604年）夏五月，"虎入城，众逐至东街巷桥下杀死，被伤者三人"④。中间在万历四年（1576年），还发生了野豹入村伤人事件，称"豹伏莫家村，伤其民，逐之"⑤。桂林，"隆庆五年六月，桂林龙隐山白昼获虎"⑥；灌阳，康熙四十四年（1705年）正月，"虎入城食马"⑦；全州，乾隆十三年（1748年），"虎大为患，夜破壁入室，啮人"⑧。义宁县，乾隆五年（1740年）二月，"野兽入城"⑨。

从记载看，靠近省城桂林的灵川，明代中叶时，虎患较为频繁，而全州、灌阳、义宁等地的"兽灾"则主要在清代发生，这应该是与人类对山区的开发进程及程度密切相关的。

四、漓江沙洲的形成与发展

如前所述，漓江上游山地，坡度普遍较大，难以开垦成田，因而开辟的田地多集中在山前的缓坡地带。因为夏季降雨较为丰沛，垦殖松动的泥土，在雨水的冲刷下，顺着溪流进入漓江，促使漓江含沙量增加，这是导致漓江河曲发育、水下沙洲成陆最为重要的外力因素。考察漓江沙洲的发育演化，可以从以下两个方面入手：

① 雍正《灵川县志》卷 4《祥异》，故宫博物院：《故宫珍本丛刊》第 198 册，海口：海南出版社，2001 年，第 299 页。

② 雍正《灵川县志》卷 4《祥异》，故宫博物院：《故宫珍本丛刊》第 198 册，海口：海南出版社，2001 年，第 299 页。

③ 雍正《灵川县志》卷 4《祥异》，故宫博物院：《故宫珍本丛刊》第 198 册，海口：海南出版社，2001 年，第 299 页。

④ 雍正《灵川县志》卷 4《祥异》，故宫博物院：《故宫珍本丛刊》第 198 册，海口：海南出版社，2001 年，第 300 页。

⑤ 雍正《灵川县志》卷 4《祥异》，故宫博物院：《故宫珍本丛刊》第 198 册，海口：海南出版社，2001 年，第 299 页。

⑥ 光绪《临桂县志》卷 1《禨祥》，台北：成文出版社，1967 年，第 11 页。

⑦ 康熙《灌阳县志》卷 9《灾异》，故宫博物院：《故宫珍本丛刊》第 198 册，海口：海南出版社，2001 年，第 416 页。

⑧ 嘉庆《全州志》卷末《灾祥》，清嘉庆四年（1799 年）刻本，第 5 页。

⑨ 道光《义宁县志》卷 1《禨祥》，台北：成文出版社，1975 年，第 16 页。

一是以灵渠的淤塞疏浚情况作为观察点。灵渠自秦代修凿以来，为南北经济文化沟通交流发挥了巨大作用，但由于其从湘江分水入漓，受湘江上游海洋山人类活动的影响，历史上灵渠多有泥沙淤废的情况，故为保障南北交通，历代广西地方官府都较为重视对灵渠的维护与疏浚。例如，唐代的李渤、鱼孟威，宋代的李师中、边诩以及元代的乜儿吉尼都曾主持疏浚过灵渠。据一些学者统计，历史上共有 37 次修缮灵渠的行动。其中汉代 2 次，唐代 2 次，宋代 7 次，元代 3 次，明代 6 次，清代 15 次，民国 2 次①。有关具体疏浚灵渠的情况，兹根据兴安地方史志，详见表 2-7。

表 2-7　明清两代灵渠疏浚情况一览表

朝代	疏浚者	疏浚时间	概况记载
明	不详	洪武四年（1371 年）	治广西兴安灵渠三十六堤
明	严震直	洪武二十九年（1396 年）	审度地势导湘、漓二江，浚渠五千余丈
明	不详	永乐二年（1404 年）	改筑广西兴安县分水塘
明	不详	永乐二十一年（1423 年）	重修广西兴安县渠陡
明	罗珦	成化丁未（1487 年）	成化间复坏，郡守罗珦修复
明	蔡系周	万历十五年（1587 年）	蔡系周请修渠
清	范承勋	康熙二十五年（1686 年）	捐资修补
清	陈元龙	康熙五十三年（1714 年）	捐俸银重修
清	鄂尔泰	雍正九年（1731 年）	都督鄂尔泰、巡抚金鉷续修
清	不详	乾隆五年（1740 年）	兴安县马石桥设立闸版
清	鄂昌	乾隆十一年（1746 年）	奉旨勘修饬邑，令杨仲兴疏导水关上下河道四百七十丈有奇
清	杨应琚	乾隆十九年（1754 年）	重修
清	不详	乾隆三十二年（1767 年）	旧坝土岸改用石工
清	谢启昆	嘉庆五年（1800 年）	捐俸重修
清	陈枭	嘉庆二十三年（1818 年）	闻陡河日就倾圮，心窃虑之
清	赵慎畛	嘉庆二十四年（1819 年）	巡抚赵慎畛捐修
清	张运昭	道光十三年（1833 年）	知县张运昭修

---

　　① 参阅范玉春：《灵渠的开凿与修缮》，《广西地方志》2009 年第 6 期。

续表

朝代	疏浚者	疏浚时间	概况记载
清	李秉衡	光绪十一年（1885 年）	蛟水为灾，多被冲毁……踏勘修理
清	陈凤楼	光绪十三年（1887 年）	修南陡十九
清	赵蘷和	光绪十四年（1888 年）	正月兴工，阅两月而工竣

资料来源：道光《兴安县志》卷 3《舆地三·水利》，清道光十四年（1834 年）桂林蒋存远堂刻本；唐兆民：《灵渠文献粹编》，北京：中华书局，1982 年

由于灵渠修缮、疏浚工程量大小不一，有的疏浚持续数年，耗财甚多，而有的工程量小，修缮完成的时间也短，故容易造成统计口径不一。表 2-7 中所列与相关学者统计数，略有出入。不难看出，明清之后，灵渠因上游水土流失，泥沙增大，导致淤浅，不利通航灌溉的频次明显增多，故需要不断维护与疏浚。究其原因，就是上游的植被破坏。

兴安灵渠附近曾留有一则民国十六年（1927 年），广西省覃威厅长所颁布的《严禁木排入陡河布告碑》称："为严禁木排入陡河，以利交通，而便行旅事，据兴安县长马维骐呈称，'案查木筏入陡，久干例禁。县属牛路陡地方，曾刊永禁碑记，系前清道光元年，本省司道会衔出示。百余年来，商贾往还，无敢逾越。……船木并行，不但梗阻河路，易肇衅端，且堰坝林立，设有触损，漂及田舍'……嗣后凡贩运木植，永远禁止扎筏逆运入陡。"[1]相关文献收录的碑文显示，自清中叶以来，灵渠分水的湘江上游就一直存在木材砍伐贩运的现象。由此可以判断，上游地区天然林地有个不断减少的变化过程，由此导致湘江携沙量的增大，使灵渠产生淤浅，严重威胁到灵渠的水上运输功能。明后期，徐霞客进入兴安，实地考察，称："即灵渠也，已为漓江，其分水处，尚在东三里。……溯灵渠北岸东行，已折而稍北，渡大溪，则湘水之本流也，上流已堰，不通舟。"[2]因而明清以来广西地方官府不断组织人力、财力予以维护、疏浚。作为漓江重要水源地的海洋山，除灵渠从湘江少量引水进入漓江外，还有潮田河等河流。上游植被变化导致的溪河来沙量增加，必然会加剧对漓江河床的塑造力度。

---

① 唐兆民：《灵渠文献粹编》，北京：中华书局，1982 年，第 255 页。

② （明）徐弘祖著，褚绍唐、吴应寿整理：《徐霞客游记》卷 3 上《粤西游日记一》，上海：上海古籍出版社，2010 年，第 94 页。

二是漓江沙洲的形成与发展。河流沙洲的形成，是河道水下沙洲沉积发育的必然结果，其发展速度与河流上游植被的变化及气候变迁有较为密切的关系。就漓江而言，尽管其所在的鹅卵石河床具有泥沙沉积的特征，使其来沙量不如其他河流明显，但受上游地区人类活动影响产生的水土流失，仍然深刻地影响到漓江河道的变化，那就是水下沙洲的发育与形成，只不过相比于其他含沙量较高的河流而言，这个过程漫长一些而已。

由于漓江自发源地至平乐县与荼江、荔江汇合后，始称桂江，其间绵延一百余千米，上游流淌在山岭之间，中游以下穿行在典型的喀斯特峰丛地貌中，故考察漓江河道的变迁及沙洲的形成发展，以今桂林市内一段漓江河道为研究视角，具有相当的代表性。

漓江自灵川县秦家村进入桂林市郊大河乡四联村，由此向南穿越市区。桂林市内漓江西岸在各代变化不大，主要是由这一带独特的地貌所决定的。漓江西岸为坚硬的石灰岩山体阻挡，河水难以浸彻，对河道起到较强的约束作用。"岸旁数山，或扼其衡，或遮其去"①，西岸自北临江耸立着虞山、鹦鹉山、铁封山、叠彩山、伏波山、象鼻山、雉山、南溪山、净瓶山诸山。唐代以后，历代桂林城池皆依漓江而建，说明漓江西岸线并没有什么变动。另外，漓江古代津渡的位置也较为固定，也充分显示这一点。例如，叠彩山木龙洞旁的木龙渡，唐人在此建有佛塔，宋人称此："下临江岩。"②明代后期，徐霞客至此，称："穿洞出，下临江潭……前临大江，后依悬壁，憩眺之胜，无以逾此。"③清代同治六年（1867 年）时，此处石壁上还刻有旨在恢复义渡的民间具结（即保证书）和临桂县知府的公告。可见木龙渡在上千年间一直是漓江西岸通往东岸的重要渡口。桂林段的漓江东岸，对河道起约束作用的是屏风山、七星山、望城岗、穿山等石山，漓江在东西两排石山之间穿行，河床的变化主要受漓江来沙的影响，主要表现如下：一是江心沙洲增多；二是河湾成陆。

---

① （清）谢启昆修，胡虔纂：《（嘉庆）广西通志》卷 109《山川略十六·桂林府一·临桂县》，南宁：广西人民出版社，1988 年，第 3255 页。

② （宋）谭舜臣：《木龙洞游观题名》，桂林文物管理委员会：《桂林石刻》上册，1977 年，第 47 页。

③ （明）徐弘祖著，诸沼唐、吴应寿整理：《徐霞客游记》卷 3 上《粤西游日记一》，上海：上海古籍出版社，2010 年，第 97 页。

从现有历史记载看，桂林漓江段最早形成的沙洲当属訾洲，历史上曾称为訾家洲。至唐代时，已然发育成陆，成为人们游憩休闲的重要场所。唐人莫休符《桂林风土记·訾家洲》载："訾家洲，在子城东南百余步长河中，先是訾家所居，因以名焉。洲每经大水，不曾淹浸，相承言其浮也。"漓江自北南流至叠彩山对岸处，河道开始分汊。汊流今名小东江，自此往东绕至七星山前，往南至穿山后汇入漓江，这是漓江在桂林市区形成的一个大洲。由于漓江穿行的桂林市内东西两排石山之间地势较为开阔，江水至此处于漫流状态。随着江水携带的泥沙，在象鼻山东北面的江湾不断沉积，漓江主泓道慢慢西移，于是在原有大洲的西边又形成了一个沙洲，即訾洲。从现有文献记载看，至少在唐以前，訾洲即已形成，原有大沙洲形成应该更早。从今訾洲东面河汊不断淤浅的变化趋势看，今后不排除訾洲与东边大沙洲完全有相连"合并"的可能。

受上游人类活动的影响，漓江上游山区水土流失日益严重，导致漓江来沙增多，至明清以降，漓江河道又相继出现了一些大小不一的沙洲，主要介绍如下：

蚂蟥洲，位于虞山旁的漓江边上。这里原来是漓江江湾深潭，号为皇泽湾，又称为皇潭、黄潭。早在唐代，为纪念舜帝南巡，人们便将漓江西岸北边的小石山命名为虞山，并在山下建有纪念他的舜祠。"舜祠，在虞山之下，有澄潭，号皇潭，古老相承，言舜南巡，曾游此潭"①。此处曾是一片较为宽阔的江面，至明代尚存，史称："黄潭萦于虞山之后，亦曰皇泽湾，皆以舜得名"②，又载虞山"山石奇峻，下临漓江，旁有渡曰皇泽湾"③。在明代中后期，漓江河沙已在此附近沉积、发育，江面上已出现了一个沙洲，即今之蚂蟥洲。明人曹学佺曾有诗称："洲跨江中分二水，日斜林外有千峰。"④蚂蟥洲，最初称为黄陵洲。明时史料称："北户清江横前，水石相激，爽气披襟，为皇泽湾。以小筏沿江南转，为黄陵洲。洲上竹树蔼郁可风，并岸为南薰亭。

① （唐）莫休符：《桂林风土记·舜祠》，北京：中华书局，1985年，第1页。

② （明）魏浚：《西事珥》卷1《虞山尧山》，四库全书存目丛书编纂委员会：《四库全书存目丛书·史部》第247册，济南：齐鲁书社，1996年，第756页。

③ （明）何镗：《古今游名山记》卷14《明袁衷游桂林诸山记》，《续修四库全书》编纂委员会：《续修四库全书·史部》第736册，上海：上海古籍出版社，2002年，第757页。

④ （明）曹学佺：《南熏亭落成诗》，桂林文物管理委员会：《桂林石刻》中册，1977年，第233页。

瞻对江山，秀色可揽。"①史料又载："东江驿在虞山西南二三百步，黄泽由癸方来注之，汇为静流，东与漓江隔一洲，洲上莎楚萋迷，而驿之前，竹树林樾交接，互映掩霭阴，亚水一湾澄碧若染。"②两条史料所描述洲上景物，大致相似。从史志记载看，改称蚂蟥洲，应该是清中叶之后。光绪《临桂县志》称："磨面洲在皇泽湾，前朝藩邸于此置水硙，遗址尚存。今居者数十家，以艺蔬为业，境界极幽……按此当即黄陵洲。"③从史料记载看，明代洲上尚无民家居住，清代中叶后，已有居民数十家上洲生活，人类由岸上洲，这是漓江流域人地关系的一大变化。

伏龙洲。在伏波山还珠洞以北的漓江西岸附近，明代中叶时已开始出现一个小沙洲，时人称为岛。明人宗玺有诗称其"千峰外矗王维画，一岛中圈太极图"④。清代时，人们开始命名为琴洲。至民国时，又称之为"鹭鸶洲"。之后，由于其位于伏波山与叠彩山木龙洞之间，人们遂开始命名为伏龙洲。

安新洲。原叫安家洲，光绪《临桂县志》载："安家洲，在城东南。"⑤其成洲年代，当在明中叶以后。明嘉靖年间，雉山下尚有江湾深潭存在，"雉山潭在雉山之下"⑥。崇祯十年（1637 年），徐霞客来到桂林考察，曾登临雉山，称："路循西江南分之派，行一里，抵漓山，山之东即漓江也。……从山之西麓转其北，则漓水自北，西江自西，俱直捣山下，山怒崖鹏骞，上腾下裂，以厄其冲。"⑦明张鸣凤《桂胜》亦载："（雉）山东北麓，下饮江水……山在漓山、南溪诸山间。往，城南虹桥未筑时，漓波撼其东，阳江绕其北，襟带两水，潭绾其谷……倚山南望，见漓挟阳江与弹丸、南溪诸水浩漾长

① （明）田汝成：《觐贺将行游广西诸山记》，（清）汪森编辑，黄盛陆等校点：《粤西文载校点》卷 20《山川记》，南宁：广西人民出版社，1990 年，第 109 页。

② （明）魏浚：《峤南琐记》卷上，四库全书存目丛书编纂委员会：《四库全书存目丛书·子部》第243 册，济南：齐鲁书社，1995 年，第 548 页。

③ 光绪《临桂县志》卷 19《古迹三》，台北：成文出版社，1967 年，第 314 页。

④ （明）宗玺：《还珠洞题诗》，桂林文物管理委员会：《桂林石刻》中册，1977 年，第 114 页。

⑤ 光绪《临桂县志》卷 19《古迹三》，台北：成文出版社，1967 年，第 314 页。

⑥ 嘉靖《广西通志》卷 12《山川志一》，北京图书馆古籍出版编辑组：《北京图书馆珍本善本丛刊》第 41 册，北京：书目文献出版社，1998 年，第 183 页。

⑦ （明）徐弘祖著，褚绍唐、吴应寿整理：《徐霞客游记》卷 3 上《粤西游日记一》，上海：上海古籍出版社，2010 年，第 101 页。

迈，澜萦滩迅，缥绿天际。"①其时雉山尚处在漓江与西江（即今桃花江）的汇合处。其时，这里尚是一处宽阔的江湾。之后，漓江来沙逐渐在雉山东边的河湾上沉积，从而形成了一个新的沙洲，即后来所称之安家洲。沙洲面积慢慢扩大，至 1949 年后，安家洲因形似萝卜而被人们称为萝卜洲。近来，人们始称之为安新洲。

镜子洲。清初时，已在桂林南郊的漓江中形成。地方史志称："净瓶山在城南十余里，山如颓云，西面襟江，波沦回旋，中有小洲，浮起如印，又如镜，因名镜子洲。"②

鸬鹚洲、甘尾洲。清初时，在桂林市北郊的漓江中即已形成，史称："三百源在县东南二十五里，水源发于县尧山之北，由崔家墟至鸬鹚洲会漓江，出甘尾洲，合甘棠江。"③

东洲。在嘉庆年间所修《临桂县志》刊印的《东乡图》中，已有明确的标识。再结合嘉庆《临桂县志》卷 11《村墟》中的"东乡村"一目，提到"东边洲村"之名，故东洲应又名东边洲，为其时漓江由南流折往东而形成的一个沙洲。

漓江来沙增多，除了在河道上陆续沉积形成一些沙洲之外，还反映在一些汊河河道的淤浅上，如小东江，在唐宋时期，还是漓江上一条河道较深的汊河，也是其时重要的水上旅游线路。南宋时，范成大任职桂林，游"龙隐洞、龙隐岩，皆在七星山脚，没江水中"④。嘉靖《广西通志》载："龙隐岩，在城东二里，漓江之水分流绕其下……水深莫测"⑤，明时，乘舟经小东江游览龙隐岩，仍较兴盛。到了清代，小东江为泥沙淤浅，水流已大为减小。光绪三十一年（1905 年）五月，清人刘心原、沈赞清等六人游览龙隐洞时发现"宋

① （明）张鸣凤著，齐治平，钟夏校点：《〈桂胜·桂故〉校点》卷 3《雉山》，南宁：广西人民出版社，1988 年，第 19 页。

② 雍正《广西通志》卷 13《山川附关梁·桂林府·临桂县》，《景印文渊阁四库全书·史部》第 565 册，台北：商务印书馆，1986 年，第 292 页。

③ 雍正《广西通志》卷 13《山川附关梁·桂林府·灵川县》，《景印文渊阁四库全书·史部》第 565 册，台北：商务印书馆，1986 年，第 303 页。

④ （宋）范成大撰，严沛校注：《桂海虞衡志校注·志岩洞》，南宁：广西人民出版社，1986 年，第 7 页。

⑤ 嘉靖《广西通志》卷 12《山川志一》，北京图书馆古籍出版编辑组：《北京图书馆珍本善本丛刊》第 41 册，北京：书目文献出版社，1998 年，第 176 页。

曾布题名，半没沙中"①，河岩面貌已大为改变。至于漓江支流的义江，在清中叶时，也因人类活动的影响，开始有沙洲形成。史志记载："义江县西门外，宽处十余丈，涨涸不常，难通舟楫。……又东南径始安县而东注漓水。《一统志》云：义江亦名珠江，在县西北七十里，源出丁岭山，流径县西，中有义江洲，亦名浮洲。"②

至民国年间，桂林段漓江河道上，自北而南，至少已形成了鸬鹚洲、甘尾洲、蚂蟥洲、伏龙洲、訾洲、安家洲、镜子洲、东洲等一系列沙洲。

漓江河道沙洲的形成与发展，是漓江上游地区人类活动长期作用的结果。随着外来移民的持续增加，并逐步深入民族分布区，一方面，改变了漓江上游地区的人文环境，推动了民"夷"杂居局面的形成；另一方面，由于流入的主要是农业人口，其在上游山地开展的农耕活动，深刻地塑造了当地的自然环境，尤其是对漓江的河床环境有较为重要的影响。

漓江水下沙洲的形成、发育，与上游地区人类活动对当地自然环境影响的力度，有密切的正相关关系。虽然自明以降，漓江河道沙洲始终在不断发育的过程中，但从有史料记载的情况考察，清代漓江河道沙洲沉积成陆的数量明显要快于明代，大小不一的沙洲，分布上至灵川县内，下至今桂林市区以南，范围更广。这个变化，也是与上游地区人类增加，尤其是人类活动向山区扩展，从事各种垦殖活动影响加大相一致的。受沙洲面积的大小，以及河岸地区人地关系状况的影响，人类由岸上洲，从明至民国的数百年间，有一个逐渐发展的过程，故一般意义上的山地—平原人地关系互动模式，在漓江这样的小尺度流域范围内也同样可以得到反映。

---

① 桂林文物管理委员会：《桂林石刻》下册，1977 年，第 455 页。
② 道光《义宁县志》卷 2《山川》，台北：成文出版社，1975 年，第 29 页。

第三章　人类活动与珠江中上游的政区、地名及环境

明清时期的珠江中上游地区，随着人类活动的不断增加，移民活动范围的增大，地理认识也日益加深。尤其是改土归流的持续推进，中央王朝统治不断深入民族地区基层社会，在极大地促进了民族地区开发的同时，也深刻塑造了这一地区的人文环境，民族交融关系不断发展。出于地方治理的需要，开展政区调整，一些具有鲜明特色的地名不断演化，背后都带有明显的环境变迁痕迹。这些都是珠江流域环境史研究应当予以关注的内容。

第一节　由土司统辖区到国家基层政区的演化

一、明初土司的归附及土司制度的承袭

珠江中上游流经的桂西、黔西南、黔南等地区，地形闭塞，道路崎岖，世居着数量不少的少数民族。元代以前，这一区域皆属羁縻之地，自元朝建立土司制度后，此地少数民族土司世代相袭，直接统辖地方，中央王朝只能通过土司实施间接统治。土司间或为争夺承袭，或为争夺土地与人口，相互争斗，造成土司势力的此消彼长、统治区域的盈缩，并成为影响这一地区社会安宁的重要因素之一。

明朝统一后，沿袭元代的土司制度，一些元代建立的土司纷纷归附明廷，而得以保留。明初时，这一地区的土司主要如下。

南盘江所在的滇东地区，以彝族土司为主。其中，霑益州知州，"阿哥，前元世袭曲靖宣慰使，洪武十四年归附，仍充宣慰使兼管霑益州事。故男阿索承袭，故嫡长男阿周三十二年袭"[①]。陆凉州知州，"资宗，本州罗罗人，世袭土官。洪武十六年总兵官起送赴京朝觐，当年十一月钦除本州知州"[②]。阿迷州知州，"普宁和，罗罗人，相继承袭阿迷州万户府土官。洪武十六年赴京朝觐，授阿迷州知州。故男普救告袭，二十年准袭"[③]；广西府知府，"昂觉，广西府弥勒州人，有父普德除授本府知府。洪武二十一年，者满作乱，杀死总兵官委觉，署掌府事。赴京告袭，缘无官吏人等保结宗枝图本，二十七年正月，本部官奏，间西平侯奏俱系正枝叶节，该奉太祖皇帝圣旨：与他世袭，着袭了，钦此！故男昂保在任署事奏袭"[④]。弥勒州知州，"赤喜，广西府弥勒州民。洪武十五年总兵官钧旨署理州事。赤喜充欲龙乡头目，以后叔普德升广西府知府，赤喜系是亲房堂侄，举接继叔普德名缺署事，二十一年赴京，五月实授"[⑤]。师宗州同知，"阿的，罗罗人，承袭父职。洪武十五年归附，十六年开设衙门，二十一年赴京朝觐，除本州同知，故无嗣，有阿救十六年九月赴京朝觐告袭，二十七年二月蒙钦除同知职事"[⑥]。《明实录·太祖实录》亦载："云南广西府知府普德、弥勒州知州赤喜、师宗州知州阿的各遣人贡马，

① （明）佚名：《土官底簿》卷上《云南》，《景印文渊阁四库全书·史部》第599册，台北：商务印书馆，1986年，第352页。

② （明）佚名：《土官底簿》卷上《云南》，《景印文渊阁四库全书·史部》第599册，台北：商务印书馆，1986年，第352页。

③ （明）佚名：《土官底簿》卷上《云南》，《景印文渊阁四库全书·史部》第599册，台北：商务印书馆，1986年，第349页。按：《明实录·太祖实录》卷161"洪武十七年夏四月甲戌"条，台北："中央研究院"历史语言研究所，1962年，第2489—2490页载："云南诸酋长和宁等来朝，贡马及方物。诏赐锦绮钞锭，以和宁为阿迷州知州。"

④ （明）佚名：《土官底簿》卷上《云南》，《景印文渊阁四库全书·史部》第599册，台北：商务印书馆，1986年，第366页。

⑤ （明）佚名：《土官底簿》卷上《云南》，《景印文渊阁四库全书·史部》第599册，台北：商务印书馆，1986年，第367页。

⑥ （明）佚名：《土官底簿》卷上《云南》，《景印文渊阁四库全书·史部》第599册，台北：商务印书馆，1986年，第367页。

诏赐文绮钞锭。"①澂江府路南州知州，"秦晋，本州罗罗人，洪武十五年归附，总兵官拟充本州土官，十七年赴京朝觐，除本州同知，三十五年赴京朝贺，本州里老告保"②。维摩州知州，"波得，高祖父沙济，原系知州，至伯父者索相继管事。洪武十四年，故除授流官管事，伯兄日苴亦故，侄禄旧亦故，波得系亲叔告袭，三十二年十一月准袭知州，故男召海年幼，适药系波得正妻，暂署州事咨部"③。罗雄州（今罗平县境内）知州普苴，"本州罗罗人，洪武十五年归附……故男乐伯，二十九年十一月准袭"④。这一地区的土司多为明初归附承袭而来。

北盘江所在的黔西南地区以及柳江上游的黔南地区，以苗族土司居多。北盘江流域，元代设普安路，后改普定路。洪武五年（1372 年），"普定府女总管适尔及其弟阿瓮来朝，遂命适尔为知府，许世袭"⑤。都匀，洪武十九年（1386 年）置都匀安抚司，后改为军民指挥使司。洪武二十二年（1389 年），"都督何福奏讨都匀叛苗，斩四千七百余级……二十九年，平浪蛮杀土官王应名，都指挥程暹平之。应名妻吴携九岁子阿童来诉，诏予袭"⑥，这里的"蛮"实指苗人，明初归附设立的土司，为苗人吴氏头领。不过，与云南、广西地区的土司相比，黔南、黔西南一带土司实力相对较弱，明初设立的土司以长官司、土同知为主。例如，都匀府辖下设立的九名九姓独山州长官司、麻哈州土同知、独山州土同知等⑦。

桂西地区，以壮族土司为主。右江流域以壮族岑氏势力较大，如田州府知府，"岑伯颜，即岑间由，世袭土官。洪武元年，赍前朝印信率众归附复职。洪武二十年，授田州府知府，长男岑永通，授上隆州知州，洪武二十六年，岑

---

① 《明实录·太祖实录》卷 190 "洪武二十一年夏四月庚午"条，台北："中央研究院"历史语言研究所，1962 年，第 2869 页。

② （明）佚名：《土官底簿》卷下《云南》，《景印文渊阁四库全书·史部》第 599 册，台北：商务印书馆，1986 年，第 386 页。

③ （明）佚名：《土官底簿》卷下《云南》，《景印文渊阁四库全书·史部》第 599 册，台北：商务印书馆，1986 年，第 387 页。

④ （明）佚名：《土官底簿》卷上《云南》，《景印文渊阁四库全书·史部》第 599 册，台北：商务印书馆，1986 年，第 353 页。

⑤ 《明史》卷 316《贵州土司传》，北京：中华书局，1974 年，第 8186 页。

⑥ 《明史》卷 316《贵州土司传》，北京：中华书局，1974 年，第 8188—8189 页。

⑦ （清）顾炎武撰，谭其骧等点校：《肇域志·贵州·都匀府》，上海：上海古籍出版社，2004 年，第 2452 页。

坚故，钦准承袭。患病长男岑祥备方物、马匹，赴京朝觐告替"①；镇安府知府，"岑天保，本府土官籍。洪武二年，授知府，故嫡长男岑志刚二十八年十一月袭"②；思恩军民府知府，"岑永昌，原系思恩州在城籍，系本府土官知府岑坚第三男，前元有兄岑永泰随父岑坚同诣军前纳款，洪武二年颁降思恩州印信，与兄岑永泰任知州"③。左江流域则以壮族黄氏势力为主，如思明府知府，"黄忽都，世袭土官籍，前元授武略将军、思明路军民总管。洪武元年款附，二年开设衙门，授思明府知府"④。思明府上思州知州，"黄宗荣，江州土官籍款。洪武二年九月内给降印信，开设衙门，为因土官黄英杰作耗……三十三年二月，除同知"⑤。忠州知州，"黄威升，江州土官籍。洪武授忠州知州，为因阻当诏书。十五年，大军收捕，杀戮官民，绝灭余残，土民郭保等告保黄中谨袭职，二十三年九月赴京，准袭知州"⑥。思明府思明州知州，"黄志铭，父黄均寿，系本府知府黄忽都弟款附，洪武二年三月赴京，授思明州知州"⑦。今广西境内的红水河流域一带则以壮族韦氏土司、莫氏土司为主。东兰州知州，"韦钱保，系世袭土官知州。洪武十二年归附，授知州，十八年故，亲男韦万目二十八年准袭"⑧；南丹州知州，"莫金，本州土人，系前任知州，洪武二十八年莫金被大军剿捕，后有都督同知韩观令男莫禄暂管州事"⑨。庆远府忻城县知县，"莫敬诚系本府宜山县民，前八仙屯土官千户莫

① （明）佚名：《土官底簿》卷下《广西》，《景印文渊阁四库全书·史部》第599册，台北：商务印书馆，1986年，第387—388页。
② （明）佚名：《土官底簿》卷下《广西》，《景印文渊阁四库全书·史部》第599册，台北：商务印书馆，1986年，第392页。
③ （明）佚名：《土官底簿》卷下《广西》，《景印文渊阁四库全书·史部》第599册，台北：商务印书馆，1986年，第390页。
④ （明）佚名：《土官底簿》卷下《广西》，《景印文渊阁四库全书·史部》第599册，台北：商务印书馆，1986年，第392页。
⑤ （明）佚名：《土官底簿》卷下《广西》，《景印文渊阁四库全书·史部》第599册，台北：商务印书馆，1986年，第388页。
⑥ （明）佚名：《土官底簿》卷下《广西》，《景印文渊阁四库全书·史部》第599册，台北：商务印书馆，1986年，第393页。
⑦ （明）佚名：《土官底簿》卷下《广西》，《景印文渊阁四库全书·史部》第599册，台北：商务印书馆，1986年，第394页。
⑧ （明）佚名：《土官底簿》卷下《广西》，《景印文渊阁四库全书·史部》第599册，台北：商务印书馆，1986年，第402页。
⑨ （明）佚名：《土官底簿》卷下《广西》，《景印文渊阁四库全书·史部》第599册，台北：商务印书馆，1986年，第402页。

保子孙……送官升本县知县世袭"①。其余各地，黄姓、赵姓、李姓皆有，但皆系壮族土司。例如，上林县知县，"黄自诚，本县世袭土官知县，父黄京，前元病故。自诚年幼，缺官，委令叔黄廓署事，后自诚习练老成，洪武十年实授袭职"②；果化州知州，"赵永全，本州籍，洪武二年授知州，故男赵荣宗二十六年袭"③；归德州知州，"黄胜聪，本州在城籍，有兄知州黄安，丁未年病故，男黄碧年方一岁，胜聪接袭。洪武二年，实授知州，十三年将印信交与黄胜妻岑氏收管弃职，弟黄胜全掌署州事，十九年自愿逊职与祖父黄碧承袭，二十年实授知州"④。

二、明代珠江中上游地区的改土归流

对于明朝中央政府而言，实行土司制度，对民族聚居地区实行间接统治，只不过是权宜之计。因为民族地区长期以来实行有别于内地的酋长制、封建农奴制，土司制度有较为深厚的历史和社会基础，短时间之内难以改变这一社会现实，利用土司也可维持地方暂时的安定，但土司制度本身有着难以克服的弊端，就是土司所具有的强烈割据性，对中央王朝的统一，构成了直接的威胁。土司之间，利益交错，或为争夺地盘人口，或因争夺承袭，时起冲突、争斗，严重影响到边疆地区社会的安宁与稳定。史载："（广西）四府三十七州形势，宛然一衰周战国图，区分畛埒，远交近攻，虽暴寡凌弱，残杀攸略，终莫能越其尺寸。其主幼弱寡昧，则头目用事。似三家六卿之类，寡弱甚者割村为质，如列国割地献城之例。"⑤又载："（贵州）都匀、程蕃与湖西接壤，土酋仇杀，素称难治。"⑥在土司统辖范围之内，土司权力不受任何约束。不少

① （明）佚名：《土官底簿》卷下《广西》，《景印文渊阁四库全书·史部》第599册，台北：商务印书馆，1986年，第405页。

② （明）佚名：《土官底簿》卷下《广西》，《景印文渊阁四库全书·史部》第599册，台北：商务印书馆，1986年，第389页。

③ （明）佚名：《土官底簿》卷下《广西》，《景印文渊阁四库全书·史部》第599册，台北：商务印书馆，1986年，第389页。

④ （明）佚名：《土官底簿》卷下《广西》，《景印文渊阁四库全书·史部》第599册，台北：商务印书馆，1986年，第389页。

⑤ （明）邝露：《赤雅》卷上《形势》，北京：中华书局，1985年，第1页。

⑥ （清）顾炎武撰，谭其骧等点校：《肇域志·贵州·繁简考》，上海：上海古籍出版社，2004年，第2462页。

土司时常擅作威福，欺压民众。例如，史称："左、右江土府州县不谒上司，惟以官文往来。故桀骜难治，其土目有罪，径自行杀戮"①；又载："右江土州县据险、法严，土民无如其官何，而官抗国法。"②因此，出于维护国家统一，稳定边疆安宁的政治需要，只要条件具备，中央王朝都会采取措施进行改土归流，尽力将统治势力延伸进土司地区，推行直接统治。这个过程实际上是代表国家权力的政区逐渐覆盖土司地区的过程。当然，由于民族地区的复杂性，土司地区演变为国家基层政区的过程是漫长而复杂的。

为加强对珠江中上游民族地区的控制，自明代初期起，即采取措施进行改土归流，不断向土司直接统治区渗透中央力量，以逐渐打破土司的割据状态。由于贵州处于湖广进入云南的必经交通要道上，"云南、湖广之间，惟恃贵阳一线，有云南，不得不重贵阳"③，贵州土司的存在，成为影响云南经略的重要因素。明初时，即对贵州土司的治理予以了高度的重视。傅友德等统率大军攻取云南时，明太祖敕之曰："云南既克，必置监司、郡县……至如霭翠辈不尽服之，虽有云南，亦难守也。"④

为巩固明对云南的统治，确保湖广、云南一线交通要道的畅通，自明初开始，即在贵州、云南一线的两侧，设置军事卫所，进行屯守。在北盘江流域所在黔西、黔西南民族地区，明初在各土司之间，设有安庄卫、安南卫、普安卫，在黔南地区，设有都匀卫。在南盘江流域所在的滇东地区，明于此设立平夷卫、越州卫、陆凉卫，沿线驻扎军队，以确保镇戍之需⑤。这些卫所，以及卫所之下所设的千户所，都驻扎了相当数量的军队，构成了较为完整的地方军事守御体系。例如，洪武二十三年（1390年），明太祖置陆凉卫指挥使司，"初，越州阿资叛，西平侯沐英等讨平之，以陆凉西南要冲之地，请设卫屯守。至是命云南指挥佥事方用、洱海卫指挥佥事滕聚于古鲁昌筑城置卫守

① （明）王士性撰，吕景琳点校：《广志绎》卷5《西南诸省》，北京：中华书局，1981年，第114页。

② （明）王士性撰，吕景琳点校：《广志绎》卷5《西南诸省》，北京：中华书局，1981年，第114页。

③ （清）顾祖禹撰，贺次君、施和金点校：《读史方舆纪要》卷120《贵州一》，北京：中华书局，2005年，第5243页。

④ （明）谈迁著，张宗祥校点：《国榷》卷7"洪武十五年正月甲午"条，北京：中华书局，1958年，第612页。

⑤ （明）申时行：《大明会典》卷202《工部二十二·屯田清吏司·开垦》，北京：中华书局，1989年，第1017页。

之"①。同年，又改平夷千户所为平夷卫指挥使司，史称："上以云南列置戍兵，平夷尤当南北要冲，四面皆蛮夷部落，必置卫屯兵镇守。乃命开国公常升往辰阳集民间丁壮凡五千人，遣右军都督佥事王成千户卢春统赴平夷，置卫。"②同年，一些卫所，既统军又管民，属典型的实土型卫所。例如，贵州普安卫，洪武二十年（1387年）十一月，"普安卫军民指挥使周骥奏古州一十二处长官司所统民九千二百一十七户，愿纳秋粮八千九百二十九石，命户部籍其数"③。这些设置于战略交通要道线上，苗、彝民族聚居区中屯守的卫所，无疑可对当地土司产生强大的威慑作用。

卫所设置完成后，明廷开始逐步推行改土归流政策。通常做法是明廷在土司地区安插流官，对土司形成一定的牵制。所谓："大率宣慰等司经历皆流官，府州县佐贰多流官。"④设流官的目的是对土司进行监督，以利朝廷对土司实施一定程度的控制。由于贵州之于云南经略的重要性，明代的改土归流，在贵州推行较早。早在洪武五年（1372年）时，因为普定土府女总管适尔及其弟阿瓮来朝，明太祖封适尔为知府，许世袭，但次年，即"设普定府流官二员"⑤，开始将流官安插到土司内部。不过，由于土司在民族地区拥有的深厚社会基础，以及明廷实力尚不足以完全镇戍地方的缘故，土司改流呈现出巨大的反复性，有改流后又复归土司者，有一边裁撤土司，一边又新设土司者。这些都是明廷在西南民族地区统治力量不足，以及改土归流复杂性的表现。

洪武十六年（1383年），普定府土知府适恭死后，其子普旦继任知府。洪武二十二年（1389年），"普旦与越州阿资、本府马乃等连兵叛，陷普安府，二十三年讨平之。罢府，置普安卫"⑥。同时，出于安抚地方需要，明廷又以普旦之

① 《明实录·太祖实录》卷 200 "洪武二十三年二月癸亥" 条，台北："中央研究院" 历史语言研究所，1962年，第 3000 页。

② 《明实录·太祖实录》卷 201 "洪武二十三年夏四月戊申" 条，台北："中央研究院" 历史语言研究所，1962年，第 3009 页。

③ 《明实录·太祖实录》卷 187 "洪武二十一年十一月丁丑" 条，台北："中央研究院" 历史语言研究所，1962年，第 2797 页。

④ 《明史》卷 76《职官志》，北京：中华书局，1974年，第 1876 页。

⑤ 《明史》卷 316《贵州土司·安顺》，北京：中华书局，1974年，第 8186 页。

⑥ （明）郭子章著，赵平略点校：《黔记》卷 58《土官土司世传·普安州土官土司》，成都：西南交通大学出版社，2016年，第 1154 页。

弟者昌为贵宁安抚。永乐元年（1403 年），者昌之子慈长来朝言："建文时父任是职，宜袭，吏部罢之。本境地阔民稠，输粮三千余石，乞仍前职报效"①，明廷遂改贵宁为普安，置普安安抚司，隶普安卫。永乐十三年（1415 年），"慈长谋为不轨，改安抚司为普安州。初设流，隶贵州布政司"②。关于普安慈长"不轨"的具体事实，《明史》称其"谋占营长地，且强娶民人妻为妾，杀其夫，阉其子"③，明廷将其逮至京下狱死，但记录时间为永乐十四年（1416 年），这应为其被捕之年，而非普定土府改土归流时间。永宁州，洪武十四年（1381年），"普定府土酋同知安瓒不恭，命颍川侯傅友德讨之，寨长叶桂新等率众款附，十六年仍置永宁州，隶普定府。十八年，府废，改隶普定卫军民指挥使司"④。由此可见，北盘江流域的改土归流开始较早，明初时即已完成。其中固然有当土司谋为不轨的因素，更主要的是这些土司所在"路当要冲"⑤，为确保经略云南，必须要由中央直接掌控。

明代南盘江流域所在的滇东地区改土归流，也大致是从贵州至云南的战略交通要道开展的。先是越州土知州阿资，与罗雄州营长、发东等于洪武二十一年（1388 年）九月，起兵反叛，明太祖命西平侯沐英会颍国公傅友德率兵镇压。史载：

> 阿资者，土官龙海之弟，越州夷言为苦宗部，元末龙海居之，部属俱罗罗种，王师征南时，英驻兵其地之汤池山，谕降之，龙海遂遣子入朝，诏以龙海为是州知州，寻即为乱，英以计擒之，徙居辽东，至盖州病死。阿资继其职。益桀骜梗化，至是叛。……阿资等率众寇普安，烧府治，大肆剽掠，因屯普安，倚崖壁为寨。傅友德等以精兵麾之，蛮众皆缘壁攀崖，坠死者不可胜数，生擒一千三百余人。阿资遁还越州。沐英遣都督宁正从傅友德击阿资于越州，败之，斩其党大头并宗等五十余人。阿资势穷蹙，

---

① 《明史》卷 316《贵州土司·安顺》，北京：中华书局，1974 年，第 8186 页。

② 万历《贵州通志》卷 9《普安州·沿革》，《日本藏中国罕见地方志丛刊》，北京：书目文献出版社，1991 年，第 179 页。

③ 《明史》卷 316《贵州土司·安顺》，北京：中华书局，1974 年，第 8186 页。

④ 万历《贵州通志》卷 8《永宁州·沿革》，《日本藏中国罕见地方志丛刊》，北京：书目文献出版社，1991 年，第 164 页。

⑤ （明）郭子章著，赵平略点校：《黔记》卷 58《土官土司世传·普安州土官土司》，成都：西南交通大学出版社，2016 年，第 1154 页。

与其母请降。①

但是阿资在洪武二十八年（1395年），再次发动反叛，明廷遣兵"捣其寨，擒阿资斩之，俘其党，越州遂平"②。"洪武末废州，改置越州卫"③。越州是滇东地区较早改流的地区。此外，广南府土官侬即金，明初归附，授土司同知。死后无嗣，由侬祯祐承袭。洪武二十八年（1395年）时，"云南都指挥同知王俊城广南，土官侬侦佑叛，擒之……械送京师，因命庆署卫事镇守"④，其子侬郎金被明降为土通判。虽未进行改流，但明廷成功将军事势力伸入其境内。

滇东地区其他各地土司，大多在明中叶之后，或因反叛被镇压，或因绝嗣无人继承而被改流。澂江府路南州土知州秦氏，洪武十七年（1384年）归附，明太祖授予其土同知之职，永乐元年（1403年）正月，"本州里老告保，永乐元年正月，钦升知州……成化十三年，都御史王恕奏女官元真病故，户内别无应袭之人，要改流官。本年十月，除流官知州李升管事"⑤。广西府，洪武十五年（1382年），授普德为广西府土知州，传至普安贵时，"文选司缺册内，查得成化十七年五月，知府昂贵故，本年七月，改除流官知府贺勋"⑥。阿迷土知州普氏，洪武二十年（1387年），被授予阿迷州土知州。后因"无嫡庶弟侄儿男，正妻沙费，成化元年奏袭查勘。十八年弟普明奏袭。查系争袭，不明行勘未报。文选司缺册内，成化十二年十二月除流官杜参"⑦。正德二年（1507年）时，"以广西维摩王弄山与阿迷接壤，盗出没，仍令普觉后纳

① （明）黄光升著，颜章炮点校：《昭代典则》卷10《太祖高皇帝》，北京：商务印书馆，2017年，第379页。

② （明）徐日久：《五边典则》卷19《西南》，四库禁毁书丛刊编纂委员会：《四库禁毁书丛刊·史部》第26册，北京：商务印书馆，1997年，第473页。

③ （清）顾祖禹撰，贺次君、施和金点校：《读史方舆纪要》卷114《云南二·曲靖军民府》，北京：中华书局，2005年，第5078页。

④ 《明实录·太祖实录》卷242《"洪武二十八年十月己未"条》，台北："中央研究院"历史语言研究所，1962年，第3525页。

⑤ （明）佚名：《土官底簿·澂江府路南州知州》卷上，《景印文渊阁四库全书·史部》第599册，台北：商务印书馆，1986年，第386—387页。

⑥ （明）佚名：《土官底簿·广西府知府》卷上，《景印文渊阁四库全书·史部》第599册，台北：商务印书馆，1986年，第367页。

⑦ （明）佚名：《土官底簿·阿迷知州》卷上，《景印文渊阁四库全书·史部》第599册，台北：商务印书馆，1986年，第350页。

继前职"①，这样，阿迷州在短短时间内经历了改流复又归土的演变过程，其原因还是出于"以夷制夷"的需要。维摩州知州沙氏，传至召海为土知州时，"故，绝房。叔者白应袭，行勘病故，别无定夺，文选（司）缺册内，查得弘治六年改设流官，七年除流官知州王瑞"②；弥勒州传至普救，普救故后，"堂弟番普也，三司奏袭，看金事俞泽不行亲堪，转委属官行堪，会奏未报。文选司缺册内，查得弘治六年十一月，改设流官讫"③。罗雄州在嘉靖十三年（1534 年）时，被改流；师宗州土知州，则在天启四年（1624 年）被改流。

明代桂西地区的改土归流，是从红水河流域腹地开始的。洪武初时，即将忻城土县设为流官知县，南丹州，洪武七年（1374 年）时，设土州，左以流官吏目，不久即废州，置南丹卫，其后渐次在左右江地区展开改土归流活动。先是洪武元年（1368 年），明太祖遣廖永忠率兵攻取广西，左江太平土官黄英衍降附。次年，明改左江太平"为太平府，以英衍为知府，世袭"④。宣德年间之后，始设流官佐之。其所领州县，计有太平州、镇远州、茗盈州、安平州、思同州、养利州、万承州、全茗州、结实州、龙英州、结伦州、都结州、上下冻州、思城州等，明洪武之后皆"设流官吏目佐之"⑤。洪武年间，于土司地区设流官吏目的，还有南宁府属的归德州、果化州，庆远府属的南丹州等。至明中叶后，改土归流日渐频繁。永康州，成化八年（1472 年）时，因土官杨雄杰率兵反叛，为广西总兵官赵辅所杀，改为流官⑥。左州，明初由黄胜爵为土知州，世袭。后因子孙争袭，相互仇杀，成化十三年（1477 年）改为流官。思恩土府，建于洪武年间，正统至天顺间，土官岑瑛统治，势力达到高潮。弘治年间，岑浚袭职后，与周边诸土司争战不休，给地方造成很大影响。弘治十八年（1505 年），明军攻破其巢，斩捕四千余人，"兵部议浚既伏诛，不宜再录其后，改设流官"⑦。明代桂西地区改土归流的

① 《明史》卷 313《云南土司》，北京：中华书局，1974 年，第 8070 页。

② （明）佚名：《土官底簿·维摩州知州》卷下，《景印文渊阁四库全书·史部》第 599 册，台北：商务印书馆，1986 年，第 387 页。

③ （明）佚名：《土官底簿·弥勒州知州》卷上，《景印文渊阁四库全书·史部》第 599 册，台北：商务印书馆，1986 年，第 367 页。

④ 《明史》卷 318《广西土司二·太平府》，北京：中华书局，1974 年，第 8230 页。

⑤ 《明史》卷 318《广西土司二·太平府》，北京：中华书局，1974 年，第 8231 页。

⑥ 《明史》卷 318《广西土司二·太平府》，北京：中华书局，1974 年，第 8233 页。

⑦ 《明史》卷 318《广西土司二·思恩府》，北京：中华书局，1974 年，第 8242 页。

原因，一般为土司反叛、相互仇杀、争袭、绝嗣等。明代桂西地区改土归流最大的特点就是具有强烈的反复性。例如，忻城县，洪武改流后，弘治年间，复又设土官。南丹，洪武时曾废州，设南丹卫，但后来又因"其地多瘴……蛮民作乱，复置土官知州"①。田州，明正德十五年（1520年），土司岑猛起兵反叛，为都御史姚镆率兵剿灭，嘉靖六年（1527年），改田州为流官。不过，嘉靖四十二年（1563年）时，因参与平定广西瑶、壮民族反抗，立有战功，为表恩宠，明复又立岑猛之孙岑大禄为田州土知州。改土归流的反复性，反映了中央权力在边疆民族地区尚不稳固的现实，也表明由土司统辖区向国家基层政区演变的艰难性。

三、清代珠江中上游地区的改土归流

清初承明制，对主动归附的土司，予以承袭。康熙年间完成统一全国的大业后，大力发展经济，开启了一个盛世时期，为推行改土归流奠定了雄厚的物质基础与军事基础。从清康熙时开始，就着手进行了一些必要的改土归流，但大规模并较为彻底的改土归流活动，是从清雍正年间开始的。为强化民族地区的统治与治理，雍正四年（1726年）七月，云贵总督鄂尔泰上疏，称：

> 为捡制积恶土官事，窃以滇黔大患，莫甚于苗保，苗保大患，是由于土司。臣自到任至今，凡遇夷情，无不细心访察所有，镇沅土知府刁瀚、霑益土知州安于蕃，势重地广，尤滇省土司中之难治者也。查刁瀚人本凶诈，性嗜贪淫，自威远、益井归公后，长怀不法，强占田地，阻挠柴薪，威吓灶户，拢打井兵，流毒地方，恐贻后患。……安于蕃恃势豪强，心贪掳掠，视命盗为儿戏，倚贿庇作生涯，私占横征，任其苛索，纵亲勾党，佐其恣行，卷案虽多，法不能究，比刁瀚更甚。……务须按律比拟，尽法惩治，将所有地方悉改土归流，庶渠恶既除，而群小各知儆惕矣。②

又称："云贵大患无如苗蛮，欲安民必先制夷，欲制夷必改土归流，始一劳永

---

① 《明史》卷317《广西土司一·南丹州》，北京：中华书局，1974年，第8211页。

② （清）鄂尔泰：《鄂尔泰奏稿》，《续修四库全书》编纂委员会：《续修四库全书·史部》第494册，上海：上海古籍出版社，2002年，第292—293页。

逸。"①自此拉开了大规模改土归流的序幕。珠江中上游地区的改土归流，依次如下。

滇东地区，临安府阿迷州土知州，"旧有土目李阿侧。清康熙四年，从讨王朔有功，授土知州世职。传至李纯，滥派横征，为群夷所控。雍正四年，籍其产，安置江西，改流"②。富州土知州，"清顺治十六年，土知州沈昆瑞归附，仍授世职。康熙九年，颁给州印。后以罪黜，传至沈肇乾，雍正八年，肇乾复以罪黜"③。

清代贵州南部地区的改流，同样是在鄂尔泰统一指挥下进行的。雍正六年（1728 年），鄂尔泰被任为云南、贵州、广西三省总督。贵州按察使张广泗在鄂尔泰的授意下，重点对黔东南的土司推行改土归流政策。先是对黎平府古州（今贵州榕江县）改流，在苗、侗聚居之地，设古州厅，置同知，以理民事。但当地土司不甘失去权势，雍正十三年（1735 年）春，贵州古州等地苗民贵族发动反叛。直到乾隆元年（1736 年）方才平定，统治最终稳定下来。

清代桂西地区的改土归流过程，主要如下：镇安府，"清顺治间，土官故绝，沈文崇叛据其地；十八年，发兵扑灭之。康熙二年，改置流官通判。雍正十年，改知府"④；思明州，"清顺治十六年，归附，仍予旧职。黄观珠袭。以安马、洞郎等五十村改流，隶南宁。……雍正十年，五十村目怨观珠，杀观珠嬖人，欲因以谋不靖。……土官亦黄姓，于康熙五十八年改流"⑤；泗城府，"清顺治十五年，归附，随征滇、黔有功，改为泗城军民府。继禄死，子齐岱袭。齐岱传子映宸。雍正五年，映宸以罪参革，改设流官"⑥；东兰土州，"清顺治初，归附，予旧职，雍正七年，改设流官知州"⑦；归顺州，"清顺治初，归附，仍予旧职，雍正七年，改隶镇安府。八年，巡抚金𫔍以土司岑佐不法状题参，革职改流"⑧；田州土州，"清顺治初，归附，仍准世袭。

① （清）王之春著，赵春晨点校：《清朝柔远记》卷 4，北京：中华书局，1989 年，第 81 页。
② 《清史稿》卷 514《土司三·云南·临安府》，北京：中华书局，1977 年，第 14262—14263 页。
③ 《清史稿》卷 514《土司三·云南·广南府》，北京：中华书局，1977 年，第 14266 页。
④ 《清史稿》卷 516《土司五·广西·镇安府》，北京：中华书局，1977 年，第 14302 页。
⑤ 《清史稿》卷 516《土司五·广西·思明州》，北京：中华书局，1977 年，第 14300 页。
⑥ 《清史稿》卷 516《土司五·广西·泗城府》，北京：中华书局，1977 年，第 14297 页。
⑦ 《清史稿》卷 516《土司五·广西·庆远府》，北京：中华书局，1977 年，第 14294 页。
⑧ 《清史稿》卷 516《土司五·广西·归顺州》，北京：中华书局，1977 年，第 14297 页。

近改百色直隶厅，置流官"①。南丹州在清末因绝嗣改流。其他在清末改流的还有安平州、凭祥州、万承州、江州、罗阳县等。

清代的改土归流，是在明代改流的基础上，进一步加强统治的措施，其所针对的主要还是势力大、有影响的土司。通过改流，大大加强了对民族地区的控制，有效地打破了土司间的割据状态，对于人员流动、商品互通、文化交融都有积极意义。清代持续推进改流，据一些学者统计，仅在广西一地，清代即对大大小小 26 个土司进行改流②，成效不可谓不大。民族地区复杂的社会、宗教、文化背景，以及地方统治当局出于借用土司维持地方统治的目的，土司的改流直到解放前夕才最终全部完成。例如，红水河地区的忻城土县，1928 年时才完全废除莫氏土司统治，设立正县；滇东地区的广南府土同知，直到1948 年才最终完成改流。改土归流的全部完成，标志着土司统辖区向中央基层政区转变得以最终实现。

四、明清时期珠江中上游民族地区政区的调整

随着改土归流的持续推进，出于铲除土司割据的社会根基，强化中央对地方统治的需要，珠江中上游民族地区的政区在清代也有一个调整的过程。主要体现如下：改土归流完成后，原土司统辖区内州、县的裁并，或行政隶属关系的调整；在民族地区新设基层政区；省级行政区界的重新调整。

改土归流前，珠江中上游民族地区，大大小小的土司间实力相差悬殊，控制的辖区面积差异也较大。在中央推进改流，国家力量全面进入过程中，必然要根据统治需要以及民族地区的社会现实，进行必要的政区关系调整。

明清时期珠江中上游地区政区调整最大的事件，莫过于明永乐年间贵州布政使司的设立。明成祖永乐十一年（1413 年），将湖广、四川、云南三布政司交接地区的行政隶属关系进行强力调整，置贵州承宣布政司，在众多土司交错盘踞之地，植入中央王朝的力量，使贵州成为云南、湖广之间联系的桥梁。由于初次设省，兼之改土归流的不断进行，其内部行政隶属始终处在不断调整、完善之中。黔西、黔西南一带，永乐十三年（1415 年）时，将普安军民

① 《清史稿》卷 516《土司五·广西·田州》，北京：中华书局，1977 年，第 14296 页。
② 黄家信：《壮族地区土司制度与改土归流研究》，合肥：合肥工业大学出版社，2007 年，第 150 页。

府，改为普安州，直隶贵州布政司，万历年间归属安顺府。黔南地区，原设都匀安抚司，洪武二十三年（1390 年）十月改为都匀卫，属贵州都司。洪武二十九年（1396 年）升为都匀军民指挥使司，其辖下有都匀长官司、邦水长官司、平浪长官司、平洲六洞长官司 4 个直隶长官司。其境内主要隶属变化是，洪武十六年（1383 年），先置九名九姓独山州长官司，弘治七年（1494 年）时升为独山州；洪武十六年（1383 年）又置合江洲陈蒙烂土长官司（治今三都水族自治县烂土乡），洪武二十三年（1390 年）时属都匀卫，永乐十七年（1419 年）一度直属贵州布政司，后还属。

明代左右江流域一带，政区调整的幅度较大，主要表现就是南宁府辖区不断扩大。自明弘治十七年（1504 年）后，随着改土归流的完成，分属思明府和田州府的上思、归德、果化、忠州 4 州相继归属南宁。至嘉靖四十三年（1564 年）时，镇安府所辖的下雷峒归属南宁府，万历十八年（1590 年），设下雷州，成为南宁府的飞地[1]。此外，明廷又于民族地区新设一些州一级行政单位，如明穆宗隆庆六年（1572 年），在宣化县定禄洞之地置新宁州。南宁府北边最重要的变化是思恩府在弘治年间由土府改土归流后，辖区也在扩大。嘉靖、万历年间时，周边的奉议州、上林县、武缘县相继归属。万历三十二年（1604 年），将镇安府属下的上映州，归属思恩军民府，成为其飞地。这样，思恩府的管辖范围逐步扩展开来，但靠近边境的思明府，其辖地在明中叶后，则日益减少。史载思明府，元为思明路，"洪武二年七月为府，直隶行省。九年直隶布政司。领州三……下石西州……西平州……禄州……"[2]；又载："上石西州，元属思明路，洪武末省。永乐二年复置"[3]；"上思州，洪武初废。二十一年正月复置，属思明府"[4]；"忠州，洪武初废。二十一年正月复置，属思明府"[5]；罗白，"洪武三年置，属思明府"[6]；"思陵州，洪武三年省入思明府"[7]；"凭祥州，本凭祥县。永乐二年五月以思明府之凭祥镇

① 郭红，靳润成：《中国行政区划通史·明代卷》，上海：复旦大学出版社，2007 年，第 186 页。
② 《明史》卷 45《地理六·广西·思明府》，北京：中华书局，1974 年，第 1163—1164 页。
③ 《明史》卷 45《地理六·广西·太平府》，北京：中华书局，1974 年，第 1162 页。
④ 《明史》卷 45《地理六·广西·南宁府·上思州》，北京：中华书局，1974 年，第 1159 页。
⑤ 《明史》卷 45《地理六·广西·南宁府·忠州》，北京：中华书局，1974 年，第 1160 页。
⑥ 《明史》卷 45《地理六·广西·江州》，北京：中华书局，1974 年，第 1166 页。
⑦ 《明史》卷 45《地理六·广西·思陵州》，北京：中华书局，1974 年，第 1166 页。

置，属思明府"①。由此可见，明初思明府所辖之地，一度包含上石西州、下石西州、西平州、禄州、思陵州、江州、忠州、上思州、罗白县、凭祥州，但其后反复调整，西平州、禄州等没于安南，弘治间，上思州属南宁府，万历时凭祥州、忠州属南宁府，"日割月蹙"②的结果，思明府辖区不断缩小，至万历三十八年（1610年）后，思明府下只余下石西州1州而已。归顺州，原属镇安府，嘉靖初时，升直隶州，由广西布政司直辖。明初时，还曾欲于泗城州内设程县，并派流官治理，但正统年间，流官为当地土司所逼，弃官而逃，嘉靖时被迫裁撤。

清代，改土归流力度更大，作为改土归流的配套措施，清廷也持续进行了必要的行政区划调整，从便于统治的角度调整行政隶属关系，于土司地设置行政区划，如在云南滇东地区，康熙八年（1669年），裁亦佐县，并入罗平州；康熙三十四年（1695年）时，又置平彝县。雍正五年（1727年），析霑益州之地，置宣威州。雍正九年（1731年），将原为临安府属的阿迷州14寨划归广西府属邱北州管辖；在桂西地区，早在康熙五年（1666年）就将安隆长官司和上林长官司改流，分别设西隆州、西林县。

当然，行政区划调整变化最大的还是贵州。先是雍正五年（1727年）时，将广西西隆州所属之长坝、罗烦、册亨等地，划归贵州，置永丰州，治长坝，其下设册亨县、罗斛州判。这样，贵州、广西两地以红水河为界，北岸属贵州，南岸属广西。同年，又因安顺府管辖面积过大，析其地置南笼府，并以普安州和安南、普安二县及新设之永丰州来属。另一处调整，是雍正七年（1729年），清廷在都匀府所属土司之地，开八寨、都江、丹江等，设同知驻八寨，设都判驻都江（今三都）。雍正十年（1732年）时，将广西庆远府属荔波县划归贵州，属都匀府。乾隆十一年（1746年），又将南丹土州总王、拉邑两寨之地划属荔波县所辖。至此，贵州、广西省界基本确定下来。嘉庆三年（1798年）时，设南笼府为兴义府，管辖兴义、普安、安南3县，领贞丰州（原永丰州改），管辖幅员不变。

明清以来推行的改土归流活动，是土司管辖区向国家基层政区转变的外在

---

① 《明史》卷45《地理六·广西·凭祥州》，北京：中华书局，1974年，第1166页。

② （清）汪森编辑，黄盛陆等校点：《粤西文载校点》卷57《思明府土官论》，南宁：广西人民出版社，1990年，第233页。

动力，改土归流在打破土司割据封闭状态的同时，客观上有利于人员与经济往来，促进民族交流、交融。土司地区人民国家认同的不断强化，则是改土归流能够成功的思想基础。从土司地区向国家基层政区的演变过程，也是移民不断进入民族地区，参与经济开发的过程。

第二节　山地开发过程中的地名变迁

一、农耕环境与地名

地处珠江中上游地区的广西，从自然地理看是一个较完整的地形区。因区内山岭与河流的自然分隔，广西又形成若干个小的地理区域，每一区域的自然环境差异较大。从人文地理看，广西又是百越文化与中原文化的交汇地带，底层沉积文化为百越文化，表层覆盖着浓厚的汉文化。这样的地理背景，决定了广西境内的地名具有鲜明的民族特征与自然地理特色。许多地名需要从民族历史文化的角度去研究，才能弄清其基本含义。明人郭子章曾称："郡邑名称在西粤亦自有难解者"①，"西粤与交阯诸夷为邻，故域殊而名杂。如苍梧郡之以山名易知也，而不知经有苍梧之丘，有苍梧之渊；桂林之名，八桂易知也，而不知八桂在番禺之东，则为桂东、桂阳而不在粤西。上林之为邑，易知也，而不知一粤西三上林，恐非司马子虚之赋所能详。……至于茗盈、全茗，似为茶，设原非□□茨野之雅。结伦、都结又似夷语，多□□人译官之释"②。广西地名的形成是长期以来人类活动、不同民族文化交流的产物，带有鲜明的环境特征。

当中较为突出的就是显著农耕环境特征的地名。地名是人类活动的印记。广西是以农耕为主的区域，广西的土著民族壮族及其先民就是典型的稻作民族。因此广西相当多的地名既具有鲜明的民族特征，又具有强烈的农耕环境特征。

---

①（明）郭子章：《郡县释名·广西郡县释名序》，四库全书存目丛书编纂委员会：《四库全书存目丛书·史部》第 167 册，济南：齐鲁书社，1996 页，第 77 页。

②（明）郭子章：《郡县释名·广西郡县释名序》，四库全书存目丛书编纂委员会：《四库全书存目丛书·史部》第 167 册，济南：齐鲁书社，1996 页，第 77 页。

这当中有表示耕作地形的地名。广西山多地少，地形地貌对农耕生产影响极大，与此相对应的是出现了相当多的表示耕作地形的地名。

一是以"峒""洞""垌"为尾词的地名。"峒"是古越语的汉字记音，意指"田垌""平坝""平地"；壮族由越族发展而来，壮语称"峒"为"都"（du），壮族村寨首领峒老亦称都老（du je），可知"峒"的原音实为"都"，汉籍史料记载"都"时取近音为"峒"，如史称："僮人聚而成村者为峒，推其长曰峒官。"①在广西少数民族聚居的山区，存在一些地形封闭性较强的山间坝子与小盆地，这是最适合农耕的区域。因这些区域主要为广西少数民族所居，故古代文献所载的"峒"就是专指少数民族聚居之所。在汉文化视野中，出于民族歧视思想，称"峒"往往具有一定的贬义，又常常以"洞"称之，使中原人们对居住在"洞"中的居民浮想联翩。实际上，从地质成因看，"峒"是指溶蚀的洼地，四周为石山环绕，中间为平坝，四周的石山可以阻挡寒潮的侵袭。在自然条件较好，土地肥沃，灌溉较为便利的地方，农业通常都较发达，一年可以两到三熟，但位于高山地区的峒，一般只一熟而已。此外，"峒"也可以由某条河谷或数条溪谷联合而成。因面积大小不一，容纳的人口多寡相差也极大，故峒又有大峒、小峒之分。据一些学者估算，在广西的峰林石山地区，"峒"达 15000 多个②。由于峒中最适宜农耕，是广西民族人口的主要分布地，因而峒也成了广西古代民族的聚落单位。在左右两江流域河谷平原一带，峒的面积较大，诸峒林立，史书中常称为"左右两江溪峒"。峒之小者有的成为市镇，大者则发展成为州县一级辖区，如靖西县，即由宋代的计峒、渌峒、任峒等发展而来。对此，史料有载："羁縻州峒，隶邕州左右江者为多……大者为州，小者为县，又小者为峒"③，可见广西地区的州最初是由较大面积的"峒"演变而来的，而县是指面积较小的"峒"。"峒"之名较多出现在隋唐正史文献之中，泛称为"羁縻州峒"，其时具有羁縻性质的"州"在广西分布极广。在汉族私人笔记中，凡是地名为"峒"之地，均为少

---

① （明）邝露：《赤雅》卷上《僮官婚嫁》，北京：中华书局，1985 年，第 7 页。

② 曾昭璇：《珠江流域的人地关系》，谢觉民主编：《人文地理笔谈：自然·文化·人地关系》，北京：科学出版社，1999 年，第 91—100 页。

③ （宋）范成大撰，严沛校注：《桂海虞衡志校注·志蛮》，南宁：广西人民出版社，1986 年，第 115 页。

数民族聚居的封闭场所。一个峒就是由一个大的宗族占据，其下又包括若干个宗族，形成一个个较为封闭的小社会。这些峒对汉族而言，具有较强的封闭性。主要是在民族隔阂的情况下，汉人一般难以涉足。一旦有汉族势力开始进入，它相对封闭的地理、社会环境即被打破，原来的"峒（洞）"这一称呼，随即发生演化。例如，宋代广西左江流域地区有武盈洞、古甑洞、凭祥洞、镡洞、卓洞、龙英洞、龙耸洞、徊洞、武德洞、古佛洞、八𦨶洞①，至明代时行政区划中的洞之名已全部为"州"或"县"所代替。这当中，经历了由峒—路—州或峒—寨—路—府据的发展过程。据明代郭子章《郡县释名·广西郡县释名》考证，明代的龙英州、结安州、结伦州、都结州等，都是由宋代的"峒（洞）"改名而来的。对此，雍正《广西通志》载："凭祥州，宋为凭祥峒，属永平寨，元属思明路"②；"罗阳县，在府东，接陀陵、新宁、宣化界，旧名福利，为西原农峒地，宋置隶迁隆寨，元隶太平路，明隶太平府"③；"佶伦州，在府东北，地接都结、镇远、结安界，旧名那兜，为西原农峒地。宋置安峒隶太平寨，元改为州隶太平路，明亦属太平"④；"结安州，在府东北，地接都结、镇远、龙英、佶伦界，旧名营周，为西原农峒地。宋置结安峒，元为州隶太平路，明隶太平府"⑤；"龙英州，在府治北，地接养利、上映，并向武安南界，旧名英山，宋为峒，元为州隶太平路，明亦隶太平"⑥；"安平州，在府治西北，地接龙州、恩城、安南界，旧名安山，为西原农峒地，唐置波州，宋仁宗皇祐间析置安平隶太平寨，元隶太平路，明改路为府，亦属焉"⑦；"太平州在府治西北，地接左州、养利、崇善、安平界。旧名瓠阳，为西原农峒地，唐为波州

① 《宋史》卷 90《地理六·广南西路》，北京：中华书局，1977 年，第 2240 页。

② 雍正《广西通志》卷 61《土司·凭祥州》，《景印文渊阁四库全书·史部》第 566 册，台北：商务印书馆，1986 年，第 720 页。

③ 雍正《广西通志》卷 61《土司·太平府·罗阳县》，《景印文渊阁四库全书·史部》第 566 册，台北：商务印书馆，1986 年，第 716 页。

④ 雍正《广西通志》卷 61《土司·太平府·佶伦州》，《景印文渊阁四库全书·史部》第 566 册，台北：商务印书馆，1986 年，第 715 页。

⑤ 雍正《广西通志》卷 61《土司·太平府·结安州》，《景印文渊阁四库全书·史部》第 566 册，台北：商务印书馆，1986 年，第 714 页。

⑥ 雍正《广西通志》卷 61《土司·太平府·龙英州》，《景印文渊阁四库全书·史部》第 566 册，台北：商务印书馆，1986 年，第 714 页。

⑦ 雍正《广西通志》卷 61《土司·太平府·安平州》，《景印文渊阁四库全书·史部》第 566 册，台北：商务印书馆，1986 年，第 712 页。

地，宋置州隶太平寨，元隶太平路，明仍属太平"①；"迁隆峒，古交址地，在府治南，地接安南界，宋始开置州，历元所属无考，入明隶南宁"②；镇安府"在省西，宋时于镇安峒建右江军民宣抚司，元改镇安路，明洪武元年归附，改为府"③；"峒"在行政区划上消失，是广西地方社会发生变化的结果，也是明廷强化边疆统治的结果。通过将峒提升为州，有利于扩大中央的政治影响力。尽管明以后峒作为行政区划名称已不再使用，但以"洞"命名的小地名仍在民间普遍留存，如马山县的"龙洞""马洞""中垌"，大新县的"洞零""洞相""洞重"，天等县的"龙洞""金洞"，宁明县的"那垌""中间垌"，金秀瑶族自治县的"长垌"，岑溪市的"糯垌"，等等。

二是以"冲"命名的地名。"冲"是广西当地方言土语，意指"小的溪河"。广西境内终年高温多雨，水网极为发达，除主要的河流外，山岭间小的溪河遍布各地。桂西壮族地区称"冲"为"谓""委""伟""尾"，读 Vij。降雨时雨水迅速汇集，形成山洪，也因山区植被茂密，水源丰沛，溪水湍急，因此"冲"很形象地表达了水流冲刷的强度。在广西很多山区，"冲"与"冲"之间，地形较为闭塞，交通极为不便，故开发较晚。随着外省籍汉族移民不断向广西的山区迁移，每一道山谷常为一姓居民或一地移民所居，他们在山谷两侧开垦田地，利用丰盛的溪水浇灌，使幽深的山谷逐渐被开发出来，故以"冲"命名的地名，多表示已开垦的山谷。例如，平乐县的金竹冲、大板冲、沙冲、鹅涧冲，荔浦市的六步冲、枫木冲、三支冲，藤县的大水冲、北冲、羊儿冲、花田冲、黑石冲、茶水冲，等等。

三是以"岜"和"峎"为首字的地名。"岜"（baq），汉语记音时常写成"巴"，两字通用，表示"石山"。"峎"是壮语"rungh"的音译，表示石山间的小平地。此外，根据一些民族语言学者的研究，在桂西喀斯特山区地带还有以"龙、弄、隆、陇"冠首的地名，均为壮语 rungh 的汉语记音，同样意为

---

① 雍正《广西通志》卷 61《土司·太平府·太平州》，《景印文渊阁四库全书·史部》第 566 册，台北：商务印书馆，1986 年，第 711 页。

② 雍正《广西通志》卷 61《土司·南宁府·迁隆峒》，《景印文渊阁四库全书·史部》第 566 册，台北：商务印书馆，1986 年，第 710 页。

③ 雍正《广西通志》卷61《土司·镇安府》，《景印文渊阁四库全书·史部》第566册，台北：商务印书馆，1986 年，第 721 页。

"山区或山中平地"①。因"岽"字不易编排，故在日常生活中多与"弄"混用。在壮族分布较多的红水河流域、左右江地区，岩溶地貌广布，开展农耕生产条件较差，山中覆盖着薄土的缓坡以及低洼的小平地，是当地壮等民族居民赖以开展耕作的地方，故在这一区域中，以"峝"和"岽"为首字命名的地名极多。甚至在越南北部一带，也存在较多的这类地名。明人郭应聘的《郭襄靖公遗集》中，就记载了左江上游流域一带的"峝"字村寨地名，称："安南既占下雷之峝鸾等十一村，于先而下雷复据安南之峝丹等十一村为质。……其峝丹等十一村则以江水为限，江之北，峝丹上下傍伏良乱五村，属于下雷，江之西那哀、野断、某郡、音村共六村属于安南，又泡泉等六社，所属地方亦以江水分之，江之北莽排、峺米、喉咙、那马、弄隆、告蒙、多泥、峝替、那弄、浝漕、峝嵩、峝容、凌浪、峝册、峝何、峝空共十六村，给于（予）归顺。江之南札义、多边、峝咘、打落、个定五村给与安南。"②贵州苗族地区，同样有以"峝"字命名的村寨。清《平苗纪略》载："八月十三日己酉，勒保奏：言查、那蜡贼寨，剿除之后，尚有比咱、峝峝、马岭、纳麻四大寨聚匿贼匪，图害降苗……双刀贼目擒获贼匪四散乱窜，齐向峝峝等寨奔逃……二十一日，由峝峝至马岭、纳麻，一路痛击，放火烧寨，贼势大溃。"③至今在珠江中上游地区仍有相当多的"峝"字的地名留存，如大化瑶族自治县的峝干，崇左市的峝梅、峝歪，东兰县的巴爱、巴畴，等等。至于以"岽"或"弄"为首字的地名，在广西左右江、红水河流域的岩溶山区多不胜数，如雍正《广西通志》载："骨村接江州土州界，一十五里南至咘弄村，接南宁府忠州土州界。……下龙司至府城一百八十里……东至弄竜村，接上龙土司界。……南至康弄村接下龙司界。"④

此外，还有表示耕作田地的形态、地理位置与土质等的地名。在广西境

① 黄泉熙：《壮语村落地名书写规范问题》，中国翻译协会：《第 18 届世界翻译大会论文集》，内部资料，2008 年，第 69 页。

② （明）郭应聘：《郭襄靖公遗集》卷 7《奏疏·勘报安南地界疏》，《续修四库全书》编纂委员会：《续修四库全书·集部》第 1349 册，上海：上海古籍出版社，2002 年，第 181 页。

③ （清）鄂辉等：《钦定平苗纪略》卷 50，《四库未收书辑刊》编纂委员会：《四库未收书辑刊》第 4 辑第 14 册，北京：北京出版社，2000 年，第 763 页。

④ 雍正《广西通志》卷 11《疆域》，《景印文渊阁四库全书·史部》第 565 册，台北：商务印书馆，1986 年，第 270—271 页。

内，有大量以"那"为首词命名的地名。"那"是壮侗语言 na^2 的音译，意为田。历史上，广西壮族对所居地区的水田，多以"那"称之，如"那×"，为倒装语，汉语应为"×那"，指某处之田。广西是山多平地少，适于开垦的河谷与平原地区，是耕田的主要集中地，故凡以"那"为名的地名，多是指那些水热条件较好，适于耕作的河谷、平原之地。在壮语的语义中，多以"那"表达田的形态和土质等方面内容。例如，不大不小的田地，壮语称为"那卜"，田中有水称为"那林"，田中无水称为"那天"，常年沤水的烂泥田称"那乜"，圆形的田称"那满"，新开辟的田称"那少"，用石头围砌的田称"那固"，位于村寨边的田地称"那马"，等等。在岭南地区，凡是"那"地名的分布区，也是壮族或其先民的分布地。明以后，由于汉族人口迁入的缘故，桂东地区以汉族为多，但仍有不少"那"地名在使用。例如，昭平县的那更，蒙山县的那浦，藤县的那留，博白县的那林、那界等，但大量的"那"地名还是集中在左右江流域、红水河流域一带，据张声震主编《广西壮语地名选集》所收集的壮语地名5500条中，含"那"或"纳"的地名占872条，占所收入的壮语地名总数的 15.8%[①]。明代州一级地名有那地州，至今在广西还有一个那坡县，至于县级以下的"那"字地名，分布极广，形成较完整的"那"地名分布区，这是广西壮族农耕活动留下的地名印记。

二、自然植被与地名

广西属于后开发地区，在很长的历史时期内处于地广人稀的状态，地表植被十分茂密。这样的地理环境对当地土著居民的生活有重要影响，许多地名均与植被有关，主要如下：

与树木有关的地名。广西地处热带、亚热带，终年高温多雨，许多树木长势高大，成片生长，不少地名与所在环境生长的树木相关。

桂树，是广西生长较广的常绿乔木，其花芳香，其茎可入药。古代广西居民常在聚落旁和庭院中栽植桂树，野生桂树也极多。广西与桂树有关的地名，县级以上的地名有桂林、桂平。桂林之名，源于秦代在岭南所设之桂林郡，辖地甚广，但并不指今桂林市。南朝至宋，始有桂州之名。从其时桂州的得名

---

① 覃乃昌：《"那"文化圈论》，《广西民族研究》1999 年第 4 期，第 40 页。

看，已与桂树有关。宋人范成大称："桂，南方奇木，上药也。桂林以桂名，地实不产，而出于宾、宜州。"①明人郭子章考证，桂林是因城东有桂山而得名，但之所以叫桂山，是"桂生其巅"②之故，又因为后人植八桂于堂前，遂以桂林作为郡名，八桂也由此成为广西的代称。

柳树，也是广西常见树种，多人工栽植以作景观。广西地名中也有柳州、柳城，藤县有柳垠等。柳州，原为秦代郁林郡，唐贞观年间改名柳州，原与柳树无关，而是因为"地当柳星也"。唐代文学家柳宗元被贬至此任刺史，曾在柳江边广种柳树，并作诗称："柳州柳刺史，种柳柳江边。谈笑为故事，推移成昔年。垂阴常覆地，耸干会参天。好作思人树，惭无惠化传。"③后人因此将柳树与柳州联系起来。至于藤县的柳垠，据《藤县地名志》载，1832 年，因建村于柳树成荫的垠地而得名。此外，象州有柳冲，鹿寨有杨柳，等等。

桐树，亚热带常绿乔木，在广西有刺桐、油桐等多种。大的地名与此相关的是梧州。梧州源于古代的苍梧郡，历史上对梧州的成名有两说：一是《汉书·地理志》等古籍称因苍梧山而得名；二是明人杨慎称："广南以刺桐为苍梧，因以为地名，亦意之耳。"④古代苍梧郡所辖甚广，苍梧山何指已难详考。以桐树为名的小地名，在广西也有不少，如藤县与阳朔都有一个地名叫桐油坪，就是因盛产油桐而得名。此外，金秀和永福均有桐木镇，武宣有桐岭镇，资源有桐木坪、桐木江等，皆因梧桐而名，故杨慎之说，也有一定道理。

以枫树得名。广西高温多雨的气候，十分适合枫树的生长，晋嵇含《南方草木状》称"枫，五岭间多"。枫树树形高大，有如华盖，可供人们遮阴避暑。自古以来，壮族先民就将枫树作为风水树，植于寨旁或选择在枫木成林附近立寨。许多地名，因此就以所在枫树命名，如藤县有枫木峒，阳朔有枫木坳、枫林，博白、鹿寨有枫木坪，灵川有枫林、枫木，贺州有枫木冲，平乐有

---

① （宋）范成大撰，严沛校注：《桂海虞衡志校注·志草木》，南宁：广西人民出版社，1986 年，第100 页。

② （明）郭子章：《郡县释名·广西郡县释名·桂林府》，四库全书存目丛书编纂委员会：《四库全书存目丛书·史部》第 167 册，济南：齐鲁书社，1996 年，第 78 页。

③ （明）郭子章：《郡县释名·广西郡县释名·柳州府》，四库全书存目丛书编纂委员会：《四库全书存目丛书·史部》第 167 册，济南：齐鲁书社，1996 年，第 80 页。

④ （明）郭子章：《郡县释名·广西郡县释名·梧州府》，四库全书存目丛书编纂委员会：《四库全书存目丛书·史部》第 167 册，济南：齐鲁书社，1996 年，第 84 页。

枫树坪，等等。

以松树、杉树得名，这方面的小地名在广西为数不少，如阳朔有杉木坪、松岭，贺州有杉木，藤县有松木坪、松木山、古杉，北流和容县有杉山脚等地名。

以樟树、榕树得名。樟树与榕树生命力极其旺盛，无论单株还是成林均易栽种。广西居民的聚落附近常栽种樟树、榕树，并加以保护，使之成为显著的地物标志，不少地名即由此而来，如藤县有榕木、樟村，博白有榕木堂，贵港有榕木，玉林有樟木，陆川有樟木塘，藤县有樟木根，昭平有樟木林，金秀有大樟，北海有曲樟，贵港有古樟等地名。

以木棉树而得名。木棉是广西的常绿乔木，花红似火，深受当地居民喜爱。一些聚落点就以附近的木棉树而命名，沿用至今。1987 年印行的《藤县地名志》载境内始建于 1792 年的木棉，即以聚落中有大木棉树而命名。此外，浦北有木棉坑，博白有木棉根，来宾、鹿寨有木棉等地名。

以果树而得名。广西地处热带、亚热带，一年四季水果不断，荔枝、龙眼、杨桃、杨梅、香蕉、芭蕉等广泛种植，这些水果类植物在广西的地名上，也多有反映。例如，跟荔枝有关的地名有阳朔的福利镇，原名伏荔，关于它的来历有两说：一说为古代漓江洪水时，有落难者随流至此，伏于荔枝树上而幸免，后定居于此而得名；二说为唐代此处荔树成林，居民屋舍散伏其中，因而得名①。两说虽有不同，但都与荔枝树有关。历史上，荔枝分布的北界曾达南岭一线，宋范成大《桂海虞衡志·志果》载："自湖南界入桂林，才百余里，便有之。亦未甚多，昭平出燋核，临贺出绿色者尤胜。自此而来，诸郡皆有之。"可见，宋代广西东北部仍是荔枝的产地。宋以后，随着气候转冷，荔枝无法在此生存。清嘉庆时，史料已明载："今桂林实无荔枝。"②由于名实不符，1926 年时，人们遂将伏荔改称福利。此外，容县有荔枝坡，玉林有荔枝水，桂平有荔枝峒，藤县和龙胜有荔枝等地名。其他水果类地名如下：容县、藤县、浦北和柳城等地有杨梅，博白有杨梅水，岑溪有杨梅冲，阳朔有杨梅坪、芭蕉林、枇杷，钦州有龙眼，北海有蕉坑，柳江有枇杷，富川有桃子坪，

---

① 阳朔县人民政府：《阳朔县地名志》重修本，南宁：广西人民出版社，2019 年，第 51 页。

② （清）谢启昆修，胡虔纂：《（嘉庆）广西通志》卷 89《舆地略十·物产一·桂林府》，南宁：广西人民出版社，1988 年，第 2828 页。

平乐有桃冲，等等。其中，与芭蕉相关的小地名，如蕉林、芭蕉冲等在广西为数较广。

与竹、藤有关的地名。广西竹类较多，因竹而得名的乡镇以下地名极多。例如，藤县有勒竹、白竹、都竹、竹村，田林县有苦竹垌，平南有丹竹，灵山有苦竹埇、丹竹塘，容县有塔竹坪，岑溪有筋竹，阳朔有紫竹坪、大竹山、金竹坪等地名。因藤而得名的地名有藤县和大藤峡。关于藤县的来历，明人郭子章称："藤县，本汉猛陵县地，隋置藤州，我明改县，以藤江名。……地多萎藤，土人采取杂蜃灰、槟榔啖之，故曰藤。"①大藤峡，是桂平境内黔江的一段江面，明代时因江上有巨藤横跨两岸而得名。为镇压当地瑶族反抗，明军将大藤砍断，改称断藤峡，大藤峡之名沿用至今。

表示植被状况的地名。广西开发较晚，自然环境变迁较为滞后，直到近代很多地区林木茂盛，植被覆盖状况较好，境内的很多地名就表示了这种植被状况，如广西历史上有三个上林，一属宾州，一属田州，一为上林长官司。郭子章在《广西郡县释名》中称："义俱未详，释名云山中聚木曰林，林森也，森森然也。西粤山林聚亘，谓是耶。若上林，上苑为天子御，未可以例此矣"，而郁林郡，郭子章指出其中一说是因为郁金香而得名。在表示周围林木较多时的地名中，"都林"这一地名相对较为普遍，有的则用大木冲等。由于广西是壮族的重要分布地，很多地名系壮语的汉字记音。其中，以罗、陆、六命名的地名，均表示自然植被状态，壮语称山深林密之地为"六"，读"骆"或"麓"。汉字记音时写成陆、罗、六等，这类地名在广西有很多，较大的地名有罗城县。汉族文人因不通壮语，自然无法清楚其含义。郭子章言："柳州地名罗者甚多，如罗池、罗茶山、罗洪洞，皆有罗义，不独罗城"，明代左江设有罗阳县，郭子章称"义未详"②。实际上，在桂东南地区，六字地名也大量存在，如陆川的六高、六燕，博白的六浪、六良、六旺，容县的六居、六肥等。

　　① （明）郭子章：《郡县释名·广西郡县释名·藤县》，四库全书存目丛书编纂委员会：《四库全书存目丛书·史部》第 167 册，济南：齐鲁书社，1996 年，第 85 页。

　　② （明）郭子章：《郡县释名·广西郡县释名·罗城县》，四库全书存目丛书编纂委员会：《四库全书存目丛书·史部》第 167 册，济南：齐鲁书社，1996 年，第 90 页。

三、动物与地名

广西境内植被茂密，不仅植物资源丰富，动物资源也十分丰富。境内也有不少与动物相关的地名存在，这些地名含有丰富的自然环境信息，今天仍是研究珠江中上游地区环境变迁的重要参考。这些代表性地名主要如下。

与野象相关的地名。历史上，广西是亚洲象的重要分布地，直到明中叶广西的野象活动还十分频繁，野象在广西的消失是清初以后的事。在古代，野象对人们的生活有较大影响。反映在地名上，与野象有关的地名主要是象州县。象州，由南朝陈时设置的象郡而来，而象郡之名，缘于秦始皇时在岭南设置的象郡。关于为何取名象郡，史书无载，已不可考。其辖境直到明代都是广西野象的重要活动地，有学者从生态学的角度计算，明代在桂南桂西南地区生活着约 3000 头野象，在秦代应大大高于此数，故象郡之名或许与野象有关。象州县之所以得名，据明代郭子章考证，主要是其境内西部有一山，"象山形似象，又时有云气结为象形"①的缘故，广西境内山形似象的还有不少，取名为象鼻山、象山的也有好几处，但都不是真正与野象直接相关的地名。直接相关的地名是逐象山，位于广西宁明县。明代这一地区盛产野象，明廷曾在十万大山设驯象卫，捕捉、驯化野象。逐象山之名正反映了明代人与野象的关系。

与骆驼相关的地名。骆驼是沙漠动物，广西不产。在广西以骆驼为名的地名，主要是因山体形似骆驼。例如，明代广西左江流域设有陀陵县，"旧名骆驼，以县后骆驼山也"②。广西境内，岩溶地貌发达，山形似骆驼者，桂林等地均有。因而一些名为骆驼的小地名，均缘于此，与真实的骆驼无关。

与牛、马相关的地名。牛是广西居民的重要财产，历史上壮族"有牛为富"，对牛十分重视。与牛有关的一些地名中，或与牛直接相关，或指牧养场所，如田林县的牛厂、牛峒、毛大牛、牛场坡，宜州的小牛峒，天峨县的牛坪、牛岭，柳江县的牛洞，贺州的黄牛冲，等等。与马相关的地名也有一些，如藤县的马坡，建于 1708 年，因养马而名。此外，象州、贺州有马坪等。

---

① （明）郭子章：《郡县释名·广西郡县释名·象州县》，四库全书存目丛书编纂委员会：《四库全书存目丛书·史部》第 167 册，济南：齐鲁书社，1996 年，第 81 页。

② （明）郭子章：《郡县释名·广西郡县释名·陀陵县》，四库全书存目丛书编纂委员会：《四库全书存目丛书·史部》第 167 册，济南：齐鲁书社，1996 年，第 90 页。

与虎相关的地名。广西是华南虎的故乡，一些地名与人虎关系有关，如柳城的伏虎，灵川的黄虎坪，平乐县的老虎山、老虎脚、老虎岭、虎豹，钦州的老虎坪，等等。至于北海市的小老虎、大老虎，《北海市地名志》记载，建于1874年，主要是因山林草丛中老鼠较多，原名鼠山，后改称为虎山，是取老虎吉祥之意。

与野禽相关的地名。历史上广西珍禽较多，不少地方曾是候鸟的栖息地，这在广西的地名上也有反映。藤县有野鸭冲、天鹅塘，资源有野鸭堂，桂平有鹧鸪坪，鹿寨有斑鸠，等等。

与海洋生物相关的地名。广西北部湾地区，当地居民靠海而生。海滨地区的一些小地名与海洋生物有关，如沙鱼湾，《北海市地名志》记载，建于1662年，原名叫鲨鱼湾，是因此处海湾常有鲨鱼而得名，后改今名。沙虫寮，主要是因当地盛产沙虫而得名。

四、与气候相关地名

广西地处热带、亚热带地区，气候变化不大，但在北部湾沿海地区，受海洋性气候的影响较大，明清修撰的《廉州府志》称这一带多有飓风，为害甚巨。当地有一些小地名与此有关。例如，大浪头，建于1820年，是因为常受风吹，波浪大而得名；大墩海，建于1764年，原名叫大墩，即大沙墩，是因为防海潮而修筑的沙墩而得名。这些地名，当然与人类的海洋活动密切相关。总的来看，这类地名在广西不多。

五、江口地名——以"合江""两江口""三江口"等为例

以广西为中心的珠江中上游地区，由于处于云贵高原向两广丘陵的过渡地带，江河水系十分发达，河流呈较为典型的"树状"分布，故江河汇流之处甚多。两河相汇，甚至三河相汇，所在多有。江河汇流之地，人们多在此交易、聚集成市，从而成为人们水上交通往来的重要枢纽，并逐渐成为具有区域特色的城镇体系，故江口地名的出现与相关城镇的产生，是典型的人类商业交往活动影响下的产物。

首先，关于"合江"的地名。此类地名，常位于两江或两河相汇之处，并随着人类交往、贸易活动发展而形成。由于各地开发时间的早晚不同，故一些

地名形成较早，而一些地名形成较晚。当然，由于受地形地势的影响，江河交汇处也未必有形成较大城镇的条件，如今贵州望谟县南北盘江交汇处，由于地处高山峡谷，河水湍急，附近只有一小的聚落存在。人们赋予"合江"之类的地名，是人类在江河流域活动的历史印记。有关地名中，广西左、右江交汇之地，宋代时即于此形成市镇，称合江镇。史载："左江水出七源州界，右江水出峨利州界，至合江镇，合为一水，流入横州，号郁水。"①至明代，合江镇这一地名，频频见于史籍之中。"石门山在州城东南六十里，右江在州城北，源出富州，流至南宁府合江镇与左江合"②；"左江发源交趾界，流五百八十里至古万寨，下流九十里至合江镇，与右江水合，入横州，号郁江"③。"左江源广源州，右江源峨利州，经太平、南宁之合江镇二江合，是为郁江"④。明末，徐霞客曾亲临此地考察，其游记称："其东有村曰宋村，聚落颇盛，而无市肆。余凤考有合江镇，以为江夹中大市，至是觅之乌有也。征之土人，亦无知其名者。"⑤

至明代，随着珠江中上游民族地区移民的增加，依汉语命名的"合江"地名渐多。例如，贵州都匀府，有合江洲，史称："合江洲陈蒙烂土长官司，在卫城东二百里，元置合江洲及陈蒙军民长官司，本朝洪武十六年改置今司……为都匀安抚司地。"⑥

入清之后，合江的小地名，不断出现在史籍中，表明其时珠江中上游地区得到相当程度的开发，人们对这一区域的地理认识更加清晰。例如，全州县，"合江在完山下，湘水、灌水、罗水至此汇流入楚，故名合江"⑦，山上建有合江亭；荔浦县，"荔江在县西南，水色如荔，故名。荔浦水自修仁瑶界发

① （宋）王象之：《舆地纪胜》卷 106《广南西路·邕州·景物上》，北京：中华书局，1992 年，第 3245 页。

② （明）李贤等：《大明一统志》卷 85《奉议州》，西安：三秦出版社，1990 年，第 1306 页。

③ （明）李贤等：《大明一统志》卷 85《太平府》，西安：三秦出版社，1990 年，第 1303 页。

④ （明）陈全之著，顾静标校：《蓬窗日录》卷 1《广西》，上海：上海书店出版社，2009 年，第 44—45 页。

⑤ （明）徐弘祖著，褚绍唐、吴应寿整理：《徐霞客游记》卷 4 上《粤西游日记三》，上海：上海古籍出版社，2010 年，第 154 页。

⑥ （明）李贤等：《大明一统志》卷 88《贵州布政使司》，西安：三秦出版社，1990 年，第 1361—1362 页。

⑦ 雍正《广西通志》卷 13《山川·桂林府·全州》，《景印文渊阁四库全书·史部》第 565 册，台北：商务印书馆，1986 年，第 323 页。

源，分二支：一自踏石村出青山；一自合江，会荔江出青山，经县前顺流而东，汇于漓，入于昭潭为府江"①。

其次，有关"江口"的地名。在珠江中上游地区，河网密布，江河交汇处，由于地处水上交通要津，便于人员往来，物资转运，人们也常于此聚集交易，进而形成圩市、城镇。此类地名起源较早，至少在宋代已逐步普及开来。根据江河汇流的情况，或命名为江口、两江口、三江口等。例如，宋代史籍记载："苍梧者，诸水之所会，名曰三江口，实南越之上流也。水自是安行，入于南海矣。"②又载封州"据邕、桂、贺三江口，诚控扼之地"③。贺江水"出贺州，汇于三江口入大江"④。"始安江……北接临贺、富川三县，南则广江，西则始安江，左带郁林江，谓之三江口"⑤。宜州"龙江在城北一百步，石岸峭崄，东流至柳、象、浔、藤、梧等州一千余里，至广州入南海，其江源自诸溪洞众流出，至州三十余里，谓之江口"⑥。明代以后，随着对上游民族地区统治的不断强化，人们对上游民族地区的地理认识进一步清晰，一些民族聚居区的江口地名开始见之于史籍。"大融江出靖州，经怀远。过柳州至江口与洛溶江合"⑦；"江口渡在天河县南二十五里"⑧；"涵碧亭在府城东三江口"⑨。

清代，随着改土归流的不断推进，土司间壁垒破除，移民不断向民族地区流移，极大地促进了民族地区的开发，与之相对，江口地名亦显著增加。有关

① 雍正《广西通志》卷14《山川·平乐府·荔浦县》，《景印文渊阁四库全书·史部》第565册，台北：商务印书馆，1986年，第348页。

② （宋）周去非著，杨武泉校注：《岭外代答校注》卷1《地理门·广西水经》，北京：中华书局，1999年，第24页。

③ （宋）王象之：《舆地纪胜》卷94《广南东路·封州·风俗形势》，北京：中华书局，1992年，第2980—2981页。

④ （宋）王象之：《舆地纪胜》卷94《广南东路·封州·景物下》，北京：中华书局，1992年，第2984页。

⑤ （宋）王象之：《舆地纪胜》卷108《广南西路·梧州·景物下》，北京：中华书局，1992年，第3293页。

⑥ （宋）王象之：《舆地纪胜》卷122《广南西路·宜州·景物上》，北京：中华书局，1992年，第3521页。

⑦ （明）王士性撰，吕景琳点校：《广志绎》卷5《西南诸省》，北京：中华书局，1981年，第113页。

⑧ （明）李贤等：《大明一统志》卷84《庆远府》，西安：三秦出版社，1990年，第1281页。

⑨ （明）李贤等：《大明一统志》卷85《浔州府》，西安：三秦出版社，1990年，第1295页。

江口地名，检阅雍正《广西通志》①，兹列表3-1。

表3-1 雍正《广西通志》所载江口地名分布情况一览表

江口地名	史料记载	资料出处
江口村	镇远土州……北至江口村接思恩府上林土县界	卷11《疆域》
灵江口	灵江……流至灵江口与黄柏六尚川江合	卷13《山川·桂林府》
江口	洛容水出古田上宋，绕江口入大江	卷13《山川·永福县》
荔江口	湖塘江在城西七里荔江口，合修、荔诸水入于漓	卷14《山川·荔浦县》
丹竹江口	八仙山，丹竹江口……	卷14《山川·荔浦县》
湖塘江口	湖塘江口，县东六十里即平乐分界处	卷14《山川·荔浦县》
里江口	鲤鱼上水山，在昭平里江口	卷14《山川·昭平县》
蒙江口	蒙江口在州南二百五十里，水出蒙山	卷14《山川·永安州》
江口	白石江在县东十七里，源出灵山，流经江口下入藤江	卷14《山川·藤县》
三江口	白沙水……南流至三江口入大溪	卷14《山川·怀集县》
武林江口	白沙江……由武林江口小港溯流而入	卷15《山川·平南县》
濛江口	大同江……流出至藤县濛江口，汇合浔梧大江	卷15《山川·平南县》
阴江口	新江……又东为阴江口……又东为东乡江口	卷15《山川·武宣县》
古江口	表山……至古江口	卷15《山川·横州》
渌水江口	龙翔岩……直对渌水江口	卷15《山川·隆安县》
崇善江口	溯丽江而上，至崇善江口	卷15《山川·崇善县》
江口	龙江……绕州前而出江口，合明江入崇善界	卷15《山川·下龙司》
江口镇	洛清江……西南经江口镇，亦名运江	卷16《山川·雒容县》
三江口	又南经马平三江口，合洛清江	卷16《山川·雒容县》
江口	三门江在县西，自柳州来，至江口合洛清江	卷16《山川·雒容县》
三江口	山道江……流至三江口入柳江	卷16《山川·雒容县》
江口	蕉花江……自江口东入大江	卷16《山川·怀远县》
大容江口	大容江口，在老堡对面	卷16《山川·怀远县》
江口	江流经城西，溯流而上，至江口	卷16《山川·象州》
都泥江口	经城西七十里至都泥江口，合柳江	卷16《山川·来宾县》
孟江口	小水，一自罗城孟江口	卷16《山川·永顺副土司》
绿布江口	经绿布江口下黄下洞	卷17《山川·武缘县》
江口	南流江……分界至江口合大江	卷17《山川·武缘县》
江口	清水江……由江口转江通桂林	卷17《山川·迁江县》
江口	日瀑滩……会红水江合流江口滩	卷17《山川·迁江县》
江口桥	江口桥，在县西二十里	卷18《关梁·灌阳县》

① 雍正《广西通志》，《景印文渊阁四库全书·史部》第565—568册，台北：商务印书馆，1986年。

续表

江口地名	史料记载	资料出处
江口塘汛	今江口塘汛是其故址	卷18《关梁·荔浦县》
马江口渡	明源渡、马江口渡俱在县城	卷18《关梁·昭平县》
江口渡	江口渡在城南二十五里	卷19《关梁·天河县》
桑江口	西北小路由县城进桑江口	卷20《驿站·义宁县》
江口塘	十里至江口塘	卷20《驿站·荔浦县》
江口塘	江口塘与广东封川县界	卷20《驿站·怀集县》
乌江口	乌江驿在县西乌江口	卷20《驿站·平南县》
三江口塘	二十五里至三江口塘	卷20《驿站·宣化县》
江口塘	十五里至江口塘	卷20《驿站·永淳县》
江口村	北去小路由州城十里至江口村	卷20《驿站·镇远土州》
江口塘	十里至江口塘与象州交界	卷20《驿站·马平县》
江口塘	由县城二十里至江口塘	卷20《驿站·柳城县》
相思江口	至相思江口入漓江	卷21《沟洫·临桂县》
江口陂	江口陂　底塘	卷21《沟洫·阳朔县》
三江口	出兴安县海阳山通蒋家陂三江口，筑堰架车灌田	卷21《沟洫·全州县》
西江口	筑堤蓄水至常家村西江口	卷21《沟洫·恭城县》
崩江口	下龙、崩江口，随处支流架车引水灌田	卷21《沟洫·荔浦县》
江口陂	江口陂在城南一百里	卷21《沟洫·博白县》
两江口	两江口巡检司在府西五十里，今裁废	卷35《廨署·临桂县》
古江口	古江口巡检司……俱久废	卷36《廨署·南宁府》
江口镇	江田镇巡检司在县南一百三十里	卷36《廨署·柳州府》
两江口	一在西乡两江口，明万历间建，今废	卷37《学校·桂林府》
桂岭江口	贤天观在桂岭江口	卷43《寺观·贺县》
智惠江口	屐齿在智惠江口石矶上	卷44《古迹·义宁县》
虎埠江口	县治津平里虎埠江口，有废茶城县址	卷44《古迹·恭城县》
三江口	涵碧亭在城东三江口	卷45《古迹·桂平县》
陈埠江口	今州治西南六十里陈埠江口城基尚存	卷45《古迹·横州》
苍梧江口	回至苍梧江口，遂羽化	卷87《方伎》
上水江口	及断藤峡上水江口、地名、周冲巡检司除有流官巡检	卷99《艺文》
下水江口	其衙基址却在峡西与江口隔远下水江口	卷99《艺文》
大黄江口	山南原有大宣乡、大黄江口二巡检司	卷99《艺文》

六、珠江中上游山地开发对地名形成与流传的影响

地名的形成与变迁，既是自然地理作用的结果，诸多人文地理因素也在发

挥作用。相关地名的形成与流传也与人类的活动密切相关，尤其是山地的开发活动。

一方面，人类的生产活动会对地貌本身产生一定的影响；另一方面，随着中央王朝对广西边疆民族地区统治的深入，民族地区封闭状态被打破，汉族人口得以不断迁入民族地区，与壮等少数民族形成杂居之势，民族地区内部地理环境日益为外界所了解，不同民族间的经济往来、文化交融也日益加深，在这样的背景下，珠江中上游民族地区境内的一些地名肯定也会逐渐发生变化，并随着时代发展及汉族人口分布区的不断扩大，最终会发生汉语地名覆盖部分古越语地名的现象，进而形成地名分布区的变化。现今桂林、贺州两市辖境即桂东北地区，含有古越族语义的地名较少，可以称为汉语地名区。柳州、来宾、梧州、贵港、玉林、钦州、北海、防城各地，既有大量的古越语地名留存，同时也有大量的汉语地名相杂，可称为汉、越地名混杂区。至于三江、柳州、南宁至十万大山一线以西的广大地区，则几乎全是壮语地名，这当中以那、弄、板、古、陇等壮语为首字的地名无数，中间只夹杂极少的汉语地名。众所周知，壮族由古代百越族群演变发展而来，因而可以称为百越地名区。这种地名分布格局与广西的民族人口分布情况是基本相吻合的。

地名既是人类活动的印记，同时也是自然环境变迁的历史见证。由于很多地名是当地居民以所在的地物作为根据命名的，地名的情况当然也就是其时广西各地最真实的自然环境状况。一些调查文献显示，一些聚落点的形成不过数百年之久。自从人类进入后，当地环境才发生某些变化。因此，对这些地名进行系统的考察，大致可以反映珠江中上游地区的开发状况与环境变迁的过程。

第四章　自然灾害与人类活动

　　据著名科学家竺可桢研究，13 世纪以降，中国气候开始逐步转冷，尤其是在 1400—1900 年，中国气候处于著名的小冰期。我国最冷的期间是 17 世纪，特别是以公元 1650—1700 年最冷①，主要表现为气候的变化振幅较大，严重低温、大旱、地震、洪水、蝗灾、瘟疫、饥荒等灾害频频出现。一些学者甚至称其为"明清灾害群发期"②。频繁的灾害对社会产生了强大的冲击力，深刻地影响到这一时期社会生产、生活的各个层面。迄今为止，不少学者已对明清小冰期对区域农业发展、黄河水患、人口迁移等进行了研究。珠江中上游地区虽然地处亚热带，但也深受全国气候变冷趋势的影响。与全国其他地区一样，这一时期灾害频发，对当地社会、人类活动有重大影响，也是塑造环境变迁重要的外在力量。

第一节　小冰期影响下明清时期珠江中上游地区气候的转冷趋势

一、关于明清小冰期

　　小冰期（little ice age）这一概念，是美国地理学者弗朗索瓦-埃米尔·马

---

① 竺可桢：《中国近五千年来气候变迁的初步研究》，《考古学报》1972 年第 1 期。
② 朱凤祥：《中国灾害通史·清代卷》，郑州：郑州大学出版社，2009 年，第 40 页。

泰（François-Emile Matthes）创立的，他认为从 15 世纪初开始，全球气候进入一个较为寒冷的时期，通称为"小冰期"。这一时期，我国正处于方志记载的年代，相关方志、诗文、日记、游记等记载了大量有关当时气候的物候资料，因此竺可桢称之为方志时期。低温多灾是这一时期最为显著的气候特征。

之后小冰期这一概念传入我国，一些学者从天象、气象、地象等几个方面的异常现象进行研究，并将 16、17 世纪集中发生的各种自然灾害现象，称为"明清宇宙期"。天象方面，从太阳活动看，1890 年蒙德尔（Maunder）发现，1645—1715 年，太阳活动处于极小期。1976 年时，美国天文学家埃迪（Eddy）根据太阳黑子观测、极光、^{14}C 同位素及日冕资料，再次肯定了 17 世纪太阳活动处于极低值。从彗星数量看，16—18 世纪处于较大峰值。从陨石活动来看，王嘉荫发现我国陨石数量在 15—17 世纪处于较明显的峰值。气象方面，关于气温，竺可桢研究了中国五千年来气温的变化，认为 15—17 世纪是中国气温最低期，又称"小冰河期"，其中最低温度在 17 世纪比现在温度平均低 1℃，又以 1650—1700 年为最冷，长江封冻过两次，汉江、太湖、洞庭湖、淮河都曾多次结冰。国外学者兰姆（Lamb）通过研究英国的气候，认为英国中部夏、冬气温在 17 世纪是最低的。地象方面，关于海啸，北海的海啸在 16、17 世纪处于高峰期，我国的风暴潮在这一时期发生的频次与规模都是十分严重的。关于洪水，17 世纪是意大利发生洪水最多的时期，我国学者对近 500 年来山东洪水灌城资料进行分析，发现 16—17 世纪发生大水灌城现象最多。关于大旱，近 500 年来，中国有两个旱灾多发时期，分别是 1637—1679 年、1835—1878 年，而 17 世纪是我国旱灾最为严重的一个时期。关于地震，1900 年前，我国共发生 8 级以上地震 14 次，其中明清时期就占 6 次[①]。

二、明清时期珠江中上游地区的气候转冷

明清时期，受全球小冰期气候的影响，在宇宙小冰期的气候背景下，珠江中上游地区极端气候增多，气候也不断变冷。

主要表现之一就是冬季冷空气活动频繁，寒潮猛烈南下，不断深入珠江中游腹地，降雪线不断南移。南宋时，桂北的兴安附近有严关，又称炎关，为降

---

① 参阅徐道一，李树菁，高建国：《明清宇宙期》，《大自然探索》1984 年第 4 期。

雪分界线，以南地区少有降雪，南中居民不知雪为何物。史称："南州多无雪霜，草木皆不改柯易叶。独桂林岁岁得雪，或腊中三白，然终不及北州之多。……谓之严关。朔雪至关辄止，大盛则度送至桂林城下，不复南矣"[①]；"盖桂林尝有雪，稍南则无之。他州土人皆莫知雪为何形"[②]。明代以后，桂林以南地区降雪现象日趋频繁。对此，史料多有记载。明景泰四年（1453年）冬，柳州"大雪"[③]；明武宗正德元年（1506年）冬，海南岛的万州，竟然出现"雨雪"[④]；正德五年（1510年）、正德七年（1512年）十一月，漓江出现"冰合"现象[⑤]；正德十四年（1519年）十二月，钦州，"大雨雪，池水冰，草木皆枯，民多冻死"[⑥]。明世宗嘉靖元年（1522年）十二月时，钦州、合浦"大雨雪，池水结冰，草木枯，民多冻死"[⑦]。嘉靖五年（1527年）十二月，临桂县与庆远府同时出现了"池水皆冰"的现象。万历十二年（1584年）冬十二月，"武缘县大雪"[⑧]。关于明代中后期这一地区降雪情况，在一些资料集中多有反映，见表4-1。

表4-1　明代中后期珠江中上游的广西地区降雪情况一览表[⑨]

时间	地区	资料描述
景泰四年（1453年）	柳州、来宾	冬，大雪
天顺三年（1459年）	庆远府	正月三十日夜，雷电风雨大作，雪深尺许
弘治十七年（1504年）	兴业	大雪，与北方无异
正德五年（1510年）	桂林府	十一月，漓江冰合
正德七年（1512年）	临桂、灵川、兴安、平乐	十一月，漓江冰合

---

① （宋）范成大撰，严沛校注：《桂海虞衡志校注·杂志》，南宁：广西人民出版社，1986年，第110—111页。

② （宋）周去非著，杨武泉校注：《岭外代答校注》卷4《风土门》，北京：中华书局，1999年，第150页。

③ 乾隆《柳州县志》卷1《禨祥》，台北：成文出版社，1961年，第19页。

④ （明）唐胄纂，彭静中点校：《正德琼台志》卷41《纪异》，《海南地方志丛刊》，海口：海南出版社，2006年，第853页。

⑤ 万历《广西通志》卷41《灾异》，明万历二十七年（1599年）刻本，第14页。

⑥ 杨年珠主编：《中国气象灾害大典·广西卷》，北京：气象出版社，2007年，第338页。

⑦ 杨年珠主编：《中国气象灾害大典·广西卷》，北京：气象出版社，2007年，第338页。

⑧ 雍正《广西通志》卷3《禨祥》，《景印文渊阁四库全书·史部》第565册，台北：商务印书馆，1986年，第43页。

⑨ 本表根据杨年珠主编：《中国气象灾害大典·广西卷》，北京：气象出版社，2007年，第337—338页相关资料制作。

续表

时间	地区	资料描述
正德十四年（1519 年）	钦州	十二月大雨雪，池水冰，草木皆枯，民多冻死
嘉靖元年（1522 年）	钦州、合浦	十二月，大雨雪，池水结冰，树木皆枯，民多冻死
嘉靖五年（1526 年）	桂林府	十二月十一至十二日，城市池水结冰
	钦州、合浦	十二月，大雨雪，池水冰结，草木皆枯，民多冻死
	庆远府	十二月十二日，庆远大霜，池水皆冰
嘉靖十一年（1532 年）	横州	冬，雪
嘉靖十二年（1533 年）	郁林州	三月大雪，竹木都冻，枯
	武鸣	冬，雨雪
嘉靖十六年（1537 年）	郁林州	三月大雪，竹木都冻，枯
嘉靖十七年（1538 年）	郁林州	三月大雪，竹木都冻，枯
嘉靖二十一年（1542 年）	武鸣	冬，雨雪
嘉靖四十四年（1565 年）	桂林府	十月二十九日夜，大雪，漓江鱼多冻死
	兴安、灵川	十月大雪，鱼冻死，浮流白千秋峡至木马江
万历六年（1578 年）	灵川	十二月十三日，天雨雪，平地深三尺，艮江河冰
	兴安	十二月，大雨雪，平地深三尺，河水成冰
万历七年（1579 年）	灵川	冬十二月，天雨雪，艮江复冰
	兴安	雨雪，河水成冰
万历十二年（1584 年）	武鸣	十二月初一日，大雪
	宾州	十二月初一日，大雪，深三四尺
万历三十二年（1604 年）	灵川	冷死者三十余人
万历四十二年（1614 年）	横州	十一月，大雪，积尺许
崇祯三年（1630 年）	宜州	冬，大雪
崇祯八年（1635 年）	藤县	正月十九，大雪

清代，广西气候继续转冷趋势不减。梧州府在康熙五十一年（1712 年）

九月、乾隆三十三年（1768 年）十月，分别出现了"大风雪"①，"大雪如棉花"②的现象。灵川县则在康熙三十年（1691 年）十二月甚至出现了河水结冰的极寒天气，"大雪，银江冰合"③。根据学者郑维宽的研究，清代珠江中上游的广西地区降雪情况，见表 4-2。

表 4-2　清代广西降雪情况一览表④

皇帝	降雪年份	降雪月份	降雪地区	降雪次数/次
顺治	1654、1655 年	11—12 月	全州、来宾、岑溪、南宁府	2
康熙	1681、1683、1690、1691、1700、1702、1712、1714 年	8—12 月	全州、兴安、灵川、昭平、梧州、藤县、容县、岑溪、陆川、钦州	8
雍正	1726、1728、1729 年	1 月、11—12 月	全州、永福、昭平、梧州、藤县、岑溪	3
乾隆	1737、1740、1745、1756、1758、1759、1767、1768 年	1—2 月、10—12 月	全州、兴安、马平、象州、来宾、宾阳、富川、昭平、梧州、藤县、容县、郁林、镇安峒	8
嘉庆	1800、1808、1814、1819、1820 年	1 月、10—11 月	象州、上林、宾阳、修仁、桂平、藤县、合浦	5
道光	1831、1832、1835、1836、1837、1846 年	1 月、10—11 月	临桂、象州、梧州、藤县、容县、郁林、北流、陆川、桂平、平南、钦州、合浦	6
咸丰	1855 年	12 月	平南	1
同治	1862、1865、1871、1872、1873、1874 年	1 月、11—12 月	全州、临桂、来宾、武宣、武缘、郁林、陆川、北流	6
光绪	1875、1877、1881、1887、1891、1892、1895、1899、1900、1903 年	1—2 月、9 月、11—12 月	临桂、三江、柳江、来宾、象州、武宣、宾阳、同正、贺县、信都、昭平、桂平、贵县、容县、郁林、陆川、北流、钦州、灵山、合浦	10
宣统	1909 年	11—12 月	昭平	1

此外，明清时期以广西为主的珠江中上游地区气候转冷，还可从一些动植物的分布变迁得到反映。

其中，亚洲野象是喜热怕冷的动物，对气候的冷暖变化异常敏感，其分布亦是气候冷暖变化的重要指示剂。明初之时，在北部湾沿岸山区、横州一带即有亚洲野象的分布。例如，史载洪武十九年（1386 年）八月，命营阳侯杨

① 同治《苍梧县志》卷 18《外传纪事下》，清同治十三年（1874 年）刻本，第 30 页。

② 梧州市地方志编纂委员会：《梧州市志·综合卷》，南宁：广西人民出版社，2000 年，第 166 页。

③ 民国《灵川县志》卷 14《前事》，台北：成文出版社，1975 年，第 1119 页。

④ 本表采自郑维宽：《近六百年来广西气候变化研究》，《社会科学战线》2005 年第 6 期，第 156 页。

通、靖宁侯叶升，"领兵捕象于广西左江之十万山"①；洪武二十六年（1393 年）六月，"诏思明、太平、田州、龙州诸土官，领兵会驯象卫官军，往钦、廉、藤、篱、澳等山捕象，豢养驯狎"②。在明后期时，野象分布已不断南移至今越南境内③，广西南部左江流域地区已没有野象的分布。

在植物的分布方面，可以以荔枝的分布作为气候变迁的参照。众所周知，中国南方的粤东、海南岛、桂东是荔枝的原产地。历史上，荔枝分布的北界自宋代以来有一个逐渐南移的过程，这个过程就是珠江中上游地区气候变冷的重要标志。南宋时范成大任职广西，他记载："自湖南界入桂林，才百余里便有之，亦未甚多。……临贺出绿色者尤胜。自此而南，诸郡皆有之，悉不宜干，肉薄味浅，不及闽中所产。"④其后周去非在《岭外代答》卷 8《花木门·荔枝圆眼》也载："荔枝，广西诸郡所产，率皮厚肉薄，核大味酸，不宜曝干，非闽中比……静江一种曰龙荔，皮则荔子（枝），肉则圆眼，其叶与味，悉兼二果。"⑤可见，其时桂东北的桂江流域一带，尚有荔枝分布，或许是因受气候转寒的影响，桂江流域一带荔枝的品质，与纬度更低的福建等地荔枝已有一些差距。明代时，桂林一带虽还种植荔枝，但出产的荔枝品质较差。明崇祯年间，徐霞客游历桂林之时，称："桂林荔枝极小而核大，仅与龙眼同形，而核大过，五月间熟，六月即无之，余自阳朔回省已无矣。壳色纯绿而肉甚薄……龙眼则绝少矣。"⑥到了清代雍正年间，桂林还有少量荔枝种植的记载。雍正《广西通志》卷 31《物产·桂林府》称："荔枝，色黄味甘，虽差小于粤东，殊不减挂绿牟尼光。"⑦嘉庆《广西通志》卷 89《舆地略十·物产

①《明实录·太祖实录》卷 179 "洪武十九年八月丙戌"条，台北："中央研究院"历史语言研究所，1962 年，第 2704 页。

②《明实录·太祖实录》卷 226 "洪武二十六年六月壬戌"条，台北："中央研究院"历史语言研究所，1962 年，第 3306 页。

③ 参阅刘祥学：《明代驯象卫考论》，《历史研究》2011 年第 1 期。

④（宋）范成大撰，严沛校注：《桂海虞衡志校注·志果》，南宁：广西人民出版社，1986 年，第 80—81 页。

⑤（宋）周去非著，杨武泉校注：《岭外代答校注》卷 8《花木门·荔枝圆眼》，北京：中华书局，1999 年，第 299—300 页。

⑥（明）徐弘祖著，褚绍唐、吴应寿整理：《徐霞客游记》卷 3 上《粤西游日记一》，上海：上海古籍出版社，2010 年，第 119 页。

⑦ 雍正《广西通志》卷 31《物产·桂林府》，《景印文渊阁四库全书·史部》第 565 册，台北：商务印书馆，1986 年，第 764 页。

一·桂林府》则言："今桂林实无荔枝，有自广东移植者，结实如龙眼而青，味极酢，不堪食。以旧志所载，姑存之"[1]，但还有"龙荔"的存在。其时记载种植荔枝的有平乐府、梧州府、浔州府等。又，乾隆《柳州府志》卷 12《物产》载："（柳州荔枝）其类有二：有四月熟者，有五月熟者，虽差小于粤东，而风味自胜。"乾隆《马平县志》载："龙眼……荔枝过则龙眼熟，故号荔奴。"[2]据此，至清代中叶后，荔枝种植的北界已退至平乐—柳州一线以南地区。

荔枝分布北界从桂林府南移至平乐府一带，向南退缩约 110 千米，相当于南移 1 个纬度。这是其时珠江中上游地区在明清小冰期背景下，气候变冷趋势的直接反映。

第二节　明代珠江中上游地区的自然灾害及对社会秩序的冲击——以广西为例

一、明代珠江中上游地区的自然灾害

如前所述，明代之后，全球气候开始逐步变冷。寒冷气候之下，其气候特征如下：气候变干、变冷，灾害多发，这也是明清灾害群发期的基本特征。这样的气候环境对于不同纬度和海拔的地区社会都有明显影响，但对环境脆弱敏感地区影响尤大。珠江中上游地区处于云贵高原向两广丘陵的过渡地带，地势西北高而东南低，地表切割严重，地形破碎，岩溶面积广大，地表水易渗漏，土层疏松易流失，这对发展农业生产有诸多不利。在生产力水平较低的民族地区，抵御自然灾害的能力较弱。就明代而言，广西发生的主要灾害如下：

水灾。珠江中上游地区水网密布，不少地区山高谷深，河床普遍较高，一般的水灾难以形成危害，但在河流的上游山区，以及多条河流的汇流处，则常有水患之虞。夏季多暴雨，集雨面宽大，短时内可汇集较大的地表流量，排水不畅，造成河水暴涨，淹没农田，山体滑坡，冲毁道路、房屋等严重灾害。据

① （清）谢启昆修，胡虔纂：《（嘉庆）广西通志》卷 89《舆地略十·物产一·桂林府》，南宁：广西人民出版社，1988 年，第 2828 页。

② 乾隆《马平县志》卷 2《物产》，台北：成文出版社，1970 年，第 108 页。

《广西通志》记载，明代中后期发生的水灾主要如下：明穆宗隆庆元年（1567 年）夏四月，"富川县大水，奉溪山崩七处"[①]；隆庆五年（1571 年）夏五月，"大水，太平府城淹颓三百余丈，思明、平乐、贺县皆大水"[②]；明神宗万历七年（1579 年）夏五月，"北流县大水，漂没城垣、民舍"[③]；万历十二年（1584 年）正月，"荔浦县大雷电、雨雹"[④]；万历十四年（1586 年）春三月，"怀集县古城大水，岳山麓崩；秋七月，梧州大水，庐舍、田禾尽淹没。藤县、郁林、博白、北流皆水"[⑤]；万历四十一年（1613 年），柳州"大水"[⑥]；万历四十三年（1615 年）秋七月，"恭城县势江山崩……平乐县河水暴涨"[⑦]；万历四十五年（1617 年）秋八月初四日，"恭城县大雨如注，山涧水涌，连崩一十三岭，树木拔折，沿江鳞介多死，巨木散材河干山积"[⑧]；次年夏六月，恭城县诸溪"不雨而涨"[⑨]。在短短的 50 多年时间内，以广西为主的珠江中游地区即发生了 9 次较为严重的水灾，每 6 年左右即发生一次。考虑到省志记载的水灾均是较为严重且有一定范围的水灾，而一般局域性的水灾多无载，因此，实际发生水灾的频率可能还更高些。在此，以平乐、梧州两个上、下游主要的河流汇集地为例，总结明代中后期水灾情况，见表 4-3。

---

① 雍正《广西通志》卷 3《禨祥》，《景印文渊阁四库全书·史部》第 565 册，台北：商务印书馆，1986 年，第 42 页。

② 雍正《广西通志》卷 3《禨祥》，《景印文渊阁四库全书·史部》第 565 册，台北：商务印书馆，1986 年，第 42 页。

③ 雍正《广西通志》卷 3《禨祥》，《景印文渊阁四库全书·史部》第 565 册，台北：商务印书馆，1986 年，第 43 页。

④ 雍正《广西通志》卷 3《禨祥》，《景印文渊阁四库全书·史部》第 565 册，台北：商务印书馆，1986 年，第 43 页。

⑤ 雍正《广西通志》卷 3《禨祥》，《景印文渊阁四库全书·史部》第 565 册，台北：商务印书馆，1986 年，第 43 页。

⑥ 乾隆《柳州县志》卷 1《禨祥》，台北：成文出版社，1961 年，第 19 页。

⑦ 雍正《广西通志》卷 3《禨祥》，《景印文渊阁四库全书·史部》第 565 册，台北：商务印书馆，1986 年，第 44 页。

⑧ 雍正《广西通志》卷 3《禨祥》，《景印文渊阁四库全书·史部》第 565 册，台北：商务印书馆，1986 年，第 44 页。

⑨ 雍正《广西通志》卷 3《禨祥》，《景印文渊阁四库全书·史部》第 565 册，台北：商务印书馆，1986 年，第 44 页。

表 4-3　明代中后期平乐①、梧州②水灾情况一览表

地区	时间	史料描述
平乐	成化二十一年（1485 年）	夏五月大水，平乐大雨，漂流民居数万，城几没
	弘治五年（1492 年）	大雨
	正德十年（1515 年）	夏秋大水
	嘉靖元年（1522 年）	七月大水
	嘉靖十四年（1535 年）	大水入城
	嘉靖十六年（1537 年）	大水，漂室庐害稼
	嘉靖二十六年（1547 年）	大水
	万历十四年（1586 年）	秋七月，大水
	万历四十三年（1615 年）	七月，河水暴涨
	天启元年（1621 年）	五月，大水
	天启七年（1627 年）	五月，三江大水，漂没民房甚众
	崇祯六年（1633 年）	秋七月，大水
	崇祯八年（1635 年）	六月，大水
	崇祯十四年（1641 年）	五月，大水
梧州	成化二十一年（1485 年）	夏三月大水，城陴几没，漂流民居万余
	成化二十二年（1486 年）	五月，大水
	正德十一年（1516 年）	秋七月，大水
	嘉靖元年（1522 年）	秋七月，大水，漂民舍庐万余
	嘉靖十四年（1535 年）	大水，漂民舍万余，没城郭
	嘉靖十六年（1537 年）	夏，大水，城东南民舍尽没
	嘉靖十七年（1538 年）	大水
	嘉靖十八年（1539 年）	大水，坏东南民舍
	万历十四年（1586 年）	秋七月，大水，南门外水深一丈五尺，漂民八百一十六家，田禾尽没
	万历四十年（1612 年）	六月，大水
	万历四十二年（1614 年）	大水
	万历四十五年（1617 年）	大水
	天启七年（1627 年）	五月，大水
	崇祯六年（1633 年）	大水
	崇祯八年（1635 年）	六月，大水
	崇祯十四年（1641 年）	五月，大水

① 光绪《平乐县志》卷 9《灾异》，台北：成文出版社，1967 年，第 174—176 页。

② 根据杨年珠主编：《中国气象灾害大典·广西卷》，北京：气象出版社，2007 年，第 26—33 页相关资料制作。

从表 4-3 不难看出，平乐与梧州的水灾在发生时间上有极强的关联性，同时因梧州地处广西东南较低处，汇集了珠江中上游的所有洪水，因而梧州发生的水灾在很大程度上也是珠江中上游地区水灾的直接反映。从时间上，嘉靖、万历年间是这一区域水灾的多发时期。

　　旱灾。这一区域多为溶岩地形，地下河水系发育良好，地表水易渗漏，蓄水较为困难，发生旱灾后，对农业生产造成的影响直接而巨大。从明代中叶的成化年间以降，珠江中上游地区的旱灾即较为频繁。例如，万历三年（1575 年），"怀集县大旱"[1]；万历十二年（1584 年），"梧州府大旱"[2]；万历二十二年（1594 年），"怀集秋旱"；万历二十三年（1595 年），容县"秋旱"；万历四十五年（1617 年），"柳州大旱，融县尤甚"；万历四十六年（1618 年），"全省大旱"[3]。有关旱灾，一些资料作了较为详细的记载，见表 4-4。

表 4-4　明代中后期珠江上游地区旱灾情况一览表[4]

年代	地区	资料描述
成化六年（1470 年）	广西全境	旱
成化七年（1471 年）	镇安	旱
成化八年（1472 年）	广西临桂、梧州、平乐等地	春，旱；梧州大旱
成化十一年（1475 年）	田州、梧州、苍梧	田州：旱，自五月不雨至秋八月；梧州、苍梧大旱
成化十二年（1476 年）	田州	旱
成化十八年（1482 年）、成化十九年（1483 年）	柳州	连旱
成化十九年（1483 年）至成化二十三年（1487 年）	象州	连年旱
成化二十年（1484 年）	昭平	秋，大旱
弘治元年（1488 年）	柳州及属县	连年旱

　　① 雍正《广西通志》卷 3《禨祥》，《景印文渊阁四库全书·史部》第 565 册，台北：商务印书馆，1986 年，第 43 页。

　　② 雍正《广西通志》卷 3《禨祥》，《景印文渊阁四库全书·史部》第 565 册，台北：商务印书馆，1986 年，第 43 页。

　　③ 雍正《广西通志》卷 3《禨祥》，《景印文渊阁四库全书·史部》第 565 册，台北：商务印书馆，1986 年，第 44 页。

　　④ 根据杨年珠主编：《中国气象灾害大典·广西卷》，北京：气象出版社，2007 年，第 127—134 页相关资料制作。

续表

年代	地区	资料描述
弘治四年（1491年）	浔州、梧州、太平、桂林府属临桂、柳州府属来宾等地	旱
弘治五年（1492年）	梧州、太平府	旱灾
弘治七年（1494年）	广西全境、横州、永淳、宣化	大旱
弘治九年（1496年）	昭平	大旱
弘治十一年（1498年）	广西全境	大旱
弘治十二年（1499年）	平乐	大旱
弘治十五年（1502年）	阳朔、平乐	旱
弘治十七年（1504年）	兴业、贵县	大旱
正德三年（1508年）	灌阳	大旱
正德七年（1512年）	宣化、横州、永淳、昭平	皆旱
正德九年（1514年）	北流	旱
正德十年（1515年）	横州、永淳	旱
正德十一年（1516年）	临桂、太平	旱
正德十二年（1517年）	宾州、宣化、郁林、思恩府、太平、浔州府	大旱
正德十三年（1518年）	广西全境	旱
正德十四年（1519年）	南宁、浔州	夏，旱
正德十五年（1520年）	桂林府	大旱
嘉靖二年（1523年）	桂林府、平乐府	旱
嘉靖十一年（1532年）至 嘉靖十二年（1533年）	太平府	旱
嘉靖十五年（1536年）	平乐府	旱
嘉靖十七年（1538年）	灵川县	旱
嘉靖二十三年（1544年）	横州	旱，四月不雨至七月
嘉靖二十八年（1549年）	横州	旱
嘉靖二十九年（1550年）	富川	大旱
嘉靖三十年（1551年）	横州	四月至于秋，七月不雨，无禾
嘉靖三十一年（1552年）	横州、上思	四月至七月不雨，无禾，岁大旱
嘉靖三十二年（1553年）	义宁	七至十月，无雨
嘉靖三十四年（1555年）	义宁、灵川	七至十月，无雨

续表

年代	地区	资料描述
嘉靖三十五年（1556 年）	灵川、桂林、兴安	大旱
嘉靖三十九年（1560 年）	广西全境	大旱
嘉靖四十四年（1565 年）	横州	夏季无雨
隆庆五年（1571 年）	梧州、苍梧	夏季，大旱
万历三年（1575 年）	灵川	秋七月，旱
万历七年（1579 年）	柳州府属各县	旱
万历十二年（1584 年）	梧州	大旱
万历十三年（1585 年）	平乐府、梧州府	大旱
万历十五年（1587 年）	融安、柳州	大旱
万历十七年（1589 年）	永淳	大旱
万历二十三年（1595 年）	广西各地	旱
万历二十六年（1598 年）	阳朔	旱
万历二十八年（1600 年）	宾州	旱
万历二十九年（1601 年）	梧州	旱
万历三十五年（1607 年）	上思	大旱
万历三十八年（1610 年）	富川、钟山	三至五月无雨，大旱
万历四十年（1612 年）	北流、郁林、梧州	大旱
万历四十六年（1618 年）	广西全境	大旱，柳、庆、邕、浔、梧皆无收
万历四十七年（1619 年）	梧州、宾州等地	旱灾为虐，赤地千里
天启四年（1624 年）	灵川、平乐、横州等地	旱
崇祯七年（1634 年）	太平、桂林、临桂	旱
崇祯八年（1635 年）	柳州	旱
崇祯十一年（1638 年）	宣化	大旱
崇祯十四年（1641 年）	宾、迁、柳、庆、太平府	大旱
崇祯十五年（1642 年）	贵县	旱

从表 4-4 中可以看出，明代中后期，珠江上游地区水旱灾害明显呈现出多发、交替发生的特征。同一地区甚至出现连续两年，甚至三年遭受水旱灾害的情况，这对脆弱的农业经济造成了毁灭性的打击。虽然，这一时期，这一地区

也有地震、蝗灾、瘟疫等灾害发生，但发生的频率不高，且多为局域性的灾害，其影响要远远小于水旱灾害。

二、自然灾害对珠江中上游山地社会秩序的冲击

明代，广西社会始终处于动荡时期，各民族掀起的反抗斗争，此起彼伏，极大地冲击了明朝的统治。学术界对此也给予了较多的关注，有不少的研究成果①，但多数是从以往的阶级斗争的观念出发，将这一地区社会动乱归因于统治阶级残酷压迫的结果。事实上，这一时期，珠江中上游地区灾害频仍，岩溶广布的地形，生态脆弱而敏感，山区居民生产力水平较低，抵御自然灾害的能力较弱。遇有灾害的发生，在救灾不力的情况下，很容易演化成社会问题。频发的水旱灾害，对这一时期的民族地区社会造成了相当严重的冲击。

毫无疑问，在自然面前，人类的力量无疑是渺小的，灾害的发生总会造成一定的生命与财产损失。对中国这样国土面积较为广阔的国家而言，发生一些自然灾害是十分正常的，发生了灾害也不一定就意味着会对社会秩序产生重大的消极影响，只要各级官员重视，组织得当，救灾得力，就会有效地减少损失，在尽可能短的时间内恢复、组织社会生产，重建社会秩序，避免产生次生社会灾害，影响地方统治的稳定。明代中后期，统治趋于腐败，地方官员贪婪盘剥，尤其是对处于边疆的珠江中上游地区而言，比之内地，其又有着特殊性。具体如下：少数民族人口众多，生产力水平较低，缴纳赋税能力低下，农业生产体系十分脆弱。一旦遭受灾害的打击，更容易波及社会秩序的稳定。

珠江中上游地区以瑶、僮等少数民族为主，他们"盘万岭之中，当三江之险，六十三山倚为巢穴，三十六源踞其腹心，其散布于桂林、柳州、庆远、平乐诸郡县者，所在蔓衍。……种类滋繁，莫可枚举"②；弘治年间，总督邓廷瓒也言："广西瑶、僮数多，土民数少。"③其生产大多处于落后状态，"惟借

---

① 有关成果主要有高言弘，姚舜安：《明代广西农民起义史》，南宁：广西人民出版社，1984 年；麦思杰：《赋役关系与明代大藤峡瑶乱》，《广西民族师范学院学报》2016 年第 2 期等。

② 《明史》卷 317《广西土司》，北京：中华书局，1974 年，第 8201 页。

③ 《明史》卷 317《广西土司一·庆远》，北京：中华书局，1974 年，第 8209 页。

刀耕火种，蓄积有限"①。终年劳作，收入极为微薄。靠刀耕火种方式维持的农业生产体系，在自然灾害的袭击下，极易崩溃，进而使社会秩序无法维持。

一是灾害造成的饥荒、疾疫，使大量人口死亡。明中后期频繁的水旱灾害，对这一区域社会产生的直接冲击就是粮食减产、绝收，产生大面积的饥荒，或者灾后产生疾疫，造成民众大量死亡。明成化年间以降，珠江中上游地区因灾造成的饥荒十分频繁。例如，弘治五年（1492 年），平乐府及辖下永安州，因暴雨成灾，均出现"岁饥"②现象。又如嘉靖十四年（1535 年）五月，思恩府发生大洪灾，当地居民"民多流离，或饿死"③；嘉靖十六年（1537 年），平乐府属恭城县发生水灾，"田稼浸没，民大饥"④；次年，又发洪水，民再饥。万历十四年（1586 年），因为水灾，柳州、兴安等地，均发生较为严重的饥荒。然而，相较而言，旱灾所造成的饥荒与人口死亡后果更为严重。根据相关资料记载统计，明成化年间之后，因为连年干旱，珠江中上游地区发生饥荒的有：成化十九年至成化二十三年（1483—1487 年）的象州，弘治元年（1488 年）的柳州，弘治五年（1492 年）的太平府，弘治七年的（1494 年）的横州与南宁府宣化县，弘治九年（1496 年）的平乐府昭平县，弘治十一年（1498 年），广西范围内的饥荒，弘治十五年（1502 年）的阳朔、平乐，弘治十七年（1504 年）的兴业、贵县，正德三年（1508 年）的灌阳，正德七年（1512 年）的横州、宣化、永淳，正德九年（1514 年）的北流，正德十年（1515 年）的横州、永淳，正德十一年（1516 年）的太平府，正德十二年（1517 年）的宾州、思恩府、太平府，正德十三年（1518 年）的田州、思恩、柳州、平乐等府州，正德十四年（1519 年）的思恩府，正德十五年的思恩府与阳朔，嘉靖十一年（1532 年）至十二年（1533 年）的太平府，均因旱灾出现"大饥"现象。嘉靖二十八年（1549 年）的横州，隆庆五年（1571 年）的梧州，万历元年（1573 年）的昭平，万历七年（1579 年）的

---

① 《明实录·宪宗实录》卷 13 "成化元年春正月甲戌"条，台北："中央研究院"历史语言研究所，1962 年，第 296 页。

② 杨年珠主编：《中国气象灾害大典·广西卷》，北京：气象出版社，2007 年，第 27 页。

③ 杨年珠主编：《中国气象灾害大典·广西卷》，北京：气象出版社，2007 年，第 28 页。

④ 杨年珠主编：《中国气象灾害大典·广西卷》，北京：气象出版社，2007 年，第 28 页。

柳州府，万历十二年（1584 年）"广西饥"[①]；万历十五年（1587 年）的柳州府，万历二十三年（1595 年）广西全境饥荒，万历二十八年（1600 年）的宾州，万历四十年（1612 年）的郁林州、梧州府，万历四十一年（1613 年）至万历四十七年（1619 年）的数年间，珠江中上游地区旱灾更为严重，赤地千里，柳州、庆远、邕州、浔州、梧州均发生严重的饥荒。正德年间以及万历年间，这一区域因旱灾发生的饥荒频率均极高，一些地区如宾州、横州、柳州、昭平等地，都是反复发生饥荒。对社会冲击尤大的是，灾害造成的饥荒，常常导致大量的农业人口死亡，如明英宗正德十三年（1518 年），广西全省旱疫，"死人十之五"[②]。这一年，田州、思恩府治、昭平等地，因为饥荒，死者甚众，柳州府柳江县一带，"人至相食"[③]；正德十五年（1520 年）时，思恩府治周边地区，居民又因旱灾饥荒，饿死无数。嘉靖十一年（1532 年）、嘉靖十二年（1533 年），太平府因严重旱灾，赤地千里，民不聊生。明神宗万历四十年（1612 年）至万历四十七年（1619 年），是这一区域人口饥亡最多的时期。浔州府、庆远府、柳州府融县、罗城、桂林府临桂县、太平府、梧州府、平乐府永安州等地，民因饥而死者过半。从史料记载看，万历四十五年（1617 年）是旱灾最为严重的年份，"是岁柳州大旱，融县尤甚，人民死亡相继，鬻卖男女不下数千人，铁炉厢及上郭、拱辰坊、北城脚烟火之地，尽为坵墟。明年未复业，知县应懋璜代输粮赋。四十六年，全省大旱，民饥，南宁尤甚。庆远府多疫疠"[④]。同一年，宾州遭遇了罕见的旱灾，人口大量死亡，"赤地千里，民饥而死者大半"[⑤]，"旱魃为虐，所辖十余城，郊圻尽赤，道殣相望"[⑥]。"戊午之大荒，己未之大疫，宾民死者，白骨成山"[⑦]；"余设处银三十两，分发柳州府照磨汤

① 《明实录·神宗实录》卷 156 "万历十二年十二月庚戌"条，台北："中央研究院"历史语言研究所，1962 年，第 2878 页。

② 杨年珠主编：《中国气象灾害大典·广西卷》，北京：气象出版社，2007 年，第 129 页。

③ 杨年珠主编：《中国气象灾害大典·广西卷》，北京：气象出版社，2007 年，第 129 页。

④ 雍正《广西通志》卷 3《禨祥》，《景印文渊阁四库全书·史部》第 565 册，台北：商务印书馆，1986 年，第 44 页。

⑤ （清）汪森编辑，黄振中、吴中任、梁超然校注：《粤西丛载校注》卷 17《琐事杂记·粤事》，南宁：广西民族出版社，2007 年，第 717 页。

⑥ 雍正《广西通志》卷 68《名宦》，《景印文渊阁四库全书·史部》第 567 册，台北：商务印书馆，1986 年，第 144 页。

⑦ （清）汪森编辑，黄振中、吴中任、梁超然校注：《粤西丛载校注》卷 17《琐事杂记·粤事》，南宁：广西民族出版社，2007 年，第 716 页。

一中，仓官滕元台，为建义冢三区。又发迁江、宾州银十两，亦造义冢，掩埋饿殍尸骸。因劝士民，随处收埋。或经行路道间，常令土司带锄锸相随，遇则以土掩之。三四百里，经行之处，亦不至暴骸于莽，窜骨于渠者。然而不能使其不饿殍也。可悯！孰甚焉，真是救荒无奇策耳。"①

二是频发的水旱灾害除严重影响农业生产外，还毁坏房屋，破坏城镇、家园，使无数民众流离失所，成为流民。嘉靖十四年（1535 年）五月，思恩府发生大洪灾，武缘县"民大流殍"②；万历四十六年（1618 年），宾州"赤地千里，流离遍野"③；同年，柳州府罗城县一带，居民因大旱"相继鬻卖男女于楚及逃窜者数千人"④；次年，柳州、庆远、梧州、邕州、浔州诸府因旱灾无收，民众流离，自鬻者无数；万历四十七年（1619 年）时，柳州府来宾、迁江一带，居民因大旱，"游离遍野"⑤；可以说，嘉靖年间之后的珠江中上游流域，因为灾害频发，流民现象相当普遍。

三是灾害严重影响到农业生产，造成粮食减产、绝收，引发粮价上涨，严重冲击社会的稳定。除了水旱灾害外，造成"害稼"的灾害，还有蝗灾。例如，正德十二年（1517 年），南宁府宣化县"春旱，秋蝗害稼"⑥。最主要的还是水旱灾害，淹没田禾，枯死禾苗，以致当年粮食大幅减产，导致严重缺粮，粮价因而不断上涨。正德十三年（1518 年），柳州府大旱兼时疫，当地"斗米值银半两"⑦；正德十五年（1520 年），桂林府灵川县旱灾，"斗米银一钱"⑧；更有甚者，嘉靖三十一年（1552 年），横州大旱，"斗米千钱"⑨。万历末年，广西连年遭受旱灾，宾州、柳州府、上思等灾区，粮价同样腾贵。这对灾民而言，又多了一重打击，逃荒成了唯一的出路，而流民的增多，直接威胁到珠江中上游地方社会的安定。

① （清）汪森编辑，黄振中、吴中任、梁超然校注：《粤西丛载校注》卷 17《琐事杂记·粤事》，南宁：广西民族出版社，2007 年，第 717 页。
② 杨年珠主编：《中国气象灾害大典·广西卷》，北京：气象出版社，2007 年，第 28 页。
③ 杨年珠主编：《中国气象灾害大典·广西卷》，北京：气象出版社，2007 年，第 132 页。
④ 杨年珠主编：《中国气象灾害大典·广西卷》，北京：气象出版社，2007 年，第 132 页。
⑤ 杨年珠主编：《中国气象灾害大典·广西卷》，北京：气象出版社，2007 年，第 133 页。
⑥ 杨年珠主编：《中国气象灾害大典·广西卷》，北京：气象出版社，2007 年，第 129 页。
⑦ 杨年珠主编：《中国气象灾害大典·广西卷》，北京：气象出版社，2007 年，第 129 页。
⑧ 杨年珠主编：《中国气象灾害大典·广西卷》，北京：气象出版社，2007 年，第 129 页。
⑨ 杨年珠主编：《中国气象灾害大典·广西卷》，北京：气象出版社，2007 年，第 130 页。

三、明代的灾害赈济与地区治理

明中后期珠江中上游地区频繁的自然灾害，无疑威胁到明朝的地方统治。为了稳定地方统治秩序，明朝廷也采取过一些赈济措施，主要如下：

减免当年应纳税粮，减轻民众负担，这是历代统治者最为常见的措施之一。自成化年间以来，遇有灾情发生，明廷均较为注意减免税粮。例如，成化十三年（1477年），户科给事中张海上奏："广西……水旱频仍，瘟疫大作，饿殍盈途，流逋载道，乞将各处灾重府、州、县、卫、所成化十二年粮草籽粒、颜料，量为减免，其逋负者亦暂停追"①，当即得到明廷的允可。至嘉靖年间，这一地区灾害多发，明廷多次因灾，及时减免税粮。嘉靖六年（1527年）二月，"免……广西桂林等府税粮有差"②；同年四月，又"以灾伤免广西额办钱粮一年"③。嘉靖十四年（1535年）十二月，再以水灾"免……广西梧州等府税粮有差"④。

从应上缴税银中，留出部分额银以赈济灾荒，如万历五年（1577年），"以广西饥荒，留万历四年事例银三千九百余两赈济"⑤；万历七年（1579年），广西抚按官张任等上疏，称"柳州府所属五州县旱灾，饥民当赈，欲以贮库银一千四百五十余两留以赈荒"，明廷即"从之"⑥。万历四十一年（1613年），"广西水灾，巡抚都御史吴中明、巡按御史穆天顺，请从内帑金钱，或留本处税银赈恤"⑦。

万历四十五年（1617年）、万历四十六年（1618年）间，广西灾情异常

---

① 《明实录·宪宗实录》卷163"成化十三年闰二月乙丑"条，台北："中央研究院"历史语言研究所，1962年，第2970—2971页。

② 《明实录·世宗实录》卷73"嘉靖六年二月壬子"条，台北："中央研究院"历史语言研究所，1962年，第1644页。

③ 《明实录·世宗实录》卷75"嘉靖六年夏四月己巳"条，台北："中央研究院"历史语言研究所，1962年，第1683页。

④ 《明实录·世宗实录》卷182"嘉靖十四年十二月癸丑"条，台北："中央研究院"历史语言研究所，1962年，第3885页。

⑤ 《明实录·神宗实录》卷59"万历五年二月乙丑"条，台北："中央研究院"历史语言研究所，1962年，第1356页。

⑥ 《明实录·神宗实录》卷92"万历七年冬十月丁酉"条，台北："中央研究院"历史语言研究所，1962年，第1891页。

⑦ 《明实录·神宗实录》卷515"万历四十一年十二月丁亥"条，台北："中央研究院"历史语言研究所，1962年，第9715页。

严重，巡按潘一柱以"粤西亢旱，赤地千里，奏留税银四万余，籴粟备赈，并额征金税尽数蠲免，以救边荒"①；同年，广西巡抚林欲夏再奏"柳州、浔南、太平、梧州、庆远及平乐、桂林、思恩各府，亢旱为灾，乞赐停税蠲赈，以慰遗黎"②。

再就是开仓赈济饥民，或采取措施平抑粮价，如万历十四年（1586 年），明廷"发仓赈平乐、柳、浔饥民"③。万历二十二年（1594 年），又"蠲济广西恭城、永福、阳朔等州县"④。万历四十二年（1614 年），"两广候代督臣张鸣冈则以两广水灾异常，请破格蠲赈"⑤。史料又载林梦琦在万历己未（1619 年）任南宁太守，"时当大荒后，邕民犹在疮痍，梦琦下车问民疾苦，发仓赈济"⑥。万历末年，宾州等地大旱，右江巡道盛万年"复借饷市米减价平粜，置粥厂"⑦，"请那借明年之额饷，差官籴运于广东，而平粜于宾、柳各属，所得米价，则照数贮库以还兵粮。余米尽散饥民，即平民亦得减价之利。一转移间，而三善备焉。蒙制台俯允，即为领饷运籴。然巾车搬载，万倍艰辛，始得至宾平粜，每担一两五钱，粜价还兵饷，余米则煮粥于城，给散于乡，而孑遗之民，赖以少存"⑧。

应该说，这些赈灾措施都是具有相当的针对性的。对于缓解灾情，舒缓民艰，具有一定的作用。从总体上看，明廷这些赈济措施，都是临时性的救灾之举，对于稳定社会秩序的效果较为有限。随着频发灾害的冲击，相应地，在明

① 《明实录·神宗实录》卷 575 "万历四十六年冬十月戊寅"条，台北："中央研究院"历史语言研究所，1962 年，第 10884 页。

② 《明实录·神宗实录》卷 575 "万历四十六年冬十月癸未"条，台北："中央研究院"历史语言研究所，1962 年，第 10888 页。

③ 《明实录·神宗实录》卷 175 "万历十四年六月戊子"条，台北："中央研究院"历史语言研究所，1962 年，第 3229 页。

④ 《明实录·神宗实录》卷 295 "万历二十四年三月己丑"条，台北："中央研究院"历史语言研究所，1962 年，第 5493 页。

⑤ 《明实录·神宗实录》卷 522 "万历四十二年秋七月戊寅"条，台北："中央研究院"历史语言研究所，1962 年，第 9840 页。

⑥ 雍正《广西通志》卷 68《名宦》，《景印文渊阁四库全书·史部》第 567 册，台北：商务印书馆，1986 年，第 145 页。

⑦ 雍正《广西通志》卷 68《名宦》，《景印文渊阁四库全书·史部》第 567 册，台北：商务印书馆，1986 年，第 145 页。

⑧ （清）汪森编辑，黄振中、吴中任、梁超然校注：《粤西丛载校注》卷 17《琐事杂记·粤事》，南宁：广西民族出版社，2007 年，第 715—716 页。

代中后期，珠江中上游地区社会进入剧烈的动荡时期。各族民众的反抗十分激烈，并形成了几个较为持久的反抗活动中心。

一是以洛清江流域为中心的古田动乱区。这一地区地处太平山脉的南沿，相当于永福百寿乡至鹿寨一带地区。从景泰年间之后，这里便爆发了壮、瑶各族人民的反抗斗争，一直持续到隆庆五年（1571 年）才最后平息。正德之后，规模不断扩大，斗争十分活跃，向北扩展至桂林的漓江流域，向南发展至柳州府马平县等地。有关记载较多，如正德三年（1508 年），"柳州府马平、洛容二县僮贼数万为患"①；正德十六年（1521 年），"广西古田县蛮贼聚众为乱"②；嘉靖六年（1527 年），"广西柳州洛容、古田蛮贼反"③。嘉靖二十四年（1545 年），巡抚两广都御史张岳奏称："两广僮贼窃发……广西则有马平、来宾二县覃朝解等各肆卤掠，敌杀官军。"④

二是以红水河下游地区为中心的八寨动乱区。自今上林县至忻城县之间，崇山峻岭，当地的壮族分布较多，有八寨或十寨之称。自景泰、成化年间，当地壮族起来反抗，为总督两广军务都御史韩雍所镇压，嘉靖至万历间，再次爆发大规模反抗，波及武缘、南宁、宾州、永淳等地。"诸贼据有八寨，凶黠特甚"⑤，直至万历八年（1580 年）始被平息。

三是以府江流域为中心的动乱区。府江为平乐府所在的桂江流域，包括昭平、永安、贺县、恭城等地。两岸山区瑶、壮分布较多，"两岸及三峒，皆府江僮……东岸属平乐，西岸三峒属荔浦，延袤千有余里，中间巢峒盘络，为瑶僮渊薮"⑥。明中期时这一带少数民族频频起来反抗。正德三年（1508 年），"贺县贼首覃公浪、吴父昊等，纠集怀集县贼覃父敬、连山县贼李公旺等，

① 《明实录·武宗实录》卷 40 "正德三年秋七月己亥" 条，台北："中央研究院" 历史语言研究所，1962 年，第 936—937 页。

② 《明实录·世宗实录》卷 7 "正德十六年冬十月癸未" 条，台北："中央研究院" 历史语言研究所，1962 年，第 272 页。

③ 《明实录·世宗实录》卷 75 "嘉靖六年四月己酉" 条，台北："中央研究院" 历史语言研究所，1962 年，第 1675 页。

④ 《明实录·世宗实录》卷 301 "嘉靖二十四年秋七月乙酉" 条，台北："中央研究院" 历史语言研究所，1962 年，第 5728 页。

⑤ 《明实录·神宗实录》卷 99 "万历八年闰四月庚申" 条，台北："中央研究院" 历史语言研究所，1962 年，第 1979 页。

⑥ （明）瞿九思：《万历武功录》卷 4《广西府江右江诸僮列传》，《续修四库全书》编纂委员会：《续修四库全书·史部》第 436 册，上海：上海古籍出版社，2002 年，第 260 页。

杀劫乡村，遂引平乐县鱼狗等峒贼出府江东西两岸，钩劫官商船货，为患凡三年"①。总督两广都御史陈金等奏称："广西府江地方，绵亘三千余里，皆贼巢穴。"②隆庆初年至万历年间，这一带民众反抗达到高潮，"荔浦、永安之间，反者四起……当是时，道路梗塞，城门昼闭，永安、修、荔，几至陆沉"③。

此外，梧州周边地区的藤县、岑溪以及右江流域等地，也时有民众暴乱，如正德九年（1514 年），"广西苍梧县流贼六百余人，劫掠马冈、大圳等村"④；隆庆六年（1572 年），"广西府江、右江诸瑶僮复乱"⑤。零零星星，至万历年间尚未平息。

仔细分析相关资料记载，即可发现，相当多的民众反抗活动，均有自然灾害的背景，而且爆发反抗的区域与灾区也是基本重叠的，如正德九年（1514 年），梧州、苍梧、北流一带遭遇水灾与旱灾，这一地区的"流贼"即活动频繁起来，对明的统治形成威胁。万历四十五年（1617 年），宾州地区发生严重旱灾，当地的"溪峒林箐诸蛮乘机啸聚，窥逼城池，土官伪檄调兵侵地，龙城一带远迩震恐"⑥，又载："戊午旱灾，赤地千里，流离遍野。斗米价至四钱，划盗益炽。"⑦

既然明朝统治者对发生在珠江中上游地区的自然灾害予以了重视并采取了一些赈济措施，为何不能有效地稳定社会秩序呢？笔者认为，这首先与珠江上中游地区特殊的民情有关，那就是低下的生产力水平。明代中叶以来，珠江中

① 《明实录·武宗实录》卷 79 "正德六年九月己酉"条，台北："中央研究院"历史语言研究所，1962 年，第 1722 页。

② 《明实录·武宗实录》卷 155 "正德十二年十一月丙戌"条，台北："中央研究院"历史语言研究所，1962 年，第 2980 页。

③ （清）汪森编辑，黄振中、吴中任、梁超然校注：《粤西丛载校注》卷 28《粤右蛮窟》，南宁：广西民族出版社，2007 年，第 1183 页。

④ 《明实录·武宗实录》卷 118 "正德九年十一月丙戌"条，台北："中央研究院"历史语言研究所，1962 年，第 2396 页。

⑤ 《明实录·穆宗实录》卷 69 "隆庆六年四月己卯"条，台北："中央研究院"历史语言研究所，1962 年，第 1669 页。

⑥ 雍正《广西通志》卷 68《名宦》，《景印文渊阁四库全书·史部》第 567 册，台北：商务印书馆，1986 年，第 144—145 页。

⑦ （清）汪森编辑，黄振中、吴中任、梁超然校注：《粤西丛载校注》卷 17《琐事杂记·粤事》，南宁：广西民族出版社，2007 年，第 715 页。

上游地区灾害连年，严重冲击了这一地区十分脆弱的农业生产体系。这一地区民众生产力水平本就不高，正常年份下，明廷也无法从中收取足够的赋税，以维持地方统治开支。"本省为西南边徼，所统流官州县数仅五十，实计人户不能六百余里，特江南一大县而已"①。由于经常无法足额收取赋税，故地方官府"钱粮日亏"②。在灾害多发的情况下，赋粮更是无从筹措。其次，明廷地方官员的急征暴敛。明中叶以来，明朝统治者派到这一灾害区的官员，"守令非人，重科厚敛"③。虽然明廷也采取了一些诸如减免税粮、留用税银、开仓济民等赈灾措施，但在地方官府财力极为有限的情况下，这些措施往往成为彰显朝廷恩德的政治宣示，而很难真正有效地实施。尤其是明中后期，明廷本身财力困窘，并没有足够的财力赈济灾民。因此，赈济的效果相对有限。相反，为维持统治，地方官僚更多的是想方设法增收赋税。万历二年（1574 年），即有地方官员称："广西原额夏秋二税共该米四十三万一千三百五十七石，屯粮六万一千二百石，国初如数输纳，军需不匮。近来民间拖欠，完纳者不足三分之一。其间贼占抛荒，固多有借以为名，民隐其几者；有指荒为词，未荒而免者，有势豪吞占，莫可谁何者。"④万历十年（1582 年），广西巡抚郭应聘清丈全省田粮，称："原科过重，均摊减轻。……今恐岁费不敷，仍听征输。……融江六峒诸瑶丈复田粮，已加数倍。若复科重，恐有不堪。"⑤在这样的情况下，珠江中上游地区社会矛盾，在严重的灾害因素影响下，不断激化。为巩固对这一地区的统治，明廷更多地实行以剿为主的政策，从外省征调更多的军力镇压各地的反抗活动，从而导致更大的社会动荡。

总之，明中后期珠江中上游广大地区，因为严重的灾害冲击，广大民众最基本的温饱需求没法得到保障，因此不论是明廷采取了什么赈济措施，也不管

① 《明实录·孝宗实录》卷 60 "弘治五年二月癸丑"条，台北："中央研究院"历史语言研究所，1962 年，第 1152 页。

② 《明实录·孝宗实录》卷 66 "弘治五年八月戊申"条，台北："中央研究院"历史语言研究所，1962 年，第 1261 页。

③ 《明实录·孝宗实录》卷 93 "弘治七年冬十月辛巳"条，台北："中央研究院"历史语言研究所，1962 年，第 1715 页。

④ 《明实录·神宗实录》卷 32 "万历二年十二月己酉"条，台北："中央研究院"历史语言研究所，1962 年，第 751 页。

⑤ 《明实录·神宗实录》卷 126 "万历十年七月甲子"条，台北："中央研究院"历史语言研究所，1962 年，第 2346 页。

明廷采取以剿为主的治理措施，还是实行抚谕政策，治理效果均较为有限。在剧烈的社会动荡下，各地民众为了共同反抗残暴的明王朝，彼此联系得到空前的加强，瑶、壮等不同民族自发地联合起来。反抗活动平息之后，一些汉族逐渐进入民族地区，这些都促进了这一区域民族关系的发展。可以说，灾害影响下的人口流动，重新塑造了这一地区的人文社会环境。

第三节　清代珠江中上游山地的自然灾害及社会影响

一、清代珠江中上游山地的自然灾害

清代是中国人口增长较快的时期，随着外省籍移民的不断迁入，珠江中上游山地容纳了相当的外来人口，尤其是随着改土归流的大规模推进，在消除土司割据地理基础、政治基础的同时，也将各地相互封闭的状态彻底打破，这为外来人口流入山区创造了条件。正因如此，清代珠江中上游山区垦殖程度加深，受人类活动的影响不断加大。在明清宇宙期的气候大趋势下，入清之后，珠江中上游山区的灾害，呈增多之势，这在地方志史等资料中多有记载。

各类灾害中，影响较大的同样是水旱灾害。

清初，由于统一过程中，受持续的战乱影响，这一区域发生的水旱灾害，常与饥荒相伴。例如，清顺治三年（1646 年）六月，"梧州、平乐大水"①，其后，不久，浔江流域的梧州、苍梧、藤县即大饥。顺治十六年（1659 年），来宾县"自四月旱至于明年正月，田皆赤，是岁大饥"②。即便是在清朝统治号称强盛的康乾时期，水旱灾害依然对珠江中上游地区社会产生极大影响。例如，康熙二十年（1681 年），左江流域的太平、思明等处，"旱，饥"③。来宾县，康熙二十六年（1687 年），"丁卯，岁大旱，饥死者甚众"④；贺县，

---

① 雍正《广西通志》卷 3《機祥》，《景印文渊阁四库全书·史部》第 565 册，台北：商务印书馆，1986 年，第 45 页。

② 民国《来宾县志》下编《機祥·时征》，台北：成文出版社，1975 年，第 461 页。

③ 雍正《广西通志》卷 3《機祥》，《景印文渊阁四库全书·史部》第 565 册，台北：商务印书馆，1986 年，第 46 页。

④ 民国《来宾县志》下编《機祥·时征》，台北：成文出版社，1975 年，第 461 页。

"康熙五十九年至六十年，连旱，大饥"[1]；"乾隆四十三年，旱，饥"[2]。

由于珠江中上游地区范围较广，在此选取具有上下游关系的城市来宾、柳州、梧州几个城市作为研究观察点，研究清代水旱灾害的情况，详见表4-5。

表4-5　清代来宾、柳州、梧州水灾情况一览表

地区	时间	史料描述
来宾	康熙十五年（1676年）	丙辰岁，夏五月，大水
	康熙五十八年（1719年）	己亥岁，秋七月，大水
	雍正八年（1730年）	庚戌岁，夏六月，大水
	雍正九年（1731年）	辛亥岁，秋七月，大水
	乾隆十三年（1748年）	秋七月，大水伤稼
	乾隆十四年（1749年）	己巳岁，春，淫雨，西城圮
	道光十三年（1833年）	夏五月，红水河暴涨，淹入县城南城
	咸丰二年（1852年）	壬子岁，春正月，大雨雹
	同治九年（1870年）	庚午岁，夏六月二十八日，暴风大雨……破屋折木
	同治十一年（1872年）	壬申岁，夏六月，红水江暴涨……淹至儒学副斋
	光绪十一年（1885年）	乙酉岁，夏五月，红水江盛涨，西门淹至北门大街口
	光绪十六年（1890年）	庚寅岁，秋七月，红水江盛涨，西城淹至爨宫
	光绪二十八年（1902年）	壬寅岁，春二月，霖雨兼旬。六月十三日，红水江盛涨，西城淹至义井
柳州	顺治四年（1647年）	六月，柳州、柳江、柳城，大水，居民多漂没
	康熙二年（1663年）	七月，广西各州县大水；柳州、柳江、龙江，大水
	康熙七年（1668年）	广西各州县大水
	康熙十一年（1672年）	广西各州县大水；柳州、柳城、柳江、武宣，大水
	康熙五十年（1711年）	五月，柳江大水
	康熙五十三年（1714年）	五月，柳州大水，沿江庐舍田园漂没殆半
	康熙五十四年（1715年）	春，柳州大水，沿江民居，漂没几尽
	乾隆十一年（1746年）	四、五月，柳州河水泛涨，马平县大水
	乾隆二十六年（1761年）	柳州府大水
	乾隆三十年（1765年）	六月，柳州上游古州一带发水涌急
	乾隆三十六年（1771年）	九月，柳州大水灾，几没城
	乾隆四十八年（1783年）	柳州大水，冲塌西城墙
	乾隆四十九年（1784年）	五月，柳州府雨水稍多，河水无不溢
	嘉庆二十二年（1817年）	五月以来，雨水多，河水泛涨

① 民国《贺县志》卷5《前事部·灾异》，台北：成文出版社，1967年，第265页。
② 民国《贺县志》卷5《前事部·灾异》，台北：成文出版社，1967年，第265页。

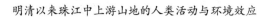
续表

地区	时间	史料描述
柳州	道光十四年（1834 年）	柳州、来宾，水灾，柳城、柳江，大水
	道光十九年（1839 年）	五月中下旬，柳州、柳江，河水涨发
	道光二十六年（1846 年）	闰五月，柳州连续阴雨，山水陡发；柳城，大水坏禾
	道光二十八年（1848 年）	马平大水；柳江大水
	光绪十二年（1886 年）	六月，柳州、柳江，洪水突至，田庐被淹
	光绪二十八年（1902 年）	夏，柳江大水
	光绪三十三年（1907 年）	春夏之交，柳州柳江，连日雨水为灾
梧州	顺治四年（1647 年）	六月，苍梧、梧州、藤县，大水
	顺治六年（1649 年）	夏五月，苍梧、梧州、藤县，大水，漂百余家
	顺治七年（1650 年）	六月，梧州、桂林，大水；三江，洪水为患
	顺治十八年（1661 年）	六月，苍梧、梧州、藤县、岑溪，大水
	康熙二年（1663 年）	七月，永安、苍梧、梧州、藤县、桂林，大水
	康熙四年（1665 年）	秋七月，梧州，大水
	康熙六年（1667 年）	秋七月，梧州，大水
	康熙七年（1668 年）	八月，苍梧、梧州，大水没民田
	康熙十一年（1672 年）	五月，苍梧、梧州、藤县，大水
	康熙十二年（1673 年）	六月，梧州，大水
	康熙十四年（1675 年）	八月，梧州，大水
	康熙十六年（1677 年）	七八月，苍梧、梧州，大水坏民田
	康熙十七年（1678 年）	七八月，梧州，大水没民田
	康熙二十一年（1682 年）	七月，梧州，大水
	康熙二十二年（1683 年）	六七月，苍梧、梧州，大水
	康熙二十八年（1689 年）	四月，苍梧、梧州南五乡大水，坏民田
	康熙四十年（1701 年）	夏五月，苍梧、梧州，水没南熏门额字脚，漂千余家
	康熙四十三年（1704 年）	六月，苍梧、梧州、贺县、信都，各县大水
	康熙四十六年（1707 年）	五月，梧州，水没南门
	康熙五十四年（1715 年）	春，梧州，大水
	康熙五十九年（1720 年）	七月，苍梧、梧州大水
	雍正三年（1725 年）	七月，梧州大水，漂民居，近江田尽没
	雍正四年（1726 年）	七月，梧州大水
	雍正五年（1727 年）	五六月，梧州大水
	雍正八年（1730 年）	夏四月，苍梧、梧州大水
	乾隆元年（1736 年）	五月，梧州大水
	乾隆五年（1740 年）	十一月，梧州大水
	乾隆六年（1741 年）	七月，梧州大水

续表

地区	时间	史料描述
梧州	乾隆七年（1742年）	八月，梧州大水涨
	乾隆三十四年（1769年）	五月，苍梧大水
	乾隆四十九年（1784年）	六月，梧州大水，没南薰门
	乾隆五十九年（1794年）	夏五月，梧州大水
	嘉庆二十二年（1817年）	五月，梧州大水，没南薰门
	道光九年（1829年）	五月，苍梧、梧州，大水
	道光十三年（1833年）	五月，梧州大水，没南薰门
	道光十四年（1834年）	五月，梧州大水，七月，又大水
	道光十八年（1838年）	苍梧、梧州，大水
	道光十九年（1839年）	五月，苍梧、梧州，河水涨发
	咸丰七年（1857年）	闰五月，梧州大雨，江水暴涨
	光绪十一年（1885年）	梧州大水，没城垣
	光绪十四年（1888年）	苍梧、梧州等县水灾
	光绪十六年（1890年）	五月，苍梧，河水陡涨
	光绪二十七年（1901年）	七月，梧州洪水
	宣统元年（1909年）	梧州，洪水

资料来源：民国《来宾县志》下编《襪祥·历史篇十三·时征》，台北：成文出版社，1975年，第461页；杨年珠主编：《中国气象灾害大典·广西卷》，北京：气象出版社，2007年，第33—57页

　　从表4-5看，从水灾而言，清代康熙年间晚期至乾隆年间是水灾发生频次最高的时期。发生水灾的月份多在五月至七月之间，这与南方雨水季节分布情况是高度一致的。从具有上下游关系的柳州与梧州而言，梧州发生水灾的次数，明显要多于柳州。这与广西所在的地形密切相关，珠江中上游多处山地，山高谷深，河岸较高，河流落差较大，暴雨引发的山洪，奔流而下，汇集于江河交汇之处的平原城镇，故平原地区的城镇，遭受水灾的概率较大。梧州是珠江中上游树状水系的干流起始处，亦是广西地势较低之处，上游所有河流终汇集于此，不论是桂东北地区、桂中地区，还是桂西地区发生暴雨，产生的洪水，最终均汇集到梧州，故梧州水灾频次较多。从表4-5看，很多水灾带有明显的流域关联性，同一月份发生的水灾，沿梧州上溯，便可发现柳州、桂平或桂林、平乐等地均有水灾的史料记载。

　　珠江中上游地区虽然地处亚热带，区域降水较为丰富，但受季节分配不均，地表渗漏大，以及这一时期全球气候变冷、变干的影响，清代这一区域旱

灾的发生频次也有增多之势。以广西为例，依据相关记载，统计清代广西各府旱灾的分布情况，见表 4-6 和图 4-1。

表 4-6 清代广西各府旱灾情况统计表　　　（单位：次）

广西各府	顺治	康熙	雍正	乾隆	嘉庆	道光	咸丰	同治	光绪	总计
桂林府	2	7	4	12	6	4	4	4	7	50
柳州府	3	8	1	7	1	4	3	1	9	37
梧州府	4	6	2	7	1	4	1	0	7	32
平乐府	3	8	0	4	0	4	3	3	8	33
郁林州	2	5	0	11	3	7	3	3	8	42
浔州府	0	2	0	5	1	3	4	5	8	28
南宁府	1	2	0	4	1	0	3	2	5	18
庆远府	0	4	1	5	4	3	2	0	4	23
太平府	3	5	0	6	2	5	5	1	7	34
泗城府	0	0	0	3	0	1	0	1	1	6
镇安府	0	0	0	1	1	2	0	1	3	8
思恩府	0	8	0	10	4	6	5	3	3	39
总计	18	55	8	75	24	43	33	24	70	

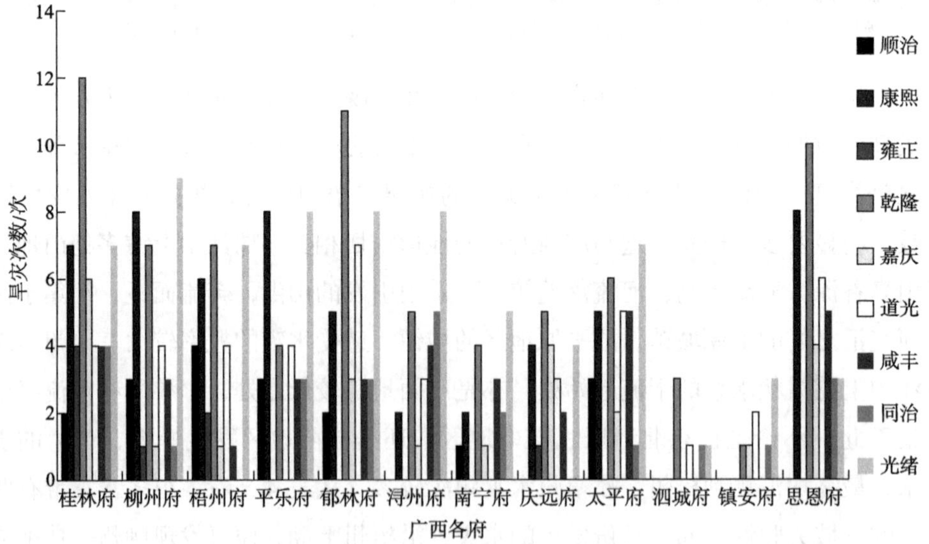

图 4-1 清代广西各府旱灾统计图

注：本图统计以嘉庆二十五年（1820 年）广西行政区划为基准

　　从顺治二年（1645 年）到光绪三十三年（1907 年），旱灾发生较多的主要是桂林府、郁林州与思恩府，桂西的镇安府与泗城府相对较少，而按清各朝旱灾数据统计，分布如图 4-2 所示。

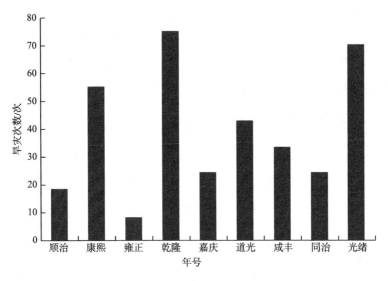

图 4-2 清代旱灾分布图

注：在资料记载中，凡称"广西各地多旱"，即统计为各地发生旱灾 1 次；清代宣统年间缺乏资料，未统计；其时属于广东的廉州府旱灾数据未统计在内

资料来源：杨年珠主编：《中国气象灾害大典·广西卷》，北京：气象出版社，2007 年，第 123—154 页

　　从图 4-2 不难看出，清代康熙、乾隆与光绪三朝是旱灾多发时期，当然这也与在位统治时间长短有关。大约是 17 世纪中叶至 18 世纪末，19 世纪后半叶，是广西旱灾的多发时期。

　　值得注意的是，这一时期随着水旱灾害多发，蝗灾时有发生。从记载看，清代广西蝗灾主要如下：

　　乾隆四十二年（1777 年），"广西各州县旱蝗"；其中有明确记载的，"兴安：旱、蝗，大饥"；"百色：大旱，兼发蝗灾。大饥。田州：旱，蝗灾"。

　　道光十四年（1834 年）七月，苍梧县"大水。蝗蝻害稼，民掠食"；八月，藤县，"蝗，陡起飞则遮天日止则遍野漫山，所到之处，禾稼青草树木耗食殆尽"[①]。柳州、来宾一带，当月也是发生水灾兼蝗灾。

　　咸丰三年（1853 年），"迁江：春，旱、蝗灾"；"太平府：旱。兼蝗虫为虐，百姓饥死过半"。

────────────

[①] 杨年珠主编：《中国气象灾害大典·广西卷》，北京：气象出版社，2007 年，第 46 页。

咸丰四年（1854 年），"扶绥：夏，大旱。秋，蝗灾"；"昭平：秋，旱，飞蝗扑野，大饥。太平、崇善：旱，蝗灾并至"。

咸丰十年（1860 年），"昭平：大旱，蝗虫为害竹林"。

当然，清代广西各地也曾发生过霜冻、冰雪等自然灾害，但从发生的频次、持续的时间以及造成的影响而言，还是以水、旱灾害为最大。

二、清代珠江中上游地区灾害的特征及社会影响

从清代珠江中上游地区水、旱灾害的分布来看，主要集中在桂中、桂南、桂东的平原、丘陵地带，桂北的庆远府，桂西的泗城府、镇安府，水、旱灾害相对较少，其中的原因主要有以下两个方面：

一是地形因素。庆远府、泗城府所辖，地处云贵高原南缘，地势北高南低，由一系列海拔在 1000 米以上，东西走向或西北—东南走向的山脉组成。镇安府则处于靖西台地上，西北为六诏山的余脉，海拔 800—1000 米。这些地方均属典型的岩溶地貌，山体高大，沟谷幽深，落差较大。雨季，暴雨汇集而成的山洪，往往会沿山间沟谷流往下游的平原地带。史载庆远府"石壁峻岩，江流迅急，两岸无路，中深不可测。……江山峻险，土壤遐僻"①；泗城府"府城居万山中，绝壁参天，地鲜平壤"②；"镇安僻处，山洞泉流，灌溉田事逸而岁入充，地饶人众"③，故这些山区，不容易遭受水灾的危害。

二是植被状况。庆远府、泗城府、镇安府地处僻远，人烟较为稀少，自然环境受到人类活动的影响较小，至清代一直保持着较好的自然生态环境。例如，史称："泗城、西隆、西林、东兰、归顺等地，林峒深密"④，又载庆远府南丹土州附近，"层峦连矗，松柏青葱"⑤；东兰州附近，"林木荟蔚入目"⑥。泗城府西林县一带，"县东南二百里，群峰叠耸，茂林幽蔚"⑦。镇

---

① 道光《庆远府志》卷 2《地理志中·关隘》，清道光九年（1829 年）刻本，第 48 页。

② （清）苏凤文：《广西全省舆地图说·泗城府图说》，清同治五年（1866 年）刻本，第 73 页。

③ （明）杨芳：《殿粤要纂》卷 4《镇安府图说》，北京图书馆古籍出版编辑组：《北京图书馆古籍珍本丛刊》第 41 册，北京：书目文献出版社，1998 年，第 875 页。

④ 雍正《广西通志》卷 2《气候》，《景印文渊阁四库全书·史部》第 565 册，台北：商务印书馆，1986 年，第 33 页。

⑤ 乾隆《庆远府志》卷 1《山川·南丹土州》，清乾隆十九年（1754 年）刻本，第 14 页。

⑥ 乾隆《庆远府志》卷 1《山川·东兰州》，清乾隆十九年（1754 年）刻本，第 13 页。

⑦ 康熙《西林县志·山川》，清康熙五十七年（1718 年）刻本，第 5 页。

安府附近，"峰峦秀丽，林木幽深……树木深密，人迹罕行"①。众所周知，森林具有涵养水源的重要功能，桂北、桂西山地自然植被在受到人类生产活动破坏较小的情况下，山区水源基本能够满足农耕需求，故在清代发生旱灾的频次也不高。

总体而言，由于珠江中上游地区地形以山地为主，平原面积不大，主要分布在珠江中游地区，为河流汇合而形成的小块冲积平原或溶蚀平原，这是当地最主要的农耕区。一旦发生水旱灾害，对社会造成的影响也很大。此外，受地形影响与气候影响，水灾的发生主要集中在河流汇集的中游平原地带，且呈带状分布，河流上下游之间水灾呈现明显的关联性，而旱灾发生的范围，较水灾则要广泛得多，桂东、桂南旱灾频次较多，桂北、桂西的广大山区尽管也时有发生，但频次则少得多。由于清代珠江中上游地区的水、旱灾害，多发生在平原农耕区，而冰冻、霜雪等灾害影响的主要是冬季的山区，一般时间较短，故水、旱灾害对当地农业社会产生的影响巨大，主要表现如下：

水灾淹没农田、城镇，冲毁沿江民房，给民众造成较为严重的财产损失。夏秋之季，受亚热带季风气候，以及海洋台风活动的影响，珠江中上游地区多降暴雨，或持续降雨，容易形成洪涝灾害。例如，康熙十六年（1677 年）七八月，藤县"大水，淹民田无数"②。顺治五年（1648 年），阳朔县城因洪水泛滥，"滨江一带城垣冲塌殆尽，仅存遗址，人民损失无算，诚向来未有之奇灾"③。顺治十五年（1658 年），博白县，"夏大雨，江水暴涨，东西二坡，民居被漂没甚众"④。大新县，在康熙七年（1668 年）四月，"淫雨连旬，江水涨与城中泉水交，汜城干垣、庙宇、官舍、民房崩塌殆尽"⑤。康熙十五年（1676 年）六月，北流县因为发生大水灾，"漂没民居无算"⑥。

水灾还造成严重的人员伤亡，如清道光十八年（1838 年）四月初三日，北流县"扶来里大雨，山崩，白马圩沿河民居淹没，男妇溺甚夥"⑦。道光十

① 光绪《镇安府志》卷10《山川》，台北：成文出版社，1967 年，第 199 页。
② 杨年珠主编：《中国气象灾害大典·广西卷》，北京：气象出版社，2007 年，第 35 页。
③ 杨年珠主编：《中国气象灾害大典·广西卷》，北京：气象出版社，2007 年，第 33 页。
④ 杨年珠主编：《中国气象灾害大典·广西卷》，北京：气象出版社，2007 年，第 34 页。
⑤ 杨年珠主编：《中国气象灾害大典·广西卷》，北京：气象出版社，2007 年，第 34 页。
⑥ 杨年珠主编：《中国气象灾害大典·广西卷》，北京：气象出版社，2007 年，第 35 页。
⑦ 杨年珠主编：《中国气象灾害大典·广西卷》，北京：气象出版社，2007 年，第 46 页。

九年（1839 年）四月二十日，宾州"连日大雨，水涌起，州境淹没，田、房、桥被毁，其中中渌塘、武上、渌连等村多被冲毁，村民死亡众多，有的全村只剩一人"①。

造成农作物的大规模减产，尤其是水、旱灾害交替发生，往往导致粮价飞速上涨，不时出现严重的饥荒，威胁民族地区社会的稳定。史载康熙五十年（1711 年）五月，桂林、义宁"大水，滨江低田尽被冲坏，米价腾临桂"②。又载康熙五十四年（1715 年）七月，宣化、横州"大水，城市巨浸，秋收甚歉"③。根据杨年珠主编《中国气象灾害大典·广西卷》相关资料统计，清代珠江中上游地区因为水灾发生的饥荒情况，见表 4-7。

表 4-7　清代广西水灾与饥荒情况一览表

时间	水灾情况	饥荒地区
顺治三年（1646 年）	自二月至秋八月二十六日始雨，岁大饥	梧州、苍梧、藤县
顺治七年（1650 年）	六月，洪水为患，田禾歉收，次年发生饥荒，一些灾民被饿死	三江
康熙十六年（1677 年）	七八月，大雨，民居尽淹、岁饥	博白
康熙二十八年（1689 年）	夏，大水，岁饥	平乐、永安州（蒙山）、昭平、荔浦
康熙五十二年（1713 年）	五月，大水大饥	北流
道光十四年（1834 年）	秋七月，大水，蝗蛹害稼，民掠食	苍梧

资料来源：杨年珠主编：《中国气象灾害大典·广西卷》，北京：气象出版社，2007 年，第 33—46 页

因为旱灾引发饥荒的情况见表 4-8。

表 4-8　清代广西旱灾与饥荒情况一览表

时间	旱灾情况	饥荒地区
顺治五年（1648 年）	四月大旱，大饥荒，斗米银五钱；大旱，斗米可易一子；旱，饥	郁林、梧州、北流
顺治六年（1649 年）	大旱，饥	太平府、龙州、灌阳
顺治七年（1650 年）	秋大旱，民饥；大旱，民饥，死甚繁	邕宁、太平府
顺治八年（1651 年）	大旱，斗米千钱，岁大饥；大旱，饥死甚繁	蒙山、昭平、荔浦、平乐、柳州、柳城、来宾、三江、太平府
顺治十年（1653 年）	旱，民大饥	北流
顺治十六年（1659 年）	自四月旱，至翌年正月，田皆赤，是岁大饥	来宾

① 杨年珠主编：《中国气象灾害大典·广西卷》，北京：气象出版社，2007 年，第 46 页。
② 杨年珠主编：《中国气象灾害大典·广西卷》，北京：气象出版社，2007 年，第 37 页。
③ 杨年珠主编：《中国气象灾害大典·广西卷》，北京：气象出版社，2007 年，第 38 页。

续表

时间	旱灾情况	饥荒地区
顺治十七年（1660 年）	旱，大饥	来宾
康熙十八年（1679 年）	（上年）六月至八月旱，岁大歉。次年斗米钱五百，民苦，饥	宾阳
康熙二十年（1681 年）	大旱。井泉皆涸，溪水断流，民饥，饿死百多人	太平府
康熙二十二年（1683 年）	数月不雨，农业歉收，百姓逃荒，行乞讨饭者众	太平府
康熙二十五年（1686 年）	大旱，自五月至八月不雨，大饥	恭城
康熙二十六年（1687 年）	大旱，饥死者甚众	来宾
康熙三十年（1691 年）	秋，大旱，岁饥	昭平
康熙三十二年（1693 年）	七月连旬不雨，晚稻禾苗枯死，农业无收，民饥死者数十人	太平府
康熙三十三年（1694 年）	秋，大旱，岁饥	蒙山
康熙三十四年（1695 年）	秋，旱，饥	临桂、永福、郁林、北流、蒙山
康熙三十五年（1696 年）	秋，大旱，饥	昭平、苍梧、梧州
康熙三十六年（1697 年）	春，不雨，井泉皆干，是岁饥	容县
康熙三十七年（1698 年）	（上年）大旱，春夏饥，七月无雨，大饥	全州
康熙五十二年（1713 年）	六月大旱，大饥，斗米银六钱；民死者以千计	全州、昭平、梧州、苍梧、郁林
康熙五十六年（1717 年）	旱，大饥	柳州、柳江
康熙五十九年（1720 年）	旱，大饥	贺县、柳州
康熙六十年（1721 年）	大饥荒	柳州、梧州、苍梧、富川、横州、贺县、蒙山、昭平、马山、武鸣、郁林、平乐、荔浦、钟山
康熙六十一年（1722 年）	（上年）自正月至七月不雨，田禾尽槁，民采蕨根，树皮为食，次年道饿死相望；饿殍枕藉；民饥死于途者甚众	宜州、河池、柳州、临桂、柳城、柳江、来宾、上林、灵川、融安
雍正十三年（1735 年）	秋，旱，大饥	宜州
乾隆十五年（1750 年）	五月到七月，旱，是岁饥	来宾、全州
乾隆十八年（1753 年）	旱，饥；斗米钱四百，民苦，饥	上林、宾州
乾隆二十年（1755 年）	旱，民饥	梧州、容县
乾隆二十二年（1757 年）	夏，旱，饥	博白、太平府
乾隆二十三年（1758 年）	春，大旱，民大饥	梧州、苍梧、北流、郁林、陆川
乾隆二十七年（1762 年）	大旱，民多饿死	宜州
乾隆三十三年（1768 年）	夏，旱。大饥，路上到处都是饿死的人	郁林
乾隆四十年（1775 年）	旱，饥	陆川

续表

时间	旱灾情况	饥荒地区
乾隆四十二年（1777 年）	自正月至五月不雨，饥；大旱，岁大饥	上林、宾州、贵县、陆川、北流、兴业、罗城、武缘、南宁、邕宁、新宁、象州、武宣、融安、兴安、隆安、贺县、百色
乾隆四十三年（1778 年）	夏，旱。大饥，饿殍载道	郁林、邕宁、罗城、北流、隆安、贺县。灌阳：全县、百色
乾隆五十一年（1786 年）	岁旱，民饥；连年大旱，民以山蒜岭蕨充饥	宾州、阳朔、上林、兴业、贵县、隆安、罗城等广西各地
乾隆五十九年（1794 年）		北流、陆川、郁林、兴业、贵县
嘉庆五年（1800 年）	全县旱，民饥	灌阳
嘉庆十二年（1807 年）	春夏大旱，民饥	宣化、上林
嘉庆十三年（1808 年）	夏，大饥，斗谷价钱三百八十文有奇	兴业、贵县
嘉庆十四年（1809 年）	春夏少雨，田尽裂，岁饥	宾州、上林
嘉庆二十三年（1818 年）	（上年）旱，大饥	郁林
嘉庆二十五年（1820 年）	六月旱，魃见，野多饿尸	上林、宾州
道光元年（1821 年）	旱魃为虐，两年不雨，五谷无收，米贵如珍，人民饿殍，死相枕藉	宜北、宜州
道光二年（1822 年）	旱饥，卖儿女者不少	宜州
道光十年（1830 年）	四月，大旱饥	武鸣、郁林、北流
道光十一年（1831 年）	春夏又大旱，民饥死无算	藤县
道光十二年（1832 年）	旱，饥	郁林、北流
道光十五年（1835 年）	五月，大旱，民饥	兴安
道光十七年（1837 年）	再旱，人民饥饿，死者无数	龙州
道光二十二年（1842 年）	大旱。水稻全部失收，饿死人	贵县
道光三十年（1850 年）	春旱，老幼饿死者二百多人；七月至八月，大旱。山崩泉竭，竹生花结实。饥荒	太平府、郁林、灌阳、全州
咸丰元年（1851 年）	大旱，人多饿死	罗城
咸丰三年（1853 年）	大旱，民间多以草木为食，饥死者甚多；旱。兼蝗虫为虐，百姓饥死过半	隆安、太平府
咸丰四年（1854 年）	秋，旱，飞蝗扑野，大饥；旱，蝗灾并至，人民饥死过半	昭平、太平府
咸丰六年（1856 年）	夏，大旱，饥	田阳、田东
咸丰七年（1857 年）	夏秋，大旱，民饥	兴安、全州、灵山、岑溪
同治元年（1862 年）	全县大旱，大饥，斗米值钱六百文	灌阳
同治二年（1863 年）	同治二年至同治三年，大旱。一斤大米八十文钱，民众吃野菜、树皮、草根充饥，山野溪涧常有饿死之尸	田林
同治三年（1864 年）	秋，旱灾，禾不实。大饥；旱，岁饥，路边常有逃荒饿死的人	平南、昭平

续表

时间	旱灾情况	饥荒地区
同治四年（1865 年）	春，大旱，饿死者众	上林、武鸣、天等、大新、宾阳、柳州、柳江、柳城、德保、田州
同治五年（1866 年）	七月不雨至十二月；旱。饥荒，斗米价钱六百文	郁林、贵县
同治七年（1868 年）	一月至九月，旱。受灾面积达百分之九十五；旱。饥、疫	贵县、郁林
同治八年（1869 年）	春旱，早稻不登。饥、疫	郁林
同治十一年（1872 年）	春旱，饥，大疫	北流、郁林、陆川
同治十二年（1873 年）	全县大旱，大饥	灌阳
光绪九年（1883 年）	大旱，民饥	柳州
光绪十年（1884 年）	冬，民众饥馑	全州
光绪十二年（1886 年）	春秋，大旱饥	苍梧、蒙山、昭平、富川、钟山、兴安、恭城、博白、北流、陆川、藤县、平南、太平府、贺县
光绪十三年（1887 年）	旱，饥荒	郁林
光绪十七年（1891 年）	（上年）潞城一带大旱，田地龟裂，禾苗焦枯失收。来年岁饥	田林
光绪二十年（1894 年）	五月至八月不雨，穷人卖儿卖女，饥里求生，老幼饥饿病死数百人	太平府、南丹、河池
光绪二十一年（1895 年）	广西各属大旱，饥	武宣、来宾、宾州、柳城、东兰、武鸣、永康州、梧州、苍梧、兴业、凤山、郁林、横州
光绪二十二年（1896 年）	五月，旱，饥	郁林、象州、武宣、永安州、贵县、全州
光绪二十三年（1897 年）	旱，大饥	柳州
光绪二十四年（1898 年）	旱，饥	柳州、柳江
光绪二十六年（1900 年）	岁旱，饥	来宾
光绪二十七年（1901 年）	六月至十月，大旱，禾苗枯死十之八九，人民饿死，不计其数	环江
光绪二十八年（1902 年）	大旱，自正月至三月不雨，大旱，民饥	恭城、凭祥、陆川、贵县、武宣、融安、隆安、太平府、武鸣、宾州、南宁、横州、天等
光绪二十九年（1903 年）	春饥荒愈甚，人多食草根	扶绥、马山、南宁、平果
光绪三十年（1904 年）	八月至十二月，旱，大饥，卖儿女，饿死人，人相食	来宾
光绪三十一年（1905 年）	旱，饥	南丹
光绪三十二年（1906 年）	旱，饥	来宾、龙州、全州、贵县
光绪三十三年（1907 年）	旱，饥	隆安

资料来源：杨年珠主编：《中国气象灾害大典·广西卷》，北京：气象出版社，2007年，第133—154页

　　从表 4-8 可以看出，清代引发饥荒最主要的因素还是旱灾。发生饥荒较为频繁的有桂东南地区、桂西南地区及桂中地区，而这也是其时广西人口分布最

为集中的地区。相较之下，桂北、桂西北山区发生灾害的频次较少，这当中可能有史料记载不多的因素，也与地处山区，人口分布不多，人类活动对自然的影响较小，自然植被保存较好，有利于抵御旱灾有关。

第四节　民国年间珠江中上游的自然灾害及社会影响

一、民国年间珠江中上游地区的自然灾害

民国年间，珠江中上游地区发生的自然灾害，危害较大的依然是水、旱等自然灾害。

一是水灾。根据地方史志资料记载统计，民国年间，以广西为主的珠江中上游地区，一共发生了 37 次洪水灾害。各年份洪水及受灾情况，见表 4-9。

表 4-9　民国年间广西水灾情况一览表

年份	受灾地区
1912	凭祥、崇左、龙州、隆安、田林、武宣、象州
1913	全州、灌阳、桂林、恭城、荔浦、贺县、北流、贵县、横县、柳州、柳江、龙州、崇左、邕宁、南宁
1914	灌阳、阳朔、贺县、昭平、藤县、北流、武宣、鹿寨、梧州、苍梧、陆川、武鸣、柳州、柳江、龙州、南宁、扶绥、宁明、钟山、横县
1915	来宾、贺县、北流、昭平、藤县、武鸣、横县、梧州、苍梧、南宁、龙州、贵县、隆安、平乐、永福、凭祥
1916	昭平、鹿寨、思恩、永福、扶绥
1917	苍梧、百色、隆安、邕宁、果德、桂平、藤县、融县、岑溪、武宣
1918	恭城、苍梧、梧州、平乐、阳朔
1919	榴江（鹿寨）、龙州、宁明、钟山、贺县
1920	贺县、龙州
1921	宁明
1922	陆川、灌阳、融安、马山、上林
1923	融安、柳城、古化（永福）、凤山、南宁、龙州、邕宁、来宾
1924	昭平、三江、环江、苍梧、平南、乐业、柳州、梧州、龙州、融水、贺县、象州、柳城
1925	贺县、同正（扶绥）、柳城
1926	北流、三江、凤山、融安、柳州、柳江、来宾、龙州、扶绥、柳城、象州、武宣
1927	凭祥、思乐（宁明）、龙州、桂林、融水
1928	上林
1929	环江、荔浦、象州

续表

年份	受灾地区
1930	荔浦、武宣、罗城、永福、柳州、柳江、融县（融水）、柳城、凌云、来宾
1932	阳朔、凭祥、果德（平果）、那坡、永福
1933	全州、融安、恭城、北流、乐业、凭祥、龙州、隆安
1934	田林、北流、宁明、桂林
1935	恭城、贺县、柳州、柳江、来宾、武宣、忻城、全州、象州、灌阳、田林、马山、桂林
1936	来宾、三江、凤山、宾阳、上林、马山、龙州、武鸣、邕宁、南宁、崇左、忻城、柳州、柳江、柳城、中渡（鹿寨）、龙茗县（天等）、桂林、龙胜
1937	三江、龙州、崇善（崇左县）、桂林、宁明、南宁、邕宁、扶南县（扶绥）
1938	荔浦
1939	平果、恭城、阳朔、乐业、马山
1940	灌阳、思乐（宁明）、上思
1941	桂林、马山、田东、扶绥
1942	桂林、凌云、那坡、龙州、南宁、龙茗（天等）、镇结县（天等）、全茗（大新）、茗盈土州（大新）、扶绥、凭祥、阳朔、隆山（马山）、宾阳、横县、灌阳、隆安、兴安、百色、宁明
1943	柳州、柳江、金秀、桂林、凭祥
1944	百寿（永福）、苍梧、梧州、桂林、凤山、乐业、龙州、南宁
1945	南宁、象州、忻城、都安、马山、三江、宁明
1946	桂林、田东、平治（平果）、那坡、武鸣、南宁、百色、来宾、迁江、上林、百寿（永福）、融安、灌阳
1947	桂林、藤县、宾阳、武鸣、龙州、南宁、田东、隆山（马山）、扶绥、苍梧、梧州、贺县、岑溪、忻城、大新、贵县（贵港）、邕宁
1948	桂林、贺县、岑溪、田东
1949	桂平、梧州、桂林、鹿寨、南宁、武宣、来宾、融安、柳州、荔浦、百寿（永福）、永福、象州、田东、武鸣

注：其时属于广东所辖的钦廉地区没有统计

资料来源：杨年珠主编：《中国气象灾害大典·广西卷》，北京：气象出版社，2007年，第57—73页

从表4-9看，民国年间广西地区的水灾分布具有以下特征：

第一，全流域性质的水灾频次较高。受灾在10个县市及以上的水灾多达12次，占总次数的32.43%。

第二，左江流域、桂江流域与柳江流域是水灾多发的地区，且上下游之间水灾存在明显的联动关系。

第三，桂北与桂西山区水灾的发生频次总体较少。

二是旱灾。民国年间，以广西为主的珠江中上游地区发生旱灾的情况见表4-10。

表 4-10 民国年间广西旱灾情况一览表

年份	受灾地区
1912	贺县
1913	临桂、阳朔、昭平、北流
1914	阳朔、武鸣、宁明、凭祥、上思、龙州、贵县（贵港）
1916	荔浦、梧州
1918	兴安、贵县（贵港）、贺县
1919	榴江（鹿寨）、桂平、贵县（贵港）、柳州
1921	昭平
1922	富川、崇左、大新
1923	平南、乐业
1924	东兰、天峨、凌云、隆林、上思、三江、平果、平南、田林、临桂
1925	三江、南丹、灵川、环江、象州、乐业、临桂、武宣、平南、融安、凌云、靖西、兴安、资源、恭城、梧州
1926	南宁
1927	陆川、桂平、北流、罗城
1928	桂林、临桂、灵川、永福、柳州、来宾、迁江、柳城、乐业、桂平、钟山、贺县、贵县、蒙山、荔浦、平南、横县、梧州、藤县、三江、恭城、博白、百色、邕宁、宜州、武宣、灌阳、南宁、马山、大新、田东、合山、崇左、容县、南丹、岑溪、上思
1931	临桂、岑溪、永福、凌云、乐业
1932	平果、天峨、贺县、藤县、乐业、百色、田东、岑溪、郁林
1933	平果、恭城、全州、兴安、资源、武宣、蒙山、桂林、富川
1934	凭祥、贵县（贵港）、钟山、恭城、昭平、贺县、柳州、柳城、全州
1935	兴安、富川、平果、陆川
1936	忻城、来宾、百色、田林、钟山、象州、恭城、平南、合山、平果
1937	忻城、天峨、来宾、岑溪、马山、田林、武宣、象州、平南、柳城、柳州、凌云、天保（德保）、敬德（德保）
1938	忻城、都安、来宾、马山、象州、武宣、宾阳、岑溪、钟山、天保（德保）
1939	恭城、南宁、柳州、柳江、平南、郁林
1940	横县、钟山、桂林、昭平、博白、贵县（贵港）、隆林
1941	崇左、柳城、蒙山、荔浦、横县、田东、贵县（贵港）
1942	蒙山、崇左、昭平、忻城、贵县（贵港）、来宾、迁江（来宾）、岑溪、郁林、横县、鹿寨、凭祥、凤山、百色、那坡、田林、隆林、武鸣、田阳、田东、容县、柳城
1943	凭祥、宾阳、忻城、横县、平南、来宾、恭城、柳城、大新、扶绥、富川、百色、天保（德保）、敬德（德保）、田东、融安

续表

年份	受灾地区
1944	大化、平果、隆林、那坡、梧州、昭平
1945	昭平、荔浦、钟山、兴安、藤县、三江、融安、武宣、岑溪、象州、凭祥、来宾、平乐、富川、南丹、罗城、贺县、义宁（临桂）、灵川、柳城
1946	岑溪、容县、桂平、蒙山、果德（平果）、柳城、荔浦、博白、郁林、平南、藤县、灵川、资源、钟山、兴安、永福、梧州、昭平、天保（德保）、敬德（德保）、贵县（贵港）
1947	兴安、来宾、荔浦、恭城
1948	那城、南丹、恭城
1949	郁林、百色

注：当时属于广东所辖的钦廉地区没有统计

资料来源：杨年珠主编：《中国气象灾害大典·广西卷》，北京：气象出版社，2007年，第154—165页

从表 4-10 看，民国年间珠江中上游发生的旱灾频次略少于水灾，同时以局部旱灾为主。受灾范围较广的年份有 1925 年、1928 年、1937 年、1942 年、1943 年、1945 年、1946 年，发生旱灾的县份均在 10 个以上。值得注意的是，此前较少发生旱灾的桂北山区、桂西北山区，民国年间旱灾发生的频次明显增多。

至于雪灾、霜冻、冰雹、风灾等，发生的频次较少，而且以局部地区为主。

二、民国年间珠江中上游地区自然灾害的社会影响

虽然民国年间珠江中上游地区灾害多发，但对社会产生重大危害，并影响区域社会稳定的，主要还是水、旱灾害，这是由处于同一气候带这一特性所决定的。灾害的社会影响主要体现在以下几个方面：

第一，水灾淹没、毁坏农田与房屋，造成严重的人员财产损失。1912 年 4 月底，左江流域连降暴雨，凭祥一带，"洪水大发，水淹华英街（原东街），第一区城厢、北团、东团受灾尤为严重，有两千多亩稻田被淹，粮食损失四十六万斤"[1]。1915 年 4 月底，信都县（今贺州市信都镇）"水涨，西岸自三凤圩至大坪洲田亩崩塌无数，流成新河，绕大平村边而过；东岸鹧鸪滩文显岛至三坝肚旧河流，皆淤积成洲。……五月十九日，淫雨十昼夜……崩塌民房不下五千余间，芙蓉市十崩六七"[2]。1920 年 5 月，贺县里松一带"骤雨

---

[1] 杨年珠主编：《中国气象灾害大典·广西卷》，北京：气象出版社，2007 年，第 57 页。

[2] 杨年珠主编：《中国气象灾害大典·广西卷》，北京：气象出版社，2007 年，第 59 页。

如注，山颓木折，冲坏粮田无算……山崩田坏，损失甚巨"①。1924 年 6 月，苍梧"多贤、平政、吉阳、平乐、思德、浔阳、安平等乡均灾，塌屋七百六十余间，淹田五十二万九千三百余数，损谷种一千零五十八万六千余斤，蚕桑鱼塘，牲畜等损失值银五十余万元"②。1940 年 9 月，思乐（宁明）县遭受飓风暴雨，"沿江各村街被浸入庭中，或至屋顶，民房倾倒，多被洪水飘流而去，牲畜淹没，随波浪而浮沉者不计其数，农作物均被淹坏"③。当年 10 月，上思县发生特大水灾。"明江水涨十七点五米，县城及沿河村庄房屋多被淹塌，县内许多地方发生山崩塌现象，人畜死亡难以胜计"④。

第二，受水灾、旱灾、蝗灾等灾害交织影响，珠江中上游地区粮食减产，粮价上涨，食物短缺，民众流离失所，发生饥荒。1912 年，贺县因大旱致农作物歉收。1913 年 7 月，柳州"水灾"⑤。这一年，横县、北流、贵县、柳江均因大水，导致米价昂贵，"米价涨幅达上年同期的两倍多"⑥。1916 年 10 月，"桂林道属各县，均受水灾，遍成泽国，灾民流离数十万，房屋被冲塌十余万间，荡然无存"⑦。1918 年 5 月，桂江流域一带暴雨连连，形成洪灾，"桂江水涨，历八十余日始消，（苍梧县）多贤、平政、吉阳、浔阳、思德、安平、平乐七乡均灾，冲塌沙积民田，八万零九百七十八亩，损谷种八十二万三千余斤，秋又旱，岁饥"⑧。1924 年，广西境内水、旱交织，多地发生严重饥荒。南丹、临桂、凌云等县均发生饿死人的惨剧，而这一年六月，平南龚江一带，"尽成泽国，颗粒无收"⑨。贺县则因水灾，"大饥，谷米昂贵，饥民挖食野菜，饿毙四人"⑩。1928 年也是灾荒之年，这一年，广西各地大旱，灾区占全省 2/3，约 50 个县。来宾、迁江两县，因大旱，"有卖田及儿女者，有易子而食者，有饿死庙门者"。柳城、来宾因为大旱，米价飞涨。民众"卖田及儿

① 杨年珠主编：《中国气象灾害大典·广西卷》，北京：气象出版社，2007 年，第 61 页。
② 杨年珠主编：《中国气象灾害大典·广西卷》，北京：气象出版社，2007 年，第 62 页。
③ 杨年珠主编：《中国气象灾害大典·广西卷》，北京：气象出版社，2007 年，第 67 页。
④ 杨年珠主编：《中国气象灾害大典·广西卷》，北京：气象出版社，2007 年，第 67 页。
⑤ 杨年珠主编：《中国气象灾害大典·广西卷》，北京：气象出版社，2007 年，第 58 页。
⑥ 杨年珠主编：《中国气象灾害大典·广西卷》，北京：气象出版社，2007 年，第 58 页。
⑦ 杨年珠主编：《中国气象灾害大典·广西卷》，北京：气象出版社，2007 年，第 60 页。
⑧ 杨年珠主编：《中国气象灾害大典·广西卷》，北京：气象出版社，2007 年，第 60—61 页。
⑨ 杨年珠主编：《中国气象灾害大典·广西卷》，北京：气象出版社，2007 年，第 62 页。
⑩ 杨年珠主编：《中国气象灾害大典·广西卷》，北京：气象出版社，2007 年，第 62 页。

女，有人易子而食，饿死庙门"。1942年，广西各地雨水失调，"阳朔、榴江、恭城、平乐、贺县、昭平、梧州、桂平、横县、扶南、龙茗、镇结、乐业、南丹、百色、怀集等十六县受灾民众达百万人，情形严重"①。此外，民国政府统治的最后几年灾情愈发严重频繁。1944年7月，乐业全县连日暴雨，山洪暴发，"沿河农田被淹，冲走房屋数十间，溺水百多人，粮食歉收，民闹饥荒"②。1945年8月，都安县连旬大雨，"淹没农田四万四千零十五亩，稻谷尽烂，颗粒无收，九万五千七百八十七人因灾受饥荒"③。1947年6月，武鸣县山洪暴发。

　　城厢、宁武、梁新、邓广、长龙、双桥、太平、苞桥、天马、六塘、寺圩、府城、剑江、王扶、三和等乡，低洼田均被淹没，水深达一丈，禾苗均被淹坏，收成绝望，受灾面积达十万余亩，灾民六万余人。冲毁房屋十余间，灾情惨重，为三十年来所未有。……损失稻谷四千八百二十万斤，价值七千四百一十万元；损失包谷六百一十四万斤，价值五百八十五万八千元；损失杂粮二百一十万斤，价值一百六十一万七千元；牲畜损失价值一百零四万五千元。……受灾一十五万零四百九十六人，占全县人口百分之六十④。

1949年8月，鹿寨境域连降大暴雨，造成惨重损失，"农作物受灾面积二万七千二百八十七亩，损失稻谷三百七十六万一千一百公斤……由于水灾引起传染病流行，患传染病二千零四十人"⑤。

在短短的不到四十年的时间里，以广西为主的珠江中上游地区几乎连年遭受不同程度的水旱灾害，发生饥荒的频次较高，这除了气候反常因素之外，也是民国年间军阀混战、外敌入侵、人类活动对环境的破坏等因素叠加的结果。

① 杨年珠主编：《中国气象灾害大典·广西卷》，北京：气象出版社，2007年，第68页。
② 杨年珠主编：《中国气象灾害大典·广西卷》，北京：气象出版社，2007年，第69页。
③ 杨年珠主编：《中国气象灾害大典·广西卷》，北京：气象出版社，2007年，第69页。
④ 杨年珠主编：《中国气象灾害大典·广西卷》，北京：气象出版社，2007年，第70—71页。
⑤ 杨年珠主编：《中国气象灾害大典·广西卷》，北京：气象出版社，2007年，第73页。

第五章　人类活动与"长寿之乡"
乡土形象的形成

　　地理环境的差异是影响人类活动与分布的重要因素。历史时期，南方地区由于气候炎热、潮湿、毒蛇猛兽横行，易生疾病，成为北方人士难以适应的自然地理障碍。自司马迁在《史记》中称江南地区"丈夫早夭"后，"早夭之地"便开始成为内地人们心中固有的思想观念，南方地区的这一带有负面性质的乡土形象不断得到内地人士的一致认同。它既寓意落后，又暗含强烈的排斥、歧视心理。魏晋以降，随着江南地区不断得到开发，经济发展，"早夭之地"开始逐渐指向岭南一带。在传播中，南方地区又不断被添加上"炎海""蛮瘴之乡"等具有一定事实基础，又带有强烈主观情绪的内容，使南方地区"早夭之地"的乡土形象日益得到加强，进而成为南方地区标志性的负面形象符号。唐宋时期之后，"早夭之地"的说法，逐渐淡出史籍，取而代之的是瘴疠学说的盛行，人们通过夸张、渲染瘴疠的高病死率，以映射南方地区"早夭"的现实。事实上，与传闻的"早夭之地"相反，历经多次人口迁移浪潮，南方地区人口始终处于不断增多的状态。梳理"早夭之地"说法的流播及式微，不难发现，作为一种文化现象，一方面它反映了人们对南方地区地理认识发展的过程；另一方面反映的是南方地区融入中华统一格局发展的曲折过程。明清时期，岭南珠江流域等地区的地方乡绅，为改变北方主流文化圈对南方地区乡土形象的刻板认识，通过地方志的修撰，对南方乡土形象进行有目的、有意识的重塑。"百岁坊"等长寿文化标识不断出现，长寿人口在地方志中以各种形式记载并流传开来，对南方乡土形象的重塑起到了积极作用。这一过程，也与外来人口在南中国地区活动范围扩大，对南方地理环境认知不断深入有密切关系。

第一节　历史时期"早夭之地"的滥觞和流播

一、秦汉时期"早夭之地"的滥觞

地理环境的差异是影响人类活动与分布的重要因素。历史上，南方地区由于气候炎热、潮湿、毒蛇猛兽横行，易生疾病，成为北方人士难以适应的自然地理障碍。同时，南方地区因为复杂的地形、气候、交通、民族等因素，不仅中原王朝的统治有个逐渐深入的过程，人们对这一区域地理环境的认识也有一个由模糊到清晰的发展过程①。早期人们对南方地理环境的认识，较有影响的是司马迁在《史记》中称"江南卑湿，丈夫早夭"②。自此之后，"早夭之地"便发展成南方地区带有负面性质的乡土形象符号，深刻地影响到南方地区的社会发展。

先秦之前，中华大地人类尚处于榛莽之中，各地生产力水平虽然存在一些明显的地域差异，但其时各地人们的寿命长短，从史料记载上还看不出什么显著的区别。西汉之初，一些史料开始出现特定地区人们寿命不长的记载。淮南王刘安在《淮南鸿烈解》中称："东方，川谷之所注，日月之所出，其人……早知而不寿，其地宜麦，多虎豹；南方，阳气之所积，暑湿居之，其人……早壮而夭……西方，高土川谷出焉，日月入焉……其人……勇敢不仁……北方，幽晦不明，天之所闭也，寒冰之所积也，蛰虫之所伏也，其人……愚蠢兽而寿。"③其实，刘安所指东方与南方，均是极为宽泛之地。之后，江南地区人类寿命不长的看法，即开始流传于世。

司马迁所指之"江南"，由于只是某一地理区域的概念，而非具体的行政

---

① 刘祥学：《由模糊到清晰——历史时期对红水河流域地理环境认识的演进》，《中国历史地理论丛》2006 年第 4 辑。

② 《史记》卷 129《货殖列传》，北京：中华书局，1982 年，第 3268 页。

③（汉）刘安撰，高诱注：《淮南鸿烈解》卷 4《坠形训》，《钦定四库全书荟要·子部》第 277 册，长春：吉林出版集团有限责任公司，2005 年，第 46 页。

区划，也不存在什么明确的地理分界线。其时"江南"为今之何地？对于这一问题，已有一些学者进行了专门的研究。应岳林认为"江南"作为一个地理概念，自其出现到演变，经历了一个漫长的历史时期。"江南"概念最早在春秋战国时就已初步形成，并指其时楚国统辖的长江以南地区①。按楚国最强盛时，疆域向南越过了洞庭湖，至湘、资、沅、澧流域，势力最南还远及广西平乐一带②，则岭南北部地区亦属其时的"江南"之地。秦汉时期，"江南"的概念使用更加频繁，但所指范围已有所扩大。《史记》载秦昭襄王三十年（前277年），"蜀守若伐楚，取巫郡，及江南为黔中郡。三十一年……楚人反我江南"③；《史记》又载舜帝"南巡狩，崩于苍梧之野。葬于江南九疑，是为零陵"④，故周振鹤认为秦汉时期的江南主要指长江中游以南的地区，包括今湖北南部、湖南全部⑤。也就是在西汉统一之后，"江南"概念开始出现东移的迹象。《尔雅》有载："汉南曰荆州，江南曰扬州。"⑥宋郑樵注称："江，大江也，自江以南是其境。"⑦秦王政二十五年（前222年），"王剪遂定荆江南地，降越君，置为会稽郡"⑧，唐张守节《正义》释曰："言王剪遂平定楚及江南地。"⑨清人钱大昕认为："《史记·货殖列传》：'江南、豫章、长沙。'又言：'江南卑湿，丈夫早夭。'皆谓今湖广、江西之地。《项羽本纪》：'江东虽小，纵江东父老怜而王我。'今人所谓江南，古之江东也"⑩。结合以上史料所载，以及学者论述，笔者认为，司马迁所言之"江南"，应是一个宽泛的地理概念，既可指长江中游以南的湖南、岭南北部地区，也包括长江下游以南的浙江等地。

显然，根据司马迁所述，卑湿的地理环境是造成江南地区人们"早夭"的

① 应岳林：《"江南"初析》，《江南论坛》1998年第8期，第44页。

② 邹逸麟编著：《中国历史地理概述》，上海：上海教育出版社，2007年，第96页。

③ 《史记》卷5《秦本纪》，北京：中华书局，1959年，第213页。

④ 《史记》卷1《五帝本纪》，北京：中华书局，1959年，第44页。

⑤ 周振鹤：《释江南》，《随无涯之旅》，北京：生活·读书·新知三联书店，1996年，第324页。

⑥ （晋）郭璞注：《尔雅》卷下《释地·九州》，北京：中华书局，1985年，第79页。

⑦ （宋）郑樵：《尔雅郑注》卷中《释地》，北京：中华书局，1991年，第75页。

⑧ 《史记》卷6《秦始皇本纪》，北京：中华书局，1959年，第234页。

⑨ 《史记》卷6《秦始皇本纪》，北京：中华书局，1959年，第235页。

⑩ （清）钱大昕著，孙显军、陈文和校点：《十驾斋养新录（附余录）》卷11《江南》，南京：江苏古籍出版社，2000年，第287页。

重要原因，"卑湿"属于不宜人居的特殊地理环境。

考之"卑湿"的地理观念，虽始见载于秦汉时期的史籍，但却极有可能源于古代早期人们的"相地"之术。在古代，生产力水平较低，人们改造自然的能力较弱，人们的生产与生活受自然环境的制约较大，因而格外重视对自然环境的认识与利用。《周礼》当中记载的"土宜之法"，称："辨十有二土之名物，以相民宅，而知其利害，以阜人民，以蕃鸟兽，以毓草木，以任土事。"①《周礼》注疏又称："高平曰原，下湿曰隰"②，"隰"为水多、低洼之地，属不利于人类生活的地形，"原隰，其动物宜蠃物，其植物宜丛物，其民丰肉而庳"③。其时人们还意识到太阳的光照也是东西、南北方之间环境差异的重要影响因素，在其时创制的"土圭之法"中，称："日南则景短，多暑；日北则景长，多寒；日东则景夕，多风；日西则景朝，多阴。"④春秋时期，人们对地利的选择更加重视。《管子》称："圣人之处国者，必于不倾之地，而择地形之肥饶者"⑤，并归纳了影响人类生活的"五害"，所谓"水一害也，旱一害也，风雾雹霜一害也，厉一害也，虫一害也，此谓五害，五害之属，水最为大"⑥，其中，厉即疾病。在这样的思想认识基础上，"卑湿"的地理观念在秦汉时逐渐形成。

值得注意的是，早期的"卑湿"之地并无特指。秦汉之后，"卑湿"之地开始明确指向南方。检视史载，秦汉时期，人们指认的"卑湿"之地主要如下：

江南、南方是最主要的"卑湿"区域。除前述司马迁《史记》卷129《货殖列传》所言"江南卑湿"之外，《汉书》卷28下《地理志》也有相同的记载。在"卑湿"的记载中，泛指的"南方"不少。例如，"孝景四年，吴楚已

① （清）孙诒让撰，王文锦，陈玉霞点校：《周礼》卷18《地官·大司徒》，北京：中华书局，1987年，第710页。

② （清）孙诒让撰，王文锦，陈玉霞点校：《周礼》卷10《地官·大司徒》，北京：中华书局，1987年，第689页。

③ （清）孙诒让撰，王文锦，陈玉霞点校：《周礼》卷18《地官·大司徒》，北京：中华书局，1987年，第699页。

④ （清）孙诒让撰，王文锦，陈玉霞点校：《周礼》卷10《地官·大司徒》，北京：中华书局，1987年，第715页。

⑤ （周）管仲撰，（唐）房玄龄注：《管子》卷18《度地》，《景印文渊阁四库全书》第729册，台北：商务印书馆，1986年，第194页。

⑥ （周）管仲撰，（唐）房玄龄注：《管子》卷18《度地》，《景印文渊阁四库全书》第729册，台北：商务印书馆，1986年，第195页。

破，衡山王朝，上以为贞信，乃劳苦之曰：'南方卑湿。'徙衡山王王济北，所以褒之"①；爰盎，字丝，以敢于直谏闻名，从齐相被徙为吴相，临行，有人献策称："吴王骄日久，国多奸，今丝欲刻治，彼不上书告君，则利剑刺君矣。南方卑湿，丝能日饮，亡何，说王毋反而已。如此幸得脱"②；吴王的国都在广陵（今扬州），故这里所说的"南方"，应指长江下游的江南一带；汉元帝时，"节侯之孙孝侯以南方卑湿，请徙南阳。于是以蔡阳白水乡为舂陵侯封邑"③，按：舂陵在今湖南宁远县东北，故其所指"南方"当为湖南南部一带。又有史料载南越王赵佗上书汉廷称"南方卑湿，蛮夷中间，其东闽越千人众号称王，其西瓯骆裸国亦称王"④。这里的南方就明显包括了岭南地区的两广以及福建一带。

长沙是史料记载中指向最具体的区域。贾谊被贬长沙，"既辞往行，闻长沙卑湿，自以寿不得长，又以适去，意不自得，及度湘水，为赋以吊屈原"⑤；又载："长沙定王发……以孝景前二年用皇子为长沙王。以其母微，无宠，故王卑湿贫国。"⑥

南昌。史载许敬，字鸿卿，"举茂才，除南昌令，以土地卑湿，不可迎亲，亲老，则弃官归供养。辟司徒府，稍迁江夏"⑦。

四川。史料偶有提及，称"蜀之土地卑湿，故不足以养生"⑧。

在古人眼中，"卑湿"之地，地势低洼，排水不畅，容易产生疾病，属环境恶劣，人类要尽力回避之地。与高阜之地相比，卑湿环境下，生长的植物也明显不同。例如，司马相如称蜀地"其卑湿，则生藏莨蒹葭，东蔷雕胡"⑨，较为适宜莨草、芦苇、雕胡之类的植物生长，但这些地方，水流缓慢，污泥浊

---

① 《史记》卷118《淮南衡山传》，北京：中华书局，1959年，第3081—3082页。

② 《汉书》卷49《爰盎传》，北京：中华书局，1962年，第2271页。

③ （晋）袁宏撰，周天游校注：《后汉纪》卷1《光武皇帝纪》，天津：天津古籍出版社，1987年，第1页。

④ 《史记》卷113《南越列传》，北京：中华书局，1959年，第2970页。

⑤ 《史记》卷84《贾谊列传》，北京：中华书局，1959年，第2492页。

⑥ 《史记》卷59《五宗世家》，北京：中华书局，1959年，第2100页。

⑦ （晋）袁宏撰，周天游校注：《后汉纪》卷18《孝顺皇帝纪上》，天津：天津古籍出版社，1987年，第497页。

⑧ （梁）萧统编，（唐）李善等注：《六臣注文选》卷5《京都下·吴都赋》，北京：中华书局，1987年，第101页。

⑨ 《史记》卷117《司马相如列传》，北京：中华书局，1959年，第3004页。

水相混，蚊蝇容易滋生。"铣曰：下湿曰隰，隰之土流潢水多复漏而出，沮洳泉泥相和"①。显然，这样的环境是不适宜人类生存的，一些人甚至称："吴有江湖，卑湿如与龟鼍同穴也。"②其时人们认为，在卑湿的环境生活，难以长命，是故司马迁言："江南卑湿，丈夫早夭"之后，班固也继承了这一说法，称："江南卑湿，丈夫多夭。"③

处卑湿之地，致人早夭、多夭的说法流传，引起了其时人们极大的心理恐惧。贾谊被贬长沙，"自以寿不得长"④；为避免早夭的命运，人们想法搬离卑湿之地，一些基层行政区的治所因此发生变迁。早在秦朝时，就有过因为卑湿而徙县的事例。

《汉书·地理志》颜师古注称："襄邑，宋地，本承匡襄陵乡也。……秦始皇以承匡卑湿，故徙县于襄陵，谓之襄邑。"⑤汉代亦有因卑湿而迁王国的事例。史载："《括地志》云：'宋州宋城县在州南二里外城中，本汉之睢阳县也。汉文帝封子武于大梁，以其卑湿，徙睢阳，故改曰梁也。'"⑥

二、"卑湿"与"早夭"关系的案例统计分析

秦汉时期所称"卑湿"之地，多泛指地势低洼之处，而与海拔高程无关。若以海拔高程而言，长江流域的长沙海拔为 47 米，南昌海拔为 45 米，南京海拔为 10 米；平原地面平均海拔也就在 50 米上下，南通海拔 5 米。四川盆地海拔在 300—600 米，广西盆地海拔在 80—200 米⑦，南北之间的海拔高差并不明显。从史料记载看，"卑湿"更多的是与炎热的气候相关。长江以南的"南方"或"江南"地区，纬度相对较低，受季风气候影响，热量充足，降雨丰沛，夏长冬暖，空气湿度大。这对习惯于凉爽气候的北方人士而言，遽到南方，一时难以适应是可以理解的。史料记载，南越王赵佗与西汉交恶，发兵攻

①（梁）萧统编，（唐）李善等注：《六臣注文选》卷 6《京都下·魏都赋》，北京：中华书局，1987年，第 137 页。

②（梁）萧统编，（唐）李善等注：《六臣注文选》卷 6《京都下·魏都赋》，北京：中华书局，1987年，第 137 页。

③《汉书》卷 28 下《地理志》，北京：中华书局，1962 年，第 1668 页。

④《史记》卷 84《贾谊列传》，北京：中华书局，1959 年，第 2492 页。

⑤《汉书》卷 28 上《地理志》，北京：中华书局，1962 年，第 1559 页。

⑥《史记》卷 58《梁孝王世家》，北京：中华书局，1959 年，第 2082 页。

⑦雍万里：《中国自然地理》，上海：上海教育出版社，1985 年，第 42、44、47、48 页。

长沙，吕后"遣将军隆虑侯灶击之，会暑湿，士卒大疫，兵不能逾岭"①。

问题是生活在"卑湿"的江南的人们，是否如史料所言，为"早夭"一族？由于其时缺乏具体的人口统计数据，以及史料记载的不完整，江南地区的平均寿命已难详考，虽然现在一些学者根据有限资料进行了一些带有推测性的研究，但也应该承认还是存在较多问题的。众所周知，影响人类寿命长短的因素很多，诸侯激烈争战的年代，青壮年人口的病死率肯定较高，战火频发之地与安宁之地相比，人类的平均寿命肯定会有较大差别，故要研究人类寿命的区域差异，应该选取统一之后的承平时代。在缺乏详尽系统的人口统计数据的情况下，有限的考古资料以及零星的史料记载，都只有个案的研究价值，而没有统计学上的意义。在此，笔者拟从长寿人口的角度对此问题进行探讨。

诚然，由于不同时代生产力水平、社会经济发展水平与医药水平的不同，人们对长寿所定的标准并不完全一致。早在先秦时期，就有上寿、中寿和下寿之分。《慎子》言："盗跖曰：人上寿百岁，中寿八十，下寿六十"②；《吕氏春秋》则称："人之寿，久之不过百，中寿不过六十。"③至汉代时，标准似乎有所变化，"凡人中寿七十岁"④；东汉王充称："上寿九十，中寿八十，下寿七十"⑤；《太平经》称："上寿一百二十，中寿八十，下寿六十。"⑥综合起来看，汉代时多数以 60 岁为下寿，而多以 80 岁为中寿。据此，笔者根据史料，以一些人物活动地为基础，对西汉初期的南北方地区人口寿命做一些初步的统计、对比分析。

首先，对比考察地处"江南"的西汉时长沙王的国君享年情况，与地处河北的历代中山靖王、地处山东的历代胶东王的享年情况。西汉时长沙王分吴氏与刘氏两个阶段。吴氏长沙王为越人吴芮受汉高祖所封而立，其世系见

① 《汉书》卷95《两粤传》，北京：中华书局，1962 年，第3848 页。

② （战国）慎到：《慎子》外篇，上海：上海古籍出版社，1990 年，第 14 页。按：该书虽然被列为伪书之一，认为内容为后人辑录补益，但大体仍能反映古人的思想。

③ （汉）高诱：《吕氏春秋》卷10《孟冬纪第十·节丧》，上海：上海书店，1986 年，第98 页。

④ （汉）刘安撰，高诱注：《淮南鸿烈解》卷 1《原道训》，《钦定四库全书荟要·子部》第 277 册，长春：吉林出版集团有限责任公司，2005 年，第 10 页。

⑤ （东汉）王充：《论衡》卷 28《正说篇》，上海：上海人民出版社，1974 年，第 427 页。

⑥ 王明：《太平经合校·钞乙部·解承负诀》，北京：中华书局，1960 年，第 23 页。

表 5-1；刘氏长沙王为汉景帝前元二年（前 155 年）封庶子刘发为长沙王而立，其世系见表 5-2。

表 5-1　越人长沙王吴芮^①世系

姓名	生卒年	享年	备注
吴芮	?前 241 年—前 202 年	约 40 岁	因吴芮生年史载不明，据部分论著所述，约生于前 241 年，则享年应在 40 岁左右。吴氏长沙国建立于汉高祖五年（前 202 年），至汉文帝后元七年（前 157 年）因无嫡而废，国存 45 年，历五王，每王平均统治不足 10 年
吴臣	? —惠帝二年（前 193 年）	<35 岁	
吴回	? —吕后元年（前 187 年）	<30 岁	
吴右	? —汉文帝二年（前 178 年）	<20 岁	
吴著	? —汉文帝后元七年（前 157 年）	<25 岁	

注：表中吴芮以下诸王享年，皆以假定吴芮生于公元前 241 年为基础，假定其时男子 15 岁结婚，16 岁时生子推算

资料来源：《汉书》卷 34《韩彭英卢吴传》，北京：中华书局，1962 年，第 1894 页

表 5-2　长沙王刘发世系

姓名	生卒年	享年	在位时间	备注
刘发	? —元朔元年（前 128 年）	<50 岁	28 年	（1）刘氏长沙王从立国到被废，国存 164 年，自刘发以下，凡历七代。诸侯亲王实行嫡长子继承制。当然诸侯王 16 岁成婚首先生养的孩子不一定为男性，因而嫡长子的生育时间难免会有一定的误差 （2）刘宗为刘旦之弟，假定其比兄刘旦年幼两岁
刘庸	? —太初四年（前 101 年）	<60 岁	27 年	
刘鮒鮈	? —始元三年（前 84 年）	<60 岁	17 年	
刘建德	? —甘露四年（前 50 年）	>70 岁	34 年	
刘旦	? —初元元年（前 48 年）	<60 岁	2 年	
刘宗	? —永光三年（前 41 年）	>60 岁	5 年	
刘鲁人	? —居摄二年（公元 7 年）	>80 岁	48 年	
刘舜	? —?	?	2 年	

注：按汉景帝刘启（前 188—前 141 年）于公元前 155 年分封刘发，同样假定古代男子 15 岁结婚，16 岁开始生养子嗣。首任长沙王为汉景帝第六子，则长沙王刘发很有可能出生于前 172 年—前 167 年，因而假定刘发出生于前 170 年。以此推算，刘发在 15 岁左右被分封长沙，约于前 154 年 16 岁时生嫡长子刘庸，其余继任长沙王照此类推

资料来源：《汉书》卷 53《景十三王传》，北京：中华书局，1962 年，第 2427 页；《汉书》卷 14《诸侯王表第二》，北京：中华书局，1962 年，第 413 页；（宋）王钦若等：《册府元龟》卷 282《宗室部·承袭》，《景印文渊阁四库全书·子部》第 906 册，台北：商务印书馆，1986 年，第 842 页

长沙王刘发一生养育有 16 个儿子，根据汉武帝时颁布的"推恩令"，其

---

① 首位长沙王吴芮生年不详，部分论著称吴芮生于公元前 241 年。参见卢星，许智范，温乐平：《江西通史·秦汉卷》，南昌：江西人民出版社，2008 年，第 182 页；郑大中：《百越首领吴芮》，《上饶日报》2014 年 11 月 24 日，第 3 版《文化》，笔者以此为基础，进行讨论。

余 15 子皆得以分封为侯。宋王钦若的《册府元龟》和唐司马贞的《史记索隐》记载了相关情况，见表 5-3。

表 5-3　史料记载中的长沙王刘发 15 子封侯传承情况

姓名	《册府元龟》卷 282《宗室部·承袭》，第 842 页	司马贞《史记索隐》卷 7《建元以来侯者年表第八》（《文渊阁四库全书》第 246 册，第 493、494 页）
刘苍	安城思侯，在位 13 年薨	
刘义	夫夷敬侯，在位 12 年薨	
刘买	舂陵节侯，在位 4 年薨	
刘定	都梁敬侯，在位 8 年薨	
刘贤	众陵节侯，在位 50 年薨	
刘丹	安众康侯，在位 30 年薨	
刘章		洛陵侯，元朔四年（前 125 年）封，元狩二年（前 121 年）因罪，国除
刘则		攸舆侯，元朔四年（前 125 年）封，太初元年（前 104 年）因罪，国除
刘欣		茶陵侯，元朔四年（前 125 年）封，传三世
刘拾		建城侯，元朔四年（前 125 年）封，元狩六年（前 117 年）因罪，国除
刘嘉		叶康侯，元朔四年（前 125 年）封，元鼎五年（前 112 年）因罪，国除
刘狗彘		洮阳靖侯，元朔五年（前 124 年）封，元狩六年（前 117 年）死，无子，国除
刘成		宜春侯，元光六年（前 129 年）封，元鼎五年（前 112 年）国除
刘党		句容哀侯，元光六年（前 129 年）封，元朔元年（前 128 年）死，无子，国除
刘福		句陵侯，元光六年（前 129 年）封，元鼎五年（前 112 年）国除

从表 5-3 中不难看出，西汉初年的吴氏长沙王享年均没有达到其时的"下寿"标准，而在随后分封的 8 位刘氏长沙王中，除最后一位长沙王刘舜因生卒年资料缺乏，享年难以详考之外，其余历代长沙王从根据推理得出的大约享年可以看出，有 1 位达到"中寿"标准，2 位达到"下寿"标准。其余均在"下寿"以内。一般来说，在位时间长，往往表示享年也长。从表 5-3 反映的信息看，长沙王刘发的 16 个儿子中，即使不考虑因罪被革除侯位者，至少有 4 个儿子在位时间在 10 年以内即亡，结合刘发的卒年进行分析，他们应属"早夭"之类。

中山靖王刘胜，亦是汉景帝刘启之子，受封于前元三年（前154年），其世系见表5-4。

表5-4 中山靖王世系表

姓名	生卒年	享年	在位时间	备注
刘胜	前165—前113年	53岁	42年	
刘昌	？—前111年	<40岁	1年	元鼎五年（前112年）嗣
刘昆侈	？—前90年	<60岁	21年	元封元年（前110年）嗣
刘辅	？—前87年	<40岁	4年	征和四年（前89年）嗣
刘福	？—前70年	<40岁	17年	始元元年（前86年）嗣
刘循	前99—前55年	45岁	15年	地节元年（前69年）嗣，亡后，国除
刘云客	不详	14岁	3年	鸿嘉二年（前19年）封，亡后
刘伦	不详	不详	13年	元始二年（2年）立，王莽篡位，贬为公，明年废

注：本表记载略有差异，笔者以传为主；按首位中山靖王刘胜（前165—前113年），其世系以假定古代男子15岁结婚，16岁开始生养子嗣进行推算，其中刘循与刘云客享年史有明载

资料来源：《汉书》卷53《景十三王传》，北京：中华书局，1962年，第2426页；《汉书》卷14《诸侯王表》，北京：中华书局，1962年，第414页

从表5-4、表5-5看，在中山靖王世系中，除末代中山靖王刘伦生卒年不详外，有1人明显属于"早夭"，无1人达到"下寿"的标准，而在胶东康王刘寄世系中，则有2人达到"中寿"的标准。

表5-5 胶东康王刘寄世系

姓名	生卒年	享年	在位时间	备注
刘寄	？—前121年	<50岁	28年	
刘贤	？—前107年	<50岁	15年	元狩三年（前120年）嗣
刘通平	？—前83年	<60岁	24年	元封五年（前106年）嗣
刘音	？—前29年	>80岁	54年	始元五年（前82年）嗣
刘授	？—前15年	>80岁	14年	河平元年（前28年）嗣，王莽时绝
刘殷	不详	不详	23年	永始三年（前14年）嗣，王莽篡位，贬为公，明年废

注：按汉景帝刘启（前188—前141年），胶东康王刘寄为汉景帝庶子，生年假定与中山靖王刘胜相同，为前165年。其世系以假定古代男子15岁结婚，16岁开始生养子嗣推算

资料来源：《汉书》卷53《景十三王传》，北京：中华书局，1962年，第2426页；《汉书》卷14《诸侯王表》，北京：中华书局，1962年，第414页

本书仅以西汉时地处南北方的吴氏长沙王、刘氏长沙王、中山靖王、胶东康王世系进行个案分析、综合对比，不难看出，除汉初的吴氏长沙王世系享年略低外，北方地区达到"下寿"的人数略多。在长沙王刘发所生养的16个儿

子中，疑似"早夭"的有4人，约占1/4，但享年在40岁以下的诸侯王人数，地处"江南"的刘氏长沙王世系，又明显要少于中山靖王世系。也就是说，带有强烈地域性的江南"丈夫早夭"的说法，在此还找不到足够的证据予以证实。

毕竟，要研究其时的人均寿命，需要大量的统计样本，仅以几个家族进行对比是远远不够的。

另外，从其时的"长寿"人口的分布状况进行分析。考虑到当时社会经济发展的水平，以及医疗技术等方面的因素，笔者对史料记载中享年在 80 岁以上的人口进行分析。

从史料记载反映出来的情况看，以长安为中心的关中地区，无疑是西汉时长寿人口的重要分布地。史籍中有一些记载，如称："武安侯宴，坐中有年九十余老人"[1]；丞相张苍"年百余岁乃卒"[2]；"孝文时得其乐人窦公……师古曰：'《桓谭新论》云窦公年百八十岁，两目皆盲'"[3]；公孙弘"年八十，终丞相位"[4]。

此外是东海郡（今鲁南苏北一带）。出土的尹湾汉简中记载了其时东海郡的总人口状况："户廿六万六千二百九十，多前二千六百廿九。其户万一千六百六十二获流：□百卅九万七千三百卅三，其四万二千七百五十二获流。"[5]其中，"年八十以上三万三千八百七十一；六岁以下廿六万二千五百八十八，凡廿九万六千四百五十九。年九十以上万一千六百七十人，年七十以上受杖二千八百廿三人，凡万四千四百九十三人，多前七百一十八"[6]。八十岁以上人口占总人口的 2.3%，九十岁以上人口占总人口的 0.8%。比照今天联合国制定的长寿标准，似乎已达到"长寿之乡"了！

相比之下，西汉时有关"江南"地区的长寿人口，史料就鲜有记载。从现有史料判断，南越王赵佗应该是一个较长寿者。赵佗卒于汉武帝建元四年（前

① 《汉书》卷 25 上《郊祀志》，北京：中华书局，1962 年，第 1216 页。

② 《汉书》卷 42《张周赵任申屠传》，北京：中华书局，1962 年，第 2100 页。

③ 《汉书》卷 30《艺文志》，北京：中华书局，1962 年，第 1712 页。

④ 《汉书》卷 58《公孙弘传》，北京：中华书局，1962 年，第 2623 页。

⑤ 高海燕，乔健：《从尹湾简牍〈集簿〉谈西汉东海郡的人口、土地、赋税》，连云港市博物馆，中国文物研究所：《尹湾汉墓简牍综论》，北京：科学出版社，1999 年，第 144 页。

⑥ 高海燕，乔健：《从尹湾简牍〈集簿〉谈西汉东海郡的人口、土地、赋税》，连云港市博物馆，中国文物研究所：《尹湾汉墓简牍综论》，北京：科学出版社，1999 年，第 146 页。

137 年）①，秦统一岭南时，赵佗即已被任命为南海郡龙川县令。按秦统一岭南的时间为前 214 年，即使据此而算，赵佗即已活了超过 70 岁。汉文帝元年（前179年），赵佗复信称："老夫处粤四十九年，于今抱孙焉。"②则从其初到岭南时算起，至其终年时即已有 91 年之久。宋人裴骃的《史记集解》引晋人皇甫谧称："越王赵佗以建元四年卒，尔时汉兴七十年，佗盖百岁矣。"③综合考察，南越王赵佗当超过百岁而卒，是其时名副其实的寿星。

神仙，是传说中长生不老的人物，其中不少皆由民间人物演化而来。晋人葛洪撰有《神仙传》，其"神仙"的分布情况见表 5-6。

表 5-6 《神仙传》所载"神仙"分布情况一览表

"神仙"	籍贯或活动地	"神仙"	籍贯或活动地
沈文泰	九疑人	伯山甫	雍州人
皇初平	丹溪人（浙江金华兰溪）	刘政	沛国人
沈建	丹阳人	孙博	河东人
华子期	淮南人	马鸣生	临淄人
乐子长	齐人	阴长生	新野人
卫叔卿	中山人	茅君	咸阳人
魏伯阳	吴人	张道陵	丰县人
沈义	吴郡人	乐巴	蜀人
陈安世	京兆人	淮南王刘安	淮南人
李八伯	蜀人	李少君	临淄人
李阿	蜀人	王真	上党人
王远	东海人	陈长	苄屿山
刘纲	上虞人	帛和	西城山
樊夫人	上虞人	赵瞿	上党人
东海圣母	广陵海陵人	宫嵩	苄屿山
孔元	华山人	董仲君	临淮人
王烈	邯郸人	倩平吉	沛人
涉正	巴东人	王仲都	汉中人
焦先	河东人	葛玄	丹阳人
孙登	汲郡人	左慈	庐江人
东郭延	山阳人	王遥	鄱阳人

① 《史记》卷 113《南越列传》，北京：中华书局，1959 年，第 2970 页。
② 《汉书》卷 95《西南夷两粤朝鲜传》，北京：中华书局，1962 年，第 3852 页。
③ 《史记》卷 113《南越列传》，北京：中华书局，1959 年，第 2971 页。

续表

"神仙"	籍贯或活动地	"神仙"	籍贯或活动地
灵寿光	扶风人	陈永伯	南阳人
刘京	南阳人	太山老父	岱山
严青	会稽人	巫炎	北海人
河上公	陕州	刘根	
壶公	汝南	尹轨	太原人
介象	会稽人	董奉	侯官县人
李根	许昌人	李意期	蜀郡人
王兴	阳城人	黄敬	武陵人
鲁女生	长乐人	甘始	太原人
封君达	陇西人		

注：书中没有籍贯及明确的活动地，以及属于先秦时期的，不计列于内

资料来源：（晋）葛洪：《神仙传》卷1—10，北京：学苑出版社，1998年

表 5-6 中的"神仙"，除少量人物，如淮南王刘安生卒年史有明载外，其余皆可视为长寿者。总共统计 61 人，其中 15 人籍贯或活动地在"江南"地区，还有 6 人活动在有"卑湿"分布的蜀地。从绝对数量上看，似乎"江南"地区的"神仙"，要明显少于北方地区，但考虑当时中国人口绝大多数分布在北方，"江南"属地广人稀之地的事实，按人口的万分比计算，江南地区也不一定会比北方低。

再从各地的人口性别比考察。《汉书》记载了当时各地的男女比例情况，为研究分析这个问题提供了难得的资料，见表 5-7。

表 5-7　《汉书》所载各州男女比例一览表

州名	男女比例	州名	男女比例
扬州	二男五女	雍州	三男二女
荆州	一男二女	幽州	一男三女
豫州	二男三女	冀州	五男三女
青州	二男三女	并州	二男三女
兖州	二男三女		

资料来源：《汉书》卷28上《地理志》，北京：中华书局，1962年，第1539—1542页

从表 5-7 的数值看，南方的扬州与荆州男女比例虽然稍低，但北方的幽州男女比例更低。也就是说，"卑湿"的南方，如因"丈夫早夭"造成性别比低的结论，从这个方面看也是不成立的。

如前所述，囿于史料记载本身不完整，以及西汉时期人物大多生年不详，这样的研究肯定会存在不少缺陷。东汉以后，历史人物的生卒年虽逐渐有了明确的记载，一些学者依据《后汉书》所载人物以及部分碑铭资料、考古资料，尝试研究东汉时期的人口寿命问题[①]，但材料本身存在的局限性，决定了其研究结论的有限性。要开展其时各地人口的平均寿命研究，仍存在着难以克服的困难。从长寿人口、男女性别比的角度进行分析，江南地区"丈夫早夭"的说法似可存疑。也许，江南"丈夫早夭"只是其时中原人士的一种思想观念，是无法通过实证的办法来予以证实的。

三、魏晋以降"早夭之地"的流传与异化

汉代出现的江南地区"丈夫早夭"的说法，对后世产生了深刻的社会影响。魏晋以降，北方主流社会在流传江南地区"丈夫早夭"的同时，也产生了一些异化的现象。

众所周知，前人认为，造成"早夭"的原因，就是文献所言的"卑湿"，对于广大的南方地区而言，这是一个无法改变的地理环境。正因如此，北方人士惧怕到南方，进而在心理上排斥、诋毁南方的地理环境，使南方区域形象逐渐出现"泛污名化"的现象而发生扭曲。

一方面，魏晋以来，南方卑湿，不宜人居，严重影响人类寿命的思想观念，在北方上层社会日益根深蒂固。人们在心理上对南方卑湿的环境深感畏惧，在现实社会中则多方逃避、排斥。为此，一些封建官吏常以卑湿为借口拒绝到南方任职。南朝宋阮长之，元嘉九年（432年）时，"迁临川内史，以南土卑湿，母年老，非所宜，辞不就"[②]；南朝梁王亮被任命为衡阳太守，他竟因为此地卑湿，拒绝赴任。史称："（亮）出为衡阳太守。以南土卑湿，辞不之官，迁给事黄门侍郎。"[③]唐时杨执"出为常州刺史，以太夫人羸老，乞避卑湿，特降中旨，转牧晋州"[④]。究其本质，北方人士之所以惧怕南方"卑

① 袁延胜：《中国人口通史·东汉卷》，北京：人民出版社，2007年，第185—215页。
② 《宋书》卷92《阮长之传》，北京：中华书局，1974年，第2269页。
③ 《梁书》卷16《王亮传》，北京：中华书局，1973年，第267页。
④ （唐）张说：《张说之文集》卷25《赠户部尚书河东公杨君神道碑》，《丛书集成续编》第123册，台北：新文丰出版公司，1988年，第146页。

湿"的地理环境，主要是惧怕可能面临的"早夭"的直接后果。

另一方面，除了"卑湿"之外，炎热多雨、多毒蛇猛兽与蚊蝇都是北方人士难以适应，也是容易造成"早夭"的地理环境。因此，魏晋以降，在北方主流文化圈的话语体系里，江南或南方地区的"卑湿"这一环境要素逐渐淡化，相反，带有强烈渲染色彩的"瘴气""瘴疠"等环境意象则不断强化，并成了南方地区特有的、标志性的地域形象。

晋之前的史料，对南方地区的记载，不论是"卑湿"，还是"暑湿"，都只是对地理环境的客观叙述，自从晋代开始出现"瘴气""瘴疠"的记载之后[1]，南方环境就多了一层主观色彩极强的渲染性记叙。因为"卑湿""暑湿"并不直接致人死命，而"瘴"却有大规模遽夺人命的效果，如史籍所载："南州水土温暑，如有瘴气，恐死者十四五"[2]；马援南征交趾，"军吏经瘴疫死者十四五"[3]。晋之后，"卑湿"有所泛化，不再专门指向南方。南北朝时，既说南方荆州"境内卑湿，城堑多坏"[4]；也说北方的勿吉"地卑湿，筑土如堤，凿穴以居"[5]，室韦"土地卑湿"[6]。从史籍记载看，北方地区的"卑湿"与气候的炎热无关，只是纯粹的地理环境叙述，更与人类的"早夭"是没有关系的。南方地区的"卑湿""暑湿"，都有浓厚的气候炎热的背景，在时人看来，这是对人类有着强大杀伤力的"瘴气""瘴疠"产生的气候条件，所谓"南方暑湿，瘴毒互生"[7]，"深山穷谷多毒虐之物，气则

---

① 关于何时有瘴的问题，一些学者根据《后汉书》卷 24《马援传》中有关"瘴"的记载，认为东汉时已有"瘴气"，参见左鹏：《汉唐时期的瘴与瘴意象》，荣新江主编：《唐研究》第 8 卷，北京：北京大学出版社，2002 年，第 257—275 页；刘祥学认为从成书时间看，《后汉书》晚于正史《三国志》。此外，晋人所撰《南方草木状》《华阳国志》等史籍均已有"瘴"的记载，故"瘴"极有可能产生于晋代。参见刘祥学：《当今边疆地区环境史视野下的"瘴"研究辩（辨）析》，《江汉论坛》2013 年第 6 期，第 87 页；又，李聪甫主编：《中藏经语译》卷下《疗诸病药方六十八道》，北京：人民卫生出版社，1990 年，第 110 页载："安息香丸治传尸、肺痿、骨蒸、鬼疰，卒心腹疼，霍乱，吐泻，时气，瘴疟……诸疾"，已明确提到"瘴虐"，但历来有不少医家认为此书为后人托名所著，因此此书实难作为"瘴"记载的最早史料。

② （晋）袁宏撰，周天游校注：《后汉纪》卷 18《孝顺皇帝纪上》，天津：天津古籍出版社，1987 年，第 519 页。

③ 《后汉书》卷 24《马援传》，北京：中华书局，1965 年，第 840 页。

④ 《北史》卷 62《王思政传》，北京：中华书局，1974 年，第 2206 页。

⑤ 《北史》卷 94《勿吉传》，北京：中华书局，1974 年，第 3124 页。

⑥ 《北史》卷 94《室韦传》，北京：中华书局，1974 年，第 3130 页。

⑦ 《后汉书》卷 48《杨终传》，北京：中华书局，1965 年，第 1598 页。

有瘴疠"①。因而晋以后，南方地区的"瘴气""瘴疠"记载逐渐开始增多，甚至开始出现一些渲染性的记述，南方多"瘴"的地域形象逐渐在北方士人的观念中固化下来。

不过，值得注意的是，"瘴气"在史籍上出现之初并没有专门的地理指向。气候炎热、潮湿的岭南与西南地区，"瘴气"的记载较多。史载："苍梧、南海，岁有暴风瘴气之害，风则折木，飞砂转石，气则雾郁，飞鸟不经。"②兴古郡（治今云南砚山县西北维摩）"多鸠僚、濮，特有瘴气"③。南北朝时一些文人称："吴蜀皆暑湿，其南皆有瘴气。"④越州临漳郡（今广西浦北县石涌乡）"夷僚丛居……土有瘴气杀人。汉世交州刺史每暑月辄避处高，今交土调和，越瘴独甚"⑤。不韦县（今云南保山市东北）"瘴气特恶。……时有瘴气，三月、四月，迳之必死，非此时犹令人闷吐。五月以后，行者差得无害。故诸葛亮表言：五月渡泸"⑥；在气候寒凉的西北地区，也偶有"瘴气"的记载。例如，《魏书》载魏成帝和平元年（460年）八月，遣军征吐谷浑，"西征诸军至西平，什寅走保南山。九月，诸军济河追之，遇瘴气，多有疫疾，乃引军还；获畜二十余万"⑦。最令中原人士深感恐惧的，主要还是广大南方地区的"瘴气"。北方上层社会普遍存在一种担忧，就是到南方后，万一感染瘴气，无法返回北方故土。史载东汉末年，公孙瓒与涿郡刘太守相交，后刘太守因他事徙日南，"瓒具米肉，于北芒上祭先人，举觞祝曰：'昔为人子，今为人臣，当诣日南。日南瘴气，或恐不还，与先人辞于此。'再拜慷慨而起，时见者莫不歔欷"⑧。

隋代之后，史料虽然也偶尔提及"南方卑湿"，但记载更多的却是南方的

① （晋）张华撰，范宁校证：《博物志校证·佚文》，北京：中华书局，1980年，第133页。

② 《三国志》卷61《吴书十六·张凯附张胤传》，北京：中华书局，1959年，第1410页。

③ （晋）常璩撰，刘琳校注：《华阳国志校注》卷4《南中志·兴古郡》，成都：巴蜀书社，1984年，第455页。

④ （梁）萧统编，（唐）李善等注：《六臣注文选》卷6《京都下·魏都赋》，北京：中华书局，1987年，第137页。

⑤ 《南齐书》卷14《州郡上·越州》，北京：中华书局，1972年，第267页。

⑥ （北魏）郦道元撰，谭属春、陈爱平校点：《水经注》卷36《若水》，长沙：岳麓书社，1995年，第520页。

⑦ 《魏书》卷5《高帝纪》，北京：中华书局，1974年，第119页。

⑧ 《三国志》卷8《魏书八·公孙瓒传》，北京：中华书局，1959年，第239页。

"瘴毒"。也就是说，南北朝之后，在北方主流文化圈的语境里，南方地区的"卑湿"，已逐步为"瘴"所替代。

考察"瘴"的出现与发展，多与南方湿热多毒的观念密切相关。早在汉代，时人就认为在炎热潮湿的气候环境之下，毒蛇、毒蜂、毒虫等易于繁殖，疾病易发，严重威胁人类的健康生命。所谓"南方暑湿，近夏瘅热，暴露水居，蝮蛇蠚生，疾疠多作"[1]；"江南山谷之间，多诸毒恶"[2]。对南方的特殊的地理环境，北方人士往往表现出一种既惧怕，又鄙视的心理。汉代的贾捐之，称海南岛"雾露气湿，多毒草虫蛇水土之害，人未见虏，战士自死"[3]，其民"与禽兽无异……弃之不足惜"[4]。瓯越、南越所居的南方之地，植被茂密，交通极为不便。西汉时因其不服统治，汉武帝欲发兵击之，淮南王刘安上疏认为出兵征越，士卒需"行数百千里，夹以深林丛竹，水道上下击石，林中多蝮蛇猛兽，夏月暑时，欧泄霍乱之病相随属也，曾未施兵接刃，死伤者必众矣"[5]；他还认为："越，方外之地，劗发文身之民也。不可以冠带之国法度理也。……以为不居之地，不牧之民，不足以烦中国也。"[6]

还有一个变化就是盛行江南地区丈夫"早夭"观念的同时，也开始产生了程度稍轻的南方"早衰"观念，"早夭"的范围也由原先泛指的广大"江南"或"南方"地区，发展到专指岭南地区。

汉代流传的江南"早夭"一说，只是其时人们的思想观念，带有一定的主观想象成分。这种观念源于古代人们认识自然水平不高，科学水平有限的情况下，对疾病发生原因的一种朴素认识，通过自然环境的气候、地形等要素，解释疾病发生的机制，认为："南方其地洼下，水土弱，雾露之所聚也"[7]，人们容易受到自然界"邪气"入侵而生疾病。汉代时即有人认为："暑气多

① 《汉书》卷 64 上《严助传》，北京：中华书局，1962 年，第 2781 页。
② 〔晋〕葛洪：《抱朴子·内篇》卷 17《登涉》，上海：上海书店，1986 年，第 80 页。
③ 《汉书》卷 64 下《贾捐之传》，北京：中华书局，1962 年，第 2834 页。
④ 《汉书》卷 64 下《贾捐之传》，北京：中华书局，1962 年，第 2834 页。
⑤ 《汉书》卷 64 上《严助传》，北京：中华书局，1962 年，第 2779 页。
⑥ 《汉书》卷 64 上《严助传》，北京：中华书局，1962 年，第 2777 页。
⑦ 山东中医学院校释：《针灸甲乙经校释》卷 6《逆顺病本末方宜形志大论第二》，北京：人民卫生出版社，1980 年，第 751 页。

夭，寒气多寿"①。南方地区，长夏无冬，终年高温多雨，自然是"多夭"的区域。所谓"南方阳气之所积，暑湿居之……早壮而夭"②，但是否真实，难于证实。故魏晋之后，人们即已较少直称南方"早夭"，转而开始称南方"早衰"。例如，南北朝梁时吴郡人顾协，三十五岁时，为人引荐，面见梁武帝，梁武帝称："北方高凉，四十强仕。南方卑湿，三十已衰。"③实际上，根据《梁书》所载，顾协"大同八年，卒，时年七十三"④。按照前述长寿的标准，已然超过下寿，接近中寿了。然而自此之后，南方"三十早衰"的思想观念，产生了广泛的社会影响。直到清代，袁枚还有诗称："春梦五更初醒后，南方三十早衰时。"⑤

在时人的观念中，地理环境既影响人的容貌，也深刻地影响到人的体质与性格。西晋时，左思赋文就称巴蜀地区"汉罪流御，秦余徒剿，霄貌蕞陋，禀质遴脆。巷无杼首，里罕耆耋"⑥，注文称："巴蜀轻易淫泆，柔弱褊厄。……杼首，长首也，燕谓之杼。交、益之人，率皆弱陋，故曰无杼首也。……吴蜀人蕞陋，人不多寿，故巷无杼首，里希耆老。"⑦南北朝时，梁朝割据江东，自认正朔。北魏的元慎，公然声称："江左假息，僻居一隅，地多湿垫，攒育虫蚁，疆土瘴疠，蛙黾共穴，人鸟同群。短发之君，无杼首之貌。"⑧可见，西南地区、岭南地区，甚至长江中下游以南地区，依然是其时北方人们观念中人类寿命不长的区域。

其实，从自然地理环境而言，暑湿、卑湿并非为南方地区所独有，而从古

① （汉）刘安撰，高诱注：《淮南鸿烈解》卷4《坠形胜》，《钦定四库全书荟要·子部》第277册，长春：吉林出版集团有限责任公司，2005年，第45页。

② （汉）刘安撰，高诱注：《淮南鸿烈解》卷4《坠形胜》，《钦定四库全书荟要·子部》第277册，长春：吉林出版集团有限责任公司，2005年，第46页。

③ 《南史》卷62《顾协传》，北京：中华书局，1975年，第1519页。

④ 《梁书》卷30《顾协传》，北京：中华书局，1973年，第445—446页。

⑤ （清）袁枚著，王英志校点：《袁枚全集》第1册《小仓山房诗集》卷5《一卷》，南京：江苏古籍出版社，1993年，第81页。

⑥ （梁）萧统编，（唐）李善等注：《六臣注文选》卷6《京都下·魏都赋》，北京：中华书局，1987年，第137页。

⑦ （梁）萧统编，（唐）李善等注：《六臣注文选》卷6《京都下·魏都赋》，北京：中华书局，1987年，第137页。

⑧ （北魏）杨炫之撰，周祖谟校释：《洛阳伽蓝记校释》卷2《城东·景宁寺》，北京：中华书局，2010年，第90页。

人疾病观念所认为的"邪气",即传统医学所称之"六淫"（寒、暑、燥、湿、风、热）①看,南北居民都一样要面对。北方主流社会何以会认为只有南方地区人们容易早夭或者早衰呢?一些医者给出了南北气候差异,人类体质不同的结论,称"江南岭表,其地暑湿,其人肌肤薄脆,腠理开疏",而"关中、河北,土地刚燥,其人皮肤坚硬,腠理闭塞"②。在暑湿的气候环境下,人们腠理开疏,人的抵抗力弱,自然容易导致邪气入侵而染病。故古代的医者普遍认为:"寒凉之地,腠理开少而闭多,闭多则阳气不散,故适寒凉腹必胀也。湿热之地,腠理开多而闭少,开多则阳发散,故往温热皮必疮也。下之则中气不余,故胀已。汗之则阳气外泄,故疮愈"③;北方地区气候寒冷,"阳不妄泄,寒气外持,邪不数中,而正气坚守,故寿延";南方地区暑湿,"阳气耗散,发泄无度,风湿数中,真气倾竭,故夭折。即事验之,今中原之境,西北方众人寿,东南方众人夭"④。

不论是"早夭"还是"早衰",都是与南方特殊的地理环境密切相关的,都会导致居于此地的人们过早死亡的严重后果。《隋书》的修撰者称:"自岭已南二十余郡,大率土地下湿,皆多瘴厉,人尤夭折。"⑤据此,不难看出,原先汉代所泛指的"江南"——"丈夫早夭"之地,至隋唐之时,已明确将岭北地区排除,而专指岭南地区了。其原因也由原先所强调的"卑湿",转而归因于"瘴疠"。

或许人类自身对于死亡怀有本能的恐惧心理,地理偏远、交通不便、开发程度不高的岭南地区,给时人留下了无法磨去的心理阴影。在唐时一些官僚的心目中,岭南地区仿如生命禁区,到处瘴毒弥漫,疾病易生,外人身处其中,绝难长久活命。因而他们对于岭南,既极度害怕、排斥,又持有强烈的蔑视心理。唐肃宗年间,元结先为道州（今湖南道县）刺史,后调任容州（今广西容

---

① （宋）陈言:《三因极一病证方论》卷2《三因论》,北京:人民卫生出版社,1957年,第19页。

② （唐）孙思邈撰,刘更生、张贤瑞等点校:《千金方》卷1《序例·治病略例第三》,北京:华夏出版社,1993年,第2页。

③ （唐）王冰撰注,鲁兆麟等点校:《黄帝内经素问》卷20《五常政大论》,沈阳:辽宁科学技术出版社,1997年,第128页。

④ （唐）王冰撰注,鲁兆麟等点校:《黄帝内经素问》卷20《五常政大论》,沈阳:辽宁科学技术出版社,1997年,第128页。

⑤ 《隋书》卷31《地理下》,北京:中华书局,1973年,第887页。

县）都督，他以奉养老母为辞，上表请求改任，称："臣又多病，近日加剧。前在道州，黾勉六岁，实无理政。多假请停官，使司不许。今臣所属之州，陷贼岁久，颓城古木，远在炎荒。管内诸州，多未宾伏。……臣将就路，老母悲泣。闻者凄怆，臣心可知。"①唐顺宗统治年间，宰相韦执谊对岭南竟然怀有一种近乎偏执的心理禁忌，史称："初，执谊自卑官，常忌讳不欲人言岭南州县名。为郎官时，尝与同舍诣职方观图，每至岭南州，执谊遽命去之，闭目不视。及拜相，还所坐堂，见北壁有图，不就省，七八日，试观之，乃崖州图也，以为不祥，甚恶之，不敢出口。及坐叔文之贬，果往崖州，卒于贬所。"②唐宪宗统治时期，韩愈因谏佛骨之故，被贬为岭南潮州刺史。到任后，韩愈即上表称：

> 臣今年正月十四日蒙恩授潮州刺史，即日驰驿就路。经涉岭海，水陆万里。臣所领州，在广府极东，去广府虽云二千里，然来往动皆逾月。过海口，下恶水，涛泷壮猛，难计期程，飓风鳄鱼，患祸不测。州南近界，涨海连天，毒雾瘴氛，日夕发作。臣少多病，年才五十，发白齿落，理不久长。加以罪犯至重，所处又极远恶，忧惶惭悸，死亡无日。单立一身，朝无亲党，居蛮夷之地，与魑魅同群。苟非陛下哀而念之，谁肯为臣言者。……臣负罪婴衅，自拘海岛，戚戚嗟嗟，日与死迫，曾不得奏薄伎于从官之内、隶御之间，穷思毕精，以赎前过。怀痛穷天，死不闭目！瞻望宸极，魂神飞去。伏惟陛下，天地父母，哀而怜之。③

满纸尽是哀怜之词！

四、宋代以后"早夭之地"的逐渐退隐

五代之后，北方地区长期的军事对峙与持久的战乱，导致人口不断南迁，经济重心不断南移，长江下游的江南等地得到开发，经济迅速发展。由于北方面临辽、西夏、金等少数民族政权的强大压力，宋朝统治者对岭南地区的统治

---

① （唐）元结：《让容州表》，（清）汪森编辑，黄盛陆校点：《粤西文载校点》卷3《奏表》，南宁：广西人民出版社，1990年，第61页。

② 《旧唐书》卷135《韦执谊传》，北京：中华书局，1975年，第3733页。

③ 《旧唐书》卷160《韩愈传》，北京：中华书局，1975年，第4201—4202页。

与开拓十分重视，大量内地人口纷纷迁入，活动的空间范围也在不断扩大，族群交往明显增多，彼此的了解也在不断增加。在这样的背景下，内地人士对岭南地区的地理环境的认识，也有一个由主观想象到客观真实缓慢靠近的转变过程。

就自然环境而言，南方的"卑湿"是客观存在的，但历代文人的反复渲染，南方地区湿热，使人短寿的区域形象在内地人士心中已被固化下来，并因此形成了相当程度的恐惧与逃避心理。北宋时，范祖禹因罪被流放贺州，他上表称："臣某言：窜投湘浦，痛省咎愆，流放炎荒尚宽诛殛，仰荷全贷，伏切涕零。伏念臣赋性至愚……虽当殄戮，犹或哀矜，赐以余生，屏之裔土。已投身于魑魅之域，将沦于瘴疠之乡，倘及泉而有知，犹结草以图报"[1]；狄青称："岭南外区，瘴疠薰蒸，北方戍人，往者九死一生。……下湿上蒸，病死必多。"[2]南宋时范成大"出帅广右，姻亲故人张饮松江，皆以炎荒风土为戚"[3]。不少人根本没有涉足过岭南，对这一区域的了解极为有限，其口中所称"炎海""炎荒""病死必多"等场景，只不过是根据历史传闻描绘出来的岭南形象而已，含有很多想象的成分。

与此相对应的是，由于中原地区战乱而形成的人口迁移浪潮，自唐以来即不断进入岭南地区，尤其是随着宋廷对岭南地区统治的加强，外来人口迁入岭南地区的现象，比之前朝，已明显增多。以广南西路为例，各州在籍人口中，已有一定数量的"客户"，这些"客户"即从内地流入的外来人口，见表5-8。

表5-8　宋代元丰年间广南西路户口情况一览表　　　　　（单位：户）

府州	主户	客户	府州	主户	客户
静江	36 791	9553	昭州	15 760	90
柳州	70 294	1436	贺州	33 938	6267
融州	2813	2845	梧州	3914	1811
象州	5435	3283	藤州	5060	1212
宜州	11 550	4273	容州	10 229	3547
宾州	4622	3800	浔州	2229	3922

---

① （宋）范祖禹：《贺州安置谢表》，（清）汪森编辑，黄盛陆校点：《粤西文载校点》卷3《奏表》，南宁：广西人民出版社，1990年，第75—76页。

② （宋）狄青：《论御南蛮奏》，（清）汪森编辑，黄盛陆校点：《粤西文载校点》卷4《奏状》，南宁：广西人民出版社，1990年，第92—93页。

③ （宋）范成大撰，严沛校注：《桂海虞衡志校注·序》，南宁：广西人民出版社，1986年，第1页。

续表

府州	主户	客户	府州	主户	客户
龚州	4553	3468	贵州	4022	3438
邕州	4870	418	横州	3172	279
郁林	3542	2300	高州	8737	3029
钦州	12 095	257	廉州	6601	899
化州	6018	3255	雷州	4272	9512

注：因其时当地土著民族尚未完全"归化"，不编于户籍，故上述数据中并不包含全部少数民族户口在内

资料来源：（宋）王存撰，王文楚、魏嵩山点校：《元丰九域志》卷9《广南路·西路》，北京：中华书局，1984年，第419—436页；《宋史》卷90《地理志六·广南西路》，北京：中华书局，1977年，第2239—2244页

应该说，人口的流入有助于增加内地对岭南地区的了解，破除一些扭曲、夸张的不实传闻，但受认识水平与心理偏见等因素的影响，特别是入迁岭南的"客户"，多为下层普通民众，并不具有史料的书写能力与话语权，他们对岭南的感受如何，无法在史料上得到体现，而具有史料书写能力，并拥有史料话语权的，主要是一些谪宦、流寓文人等。这样，我们今天所能看到的"史料"，肯定是少数官臣、文人留下的著述而已。受传统的儒家思想影响与阶级立场的局限，他们留下的"史料"当中，难免会存在较强的个人主观偏见。因此，史料上所反映的岭南区域形象变化，其过程肯定是漫长而曲折的。尽管如此，透过这些有限的史料，我们仍能感受到内地人士到岭南地区亲身体验后，开始对岭南地区的社会地理现实状况有了一些新的认识。

第二节 明清时期地方官绅对南方乡土形象的重塑

一、想象与渲染：内地文人对南方乡土形象的描述

乡土形象是人们对区域社会发展过程中水土、人文等要素的总体认识与评价。受情感、心理、认识水平等方面因素的影响与制约，这种认识与评价往往带有较强的主观色彩，因而人们所描绘的乡土形象总会与事实有一定的偏差，甚至与事实相反。明以前，内地文人视野下的南方乡土形象就是如此。其特征是以一定事实为基础，进行夸张渲染性的描述，又经过反复传播、多重演绎而成。其中或真假相杂，或充斥着较强的地域偏见。从表面上看反映的是北人

对南方地理环境的直观感受，背后体现的则是内地统治阶层的价值观与文化优越感。

从各类文献记载看，内地文人所描塑的南方地区乡土形象，主要体现在以下几个方面：

高温潮湿的"炎方""炎海"。对习惯于凉爽气候的北方人士而言，南方地区因所处纬度较低的关系，气候炎热，是客观事实。历史上，南岭既是南北间重要的地理分界线，亦是北人气候适应的心理分界线，或许是惮于南方炎热的气候，以及对南方炎热气候的严重不适，自南北朝以降，南方地区被北人称为"炎方"、"炎徼"与"炎海"。至明清时期，这样的称呼，见之于文献的，既有正史、奏折、地方志与私人笔记，也广泛见于其时的诗文之中。例如，嘉靖《钦州志》称："钦州五岭以南，界在炎方"①；"广西右江诸州，僻处炎徼"②；清初黄宗羲为程瑶作传，称："迫于再贬而南也，逾梅岭，涉炎海。"③从文献反映的情况看，"炎海"一般指南岭以南直至南海的广大地区，而"炎方""炎徼"包括的范畴更是将福建、贵州、云南包括在内。明人田汝成撰有《炎徼纪闻》一书，其所载基本包括了广西、贵州、云南三个布政使司辖下的土司地区。

与炎热气候相伴的是"卑湿"的地理环境。自司马迁提出"江南卑湿"之后，"卑湿"所指的区域逐渐转变为以岭南为主的南方地区。这样的认识，一直延续至明清时期。明人丘濬称："南方卑湿，竹帛不可久藏"④；徐光启称："南方卑湿，故作缕紧细，布亦坚实"⑤；医学家吴有性称："南方卑湿之地，更遇久雨淋漓，时有感湿者。"⑥南方"卑湿"的气候环境，北人难以适应，总

---

① 嘉靖《钦州志》卷1《气候》，《天一阁藏明代方志选刊》，上海：上海书店，1961年，第28页。

② （明）过庭训：《本朝分省人物考》卷15《南直隶凤阳府·吴良》，周骏富：《明代传记丛刊》第130册，台北：明文书局，1991年，第414页。

③ （清）黄宗羲：《明文海》卷334《记八·居室·逍遥园记》，北京：中华书局，1987年，第3434页。

④ （明）丘濬撰，丘尔谷编：《重编琼台稿》卷19《记·藏书石室记》，《景印文渊阁四库全书·集部》第1248册，台北：商务印书馆，1986年，第384页。

⑤ （明）徐光启著，石声汉校注：《农政全书校注》卷35《蚕桑广类》，上海：上海古籍出版社，1979年，第970页。

⑥ （明）吴有性：《瘟疫论》卷下《诸家温疫正误》，上海：上海科学技术出版社，1990年，第77页。

是想法逃避。史载："粤南虽称沃壤……而炎方卑湿，北土罕乐居焉。"①

令人生畏的"瘴乡""瘴海"。自魏晋以降，史书上出现"瘴气""瘴疠"的大量记载后，经过长期的反复传播、渲染与多重演绎，唐宋以降，南方地区在内地文人的话语体系里，被称为"烟瘴之地"。至明清时期，虽然"烟瘴之地""瘴乡"所指，比之前代，范围更大，但均十分稳定地包括了岭南地区所在的南方区域，史载所谓"五岭瘴乡"②，"黔、粤俱属瘴乡"③，"滇、黔、百越，夙称瘴乡"④，等等。

地瘠民贫的"蛮荒"之地。南方地区自古为百越所居，人们常以"蛮荒"称之。例如，明人曹学佺有诗称："兹维五岭表，带海襟蛮荒"⑤；清人称："岭外蛮荒，为瑶僮之窟。"⑥基于传统的"蛮夷"观认识，内地文人对南方民族区域乡土形象的描述，常用"瘠土""土瘠""土地硗确""民贫""民穷"等词称之，这种观念自古一脉相承。例如，明人称："广西地瘠民贫，素无积财"⑦，"广西地瘠民困，朝不谋夕"⑧，清人称："粤西，瘠土也。"⑨值得注意的是，描述"土瘠民贫"也许是事实，但当它与"瘴"这样的环境因素联系起来后，又多了一层厌恶的含义。清人陈宏谋曾明确指出："粤西民穷而愚，土朴而陋，自来当事持议，皆谓安静，但觉鄙夷厌薄之意多，而体恤振兴之意少。"⑩

---

① （明）亢思谦：《慎修堂集》卷 4《序·三巡稿序》，《四库未收书辑刊》编纂委员会：《四库未收书辑刊》第 5 辑第 21 册，北京：北京出版社，2000 年，第 75 页。

② （明）谢肇淛：《五杂组》卷 4《地部二》，上海：上海书店出版社，2001 年，第 73 页。

③ （明）郭应聘：《郭襄靖公遗集》卷 1《议留广西镇守总兵官疏》，《续修四库全书》编纂委员会：《续修四库全书·集部》第 1349 册，上海：上海古籍出版社，2002 年，第 27 页。

④ （清）程岱葊：《野语》卷 8《烟瘴》，《续修四库全书》编纂委员会：《续修四库全书·子部》第 1180 册，上海：上海古籍出版社，2002 年，第 121 页。

⑤ （明）曹学佺：《石仓历代诗选》卷 496《明诗次集一百三十·赠别全州四友》，《景印文渊阁四库全书·集部》第 1394 册，台北：商务印书馆，1986 年，第 110 页。

⑥ （清）金武祥：《粟香三笔》卷 2，《续修四库全书》编纂委员会：《续修四库全书·子部》第 1183 册，上海：上海古籍出版社，2002 年，第 525 页。

⑦ （明）雷礼：《国朝列卿纪》卷 62《工部尚书行实·章拯》，《续修四库全书》编纂委员会：《续修四库全书·史部》第 523 册，上海：上海古籍出版社，2002 年，第 274 页。

⑧ （明）陈子龙等：《明经世文编》卷 300《会议军饷征剿古田疏》，北京：中华书局，1962 年，第 3157 页。

⑨ （清）江濬源：《介亭文集》卷 2《赠友人之官粤西序》，《续修四库全书》编纂委员会：《续修四库全书·集部》第 1453 册，上海：上海古籍出版社，2002 年，第 519 页。

⑩ （清）贺长龄等：《清经世文编》卷 16《吏政二·与粤西当事书》，北京：中华书局，1992 年，第 404 页。

然而，最令人恐惧的，还是"早夭"之地这一乡土形象。

在内地文人话语体系中，时常表现出恶热喜凉的心理偏好，这或许与中国传统的养生观念密切相关。传统中医学认为："暑气多夭，寒气多寿"①，所谓："寒凉之地，腠理开少而闭多，闭多则阳气不散……湿热之地，腠理开多而闭少，开多则阳气发散。"②这是在科学水平不高的情况下，中国古代对人与自然环境关系的朴素认识。南方地区很早就被认为是"卑湿"之地，属于阳气易泄的区域。例如，明人王士性所称："广右石山分气，地脉疏理，土薄水浅，阳气尽泄。"③因而，"卑湿"的南方地区很早就被视为不适宜人类生活之地。

正是基于这样的地理认知，身处南方卑湿地区的人类无法长寿就成了古代内地文人的一致看法，并经历代反复传播、夸张渲染，"早夭"遂成为南方地区最令人生畏的乡土形象。

梳理南方"早夭"乡土形象的塑造与传播，有这样的特点：一是传播时间持久。从汉以降，上千年间，在内地文人的著述中以各种形式流传开来。二是向经济发展落后地区逐步偏移。"早夭"之地由"江南"到指向"岭南"，这个偏移过程与中国经济开发过程是高度吻合的，即指向经济开发程度较低的落后地区。

从传播社会学的角度而言，信息传播具有记忆效应，同时还具有社会加强作用。根据"强大效果论"的观点，一段时期内，反复传播比一次传播的效果好④。同样的信息，传播越久，产生的社会效果也越强。显然，对于传播了上千年的南方"早夭"形象而言，即使在信息传播技术不发达的古代，其累积的社会效应亦是不容小觑的。

古人之所以厌恶"卑湿"或"暑湿"的地理环境，固然有其难以适应的方面，但主要还是长期以来人们将"早夭"归因于环境的卑湿、暑湿，并反复传播的结果。之所以如此，主要是基于以下环境认识。

---

① （明）李时珍：《本草纲目》卷 52《人部·方民》，《景印文渊阁四库全书·子部》第 774 册，台北：商务印书馆，1986 年，第 545 页。

② （明）张介宾：《类经》卷 25《运气类·天不足西北地不满东南阴阳高下寿夭治法素问五常政大论》，北京：人民卫生出版社，1965 年，第 889 页。

③ （明）王士性撰，吕景琳点校：《广志绎》卷 5《西南诸省》，北京：中华书局，1981 年，第 116 页。

④ 司有和主编：《信息传播学》，重庆：重庆大学出版社，2007 年，第 110 页。

一是"水土恶弱"对人体的侵害。中国传统中医观念向来认为环境气候对人的体质具有决定性的影响，所谓："坚土之人刚，弱土之人懦。"①南方地区终年高温多雨，气候潮湿，一直被当作"水土恶弱"之地。医家皆认为："南方之域……其地卑下，水土屏弱，雾露所聚"②，人生其间，体格难以强健，认为这是南方人体质羸弱、瘦小的环境根源。

二是自然界生物（如毒蛇、猛兽、毒虫等）对人体的直接攻击侵袭。南方林木深翳，人行走其间，的确要随时面临一些来自自然界生物的危害。至清代，不少史料还在绘声绘色地描述南方毒物的可怕，称："岭南不惟烟雾蒸郁，亦多毒蛇猛兽……最当谨者，夜起不可仓卒，亦不可无灯，又不可不穿鞋袜。尝闻有人中夜下榻，而蜈蚣偶栖草鞋上，伤其足。……又一村妇仓卒吹火，不知火筒中偶有蜈蚣，惊窜入喉，致下胸膈悲声求救。……又有人被蝮蛇咬，遍身肿裂，口吐黄水。"③

三是瘴疠的危害。传统观念向来认为卑湿是瘴疠产生最重要的外在条件，并将因瘴而生的疾病，统称为瘴疾。究其致病原因，其实多是人们对一年之中冷暖气候变化不适而产生的各种疾病。明清时期见之史载的瘴疾很多，具体如下。

体表过热产生的晕眩胸闷，与中暑相类。"炎方土脉疏而气外泄，人为常燠所熯，肤理不密，山水草木之气感而相薄。大抵人行草间，为气所燉烁昏眩，虽渴，体常多汗，上脘郁闷虚烦，而下体常冷，吐之不可，下之不可，用药最难"④。

脚气病。脚气病在中医里是一个宽泛的概念，系指由感染湿气，由足部发展至全身的疾病。"夫江东、岭南之地卑湿，春夏之间，毒气弥盛，又山水湿蒸，多致瘴毒，风湿之疾，从地而起，易伤于人。所以此病多从下上，脚先屈

——————————

① （明）李时珍：《本草纲目》卷 52《人部·方民》，《景印文渊阁四库全书·子部》第 774 册，台北：商务印书馆，1986 年，第 544 页。

② （明）李中梓著，包来发、郑贤国校注：《删补颐生微论》卷 2《风土论第十五》，北京：中国中医药出版社，1998 年，第 114 页。

③ 雍正《广西通志》卷 128《艺文·杂记》，《景印文渊阁四库全书·史部》第 568 册，台北：商务印书馆，1986 年，第 724 页。

④ （明）魏浚：《西事珥》卷 2《治瘴说》，四库全书存目丛书编纂委员会：《四库全书存目丛书·史部》第 247 册，济南：齐鲁书社，1996 年，第 764 页。

弱，然后痹弱，头痛心烦，痰滞吐逆，两胫微肿，小腹不仁，壮热憎寒，四肢缓弱，精神昏愦，大小便不通，毒气攻心，死不旋踵，此皆瘴毒脚气之类也"①。

肠胃不适、呕吐。"治瘴疾呕吐，心腹满痛……瘴疾多呕者因脾土虚寒，痰气上逆"②；"恶心，四肢疼痛，口吐酸水，不思饮食，憎寒壮热，发过引饮。二广、七闽多山岚烟雾，蛇虺郁毒之气，当秋七八月之间，芒华发时，此疾大作"③。

感冒发热。"瘴疟不问先寒后热，先热后寒，多热少寒，多寒少热，皆因夏月伤暑，汗出不透，或秋伤风，或过食生冷，先伤脾胃，沐浴感冒，多作此疾"④。

疟疾。这是学术界较为一致的看法，明人认为"瘴""疟"为同病异名，称："其状头疼体痛，胸膈烦满，寒热往来，咳逆多痰，全不思食，发渴引饮，或身黄肿胀，眉发脱落，是皆毒疠郁蒸所致。……瘴与疟分作两名，其实一致，或先寒后热，或先热后寒，岭南率称为瘴，江北总号为疟，此由方言不同，非是别有异病，然南方温毒此病尤甚。"⑤

其实有关"瘴疾"实际上还有不少。总之，南方高温多雨的气候环境，湿热是人们健康的主要威胁，史称："其地卑下……地本卑湿，故患湿热者恒众。"⑥

应该说，前述"水土恶弱"对人体的侵害，多少带有个人主观推测的成分，并无充足的科学依据，但来自自然界生物的侵害与疾病对健康的危害却是实实在在的，尤其是一些疾病如疟疾、痢疾、霍乱等，治疗不及时或治疗不当均会危及生命。需要提出的是，《瘴疟指南》等医书所载"瘴疾"，并非完全

---

① （明）朱橚等：《普济方》卷 246《脚气门·江东岭南瘴毒脚气附论》，北京：人民卫生出版社，1960 年，第 4024 页。

② （明）郑灵渚：《瘴疟指南》卷下《温中方·治中汤》，上海：上海科学技术出版社，1986 年，第 42 页。

③ （明）朱橚等：《普济方》卷199《诸疟门·香椿散》，北京：人民卫生出版社，1960年，第2788页。

④ （明）郑灵渚：《瘴疟指南》卷下《正气方·陈皮半夏汤》，上海：上海科学技术出版社，1986 年，第 37 页。

⑤ （明）朱橚等：《普济方》卷199《诸疟门·山岚瘴气疟附论》，北京：人民卫生出版社，1960 年，第 2783 页。

⑥ （明）李中梓著，包来发、郑贤国校注：《删补颐生微论》卷 2《风土论第十五》，北京：中国中医药出版社，1998 年，第 114 页。

是南方地区独有的地方病，且从现存医学史籍的记载看，"瘴疾"也并非全是不治之症，感染"瘴疾"，是否会危及生命，在很大程度上取决于生命个体的体质与当时的医药技术水平。古代文人话语体系中描述的南方"早夭"之地，表达的只是内心带有一定地域偏见的思想倾向，并不一定完全符合事实。然而，掺杂了不少想象内容的南方乡土"形象信息"，经过长期反复的渲染、传播，南方"早夭"这一乡土信息在内地文人心中根深蒂固。

二、《耆寿》与百岁坊：明清时期地方士绅重塑南方乡土形象的话语

南方地区因"卑湿""炎瘴"，而被内地文人描塑成水土恶劣、不宜人居的"早夭"之地，使民众产生了较强的恐惧、逃避与排斥的心理。一些人宣称南方地区"危途恶土，闻之骇人"①。官员以到南方任职为畏途，百姓则视南方为危途。明代中叶，朝廷中还有用人者"以广东为瘴海之乡，劣视其地"②；"昔时岭外蛮荒，为瑶僮之窟，瘴疠之乡，故愿至者少也"③。显然，内地文人所塑造的南方炎瘴、早夭这样的乡土形象，不仅对内地民众产生了极强的误导作用，使他们对南方区域社会产生了较深的误解，也成为影响中央王朝经略边疆的重要因素④，成为南方民族地区经济社会发展需要破除的文化障碍。

不过，对于流传了上千年的南方早夭这样的乡土形象，在没有掌握话语权、缺少先进传媒手段、内地民众缺乏了解的情况下，要外人改变对它的看法，注定是一个漫长的过程，而且往往从局部小范围开始，要持续不断地付出多方面的努力。

从对瘴疾预防认识的变化而言。由于南方本土方言将人体生病皆称为瘴，内地民众对瘴又闻之色变，多以为染瘴必死，因而需要逐步消除民众对瘴的误解与恐惧心理。在这个过程当中，一些亲历过南方内地人士根据自己亲身的实

① （清）刘锦藻：《清朝续文献通考》卷 323《舆地考十九·广东省》，上海：商务印书馆，1936 年，第 10644 页。

② （明）高拱：《边略》卷 5《绥广纪事·议处远方有司以安地方并议加恩贤能府官以彰激劝疏》，四库禁毁书丛刊编纂委员会：《四库禁毁书丛刊·史部》第 72 册，北京：北京出版社，1997 年，第 335 页。

③ （清）金武祥撰，谢永芳校点：《粟香三笔》卷 2，南京：凤凰出版社，2017 年，第 490 页。

④ 刘祥学：《地域形象与中国古代边疆的经略》，《中国史研究》2014 年第 3 期，第 11—16 页。

践，传播了有关瘴疾的预防经验。一是注意饮食。明人王士性提出预防瘴疾要清淡饮食，戒肉与房事，称："余携病躯入粤、入滇，前后四载，口未能食锱铢，亦生还亡羔也。大都瘴乡惟戒食肉、绝房帏，即不食槟榔无害。"①二是注意及时穿衣，以适应天气的冷暖变化。南方气候虽然炎热，冷暖变化较快，"一日之内气候屡变，昼则多燠，夜则多寒。土著之人，多有病者。中原之人，至者或触暑感寒，饮食不节即成霍乱、痢疾之症，谓之不服水土，有伤于饥饱，腹痛欲绝，俗谓之急沙。谚曰：'急脱急着，胜似服药'"②。"五岭以南，号曰炎方。……乍寒乍热，最难调摄，热毋轻脱，饥毋过食，立莫当风，坐莫冒露，穿着随时，谨于喜怒，戒慎房帏，检点酒水，却病无形，不落后悔。男女老少，宜遵此言，不但却病，兼可延年"③。以上这些预防瘴疠的措施，或许对于纠正内地染瘴必死的错误认识有所帮助，因而南方士绅在修纂地方史志时，常加以摘录引用。

建构对瘴的新论述，引导人们重新认识南方乡土，是南方部分官绅重塑乡土形象的又一方面尝试。明清以后，岭南一些地方官绅开始意识到，瘴其实不是单纯的疾病问题，也是思想观念问题。作为疾病，瘴可以预防，也是可以治疗的，但作为观念的"瘴疾"却不能依靠药物来解决。于是他们开始尝试从说理入手，根据对自己所在区域的生活经历与乡土认识，或从时代发展的角度，陈述南方乡土所发生的巨大变化，引导人们正视南方乡土的现实。例如，道光《广东通志》在摘录古代史籍所记载的瘴疠之后，指出："谨按岭南气候，若旸雨之迟早，寒热之轻重，潮汐之往来，花果之荣落，古今一揆，至于瘴疠，惟琼南尚多，其余各郡清和咸理，氛祲已消，往籍之言，今亦不尽然矣"④，直接揭开以往瘴毒害人的流言，纠正人们对南方乡土认识的偏见。例如，海南及雷州半岛一带，长期被内地视为瘴毒之地，明人唐胄在编修《正德琼台志》时即称："琼地虽极南，然内以坦不畜岚蒸，外以海泄其菀气，故气候

① （明）王士性撰，吕景琳点校：《广志绎》卷4《江南诸省》，北京：中华书局，1981年，第100页。
② 道光《广东通志》卷 89《舆地略七·气候·廉州府》，《续修四库全书》编纂委员会：《续修四库全书·史部》第671册，上海：上海古籍出版社，2002年，第112—113页。
③ （清）李铨：《左州志》卷上《山川·气候附》，故宫博物院：《故宫珍本丛刊》第196册，海口：海南出版社，2001年，第13页。
④ 道光《广东通志》卷 89《舆地略七·气候·琼州府》，《续修四库全书》编纂委员会：《续修四库全书·史部》第671册，上海：上海古籍出版社，2002年，第107页。

较他郡颇善……水土无他恶"①；明人欧阳保在所修的《雷州府志》中，旗帜鲜明地指出："雷在岭南，独平衍，无岚瘴，落星之池，遗辉可挹，余皆生还无恙，较新春诸州远矣。然在今日岭南，皆为仕国，地之瘴不瘴，无论已。昔人有处瘴乡而神观愈强者，子瞻不死于儋耳……安在瘴能死人哉？"②史称瘴气最毒的阳春一带，清人在修《阳春县志》时，称："传者以为自岭以南二十四郡，大率地土皆下湿，偏多瘴疠，而阳春为太甚焉。以偏邑也夫？寒暑本于气，阴晴出于时，瘟疫疾疠由于灾，苟淳庞成风，人文炽盛，则有道之世，沴气不能为妖矣。方今国运隆盛，气布于寰宇，区区春邑，固噢咻于大造中也，若风候之常，则亦有可缕述者。"③广西亦是久负盛名的"瘴乡"，雍正《广西通志》载："粤西自桂林外昔称瘴乡，大率土广民稀故也。今则休恬安养，生齿蕃盛，村落错居，寒暑应候，近郡皆同中土。"④广西桂江中游两岸地区的平乐府属各县，古称昭州，宋代时是北人所称"大法场"的瘴毒之地，雍正《平乐府志》称："元气盛则邪气无由而侵，犹君子盛而小人无自而进，此养生第一义也，盖不独瘴乡然矣。……平乐为楚南境，气候恒燠……但能慎起居，禁嗜欲，啬精气，养空虚，虽以昭州为中原可矣。"⑤还有的官绅则从南方富饶、美丽的环境质疑"瘴毒"说法。清人潘耒在《长乐溪行》中称："推篷看山缓更佳，屈曲画屏关左右。谁呼岭外作瘴乡，如此溪山病人否？"⑥清人彭而述在《分水塘》中则称："五岭南来石砐硪，千峰开遍芙蓉朵。……人谓百粤是瘴乡，水行殊不苦蒸毒。"⑦

当然，要破解流传已久的南方早夭传言，消除内地民众对南方乡土环

---

①　（明）唐胄纂，彭静中点校：《正德琼台志》卷 4《气候》，《海南地方志丛刊》，海口：海南出版社，2006 年，第 75 页。

②　万历《雷州府志》卷 16《流寓志》，《日本藏中国罕见地方志丛刊》，北京：书目文献出版社，1990 年，第 408 页。

③　康熙《阳春县志》卷 1《星野·气候》，上海：上海书店出版社，2003 年，第 20—21 页。

④　雍正《广西通志》卷 2《气候》，《景印文渊阁四库全书·史部》第 565 册，台北：商务印书馆，1986 年，第 32—33 页。

⑤　雍正《平乐府志》卷 4《气候》，故宫博物院：《故宫珍本丛刊》第 200 册，海口：海南出版社，2001 年，第 88—90 页。

⑥　（清）潘耒：《遂初堂诗集》卷 13《楚粤游草·长乐溪行》，《续修四库全书》编纂委员会：《续修四库全书·集部》第 1417 册，上海：上海古籍出版社，2002 年，第 319 页。

⑦　（清）彭而述：《读史亭诗集》卷 8《分水塘》，《清代诗文汇编》编纂委员会：《清代诗文集汇编》第 22 册，上海：上海古籍出版社，2010 年，第 21 页。

境的恐惧心理，最有效的方式莫过于以实例来证明南方民众其实颇多长寿者。因此，明清时期南方的地方官绅已开始有意识地以长寿人口作为重塑乡土形象的行动话语。这些重塑南方乡土形象的活动，主要体现在以下几个方面。

在修纂地方志的过程中，开始有意识地为当地的长寿人口编列专门纲目予以记载，这是明清时期地方志纲目设置的一个新变化。中国古代有敬老传统，人活过百岁被称为"人瑞"，官府会予以特别优待。即使在今天，国际上判断一个区域的人口是否长寿，也是以考察健在百岁老人所占总人口的比例为标准的。也就是说，考察百岁老人的数量具有极为重要的指示性意义。明清时期，除了继承原有的长寿标准之外，还将五代同堂列为长寿人口的考察对象。也就是从这一时期起，南方一些地方志在编纂时出现了一些新的纲目，开始将长寿人口作为记载的重要内容。地方官绅在地方志的修纂中，常会在人物志之下增列一些专目，如《耆旧》《耆老》《耆寿》《旌寿》《福寿》《耆硕》《高年》等，名称虽并不完全相同，但均为当地长寿人口的记载。相关记载情况见表5-9。

表5-9　明清时期岭南地区长寿人口记载情况一览表

省份	编修时间	编纂人	地方志名称	卷及纲目
海南	正德	唐胄	《正德琼台志》	卷37《人物二·耆旧》
	康熙	焦映汉	《琼州府志》	卷7《人物志·耆旧》
	乾隆	萧应植等	《琼州府志》	卷7上《隐逸·附耆旧》
	道光	明谊	《琼州府志》	卷36《人物志·耆旧》
	康熙	王赞	《琼山县志》	卷7《人物志·耆旧》
	咸丰	李文烜	《琼山县志》	卷22《人物志·旌寿、耆旧》
	康熙	马日炳	《文昌县志》	卷7《人物志·高逸附耆老》
	咸丰	张霈等	《文昌县志》	卷11《人物志·耆旧》
	康熙	程秉慥	《乐会县志》	卷3《人物志·耆旧》
	光绪	聂缉庆等	《临高县志》	卷14《人物类·耆旧》
广东	道光	阮元	《广东通志》	卷325《耆寿》
	光绪	戴肇辰	《广州府志》	卷138《列传二十七·耆寿》
	康熙	胡云客	《南海县志》	卷13《人物志·耆寿》
	道光	郑梦玉	《南海县志》	卷21《列传·耆寿》
	同治	潘尚楫	《南海县志》	卷40《列传九·耆寿》
	咸丰	郭汝诚	《顺德县志》	卷15《表九·耆寿表》

续表

省份	编修时间	编纂人	地方志名称	卷及纲目
广东	乾隆	任果	《番禺县志》	卷15《人物·寿官》、卷16《列女·寿妇》
	同治	李福泰	《番禺县志》	卷50《列传十九·耆寿》
	康熙	梁长吉增补	《从化县新志》	不分卷《耆寿》
	康熙	申良翰	《香山县志》	卷7《人物·耆寿列传》
	乾隆	暴煜	《香山县志》	卷7《耆寿》
	道光	祝淮	《香山县志》	卷7《列传下·耆寿》
	康熙	贾雒英	《新会县志》	卷13《人物志·耆寿》
	道光	林星章	《新会县志》	卷11《列传四·耆寿》
	同治	姜桐冈	《三水县志》	卷5《眉寿》
	乾隆	刘庶拜	《清远县志》	卷10《人物志·耆寿》
	光绪	李文烜	《清远县志》	卷12《耆寿》
	道光	屠英等	《肇庆府志》	卷20《人物·耆寿》
	道光	韩际飞	《高要县志》	卷21《列传二·耆寿》
	光绪	陈志喆	《四会县志》	编7《人物志·耆寿》
	道光	李沄	《阳江县志》	卷6《人物志·乡贤·耆寿附》
	光绪	邹兆麟	《高明县志》	卷13《人物·耆寿》
	道光	杨学颜	《恩平县志》	卷14《人物·耆寿》
	道光	王文骧	《开平县志》	卷9《人物志·耆寿》
	道光	徐香祖	《鹤山县志》	卷7《人物中·耆考》
	光绪	杨文骏	《德庆州志》	卷12《人物三·耆寿》
	光绪	杨霁	《高州府志》	卷47《人物二十·耆寿》
	光绪	郑业崇	《重修茂名县志》	卷7《人物志·耆寿》
	光绪	孙铸	《重修电白县志》	卷24《人物九·耆寿》
	光绪	敖式穗	《信宜县志》	卷7《人物志十·耆寿五代同堂》
	光绪	彭贻荪	《化州志》	卷10《人物志·耆寿五代同堂》
	光绪	毛昌善	《吴川县志》	卷8《人物下·耆寿》
	光绪	喻炳荣	《遂溪县志》	卷10《耆寿》
	宣统	王辅之等	《徐闻县志》	卷13《人物志·寿民》
	同治	额哲克等	《韶州府志》	卷35《列传·耆寿》
	同治	徐宝符等	《乐昌县志》	卷9《人物·耆寿》
	嘉庆	谢崇俊等	《翁源县新志》	卷12《列传·寿考》
	道光	余保纯等	《直隶南雄州志》	卷29《列传五·耆寿》
	乾隆	郑炳等	《始兴县志》	卷12《人物列传·耆寿》
	光绪	周硕勋等	《潮州府志》	卷30《人物下·耆德》
	光绪	卢蔚献等	《海阳县志》	卷41《列传十·耆德》

续表

省份	编修时间	编纂人	地方志名称	卷及纲目
广东	光绪	周恒等	《潮阳县志》	卷19《列传·寿妇》
	乾隆	刘业勤等	《揭阳县志》	卷6《人物志·耆寿》
	乾隆	萧麟趾等	《普宁县志》	卷7《耆德》
	光绪	张鸿恩等	《大埔县志》	卷17《人物志·耆德》
	光绪	吴宗焯	《嘉应州志》	卷25《耆寿表》
	乾隆	葛曙	《丰顺县志》	卷6《人物志·耆寿》
	光绪	刘湘年	《惠州府志》	卷40《人物·耆寿表》
	乾隆	于卜熊	《海丰县志》	正集卷下《耆寿》
	道光	张堉春	《廉州府志》	卷20《人物·耆寿》
	道光	朱椿年	《钦州志》	卷9《人物志·耆寿》
	乾隆	黄元基	《灵山县志》	卷11《人物·耆寿》
广西	康熙	张邵振	《上林县志》	卷下《高年》
	光绪	周世德	《上林县志》	卷8《人物志·高年》
	乾隆	谢钟龄	《横州志》	卷11《人物志·高逸》
	光绪	戴焕南	《新宁州志》	卷3《人物志·耆寿》
	光绪	王鈵绅	《宁明州志》	卷下《人物志·耆旧》
	宣统	佚名	《明江厅乡土志》	不分卷《耆旧》
	道光	英秀	《庆远府志》	卷16《人物志·耆逸》
	光绪	颜嗣徽	《迁江县志》	卷4《列传·耆寿》
	光绪	吴征鳌	《临桂县志》	卷30《人物志·寿民》
	道光	张运昭	《兴安县志》	卷17《人物二·国朝附耆寿》
	道光	程庆龄	《西延轶志》	卷10《耆老》
	康熙	单此藩	《灌阳县志》	卷7《人物志·耆寿》
	道光	萧煊	《灌阳县志》	卷12《人物二·男女寿》
	康熙	胡醇仁	《平乐府志》	卷15《人物·寿考》
	同治	蒯光焕	《苍梧县志》	卷16《寿考传》
	光绪	全文炳	《贺县志》	卷5《人物部·耆寿》
	嘉庆	高攀桂	《藤县志》	卷16《人物志二·耆寿》
	同治	边其晋	《藤县志》	卷18《人物志·耆寿》
	嘉庆	李炘	《永安州志》	卷10《人道部·耆硕》
	乾隆	陆焞	《昭平县志》	卷7《人物·耆寿、列女·耆寿》
	乾隆	邱桂山	《玉林州志》	卷10《人物·附耆寿》
	嘉庆	苏勒通阿	《续修兴业县志》	卷6《选举·耆寿》
	道光	孙世昌	《浔州府志》	卷53《传略八·耆寿》
	同治	魏笃	《浔州府志》	卷22《人物·耆寿》、卷23《列女·寿妇》

续表

省份	编修时间	编纂人	地方志名称	卷及纲目
广西	道光	袁湛业	《桂平县志》	卷12《人才·耆寿》
	光绪	易绍德	《容县志》	卷19《人物志·耆寿表》
	乾隆	张允观	《北流县志》	卷8《人物志·耆寿表》
	光绪	徐作梅	《北流县志》	卷18《人物·耆寿》
	乾隆	石崇先	《陆川县志》	卷15《人物·耆寿》
	乾隆	任士谦	《博白县志》	卷12《纪事·寿考》
	光绪	夏敬颐	《贵县志》	卷5《纪人二编·列女附寿妇》
	光绪	陈如金	《百色厅志》	卷7《人物·耆寿》
	光绪	羊复礼	《镇安府志》	卷23《人物志一·耆寿、寿妇附》
	道光	何福祥	《归顺州直隶志》	卷7《人物·耆寿》

地方志是一个行政区域政治、经济、文化等方面资料的记载，向来被赋予了资治、存史、教化的功能，一些纲目的设置更是当时统治者政治意图的反映。古代将百岁以上长寿老人视为"人瑞"，作为太平盛世的标志。古代长寿人口不多，明人蔡清尝言："盖尝以耳目所及，考之一乡数十家，或数百家中，求年七十者，指已不可多屈，信人生七十者稀矣。若八十者，或连数乡仅一二见。至九十者，则或阖一邑一郡所无闻"①，他的外祖母蔡孺人年过九十，身体尚健，他即称"兹岂非盛世之人瑞哉"②。清时，"以百岁题旌者，岁不乏人，可谓盛矣"③。明清时期，统治者为粉饰天下太平，强化德治宣传，常通过召见、赐宴等形式，以示对百岁老人的优抚。明代，"高皇帝诏诸耆老谒见，而昆山周寿谊居首，年一百十六岁，赐宴及钞币。天顺中，召京师人百四岁茹大中入见，便殿赐宴，顺天府赐冠带袭衣，命礼部尚书姚夔造其第贺之"④。康熙、乾隆时也曾在乾清宫举办过千人以上长寿老人参加的"千叟宴"，一些年过百岁的长寿老人被视为"太平人瑞"，而受

① （明）蔡清：《蔡文庄公集》卷3《寿蔡孺人九十序》，四库全书存目丛书编纂委员会：《四库全书存目丛书·集部》第42册，济南：齐鲁书社，1996年，第665—666页。

② （明）蔡清：《蔡文庄公集》卷3《寿蔡孺人九十序》，四库全书存目丛书编纂委员会：《四库全书存目丛书·集部》第42册，济南：齐鲁书社，1996年，第665页。

③ （清）龚炜撰，钱炳寰点校：《巢林笔谈》卷5《寿》，北京：中华书局，1981年，第113页。

④ （明）王世贞撰，魏连科点校：《弇山堂别集》卷5《皇明盛事述五·高年人瑞》，北京：中华书局，1985年，第82—83页。

到皇家封赏①。正是这样的社会政治背景推动了地方志纲目设置的变化，全国各地在修纂地方志的过程中，开始设立专门纲目以记载高龄人口群体——"耆寿"，目的是通过方志记载旌表，以引领社会风尚，弘扬社会敬老的传统美德。这对被内地文人著述描塑成"炎瘴之乡""早夭之地"的南方地区而言，"耆寿"无疑还具有重塑南方乡土形象的现实意义。因为即使是出于歌颂太平盛世的政治需要，也需要有真实的"耆寿"群体存在，地方志才能开列《耆寿》这样的专门纲目。

从表 5-9 可以看出，以岭南为主的南方地区长寿人口的记载，始自明正德年间唐胄所修《正德琼台志》，而他正是明代海南地区地方官绅的杰出代表，有长期在边地任职的经历，熟谙边地风土民情。入清之后，随着国家统一，社会趋于稳定，人口长寿现象不断增多，这是地方志增列《耆寿》这样专门纲目的基础。有清一代，一些开明官僚在地方乡绅的推动下，组织专门修志人员，深入民间采访，搜集长寿人口资料，编制采访册，编入方志之中，不断加入重塑乡土形象的行动中。从康熙至宣统各朝，岭南各地方志所列"耆寿"一目的先后情况，既在一定程度上反映了其时长寿人口分布的大致情况，也是南方各地乡土形象意识觉醒过程的反映。

另外，明清时期岭南各地也开始出现一些"百岁坊""人瑞坊"等长寿文化纪念建筑。明清时期，朝廷将超过百岁的老人称为"熙朝人瑞"，由地方逐级上报，由皇帝发布诏书给予旌表与赏赐，除赐予绸缎、匾额等物品外，还赏银赐建牌坊，称"百岁坊"或"人瑞坊"。从史料记载看，百岁坊约在明代中叶出现。史称："弘治中吾州毛弼年百岁，而孙澄状元及第，有司为盖人瑞状元坊。福建林知府春泽百岁时，有司为盖百岁坊。"②同时出现的还有民间所称之"百岁第"，但数量较少。史称明人王让年一百岁，"父子兄弟德寿一门，乡间慕之，榜居曰：'百岁第'"③。作为官府旌表，具有较大地方影响的长寿标志，百岁坊与相关匾额，明清时在不少地区也都曾出现过。例如，福

① （清）许起：《珊瑚舌雕谈初笔》卷 8《寿民》，《续修四库全书》编纂委员会：《续修四库全书·子部》第 1263 册，上海：上海古籍出版社，2002 年，第 596 页。

② （明）王世贞撰，魏连科点校：《弇山堂别集》卷 5《皇明盛事述五·高年人瑞》，北京：中华书局，1985 年，第 83 页。

③ 嘉靖《南宁府志》卷 8《人物志·乡贤》，《日本藏中国罕见地方志丛刊》，北京：书目文献出版社，1990 年，第 468 页。

建南安和漳浦，"漳浦考翁林先生云林……南安公享年百有四，台使为竖百岁坊。……为竖百岁坊，与南安公后先济美"①；浙江温州乐清县，"百岁坊凡四"②。值得注意的是，明清时期，被视为"瘴乡"的岭南地区，同样也出现了一些百岁坊之类的长寿文化的纪念建筑，它们大多记录在各地方志的《坊表》《列女》等目中，详见表 5-10。

表5-10 清代岭南地方志所载百岁坊等长寿文化标识情况一览表（单位：个）

地区	百岁坊	人瑞坊	熙朝人瑞匾额
广州府	16	1	
韶州府	7		1
潮州府	3	4	
梧州府	2		
肇庆府		1	
惠州府		1	
琼州府	1		

资料来源：光绪《广州府志》卷12《舆地略四》，台北：成文出版社，1966年；光绪《香山县志》卷20《耆寿》，上海：上海书店出版社，2003年；道光《广东通志》卷172《经政略十五》，《续修四库全书》编纂委员会：《续修四库全书·史部》第672册，上海：上海古籍出版社，2002年；道光《广东通志》卷280《列传·广州十三·明》，《续修四库全书》编纂委员会：《续修四库全书·史部》第674册，上海：上海古籍出版社，2002年；同治《韶州府志》卷20《建置略》，台北：成文出版社，1966年；乾隆《潮州府志》卷8《坊表》，台北：成文出版社，1967年；同治《梧州府志》卷4《舆地志·古迹》，台北：成文出版社，1961年；道光《肇庆府志》卷8《古迹》，上海：上海书店出版社，2003年；道光《琼州府志》卷36《人物志·耆旧》，台北：成文出版社，1967年

由于修建百岁坊、百岁表之类的长寿纪念建筑需要一定的财力与文化支持，同时由于历代久远，一些已建长寿纪念建筑湮没无载。表 5-10 所反映的只是岭南长寿纪念建筑的基本概貌，从表 5-10 中所反映的情况看，明清时百岁坊之类的长寿文化建筑多集中在经济较为发达的珠江三角洲中心的广州府辖地，而经济发展较为滞后的山区与民族地区，虽然也有长寿人口的存在，但相关的纪念牌坊较少出现在史籍之中。

另外，明清时期岭南地方官绅重视长寿的文化遗址的保护和宣传。岭南地

① （明）毕自严：《石隐园藏稿》卷2《文一·贺纳言林先生九十序》，《景印文渊阁四库全书·集部》第1293册，台北：商务印书馆，1986年，第424—426页。

② 万历《温州府志》卷3《建置志·坊表》，四库全书存目丛书编纂委员会：《四库全书存目丛书·史部》第210册，济南：齐鲁书社，1996年，第532页。

区的长寿文化遗址如寿泉、寿溪等名称的出现，至少可以追溯至宋代。其时在古县（治今广西永福县城西）开始流传"喝廖家井水长寿"的传说①。至明代时，这一传说的范围开始扩大，寿泉廖家井的位置也开始在桂林府辖境内移动，这应该与具有历史书写能力的地方官绅有意地重述与传播有关。其时史料记载出现了两处，一是兴安县，相关史料载："廖家井，在兴安县，其水清浊中分，《抱朴子》云：廖扶家丹井，一族数百口，饮之多寿，有至百岁者。"②二是永宁州（治今广西永福县寿城镇），曹学佺称："《方舆胜览》云东郭先生廖扶家有丹砂井，一族数百口，饮此井者，皆百余岁。按，州东有岩名百寿，旧名夫子岩。宋绍定己丑，知县史渭镌百寿字于石崖，盖指此也，今竖有《平古田碑》。"③今永福寿城镇东的岩壁上，史渭所镌刻的"寿"字石刻仍存。其后在广西的岑溪、融县（今融水苗族自治县）也有类似的"寿泉""寿溪"传说遗址出现，如"葛井，县东山半，出泉喷水如珠流，不远仍入石窍中，在葛仙岩，又云在葛井村，水清冽，村人饮之多寿"④；"灵寿溪，在真仙岩内，其水穿岩而流。相传老子经此，以丹投水中，饮者多寿"⑤。广东，则有"灵溪，在乐昌县东北五十里，源出灵君山下，与武水合流，溉田百余顷，水味甚甘，饮者多寿"⑥。"长命井，在县东小北丫村三里。《采访册》仁寿井在崇义祠内，居民饮此多寿云"⑦。

　　南方地区这些长寿文化的历史遗存，本身含有赞誉此地山好水美之意，这当然可视为明清时期岭南官绅重塑地方乡土形象在文化上的尝试。

---

　　① （宋）王象之：《舆地纪胜》卷 103《广南西路·静江府·古迹》，北京：中华书局，1992 年，第 3172 页载："廖家井，在古县仙乡观北，乡人传云东郭先生廖扶家丹砂井，一族数百口，饮此井水皆寿百余岁。"

　　② （明）李贤等：《大明一统志》卷 83《广西布政司·桂林府·山川》，西安：三秦出版社，1990 年，第 1268 页。

　　③ （明）曹学佺：《广西名胜志》卷 2《永宁州领县二》，《续修四库全书》编纂委员会：《续修四库全书·史部》第 735 册，上海：上海古籍出版社，2002 年，第 42 页。

　　④ 雍正《广西通志》卷 14《山川·梧州府·岑溪县》，《景印文渊阁四库全书·史部》第 565 册，台北：商务印书馆，1986 年，第 364 页。

　　⑤ 雍正《广西通志》卷 16《山川·柳州府·融县》，《景印文渊阁四库全书·史部》第 565 册，台北：商务印书馆，1986 年，第 424 页。

　　⑥ （明）李贤等：《大明一统志》卷 79《广东布政司·韶州府·山川》，西安：三秦出版社，1990 年，第 1219 页。

　　⑦ 光绪《广州府志》卷 14《舆地略六·山川五·香山县》，台北：成文出版社，1966 年，第 262 页。

三、寿星：明清时期南方地区百岁老人的空间分布

如前所述，自古以来，考虑一个区域的人口寿命情况时，被称为"人瑞"的百岁以上的人口均是重要的考察、统计对象。明清时期，南方地方官绅修纂地方志，设《耆寿》等目，专记长寿人口，以期达到重塑乡土形象的目的。因而有必要对这些纲目的具体内容做细致的考察。由于其时南方各地方志对《耆寿》的编入标准略有差异，如有的方志将五世同堂、年过九十，也同样收入《耆寿》。为便于考察分析，笔者只对明清时期南方地区地方史志记载明确超过百岁的长寿人口的分布进行必要的梳理与分析，以期能从中找出相关的规律。南方地方志记载其时长寿人口的纲目，除了前述《耆寿》等之外，尚有《列女》《乡贤》《仙释》等目。

从明清时期的地方志记载看，岭南地区"人瑞"分布较多的地区如下：

海南岛地区。明唐胄所修《正德琼台志》，设有《耆旧》一目，专门记载那些年高德隆者。其中在《杂伎》一目中也记载了宋代儋州的长寿老人，"王肱，字君辅，家居儋城东，百三（《旧志》作四）岁犹童颜鹤发，人呼为百岁翁，（一作王六翁）。世传天文占星多验，苏轼甚重之"[1]。明清时期，海南为琼州府属辖地。从海南地方志记载看，明代见之于史载的百岁长寿老人只有一位，即临高县的柯浩，史称他"性行纯朴，好善不倦。乡人有斗讼者，悲泣劝谕，人皆从之。生于元至元甲午，卒国朝永乐癸巳，享年一百二十岁"[2]。至元甲午即元世祖至元三十一年（1294 年），永乐癸巳为明成祖永乐十一年（1413 年）。入清之后，海南的百岁老人数量大为增加，从清初至清中叶的道光年间，史志记载的共有 18 人，见表 5-11。

表 5-11 清代海南地区百岁老人一览表

姓名	籍贯	享年	史料记载情况
纪公	崖州	108 岁	牵牛力穑，感恩知县金英遇于田间
陈德齐	文昌	118 岁	无疾而终，官给"百岁余秋"匾表其门

① （明）唐胄纂，彭静中点校：《正德琼台志》卷 40《人物五·杂伎》，《海南地方志丛刊》，海口：海南出版社，2006 年，第 825 页。

② （明）唐胄纂，彭静中点校：《正德琼台志》卷 37《人物二·耆旧》，《海南地方志丛刊》，海口：海南出版社，2006 年，第 764 页。

续表

姓名	籍贯	享年	史料记载情况
陈仲九	文昌	113 岁	齐眉难老，古来所稀
陈仲九妻黄氏	文昌	107 岁	
王宝钟妻吴氏	琼山	105 岁	一百零三，耳目聪明，能步履。……乾隆十四年（1749）旌
吴宗美	文昌	113 岁	国初，土寇扰攘，宗美有谋略，乡里多赖保全。知县何斌表其门
文尔珍	万州	107 岁	庠生，寿一百七岁
林天桂妻王氏	临高	103 岁	乾隆三年（1738）旌
蔡子何妻莫氏	琼山	103 岁	乾隆十九年（1754）旌
高涵妻莫氏	琼山	102 岁	乾隆四十一年（1776）旌
彭某妻吴氏	临高	102 岁	嘉庆十一年（1806）旌
林某妻冯氏	文昌	101 岁	五世同堂，嘉庆十二年（1807）旌
林冢达妻冯氏	文昌	100 岁	嘉庆十四年（1809）旌
吴元辅	文昌	106 岁	嘉庆十八年（1813）旌
叶声祝	文昌	104 岁	嘉庆二十一年（1816）旌
王绍位	文昌	102 岁	道光十三年（1833）旌
王云魁	琼山	100 岁	道光二十年请（1840）旌
王某	澄迈	100 岁	建百岁坊于新安都

资料来源：道光《琼州府志》卷 36《人物志》，台北：成文出版社，1967 年，第 820—825 页

从表 5-11 中看，文昌和琼山两县是其时海南岛百岁以上长寿人口分布相对集中之地。

珠江三角洲核心地区，明清时为广州府属南海县、番禺县、顺德县、东莞县、香山县、新宁县、新会县等地。明代时，地方史志对这一地区的百岁老人有零星的记载。例如，史载："陈马骥，东莞人，年一百一岁。巡按御史檄惠州知府史立模给以冠带，颜其堂曰百岁堂。"[1]史料又载："黄章，顺德人，年近四十岁寄籍新宁为博士弟子，六十余岁试优补廪，八十三岁贡名太学。康熙己卯，入闱秋试，大书'百岁观场'四字于灯，令其曾孙前导。同学之士有异而问之者，曰：'我今年九十九，非得意时也，俟一百二岁乃获隽耳。'督抚两官召见授餐，其饮啖俱过常人，各赠金帛遣之。"[2]按康熙己卯即康熙三

---

[1] 道光《广东通志》卷 325《耆寿》，《续修四库全书》编纂委员会：《续修四库全书·史部》第 675 册，上海：上海古籍出版社，2002 年，第 610—611 页。

[2] 道光《广东通志》卷 325《耆寿》，《续修四库全书》编纂委员会：《续修四库全书·史部》第 675 册，上海：上海古籍出版社，2002 年，第 611 页。

十八年（1699 年）推算，此人生于明神宗万历二十八年（1600 年）。根据道光《广东通志》卷 325《耆寿》有关记载统计，清雍正至道光元年间，寿命达到百岁以上老人的人口，南海县为 35 人，其中男性 24 人，女性 11 人；番禺县为 12 人，其中男性 7 人，女性 5 人；顺德县 20 人，其中男性 6 人，女性 14 人；东莞县为 16 人，其中男性 9 人，女性 7 人；新宁县为 16 人，其中男性 12 人，女性 4 人；香山县为 15 人，其中男性 6 人，女性 9 人；新会县为 14 人，其中男性 10 人，女性 4 人。

以肇庆为中心的西江中游地区，明清时为肇庆府属高要县、德庆州等辖地。这一地区的长寿老人，史料记载也有不少。例如，史称："谢启祚，字泰申，号立山，高要人。乾隆五十一年膺乡荐，时年九十四，明年会试未第，钦赐翰林院检讨，迨一百二岁，一堂五代孙曾凡五十九人。朱太傅珪以闻，诏加编修衔赐寿'寓昌文匾'额。"①根据道光《广东通志》卷 325《耆寿》有关记载统计，清乾隆至道光元年间，百岁以上老人的人口数，高要县为 19 人，其中男性 13 人，女性 6 人；德庆州为 11 人，其中男性 7 人，女性 4 人；开平县为 17 人，其中男性 11 人，女性 6 人。

以今梅州为中心的梅江谷地，明清时为嘉应州，其下有长乐、兴宁、镇平等县辖地。清乾隆年间，这一地区百岁老人不少。例如，史称："梁奇辅妻陈氏，嘉应州人，乾隆十六年旌，年一百岁，子孙曾元凡二百二十七人，女孙不与焉。"②根据道光《广东通志》卷 325《耆寿》有关记载统计，清乾隆至道光元年间，仅嘉应州城就有 18 位百岁以上老人，其中男性 6 人，女性 12 人。

岭南西部的广西地区，明以来一些百岁老人的史料记载，主要体现在明清时期所修广西地方志中的《耆硕》《耆寿》《寿民》《福寿》《列女》《隐逸》等篇目中。同样地，呈现出明代数量明显逊于清代的特点。

明代，广西百岁老人见之史载的不多，分布也极为零星。有史可载的，如宣化（今南宁市），为南宁府治所在。明代有王让（一说为邵思让），"王

---

① 道光《广东通志》卷 325《耆寿》，《续修四库全书》编纂委员会：《续修四库全书·史部》第 675 册，上海：上海古籍出版社，2002 年，第 611 页。

② 道光《广东通志》卷 325《耆寿》，《续修四库全书》编纂委员会：《续修四库全书·史部》第 675 册，上海：上海古籍出版社，2002 年，第 611 页。

让，字伯礼，监生任广东番禺县县丞……寿一百岁"①；苍梧县，明代当地出了一位百岁老人黎广德，"少以孝友闻，有志操，善颐养，寿百有三岁。……郡人皆呼之为百岁翁"②；灌阳县，"范刘氏，会湘桥明秀妻，一百零二岁"③；郁林直隶州，百岁老人有记载者有两人，"吴惟谨，寿一百岁，有坊；邓曾氏，寿一百六岁……乡贤才鲁之妹"④。

众所周知，明代广西所修方志有所散佚，且桂西民族地区为土司统治区，记载相当有限。因此明代地方史志所收录的百岁老人，或许并不能准确反映广西全境百岁老人的分布情况。入清之后，特别是改土归流之后，随着桂西地区纳入清朝的直接统治之下，地方志的修撰也蔚然兴起，这为广西开展较为全面的百岁老人的分布研究提供了可能。从清代广西地方史志资料记载看，百岁老人分布相对较集中的地方如下：

桂东南玉林平原与浔江平原一带，这一地区百岁老人的数量相对较为集中。据光绪《郁林州志》卷16《人物列传二·耆寿》与同治《浔州府志》卷22《人物·耆寿》记载，直隶郁林州辖境内共有23位百岁老人，而浔州府则有26位。其时朝廷对长寿者都有旌表的规定，浔州府辖境长寿者得到朝廷旌表的为数不少。乾隆五十二年（1787年），"命各督府查明有身及五代同堂者加恩赏赉时，造册咨送军机处，共一百九十二户"⑤。

桂西的靖西高原一带，清时先后为归顺直隶州、镇安府辖境。据当地方志记载，清代出现过的百岁老人共有12位。

值得注意的是，红水河流域腹地与百色盆地，清代见之史载的百岁老人虽然数量不多，但却有迄今为止史料记载最长寿的人口分布。其实，这一地区早有长寿人口活动的踪迹，史载："何邻，不知何许人，五代时寿百余岁，有道

① 嘉靖《南宁府志》卷8《人物志》，《日本藏中国罕见地方志丛刊》，北京：书目文献出版社，1990年，第468页；雍正《广西通志》卷78《乡贤·明》，《景印文渊阁四库全书·史部》第567册，台北：商务印书馆，1986年，第315页载："（王让）弼成邑政，能办累年未决之狱，县令重之，抚按诸司破格奖异，致仕归。"

② 雍正《广西通志》卷85《隐逸·明》，《景印文渊阁四库全书·史部》第567册，台北：商务印书馆，1986年，第419页。

③ 道光《灌阳县志》卷12《人物·女寿》，清道光二十四年（1844年）刻本，第39页。

④ 光绪《郁林州志》卷16《人物列传二·耆寿》，台北：成文出版社，1967年，第195页。

⑤ 同治《浔州府志》卷22《人物志·耆寿》，清同治十三年（1874年）刻本，第22页。

术，隐思恩之思邻山，后不知所适。"①清代最长寿的老人蓝祥，活了 144 岁，即生活在这一区域，当地方志记载："太平之世人多寿，不意遐荒见地仙。……土民有蓝祥，生长永定土司……历四朝多甲子，不识不知，寿而康，须眉壮貌无不古。……人瑞尤为史册。……后祥于嘉庆十八年无病而逝，享年一百四十有四。"②百色厅的罗老布，享年 135 岁，是有史记载的第二长寿人，"生于乾隆十三年戊辰，迄今光绪八年壬午，齿凡一百三十有五，妻早故，二子亦没于嘉庆间，孙八、曾孙十五、元孙十，生历六朝，同堂四代"③；"又各乡伏处得寿者多，韦箕胃年一百八，梁卜福年九十八，罗善章九十七……"④。

结合清道光年间至光绪年间广东与广西地方志所载，从当时南方地区的百岁以上长寿人口分布情况可以看出，清代广东与广西所载的百岁人口还是以分布在北回归线经过的附近区域为主。

不过值得注意的是，不论是广东还是广西，一些百岁以上长寿人口分布较多的地方在史籍记载上却是瘴气肆虐的地区。例如，桂东南的浔州府、郁林州一带，历史时期被称为"瘴乡"，明代还被视为重瘴之地。明人陈全之称："浔州瘴气殊盛，惟东平南县近梧州者稍舒可。"⑤清人闵叙在其《粤述》中记载："下至平乐、梧州及左右江，瘴气弥盛。早起氤氲，咫尺不相见，非至已不见山也。"至于右江流域，历史上更是有名的毒瘴地区，清代一些史料还称镇安府"地生岚瘴，民多疾病"⑥；"粤西南宁、太平、庆远、思恩四府，土司杂处，瘴疠薰蒸，官斯土者，病亡接踵"⑦。其时岭南地方志对长寿人口的专门记载，体现出地方官绅尝试构建新的地方话语体系，重塑乡土形象的意图。

① 雍正《广西通志》卷 87《方伎》，《景印文渊阁四库全书·史部》第 567 册，台北：商务印书馆，1986 年，第 458—459 页。

② 道光《庆远府志》卷 16《人物志》，清道光九年（1829 年）刻本，第 33—34 页。

③ 光绪《百色厅志》卷 7《耆寿》，台北：成文出版社，1967 年，第 127 页。

④ 光绪《百色厅志》卷 7《耆寿》，台北：成文出版社，1967 年，第 127 页。

⑤ （明）陈全之著，顾静标校：《蓬窗日录》卷 1《寰宇·广西》，上海：上海书店出版社，2009 年，第 44 页。

⑥ （清）穆彰阿等：《大清一统志》卷 473《广西省·镇安府·风俗》，《续修四库全书》编纂委员会：《续修四库全书·史部》第 623 册，上海：上海古籍出版社，2002 年，第 325 页。

⑦ 《清实录·圣祖仁皇帝实录》卷 124 "康熙二十五年二月癸丑"条，北京：中华书局，1985 年，第 322 页。

四、"瘴乡"与"乐土"：南方乡土形象的嬗变

应该说，明清以来，南方地区官绅在重塑乡土形象过程中进行了多方面持续不断的努力，但因缺少话语权与先进的传媒手段，加之南北间交流、了解不足，特别是长久以来形成的观念的转变，本身就是一个缓慢的过程，因此，南方乡土形象随着南方内地化的不断发展，必然有一个嬗变的过程。主要表现就是明清时期南北方之间"瘴乡"与"乐土"两套话语体系，由并存到"瘴乡"的日渐式微，南方乡土形象的内地化才最终完成。

长期以来，内地文人视南方为"瘴乡"，其外在基础就是炎热、卑湿的地理环境，这是一个客观存在，并不会因为经济文化的发展而发生改变，又由于南方凡病，皆称之为瘴，故北人畏瘴，主要是对染上疾病的担忧，故而北人对瘴产生厌恶与逃避心理，这是可以理解的。在内地文人的话语体系里，称南方为瘴乡，本身还有体现自身优越感的文化含义，并逐渐成为固有的思想观念。这样，在明清相当长的一个时期内，南北方之间出现了"瘴乡""乐土"两套话语体系并存的现象。

自明以来，随着中央王朝统治的不断深入，南方广大地区不断得到开发，经济社会面貌已发生了巨大变化。靠近内地的粤北、桂东北地区，以及条件优越的珠江三角洲地区自不必说，即使是僻远的海南、桂西民族地区，也得到一定程度的开发，文教亦得以兴起。例如，道光年间的海南岛，"城中辏集，易于生息致富……乡落僻县，惟事田圃"①，城乡经济发展程度虽不平衡，但文教方面，"习礼义之教，有华夏之风。……今衣冠礼乐，盖斑斑然矣"②；又如清道光时的归顺直隶州（治今靖西），"昔荒芜不治者，今无旷土，昔之草莱夹道，树木荫翳，遍地蔽天，今则剪伐殆尽。况生齿繁盛，村落错居"③，与前述北人所称的"民多疾病"④的情况相比，已是另一番景象。

然而南方地区经济社会的发展变化，并不能改变内地文人话语体系中以南方为"瘴乡"的思想观念。其时的私人文集、奏折等，南方烟瘴等内容，

---

① 道光《琼州府志》卷3《舆地·风俗》，台北：成文出版社，1967年，第61页。
② 道光《琼州府志》卷3《舆地·风俗》，台北：成文出版社，1967年，第60、62页。
③ 道光《归顺直隶州志·气候》，台北：成文出版社，1968年，第55页。
④ （清）穆彰阿等：《大清一统志》卷473《广西省·镇安府·风俗》，《续修四库全书》编纂委员会：《续修四库全书·史部》第623册，上海：上海古籍出版社，2002年，第325页。

比比皆是。例如，史载明代广东提学金事宋端仪，任职海南期间，"蛮烟瘴毒之地，靡不躬历，若琼崖诸州，远在海岛中，前此有九年仅一试者，君未及五载，已两涉鲸波矣"①；清人李绂称广西"当烟瘴之乡"②。其时内地所修地方志，也常有这样的记载。例如，雍正《浙江通志》载："韩绍……字光祖，乌程人，隆庆辛未进士。……历藩臬备兵府江，地多箐棘，瑶僮窃伏，烟瘴郁蒸，路绝行旅。"③乾隆《汾州府志》载："（梁天翔）授金岭南广西道按察司事。岭海瘴乡，人多不怿于行，公毅然赴……岭海之南，蛇虺之窟，有来冷风，廓清瘴毒。"④道光《济南府志》载："刘颖，平原人……坐事谪广西北流主簿。北流瘴乡，多土目"⑤；"汪长龄，字西庭。……有政声，调番禺县，旋升万州收，僻处海外烟瘴之区，前代谪窜之所也"⑥。"宋思仁，字蔼若……补广西横州，调西隆州，州为极边烟瘴之地，民夷杂处"⑦。

在以南方为"瘴乡"的话语体系之外，同时还存在着一套与之相对立，视南方为"乐土"的话语体系。众所周知，乐土是人们理想中的环境优美，没有战争，安宁、祥和、幸福的家园。这在其时的史料中，亦有不少这样的记载。广东，被称为乐土，主要是因为富饶。明人称"风俗美恶，道里险易，自非亲历亦难周知。……广东偏安海岛，今多乐土"⑧；"广东在岭海间，古称乐土"⑨；

———————————

①（明）张萱：《西园闻见录》卷45《礼部四·提学·住行》，《续修四库全书》编纂委员会：《续修四库全书·子部》第1169册，上海：上海古籍出版社，2002年，第229页。

②（清）贺长龄等：《清经世文编》卷34《户政九·条陈广西垦荒事宜疏》，北京：中华书局，1992年，第849页。

③ 雍正《浙江通志》卷168《人物三·循吏二·湖州府》，《景印文渊阁四库全书·史部》第523册，台北：商务印书馆，1986年，第446页。

④ 乾隆《汾州府志》卷29《艺文三·少中大夫西蜀四川道肃政廉访司使梁公神道碑铭并序》，《续修四库全书》编纂委员会：《续修四库全书·史部》第692册，上海：上海古籍出版社，2002年，第655—656页。

⑤ 道光《济南府志》卷52《人物八·刘颖》，南京：凤凰出版社，2004年，第618页。

⑥ 道光《济南府志》卷53《人物九·汪长龄》，南京：凤凰出版社，2004年，第634页。

⑦ 同治《苏州府志》卷89《人物十六·长洲县》，南京：江苏古籍出版社，1991年，第336页。

⑧（明）陈子龙等：《明经世文编》卷154《夏东洲文集·议覆远方选法状草》，北京：中华书局，1962年，第1546页。

⑨（明）方孔炤：《全边略记》卷11《腹里略》，《续修四库全书》编纂委员会：《续修四库全书·史部》第738册，上海：上海古籍出版社，2002年，第590页。

"广东财货所出，旧称丰裕，固乐土也"①；"广东向称乐土"②。广西，被称为乐土，主要依据是居民仁寿，知诗书。清代地方史志这样记载："粤西山陬也，迹于前史，土薄而民稀。本朝定鼎以来，薄赋轻徭，休养百年，登斯民于仁寿之域，而无复夭札疵疠，宜乎烟火相望，鸡犬之声相闻也。既庶则富，与教相继而加秀者，敦诗书，朴者勤陇亩，俾之鼓歌乐土以扬我至治焉。"③桂西边地的万承州一带，"万阳隶属太郡，询诸故老，夙称乐土"④。海南，时人称之为乐土的史料也较常见。大致理由主要体现如下：田土肥、地方宁、水土美、物产丰饶、民风质朴等方面。称"海南之田凡三等……诚乐土也"⑤；"此地昔为暴区，今为乐土"⑥；"崖州地虽遥远，水土颇善"⑦；"琼郡自昔号称乐土，而以易治闻于天下也旧矣。盖以一郡独居海中，无比壤接境也，民皆安土，无流庸外徙也，冬寒不甚，无皴瘃堕指之苦，民不忧冻也；田岁再收，兼有山林川泽之利，民不阻饥也；奇香异木，文甲酰鼊之产，商贾贸迁，北入江淮、闽浙之间，岁以千万计，其物饶也；风俗质朴，资性巽愞，乡无武断豪夺之家……凡此数者，皆他郡所无，有诚所谓乐土而易于治矣"⑧。向称土弱瘴毒的雷州，明时知州林凤鸣则称之为"海滨乐土"⑨。

这一时期两种看似相互对立的话语体系同时存在，反映的是其时南方官绅在没有掌握话语权的情况下，意图通过陈述事实，以期引导内地人们转变原有观念，进而达到重塑南方乡土形象的目的。例如，明代南宁知府方瑜称："广

① （明）高拱：《边略》卷 5《绥广纪事·议处广东举劾以励地方官员疏》，四库禁毁书丛刊编纂委员会：《四库禁毁书丛刊·史部》第 72 册，北京：北京出版社，1997 年，第 335 页。

② （明）潘季驯：《潘司空奏疏》卷 1《巡按广东奏疏慎选民牧疏》，《景印文渊阁四库全书·史部》第 430 册，台北：商务印书馆，1986 年，第 4 页。

③ 雍正《广西通志》卷 30《户口》，《景印文渊阁四库全书·史部》第 565 册，台北：商务印书馆，1986 年，第 741 页。

④ 雍正《广西通志》卷 108《艺文·历朝·万承州重建城隍庙碑记》，《景印文渊阁四库全书·史部》第 568 册，台北：商务印书馆，1986 年，第 265 页。

⑤ （明）顾岕：《海槎余录》，台北：学生书局，1985 年，第 393 页。

⑥ （明）唐胄纂，彭静中点校：《正德琼台志》卷 21《海道·海寇》，《海南地方志丛刊》，海口：海南出版社，2006 年，第 470 页。

⑦ 道光《琼州府志》卷 3《舆地志·风俗》，台北：成文出版社，1967 年，第 62 页。

⑧ （明）邱濬撰，丘尔谷编：《重编琼台稿》卷 12《送琼郡叶知府序》，《景印文渊阁四库全书·集部》第 1248 册，台北：商务印书馆，1986 年，第 234 页。

⑨ 万历《雷州府志》卷 3《地理志》，《日本藏中国罕见地方志丛刊》，北京：书目文献出版社，1990 年，第 177 页。

西瘴毒之区……又近荒僻，以故士人来宦者，视如遗逐，苟延岁月，以望速代。由此而宠失者，往往有之。噫，有天命，有君命，不怿地而安之，尽吾之职而无愧于心，则随处皆乐土矣。"①当然，被称为乐土的地方，内地也有不少。对于久被视为"瘴乡"的南方地区而言，乐土称号的增多则有特别的意义，这是南方内地化发展过程中一个值得注意的方面。两种话语体系并存发展的结果，就是"瘴乡"之说至清末之后日渐式微，表明南方内地化发展，乡土形象的重塑基本完成。

五、人类活动与南方乡土形象的变迁

南方乡土形象的演化与重塑是社会多方面因素共同作用的结果。从内在因素而言，地方官绅以地方志的修纂为载体，对重塑乡土形象起到了重要作用。从外在因素而言，对重塑南方乡土形象产生积极作用的，还是应归功于医疗技术水平的不断提高。

既然南方地区将疾病一概称为瘴，经过历代长时间持续反复夸张渲染，内地人们对瘴怀有较强的恐惧与逃避心理。因此，要克服对瘴的恐惧心理，其前提必须是医学技术水平的不断进步与提高。因为在人们的传统观念中，南方卑湿的环境是瘴气生成的地理基础，而卑湿这一环境是由南方所处的低纬度、地形地貌、气候等地理因素决定的，古今皆然，无法改变。瘴（即疾病）的产生，也就无法避免。特别是北人到南方后，因不服水土，短时间内难以适应冷暖变化较快的气候环境，所谓"人至南海烟瘴之乡，则易疾病"②，进而对南方乡土环境产生厌恶心理。至于染病是否导致死亡，主要取决于医术水平的高低，诚如古代医家所言："瘴疠未必遽能杀人，皆医杀之也。"③从这个角度而言，在卑湿这样"恶劣"的环境无法改变的情况下，"南方瘴乡"话语的不断式微，最主要的因素显然还是医学技术水平的不断进步与提高，预防、治愈瘴疾的能力得到提升的结果。事实也正如此，历代医家

---

① 嘉靖《南宁府志》卷 6《秩官志·分职》，《日本藏中国罕见地方志丛刊》，北京：书目文献出版社，1990 年，第 416 页。

② （清）郑光祖：《醒世一斑录》卷 3《物理·物随乎地》，《续修四库全书》编纂委员会：《续修四库全书·子部》第 1140 册，上海：上海古籍出版社，2002 年，第 3 页。

③ （清）汪森编辑，黄盛陆校点：《粤西文载校点》卷 57《论·瘴疟论》，南宁：广西人民出版社，1990 年，第 217 页。

为治疗瘴疾开展了长期的探索，总结出不少专门治疗瘴疾卓有成效的"药方"，从宋人李璆的《瘴疟论》到明人郑全望的《瘴疟指南》莫不如此。明清时期，岭南一些地区还出现了一些医术高超的医士群体，一些人还被称为"瘴乡国手"。例如，海南"林富华，陵水人。平生诙谐乐善，以医济人，所治无不效。里邻乏药资者，富华捐施之。素为田司马宏祚所推重，称为'瘴乡国手'。邑侯赵振铎赠额云'学究灵枢'"①。

同时，岭南地区自古就是我国对外交往的前沿，明中叶以来，西学东渐，西医东传，岭南皆为首要的接收地，对带动这一地区医术的提高具有积极的作用。特别是一些抗菌消炎类药物的传入，如金鸡纳霜等，使得治疗像疟疾之类的烈性传染病，有了更多有效的医药治疗手段。鸦片战争后，一些教会医院和诊所在我国开设。道光二十一年（1841 年），美国医师派克（Parker）夫妇率先到广东设立广东医院②，之后日渐增多。据调查，"1876 年已有教会医院 16 所，诊所 24 个；1897 年教会医院为 60 所。1905 年教会医院已达 166 所，诊所 241 个，教会医生 301 人，分布于全国 20 余省"③。在这样的背景下，南方地区疾病的防治水平不断提高。同时，在岭南众多民间名医的努力下，医药保健逐渐深入广大百姓的生活，并成为生活习俗的一部分。例如，岭南地区的凉茶、药膳的普及程度，全国罕有其匹④。这样，医学的进步，为南方地区人们战胜疾病，提高人口寿命提供了坚实的保障，也对帮助内地人们摆脱传统的对瘴的恐惧心理，转变观念，具有重要作用。

另外，人们的地理活动范围扩大，对南方乡土环境有了更多的了解。长期以来，由于交通闭塞等因素，人们对南方地区，尤其是民族地区，了解十分有限，对南方乡土的认识主要来源于内地文人的反复渲染与夸张性的描述，甚至是以讹传讹，毫无根据的传闻。随着中央王朝对岭南地区统治的深入，特别是改土归流的完成，原有地理与文化的隔阂逐渐被打破，大量汉族人口不断南迁，甚至深入珠江中上游的民族聚居区，从事农矿业的开发，南方各地经济与文化发展起来，各民族交融关系发展，南方地区真实的乡土面貌，开始为内地

① 道光《琼州府志》卷 36 下《人物志·方伎》，台北：成文出版社，1967 年，第 826 页。

② 程瀚章：《西医浅说》，上海：商务印书馆，1933 年，第 25—26 页。

③ 赵含森，游捷，张红编著：《中西医结合发展历程》，北京：中国中医药出版社，2005 年，第 5 页。

④ 沈英森：《岭南中医》，广州：广东人民出版社，2000 年，第 61 页。

人们所了解。岭南各地人口长寿现象的不断增多，更有助于帮助人们破除原有的关于岭南"早夭"的思想观念。至清代中叶以后，越来越多的内地人口，迫于现实的生计，"视瘴乡为乐土"①，携妻挈孥，徙往珠江中上游山区，不再理会内地文人所描述的"瘴毒""瘴乡"。

　　事实上，随着医学的进步，明清以来南方地区这些外来的人口，也没有发生过染瘴大量死亡的现象。相反，即使是以往"瘴毒"最烈之地，至清中叶以后，也是"户口日繁"，人口不断增多。在这样的情况下，"瘴乡"的日渐式微就再不可避免。

---

① 道光《广南府志》卷2《民户》，台北：成文出版社，1967年，第54页。

第六章　生产方式、生活习俗与环境

区域的自然地理环境对人类生产方式与生活习俗具有十分重要的影响，因而探讨特定区域的人地关系，可以从生产方式、生活习俗的变迁入手，分析其内在的环境因素。珠江中上游地区的壮、瑶、布依、水、毛南、仫佬、苗、侗等民族的生产方式与生活习俗带有鲜明的区域特征，其变迁与环境有着密切的关系，同时环境变迁也深刻影响到生产方式与生活习俗的演化。

第一节　耕作方式、生产观念与环境变迁

一、明清以来珠江中上游地区的刀耕火种生产方式

刀耕火种的生产方式，历史上出现较早。一些史料曾记载过"火耕"，称："《汉武记》又有火耕水耨，应仲远谓烧草下水种稻，稻与草并生，高七八寸，因尽芟去，复下水濯之，草死，稻独长，谓之火耕。"[①]实际上，刀耕火种多指山区居民使用刀斧砍伐地表上的草、藤、树木等植物枯根朽茎，晒干后点火焚烧，以使土地变得松软，同时利用焚烧获得的草木灰作为肥料，播种农作物的生产方式。由于土地肥力有限，耕种一年后，地力耗尽，即需易地而种，故学术界又称其为迁移农业。历史上，刀耕火种属于原始农业，一直

---

① （明）魏浚：《西事珥》卷 6《火耕水耨》，四库全书存目丛书编纂委员会：《四库全书存目丛书·史部》第 247 册，济南：齐鲁书社，1996 年，第 793 页。

被统治阶层视为落后生产力、野蛮、愚昧的象征，大多存在于热带、亚热带的边疆民族地区。对使用刀耕火种生产方式的居民而言，刀耕火种是他们与自然界相处的一种方式，其中也包含了十分丰富的环境哲学内涵，刀耕火种生产方式的变迁本质上就是所在区域的环境变迁，珠江中上游地区亦是如此。

明代以来，珠江中上游地区刀耕火种生产方式主要存在于当地的少数民族当中，受人口迁移以及环境变迁的影响，刀耕火种生产方式有一个变迁过程。在滇东的南盘江流域，明代采用刀耕火种的主要是被称为"罗罗""夷罗"的彝族先民，被称为"沙夷""沙人""侬人"的壮族先民，以及苗、瑶族等。例如，史称："（广西府）郡为东南陲要害，其地东邻水下沙夷……北接陆凉、旧越州土舍。夷罗四面杂处，而沙夷尤称犷悍。"[①]"侬人、沙人，男女同事犁锄……侬智高之苗裔也"[②]。明清时期，他们不少部落还处于刀耕火种状态。

南盘江上游的曲靖军民府地区，当地的彝族有黑爨、白爨两种，"椎髻皮服，居深山，虽高岗硗确，亦力垦之，种甜、苦二荞自赡，善畜马"[③]。清人檀萃《滇海虞衡志》则称这一地区的"黑罗罗"，"男事耕牧，高岗硗陇，必火种之，顾不善治水田，所收荞、稗无嘉种。其畜马、羊，多者以谷量"[④]。清代宜良县居民还保留着刀耕火种耕作方式，所谓："山多田少，阡陌奇零，刀耕火种之伦，甚可悯焉。"[⑤]师宗州"州郭虽分四乡，然村寨落落如晨星。汉居其一，倮居其二。……刀耕而火种，草食而卉服，诛茅不足以蔽风雨，短衣不足以掩前后"[⑥]。在广南府一带被称为"白罗罗"的彝族："散处四乡，性情刚蛮，凛畏法度，刀耕火耨，男子耕种为生，妇人绩麻为衣，平时赴城买

①（清）顾炎武撰，谭其骧等点校：《肇域志·云南·广西府》，上海：上海古籍出版社，2004 年，第 2360 页。

②（清）顾炎武撰，谭其骧等点校：《肇域志·云南·广南府》，上海：上海古籍出版社，2004 年，第 2359 页。

③（明）谢肇淛：《滇略》卷 9《夷略》，《景印文渊阁四库全书·史部》第 494 册，台北：商务印书馆，1986 年。

④（清）檀萃辑，宋文熙、李东平校注：《滇海虞衡志校注》卷 13《志蛮》，昆明：云南人民出版社，1990 年，第 315 页。

⑤ 乾隆《宜良县志》卷 4《艺文·城东筑堤防水碑记》，南京：凤凰出版社，2009 年，第 556 页。

⑥ 康熙《师宗州志》卷上《州郭村寨》，台北：成文出版社，1974 年，第 63 页。

卖，价值不敢多增"①。广南府还有被称为"朴喇"的一支彝族，计有"黑朴喇"与"白朴喇"两种，其中"黑朴喇"，"刀耕火种，常数易其土，以为养地力焉"②，"白朴喇""多住山坡，种荍麦杂粮火麻之类"③，明显采用刀耕火种的生产方式。阿迷州一带的彝族支系母鸡部，"迁徙无常，居多竹屋，耕山食荞，暇则射猎捕食"④。罗平一带，"山多田少，地瘠民贫，每岁刀耕火耨，仅得燕麦苦荞为食"⑤。分布在邱北县山区的苗族，至清末民国时期，仍顽强保留着刀耕火种之习，民国《邱北县志》载："苗人，有青、黑、花三种……喜居箐林，烧火山种植，林败则迁，无定所，好猎，善用强弩。"⑥

北盘江流域所在的黔西南以及都柳江流域所在的黔南一带，分布有众多的包括今布依族、苗族、水族等少数民族先民在内，迁入的汉族只能安插在有军事防卫的军卫治所附近。从文献记载看，多数还采用刀耕火种生产方式。明时史料称："卫所为主，郡邑为客……卫所治军，郡邑治民，军即尺籍来役戍者也。故卫所所治皆中国人，民即苗也，土无他民，止苗夷，然非一种，亦各异俗，曰宋家，曰蔡家，曰仲家，曰龙家，曰曾行龙家，曰罗罗，曰打牙仡佬，曰红仡佬，曰花仡佬，曰东苗，曰西苗，曰紫姜苗，总之盘瓠子孙。椎髻短衣，不冠不履，刀耕火种，樵猎为生，杀斗为业。郡邑中但征赋税，不讼斗争。所治之民，即此而已矣。"⑦又言部分少数民族，"沿涧为田，兼以草莱雨露之滋，颇为膏沃，各民世守。所遗刀耕火耨，以给俯仰，皆有定业"⑧，溪河两岸开始得到开发，刀耕火种的生产方式，只在山区还存在。而在独山州一带，清人莫舜鼐有诗称："但愿边民歌岁稔，刀耕火耨自年年。"⑨苗族的一支白苗，"在贵定、龙里，黔西州亦有之。……转徙不恒，为人雇役垦田，往

① 道光《广南府志》卷2《风俗》，南京：凤凰出版社，2009年，第188—189页。
② 道光《广南府志》卷2《风俗》，南京：凤凰出版社，2009年，第190页。康熙《阿迷州志》卷11《沿革》，台北：成文出版社，1975年，第138页则载朴喇"山居火耕，迁徙糜常"。
③ 道光《广南府志》卷2《风俗》，南京：凤凰出版社，2009年，第190页。
④ 康熙《阿迷州志》卷11《沿革》，台北：成文出版社，1975年，第139页。
⑤ 康熙《罗平州志》卷3《艺文·罗平州图说》，成都：巴蜀书社，2006年，第296页。
⑥ 徐旭平等点注：《民国〈邱北县志〉点注》，天津：天津古籍出版社，2015年，第55页。
⑦ （明）王士性撰，吕景琳点校：《广志绎》卷5《西南诸省》，北京：中华书局，1981年，第133页。
⑧ 万历《贵州通志》卷20《经略志·军民利病疏略》，《日本藏中国罕见地方志丛刊》，北京：书目文献出版社，1990年，第452页。
⑨ 乾隆《独山州志》卷9《艺文下·南楼春望》，成都：巴蜀书社，2006年，第262页。

往负租逃去"①。黔西一带的"罗罗","以渔猎山伐为业"②。都柳江流域是水、苗、侗、壮、瑶族等民族的分布地,其中被称为"佯黄"的一支③,生产中亦有刀耕火种的痕迹。都匀府"佯黄,一曰杨黄,其种亦夥。……男子计口而耕,妇人度身而织。暇则挟刀操筍柳以渔猎为业"④。此外,明人留下的一些诗作,也反映了红仡佬、紫姜苗等民族较为普遍采用刀耕火种的生产方式。明人郭子章在《黔记》中留下十首诗,其中第三首云:"群峰莽互插天遥,旅魄都从一望销。蛮语兼传红仡佬,土风渐入紫姜苗。耕山到处皆凭火,出户无人不佩刀。"⑤其第六首言:"茨屋茅墙到处家,春来各得赛烧畬。"⑥其第七首说:"地险人稀物态凉,萧疏羸马与群羊。彩绳贯贝苗姬饰,蛮锦裁衣卫士装。绝壁烧痕随雨绿,来年禾穗入春香。民间蓄积看如此,哪得公家咏积仓。"⑦

广西左右江流域、柳江流域等地,壮、瑶族等民族分布众多,明代时广西各地少数民族刀耕火种还较为普遍。明人魏浚称:"占城稻,一名畬稻。……西中在在有之,即所谓刀耕火种者。"⑧太平府"民多土夷,巢居水饮,刀耕火种"⑨;南宁府山区的瑶族,"瑶生深山重溪中,多姓盘氏……不供征役。种禾、豆、山芋杂以为粮,截竹筒而炊,暇则猎取山兽以续食"⑩。又言:"瑶,一名畬客,有四姓,盘、蓝、雷、钟,自谓狗王后,男女皆椎髻跣

---

① 乾隆《贵州通志》卷7《苗蛮》,清乾隆六年(1741年)刻本,第121页。

② (明)郭子章著,赵平略点校:《黔记》卷59《诸夷》,成都:西南交通大学出版社,2016年,第1164页。

③ 一些学者认为原是多民族的集合体,在清代时为毛南族的一支。

④ (明)郭子章著,赵平略点校:《黔记》卷59《诸夷》,成都:西南交通大学出版社,2016年,第1165页。

⑤ (明)郭子章著,赵平略点校:《黔记》卷59《诸夷》,成都:西南交通大学出版社,2016年,第1168页。

⑥ (明)郭子章著,赵平略点校:《黔记》卷59《诸夷》,成都:西南交通大学出版社,2016年,第1168页。

⑦ (明)郭子章著,赵平略点校:《黔记》卷59《诸夷》,成都:西南交通大学出版社,2016年,第1168页。

⑧ (明)魏浚:《西事珥》卷6《占城稻》,四库全书存目丛书编纂委员会:《四库存目丛书·史部》第247册,济南:齐鲁书社,1996年,第793页。

⑨ 万历《太平府志》卷2《风俗》,《日本藏中国罕见地方志丛刊》,北京:书目文献出版社,1990年,第205页。

⑩ 嘉靖《南宁府志》卷11《杂志》,《日本藏中国罕见地方志丛刊》,北京:书目文献出版社,1990年,第530页。

足，结茆为居，□徙无常，刀耕火种，不供赋役。"①其中，横州一带被称为"山子夷"的瑶族，"散处横州震龙、六磨诸山谷中，无版籍定居，惟斫山种畬，旋木盆锅，射兽而食之，食尽又移一方"②。还有的史料称其为"斑衣山子"，"散处横州震龙、六磨诸山谷中，无版籍定居，斫山种畬，射生为食"③。

红水河下游的迁江县（今来宾市兴宾区迁江镇）一带，"又有澄江洞，瑶人所居无田，而有山畬，刀耕火种"④。

黔江流域的武宣县，"山多田少，开垦维艰，且高下原隰不均，肥硗盈歉不一，然民力散布，刀耕火种，即荒塍亦渐就膏腴"⑤；郁江流域的贵县（今贵港市）与迁江县交界区域，"澄江洞瑶人所居无田，而有山畬，刀耕火种"⑥。

以大瑶山为中心的大藤峡地区是瑶、壮族等民族的聚居地。明代以来，由于人地关系紧张等因素，当地瑶、壮族等民族掀起了持久的反抗斗争。明廷在围剿过程中，就一直利用其刀耕火种、蓄积有限的弱点，采取围困策略。史称："诸瑶虽奸桀鸷悍，难靖易乱，然方其无事时，亦皆刀耕火种，抱布贸丝。"⑦"一困之之策，盖广西瑶寇处处有之，惟浔州大藤峡为大。大者既困，则小者不足平矣。峡前临河道，后抵柳、庆，左界昭、梧，右接邕、贵，中皆高山峻岭，惟借刀耕火种，蓄积有限，况所耕之田，尽在山外，大军四面分守，截其出路，彼既不得虏掠，又不得耕种，不过一二年，皆自毙矣。若然其余龙山、栗山等处，可以次第剪除"⑧。

① 嘉靖《南宁府志》卷 11《杂志》，《日本藏中国罕见地方志丛刊》，北京：书目文献出版社，1990 年，第 530 页。

② 嘉靖《南宁府志》卷 11《杂志》，《日本藏中国罕见地方志丛刊》，北京：书目文献出版社，1990 年，第 531 页。

③ （明）魏濬：《西事珥》卷 8《夷风纪略》，四库全书存目丛书编纂委员会：《四库全书存目丛书·史部》第 247 册，济南：齐鲁书社，1996 年，第 821 页。

④ （明）曹学佺：《广西名胜志》卷 5《柳州府·迁江县》，《续修四库全书》编纂委员会：《续修四库全书·史部》第 735 册，上海：上海古籍出版社，2002 年，第 78 页。

⑤ 嘉庆《武宣县志》卷 4《民赋》，清嘉庆十三年（1808 年）刻本，第 1 页。

⑥ 光绪《广西通志辑要》卷 7《思恩府·迁江县》，台北：成文出版社，1967 年，第 183 页。

⑦ （明）高岱撰，孙正容、单锦珩点校：《鸿猷录》卷 15《再平蛮寇》，上海：上海古籍出版社，1992 年，第 354 页。

⑧ （明）陈子龙等：《明经世文编》卷 76《丘文庄公奏疏·两广事宜疏》，北京：中华书局，1962 年，第 654 页。

桂江流域的富川、恭城一带是瑶族的重要聚居地，当地居民在清代仍保留有刀耕火种的生产方式，史称："所可虑者，山溪之水全仗林木荫翳，蓄养泉源，滋泽乃长。近被山主招人刀耕火种，烈泽焚林，雨下荡然流去，雨止即干无渗润入。"①恭城"周家湾、东寨、西寨、小东寨等数十余僮村，周、黄、陈、石数村聚族丛居，刀耕火耨"②。

　　至于桂西北的泗城州与桂北的庆远府，山地绵延，明清以来，一直是刀耕火种的重要区域。其中，泗城州一带居民"风俗刀耕火种，异居各爨"③。清人在制定镇压当地少数民族反抗斗争策略时，称庆远府"壤土硗确，资蓄虚乏，刀耕火种以为糇粮，其势可以缓图，不可以速取，可以计覆，不可以力争"④。

二、刀耕火种与明清以来珠江中上游地区的环境变迁

　　刀耕火种的生产方式，从本质上而言是一种较为粗放的农业生产方式，受当地地形、土壤条件与水热条件制约，种植的多是豆类等农作物，以满足基本的生活需要。例如，种植的畲稻，属旱稻一种，"其米甚小，而味颇涩硬"⑤，口感甚差。受土壤肥力影响，依靠草木灰提供的肥力，产量也不高。在生产过程中，常常兼种薯、芋等以补充粮食不足，甚至靠进山打猎以获得必要的食物营养，故支撑刀耕火种这一生产方式的前提，是当地拥有较为完好的自然生态环境。一旦赖以生存的自然生态环境发生变迁，刀耕火种的生产方式必然也会发生变迁。

　　明代以来，尤其是改土归流之后，随着大量外来迁民进入珠江中上游山区，从事农业垦殖活动，以及参与到矿产开发当中，当地自然生态环境发生显著的变化。滇东南的广南府，原为壮、彝族等居民杂居之地，至清代中叶时，已有不少汉民迁入其中，史称："今数十年来，各省无赖流民窜入其中，租土官一块地，倚为生计，每岁纳银数星，名曰地皮钱。……非复向日土府风俗

① 光绪《富川县志》卷1《舆地志·水利》，台北：成文出版社，1967年，第23页。
② 光绪《恭城县志》卷4《瑶僮》，台北：成文出版社，1968年，第514页。
③ （明）李贤等：《大明一统志》卷85《利州》，西安：三秦出版社，1990年，第1306页。
④ 乾隆《庆远府志》卷9《疏议文檄》，清乾隆十九年（1754年）刻本，第10页。
⑤ （明）魏浚：《西事珥》卷6《占城稻》，四库全书存目丛书编纂委员会：《四库全书存目丛书·史部》第247册，济南：齐鲁书社，1996年，第793页。

矣。"①黔西南的兴义县，"全境之民，多明初平黔将卒之后，来自江南，尚有江左遗风。……至若工商，则有吴绅、粤棉、滇铜、蜀盐，抚帮白纸之名，由是与邑兵农工商各界皆自各省移殖斯地，谓之客籍"②。桂东北的富川县，原为瑶族聚居之地，清中叶时也同样有大量汉人进入其中。所谓："抚巢半瑶僮，半梧州流民。……在县治极西一带，如大岷、小岷、槽碓、白宝等源，岩谷深奥，依凭险阻，与恭城、平乐诸巢相通，罪人多遁逃其中。"③移民人口不断进入少数民族聚居的山区从事各类生产活动，这是环境变迁的外在动力。

　　滇东的南盘江上游地区，由于移民的大量进入，开发程度较高，刀耕火种的生产方式较早发生变迁，地表植被也因人类的农业垦殖、矿业开采等活动而产生明显变化。史称路南县"园梓山厂，产铜矿。在东区，离城四十里，距宜良大路一里，山势倾斜，无森林。乾隆时，矿极兴旺，后因兵燹停歇"④。宜良县"其境两山相夹，蜿蜒南趋，中则平畴，如掌弥望。□错城邑，楚楚如画，可谓壮哉"⑤，平坝周边山地因为人口的迁入而得到垦殖，成为良田。师宗州，明代改土归流后，外来人口开始迁入，当地植被有个变化过程。"地偏而瘠，赤壤不泉，童山不木，荒阜起伏，乱石唇齿，五谷不产，仰荞为生。……皇上荡平逆藩以来……此地城郭依然，村堡错处，学校、仓储井井秩秩"⑥。至清康熙年间平定三藩之乱后，已是一片繁盛的农耕景象。地理位置较偏的广南府，"山多硗确，岁少丰收，沙侬蠢朴无能，习俗宽柔易使"⑦，"硗确"指的是当地岩溶山区因为人类的农业垦殖活动，岩石裸露，呈现出石漠化的地表景观。一些山区的植被也因为当地居民的一些旧俗，而不断减少。当地史志记载："旧俗，献岁前，伐松二株，径四五寸，长丈余，连枝叶栽插门首，无论官廨士民之家皆然，云摇钱树。鄙俚可笑。……日久干枯既虞火烛……遇吉凶事亦挂碣旦，每岁取不（按：当为之）于山，村民受害无穷，若

① 道光《广南府志》卷2《风俗》，南京：凤凰出版社，2009年，第198页。
② 民国《兴义县志》第4章第2节，1966年油印本，第192页。
③ 光绪《富川县志》卷12《杂记·瑶僮》，台北：成文出版社，1967年，第137页。
④ 民国《路南县志》卷2《物产·矿产》，台北：成文出版社，1967年，第42页。
⑤ 民国《宜良县志》卷10上《艺文志·序》，台北：成文出版社，1967年，第248页。
⑥ 康熙《师宗州志》序，台北：成文出版社，1974年，第17—21页。
⑦ 道光《广南府志》卷2《风俗》，南京：凤凰出版社，2009年，第176页。

一年留数千松，十年有数万松，则材木不可胜用。"①林地的减少，自然使刀耕火种失去了存在的基础。至民国年间，即便是较为偏僻的富州，随着人口的流入，开荒垦殖面积扩大，山区林地也不断减少。"富县区域辽阔，地旷人稀，农林一项，除有少数天然林外，人造之林寥若曙星，林业之衰落，已可概览"②。"开荒垦殖原为农民天职，然富县地旷人稀，天然物产饶富。昔日鲜有开荒者，近数十年来，人烟日盛，生活日高，垦殖事业日渐发达。然开山种植杂粮及木林者多，开田种稻者少"③。

　　桂西北地区，明属泗城州与安隆司辖地，清设泗城府。地广人稀，明代中叶时还保留有大片的原始森林，史称："山明水秀，地僻林深"④，当地居民长期维持刀耕火种的生产方式。直到清代中叶，当地依然保持较好的生态环境，深沟密林，瘴气弥漫。众所周知，根据古人的认识，瘴气生成的地理基础就是深山密林。泗城府"万山丛箐，岚雾迷漫，虽天晴必已午二时始见日色。西隆寒暑，不时瘴疠独甚，居民多住山顶，岚雾在下，阴翳之气稍可避……粤西自桂林外，昔称瘴乡，大率土广民稀故也。今则休恬安养，生齿蕃盛，村落错居，寒暑应候，近郡皆同中土，惟泗城、西隆、西林、东兰、归顺等地，林峒深密处，岚雾所蒸，尚觉稍有瘴气"⑤。又言："东兰、南丹郡地，俱系蛮溪獠峒，深箐密布，草木蓊翳，岩依穴处，类皆鳞蟒蛇蝮。"⑥清末的百色厅地区，"汉土杂居，瑶僮错处。……层峦叠嶂，箐密林深，往往数十里无居人"⑦，这些地区的部分少数民族直到民国年间仍顽强保持着刀耕火种的生产方式。柳江上游桂黔交界的山区，为苗岭，尽管民国年间仍保留着较好的生态环境，如九落山"其上多森林……产熊、虎、白鹇等动物"⑧，但自清末时这一地区即得到相当程度的开发，山区农业生产发展，不少山区的原始森林，已

① 道光《广南府志》卷2《风俗》，南京：凤凰出版社，2009年，第181—182页。
② 民国《富州县志》卷12《农政·造林》，台北：成文出版社，1974年，第79页。
③ 民国《富州县志》卷12《农政·垦殖》，台北：成文出版社，1974年，第81页。
④ （明）李贤等：《大明一统志》卷85《泗城州》，西安：三秦出版社，1990年，第1305页。
⑤ 雍正《广西通志》卷2《气候》，《景印文渊阁四库全书·史部》第565册，台北：商务印书馆，1986年，第32—33页。
⑥ 雍正《广西通志》卷2《气候》，《景印文渊阁四库全书·史部》第565册，台北：商务印书馆，1986年，第32页。
⑦ 光绪《百色厅志》卷1《图说·百色厅总图说》，台北：成文出版社，1967年，第8页。
⑧ 民国《融县志》第1编《地理·山脉》，台北：成文出版社，1975年，第45页。

为经济林木所取代，昔日史书所称的"瘴气"，此时已不复存在，所谓："雪霜时降，瘴疠不生，号称乐土。"①刀耕火种的生产方式，已不再见载于史籍。

左江流域与越南接壤的思州（今宁明县地），清中叶时依然保持着刀耕火种的生产方式，史称："地偏隅，近接交趾，夷落人民，质朴畏刑罚，男子刀耕火耨，妇女业纺织。"②这种生产方式的存续与当地良好的生态环境保持是一致的。清道光年间宁明一带有诗称："一符分领出边城，远上秋山策马鸣。卅里清风森茂樾，半林黄叶熟新橙。"③又言思州雷笃山一带，"密菁排森岩，老藤古树相牵缠，槎枒瘦硬形万千，望之漆黑如深渊。……知有豺虎其中眠"④，"磊落山……山深多猛兽"⑤。罗阳土县（治今扶绥县罗阳镇），"地多狼人，火种刀耕，暇则猎较"⑥；左江中游的崇善县（今崇左市），民国时"全县无大森林"⑦，刀耕火种的生产方式显然不复存在。右江流域的天保县（今德保县），清末时"山深箐密……其旱稻杂莳于山岭间，土人名曰种畲，随时收获"⑧。当地的瑶人，耕山而食，"种水芋、山薯以佐食……冬月焚山，以便来春种畲，谓之火耕"⑨。

宣化（今南宁市）至横州一带的邕江流域丘陵山地，居住着瑶族的一支山子瑶，他们清代中叶仍采用刀耕火种的生产方式。"宣化县瑶，一名畲客。有四姓：盘、蓝、雷、钟。男女皆椎髻跣足，结茆为居，刀耕火种"⑩。清末民国年间，邕宁"县内山地颇多，向皆荒废，未能垦殖造林。濯濯童山，殊为可惜"⑪，邕江流域山区植被面貌已大为改观。

① 民国《融县志》第1编《地理·气候》，台北：成文出版社，1975年，第51页。

② 雍正《广西通志》卷32《风俗·思州》，《景印文渊阁四库全书·史部》第565册，台北：商务印书馆，1986年，第796页。

③ 光绪《宁明州志》卷上《山岭》，台北：成文出版社，1970年，第14页。

④ 光绪《宁明州志》卷上《山岭》，台北：成文出版社，1970年，第18页。

⑤ 光绪《宁明州志》卷上《山岭》，台北：成文出版社，1970年，第22页。

⑥ 雍正《广西通志》卷93《诸蛮·蛮疆分隶》，《景印文渊阁四库全书·史部》第567册，台北：商务印书馆，1986年，第568页。

⑦ 民国《崇善县志》第1编《地理·气候》，台北：成文出版社，1975年，第48页。

⑧ 光绪《镇安府志》卷8《舆地志·气候》，台北：成文出版社，1967年，第165页。

⑨ 光绪《镇安府志》卷8《舆地志·风俗》，台北：成文出版社，1967年，第172页。

⑩ 雍正《广西通志》卷93《诸蛮·蛮疆分隶》，《景印文渊阁四库全书·史部》第567册，台北：商务印书馆，1986年，第565页。

⑪ 民国《邕宁县志》卷16《食货志三·林业》，台北：成文出版社，1975年，第721页。

桂东北地区的桂江流域，从清中叶时期起，边远山区植被因为人们的生产活动而开始发生变化。史载：

> （富川县）山国也，平源广陌，所在无几。西则土岭绵亘，千溪缕注，东为石山，叠嶂多伏，流涌泉骤，雨则沉陆浮丘，稍晴则田干圳涸。……又有高旷之处，垦种稻谷、早禾，乘春多雨，早种早收，无雨则或用斗戽，或用桶吊，或用桔槔，皆费人力，为功甚劳。……瑶僮田不一，或同源异派，或同洞相杂为例，日久各服。先畴虽有混争，易为清理，此固无他患矣。所可虑者，山溪之水全仗林木荫翳，蓄养泉源，滋泽乃长。近被山主招人力耕火种，烈泽焚林，雨下荡然流去，雨止即干，无渗润入土，以致土燥石枯，水源短促，留心民瘼者，固宜尽力沟恤，尤当严禁焚林划土以保泉源也。①

又载："诸巢在县西隅，与恭城接壤，深入穷谷。……两行峻岭，小溪中流，烟火相望，田皆膏腴。"②"瑶本盘弧种……散处富川者，田占沃饶……所居之处，则前后左右邱埠林麓，皆为所据，多种绵（棉）花、豆、麦、苎麻及烧灰炭以市利，通县屋宇薪爨之资，取给而鬻焉"③。原先的深山溪谷两岸，至此已出现山林、良田相间的农耕景观。恭城瑶族，清末时"喜散居山源，自开山田，所居之处，前后左右邱阜麓圹皆为其有，多种豆、麻、菽、粟以资生"④，显然已过上定居农耕的生活。临桂、灵川县的瑶族有平地瑶、大良瑶、过山瑶、高山瑶等支系，其中，"高山瑶架竹木葺茅而栖，种粟、芋、豆、薯，有蜂蜜、黄蜡、香箘、山笋货以易食。过山瑶数年此山，数年又别岭，无定居也。……灵川县六都多瑶，七都多僮，居服与临桂略同。瑶自谓盘古之裔，有先有瑶，后有朝之谚，所在耕山，择土宜而迁徙，人莫敢阻"⑤。

至于桂东南西江流域，苍梧县的瑶族，清中叶还保留着刀耕火种生产方

---

① 光绪《富川县志》卷1《舆地志》，台北：成文出版社，1967年，第23页。

② 光绪《富川县志》卷12《杂记·瑶僮》，台北：成文出版社，1967年，第139页。

③ 光绪《富川县志》卷12《杂记·瑶僮》，台北：成文出版社，1967年，第137页。

④ 光绪《恭城县志》卷4《瑶僮》，台北：成文出版社，1968年，第513页。

⑤ 雍正《广西通志》卷93《诸蛮·蛮疆分隶》，《景印文渊阁四库全书·史部》第567册，台北：商务印书馆，1986年，第559—560页。

式，所谓："瑶居大山中，迁徙无常，伐木为业，谓之刀耕。"①清末时，这一区域人口大增，不少山区已开始得到开发。藤县"绝无瘴疬，而民物阜繁，尤非土地薄人稀可比"②。刀耕火种生产方式已无存在的地理环境基础。

珠江中上游山区刀耕火种生产方式存在区域的前后变化，反映了当地少数民族居民从游耕走向定居农耕的发展过程，也是自然环境从原始植被向人工植被过渡发展的过程。

三、生产观念与环境

区域环境的变迁与人类的生产观念有十分密切的关系。珠江中上游地区岩溶面积分布较广，沟谷纵横，形成了各自不同相对封闭的小流域与小区域。不同的小区域间生产环境迥异，人们的生产观念也不相同。

在左右江流域与南盘江流域所在的滇东与黔西南等地区，岩溶地貌广布，虽然降雨丰富，但受地下溶洞多、地表水易于渗漏的影响，属于易受旱灾威胁的区域。史载百色一带"山多于地，水少于田，四封皆然。农民三时力作，恒苦不足，欲谋生计，尤当讲求陂塘之利也"③。又称："身处万山之中，罕觏江流，难求水利。即溪涧取资亦鲜，惟仰给于大雨之时，行谚曰'靠天吃饭'，其信然耶。"④上映土州（今天等县上映乡），"山僻水少，土瘠民贫"⑤。缺水易旱的生产环境，使这一带地区的人们养成了重视收集雨水的习惯，常于田间地头开挖小池塘，或放置一些陶缸，以承接雨水，以便于浇灌田地。此外，戽斗之类的生产工具普遍得到传播使用，"戽水以资灌溉"⑥。

在缺水易旱的生产环境下，桂西、滇东、黔西南等地区的人们形成了重视保护林木的生产观念，并常通过乡规民约等形式表现出来。例如，嘉庆年间广西镇安府辖归顺州（今靖西市）立录村《乡规民约》规定："丘木树林不得刊

① 雍正《广西通志》卷93《诸蛮·蛮疆分隶》，《景印文渊阁四库全书·史部》第567册，台北：商务印书馆，1986年，第563页。

② 光绪《藤县志》卷2《天文志》，台北：成文出版社，1968年，第58页。

③ 光绪《百色厅志》卷1《图说·百色厅总图说》，台北：成文出版社，1967年，第8页。

④ 光绪《百色厅志》卷1《图说·篆里四都图说》，台北：成文出版社，1967年，第14页。

⑤ 光绪《镇安府志》卷8《舆地志·风俗》，台北：成文出版社，1967年，第173页。

⑥ 雍正《广西通志》卷21《沟洫·恩城土州》，《景印文渊阁四库全书·史部》第565册，台北：商务印书馆，1986年，第596页。

（砍）伐……田间水界不得相争。"①民国年间雷平县（今大新县雷平乡）政府公告规定："放火烧山危害森林树木，应予严禁。……凡山林及草地一律禁止焚烧。"②乾隆年间滇东地区宜良县蓬莱乡所立《万户庄乡规碑》，明文规定："偷伐山林坟茔树木者，每棵罚□乙千"③，乾隆年间宜良县所立《万户庄（朝阳寺）植林护林碑》也载："为因山场凋零，风水倾顿，情愿遍种松树，培植山场，扶持风水。"④道光年间广南县旧莫乡底基村汤平寨所立护林碑《告白》称："培风水者亦莫先于禁山林。……前者人文蔚起，物亦繁昌。盖因林木掩映，山水深密，而人才于是乎振焉。今者人文衰败，物类凋零……斧斤时入，盗砍前后左右山树株，则树株败。……仍照古规，培根固木，将寨中前后左右山场树木尽封。"⑤黔西南兴义东北，保留有一块立于清咸丰五年（1855年）的《永垂不朽碑》，碑中这样记载："山深必因乎水茂，而人杰必赖乎地灵。以此之故，众寨公议，近来因屋后丙山牧放牲畜，草木固之濯濯，掀开石厂，巍石遂成嶙峋。举目四顾，不甚可惜！于是齐集与岑姓面议……培植树木，禁止开挖，庶几龙脉丰满。"⑥此外，人们保护林木的观念，还通过树木崇拜等多种形式表现出来。在桂西等地的聚落中，榕树、樟树、枫树、松树等都可成为当地居民崇拜的社公树。通过树木崇拜，聚落周边生态环境得到了有效的保护。

对于那些植被生长状况较好、水源不缺的地区而言，人们没有保护林木的生产观念，而只有保护农耕生产的观念，这是珠江中上游地区人地关系演变过程中的特殊性。例如，南丹县拉易乡，当地壮族居民对山田的灌溉，虽然要依靠山溪、山泉，但他们并不重视对泉源的保护，开垦耕地后，总是尽力将耕地周围的林木砍伐殆尽，而且也不封山育林，主要是担心封山之后，野兽会多起来，危害庄稼⑦。这种生产观念其实也是造成岩溶山区植被不断减少的一

---

① 《中国少数民族社会历史调查资料丛刊》修订编辑委员会：《广西少数民族地区碑文契约资料集》修订本，北京：民族出版社，2009年，第221页。

② 童健飞主编：《大新县志》，上海：上海古籍出版社，1989年，第488页。

③ 李荣高等：《云南林业文化碑刻》，潞西：德宏民族出版社，2005年，第129页。

④ 李荣高等：《云南林业文化碑刻》，潞西：德宏民族出版社，2005年，第194页。

⑤ 李荣高等：《云南林业文化碑刻》，潞西：德宏民族出版社，2005年，第285页。

⑥ 陈明媚：《黔西南乡规民约碑文分析》，《兴义民族师范学院学报》2013年第1期，第32页。

⑦ 广西壮族自治区编辑组：《广西壮族社会历史调查》第1册，南宁：广西民族出版社，1984年，第172页。

个重要因素。

在水源充足、植被生长状况较好的地区，保护农耕生产的顺利进行始终是放在第一位的。这种生产观念也体现在农耕生产过程中的作物除害等方面。珠江中上游地区气候炎热多雨，利于各种害虫的繁殖。近代以来，壮族地区多有遭受虫灾而发生饥荒的记载。例如，光绪二十年（1894 年）上思县那荡乡壮区发生虫灾，各村屯禾苗全被吃光枯死，颗粒无收。都安县棉山乡"民国三十二年秋间，田禾将熟，有不知名之害虫，藩（按：当为繁）殖甚速，不数日，田禾尽被剪食，枯槁如焚，大为歉收，次年大饥"；"民国二十七年，夷江区稻田被虫灾一次，惟灾情尚小。到民国三十二年又遭灾一次，灾情甚大，禾苗被其残食几尽，随处皆然"①。据中华人民共和国成立初期的民族学调查，百色在民国年间虫灾频发，损失惨重，十斤谷种的田，只收到一百多斤的谷子。东兰县在 1937 年发生严重的虫灾，到处田峒都有虫吃谷叶，农民每天早上去捕杀，1 人可得 10 斤，当年的田里作物收获不到 40%；民国十四年（1925 年），隆林大闹虫灾，谷子全坏，白米每斤卖到八九十个铜仙（正常在 8 至 12 个铜仙），结果许多人饿死②。害虫主要有蝗虫、卷叶虫、钻心虫、螟虫、猛马虫等，传播快，若防治不及时，导致整挑（壮族田制，一挑约等于收获 100 斤稻谷的田亩面积）受灾，故农作物播种之后，要保证收成，既需防鸟兽，也需防虫。生活在这一区域的壮族居民，在早期生产力水平不高，尤其是在科学技术不发达的情况下，其预防虫害的主要手段就是通过垦荒时焚烧以达到除掉百害的目的，晚稻收割后留下禾秆焚烧，既可留下稻秆灰作为肥料，也可杀死虫卵，减少来年虫害。之后开始根据气候变化慢慢总结预防虫害的经验，如南丹县壮族流传的农谚中有"十月无霜，碓头无糠"，即指当年若为暖冬，则预示次年会有虫灾③，从而采取预防措施。不过，限于科

① 广西壮族自治区编辑组：《广西壮族社会历史调查》第 3 册，南宁：广西民族出版社，1985 年，第 91 页。

② 广西壮族自治区编辑组：《广西壮族社会历史调查》第 2 册，南宁：广西民族出版社，1985 年，第 220 页；广西壮族自治区编辑组：《广西壮族社会历史调查》第 5 册，南宁：广西民族出版社，1986 年，第 134—135 页；广西壮族自治区编辑组：《广西壮族社会历史调查》第 1 册，南宁：广西民族出版社，1984 年，第 30 页。

③ 广西壮族自治区编辑组：《广西壮族社会历史调查》第 2 册，南宁：广西民族出版社，1985 年，第 68 页。

学技术，多数地区的壮族居民对于虫害无能为力，以为是"神虫"下降，而听天由命。

随着生产经验的积累和科学知识的普及，人们的认识水平逐渐提高。民国年间，珠江中游地区部分壮族居民开始利用石灰以防治害虫。例如，那坡县壮族预防稻谷的钻心虫的方法，就是在发现幼虫时，将石灰撒在田里将虫杀死①，效果比由人直接去田里捉虫捕杀要好很多，还有少数山区居民在耕种畲地时，在作物的根茎处裹上石灰以防虫害。虽然这种方法与内地相比算不上先进，但相对于岩溶山区居民自身而言已是一个显著的进步，对于山区自然环境的保护也是有益的。

第二节　瑶族的"男女平等"观念与山地人地关系

一、瑶族的男女平等观念

历史上，瑶族是个迁移性较强的山地民族。自南北朝以来，由于受民族压迫、逃避灾荒、战乱等原因，瑶族不断向南迁移发展。迄今为止，广西东北地区的海洋山、都庞岭两侧、桂中地区的大瑶山、桂西北的红水河中游一带等，已成为瑶族的重要分布地。其中大瑶山由于瑶族人口分布较为集中，被一些学者称为"瑶都"。长期生息于山地环境下的瑶族，形成了自己独特的民族文化。"男女平等"的思想观念，就是其优良民族文化的代表之一。

与珠江中上游地区周围其他民族相比，瑶族没有性别歧视思想，民间社会普遍存在男女平等观念。男女平等观念不仅体现在日常的生活习俗中，也体现在瑶族的习惯法里。一些学者认为，瑶族的男女平等观念，最早可从其古老的盘瓠祖先传说中反映出来。盘瓠和公主生下的六男六女，分别取十二姓，成为瑶族的来历。在生活中，瑶族很早就有恋爱自由、平等的传统。《岭外代答》卷 10 载："瑶人每岁十月旦，举峒祭都贝大王，于其庙前，会男女之无夫家者。男女各群，连袂而舞，谓之踏摇。男女意相得，则男咿嘤奋跃，入女群中

---

① 广西壮族自治区编辑组：《广西壮族社会历史调查》第 3 册，南宁：广西民族出版社，1985 年，第163 页。

负所爱而归，于是夫妇定矣。各自配合，不由父母。"①在婚姻方面，招郎入赘、"嫁郎"皆是瑶族社会的正常婚姻形态，不受人们的非议。男子上门改从女姓也不受歧视，故瑶族凡是家中有两个以上男孩的，都愿意让自己的孩子去"上门"。史载榴江县（今鹿寨县寨沙镇）瑶族"多喜入赘"②。民国《三江县志》也载："瑶人无歧视女子之习，故婚姻礼节虽不同，赘婿与娶妇看待则一。"③

山居瑶族男女平等观念还充分体现在命名、婚嫁、财产继承、社会地位等方面。例如，低于入赘婚这种形式，则规定有"卖断婚"（即"从妻居"）、"两边顶"、"两边走"等形式。"卖断婚"，即男子入赘女家以后，改从女姓，与女方家庭一样排辈分，子女跟母亲姓；"两边顶"即当女家只有女孩时，男子上门入赘后所生男孩第一个随母姓，以示女家不断香火，第二个则随父姓，其余的由夫妻双方协商，其子女有权继承两家的祖业和遗产；"两边走"即当面对男女双方父母年迈，没有其他劳力时，夫妻俩要在双方父母家中劳动半年或数月，以赡养双方父母。可以说，男女平等观念是入赘婚存在的强大思想基础。

二、瑶族男女平等观念形成的环境因素

瑶族的男女平等观念是如何形成的？对于这个问题，不少学者从不同角度进行了探讨。有的认为是受到远古人类婚姻遗存的影响，是母权制习惯势力反抗的结果。同时也与刀耕火种的生产方式密切相关，认为刀耕火种这种落后的生产方式需要大量劳动力，繁重的体力劳动需要男子才能承担，女性较多的家庭只好通过"招郎"的形式引进男性劳动力，从而促进了平等观念的形成。以上观点当然有一定的合理性。笔者认为要令人信服地解释瑶族男女平等观念形成的原因，肯定要从瑶族居住的地理环境入手。毕竟，人是地理环境的主人，人类的生产生活活动深刻地影响到自然环境，同时人类的行动又要受到地理环境的制约。因此瑶族男女平等观念的形成，需要考虑其与所在地区的环境容量

---

① （宋）周去非著，杨武泉校注：《岭外代答校注》卷10《蛮俗门·踏摇》，北京：中华书局，1999年，第423页。

② 民国《榴江县志》第2编《社会·风俗》，台北：成文出版社，1968年，第45页。

③ 民国《三江县志》卷2《社会·风俗·冠婚》，台北：成文出版社，1975年，第144页。

的关系。

环境容量，就是一个地理区域所能容纳人口生存数量的大小。在传统农业社会里，主要表现在可耕种土地数量、粮食产量等方面。环境容量大小受土壤类型、地质、水热条件、肥沃程度、生产技术等诸多因素的影响。一般而言，在平原地区，可耕地较多，灌溉条件好，农业发展水平高，粮食产量大，因而能够容纳较多的人口。在山区，由于受地势高低影响，日照时间短，可耕田地有限，粮食产量不高，故山区能够容纳的人口有限。南迁的瑶族，除少量在平地发展外，大多数分布在山区。尤其是受民族歧视、民族压迫的影响，他们入山唯恐不高，入林唯恐不深。在岭南的莽莽林海中，瑶族采用刀耕火种的生产方式，游耕而食，生产力水平不高，生活水平较低。对此，史料多有描述。例如，元人马端临《文献通考》载："瑶本盘瓠之后。其地山溪高深……各自以远近为伍，以木叶覆屋，种禾、黍、粟、豆、山芋，杂以为粮。截竹筒而炊，暇则猎食山兽以续食。"①由于生产力水平较为低下，瑶族不向中央王朝缴纳赋役，这在瑶族流传的《评皇券牒》抄本中，有明确的反映，称："耕百姓田塘自有四山八岭，幽壁（僻）之处，猿猴为畔（伴），百鸟为怜（邻）。寻山捕猎，砍种养生"②；"所有中国各省青山之地，应从十二姓瑶人起屋居住，刀耕火种"③。在金秀大瑶山地区，至明代时，当地的瑶族"中皆高山峻岭，惟借刀耕火种，蓄积有限"④。在当时的生产力水平下，深山区域的环境能够容纳的人口实在有限。大体上，越往上，山区海拔越高，生产条件越差，生存越为艰难，故在明代，瑶族为了保卫位于大瑶山南坡低山丘陵与平原相接地带的家园、田地，掀起了数次殊死的反抗斗争，在遭到明朝统治者残酷的军事镇压之后，才被迫退往大瑶山的深山地区发展、生存。

由于长期生活在深山环境中，瑶族对人与自然环境的关系有深刻的认识。

① （元）马端临著，上海师范大学古籍研究所、华东师范大学古籍研究所点校：《文献通考》卷 328《四裔考五·盘瓠种》，北京：中华书局，2011 年，第 9024 页。

② 《中国少数民族社会历史调查资料丛刊》修订编辑委员会：《瑶族〈过山榜〉选编》修订本，北京：民族出版社，2009 年，第 1 页。

③ 田敏，徐杰舜主编：《民族旅游与文化中国》，哈尔滨：黑龙江人民出版社，2017 年，第 118 页。

④ （明）陈子龙等：《明经世文编》卷 76《丘文庄公奏疏·两广事宜疏》，北京：中华书局，1962 年，第 654 页。

认识到在较低的生产力水平下，山区环境容量有限，难以养活较多的人口，故在大瑶山的花篮瑶支系中，以前就存在一种"人口限制"的习俗。据 20 世纪 30 年代民族学家王同惠调查，花篮瑶每家每代只准留一对夫妇，"因之每对夫妇只准留两个孩子，一个留在家里，一个嫁出去"①。限制人口当然是有意识的行为，为了实现对人口的有效控制，他们的方法主要是堕胎等。在山区环境容量极为有限的情况下，限制人口数量无疑是瑶族适应山区环境的自觉有意识的行为。在民族学家王同惠前往调查时，当地的瑶族明言："瑶山田狭，养不起多人。"②为此，当地的"长毛瑶"采用的是"一脉单传"的小家庭组织形式。

在这样的情况下，一个家庭拥有一个男孩、一个女孩，无疑是最理想的状况。然而生儿生女，并非能够按照人的主观意愿进行。在现实生活中，有家中两个全是男孩的，也有家中两个全是女儿的。因而在人口受到有意识控制的情况下，要解决瑶族社会的养老问题，有效地开展社会生产，就必须要有相应的社会制度与生活习俗进行合理的调适，以使不同家庭中的人口性别比例大致均衡。为此，摒除汉族传统社会根深蒂固的重男轻女、男尊女卑思想，树立男女平等观念，是其中的前提和关键。

正因为在瑶族社会生活中具有浓厚的男女平等的思想氛围，将男娶女嫁、女娶男嫁视为正常，男子入赘上门不受歧视，故瑶族家庭才能够做到生男生女，顺其自然，从而有效地维持了山区瑶族社会的人口平衡。在一些瑶族地区，虽然没有人口限制的习俗，但在山区所面临的生活环境，基本上是相似的。山高坡陡，田地狭窄，同时山高水寒，日照时间短，作物产量不高，有限的环境容量极大地制约了瑶族人口的增长。为避免家庭人口不断膨胀，超越所拥有土地的实际供养能力，即使是多男孩的家庭，也往往鼓励一部分外出上门，以减轻家庭的人口负担。对于少男子的家庭而言，则通过招男入赘，以解决劳动人手及养老问题，故同样需要树立男女平等的思想观念，并通过习惯法、社会风俗等固定下来。

① 王同惠：《广西省象县东南乡花篮瑶社会组织》，上海：商务印书馆，1936 年，第 1 页。
② 王同惠：《广西省象县东南乡花篮瑶社会组织》，上海：商务印书馆，1936 年，第 2 页。

第三节　饮食与环境

一、"五色饭"习俗与环境

"五色饭"是珠江中上游地区壮、苗、侗族等居民的传统食品，一般在传统民族节日三月三、清明节、牛魂节等有吃"五色饭"之俗。"五色饭"中的"五"究竟指哪五种颜色？从现有民俗调查情况看，有红、黄、蓝、紫、白五种颜色者，也有黑、紫、红、绿、白五种颜色者，更有黑、紫、黄、红、白五种颜色者，皆用不同植物染料给糯米染色烹制而成，反映了不同地区人们饮食习俗的细微差异。

从记载看，作为五色饭前身的青精饭、乌饭，早在唐代就已出现。至明代时，开始出现"五色饭"之称。史载："青精饭，一名南天烛，用以染饭作黑色，谓之乌饭。社（杜）诗：'岂无青精饭，使我颜色好。'今夷人以社日相馈遗，然又有染作青、黄、赤色以相杂者，谓之五色饭。社时草木茂长，随其色之可染而与饭相宜者为异尔。"[1]在传统中医观念中，青精饭被当作治疗脾胃虚寒的食物。明李时珍《本草纲目》引唐代陈藏器所著《本草拾遗》言："乌饭法：取南烛茎叶捣碎，渍汁浸粳米，九浸九蒸九曝，米粒紧小，黑如璧珠，袋盛，可以适远方也。"[2]又言："脾胃有劳倦内伤、有饮食内伤、有湿热、有虚寒"[3]，即可食青精饭。其实，青精饭源于内地，随着中国统一多民族国家的发展，逐渐传播至珠江中上游民族地区，经过发展成为五色饭。明代南安府地区"寒食日作青精饭为食，或以相馈送"[4]。清代浙江"归安县志

① （明）魏浚：《西事珥》卷6《青精饭》，四库全书存目丛书编纂委员会：《四库全书存目丛书·史部》第247册，济南：齐鲁书社，1996年，第804—805页。

② （明）李时珍编著，张守康等校：《本草纲目》卷25《谷部四·青精乾石饲饭》，北京：中国中医药出版社，1998年，第654页。

③ （明）李时珍编著，张守康等校：《本草纲目》卷3上《百病主治药上·脾胃》，北京：中国中医药出版社，1998年，第65页。

④ 嘉靖《南安府志》卷10《礼乐志》，《天一阁藏明代方志选刊续编》第50册，上海：上海书店出版社，2014年，第443页。

四月八日以楝叶染米，啖青精饭"①。青精饭所用染色植物，为一种叫南天烛的一种植物，史称：

> 南烛生罗山高处，初生三四年，状若菘，渐似栀子，二三十年成大株，盖木而似草者也。叶似茗而圆厚，冬夏常青，枝茎微紫。大者高四五丈，肥脆易折，子如茱萸。九月熟，酸美可食。昔朱灵芝真人以其叶兼白粳米九蒸暴之，为青精饭，常服，人称青精先生。今苏罗傜人每以社日为青精饭相饷，师其法也。苏罗乃罗浮最深处。②

近代植物学家吴其浚对此也有进一步的描述，称："南烛，《草木记传》、《本草》所说多端，今少有识者。为其作青精饭，色黑，乃误用乌臼为之，全非也。此木类也，又似草类，故谓之南烛草木。今人谓之南天烛是也。南人多植于庭槛之间，茎如朔藋，有节，高三四尺。庐山有盈丈者。叶微似楝而小，至秋则实赤如丹，南方至多。"③

珠江中上游地区，明代以降盛行五色饭习俗的地区，主要如下：

黔西南地区与黔南地区的苗族。史称："贵州苗凡五种，口红苗、黑苗、水西苗、众家苗、木老苗……议婚不用礼物，惟以牛数头作聘，是日男女两家各登一山，造五色饭。男用白织带，女用红织带为记，二家亲众各唱苗歌至夜。"④

广西镇安府，即今靖西、德保、那坡一带的壮族。史载："六月初旬，染五色饭，宰豚分烹，祭牛栏……五色饭诣田野，牛寮内团坐而食，曰收牛魂。"⑤又载："正月底采白头翁、艾草和米为糍，益以鱼虾，祭畜栏，名曰收鸡鸭魂。三月三日，染五色饭，割牲烹酒，男妇咸出拜墓，以石灰涂冢，以纸钱挂树，饮食而归。"⑥光绪《归顺直隶州志》称："牛魂节每年至五月十

① 雍正《浙江通志》卷99《风俗上》，《景印文渊阁四库全书·史部》第521册，台北：商务印书馆，1986年，第529页。

② （清）屈大均：《广东新语》卷25《木语·南烛》，北京：中华书局，1985年，第649页。

③ （清）吴其浚：《植物名实图考》卷26《南天竹》，北京：商务印书馆，1957年，第653—654页。

④ （明）郑仲夔：《玉麈新谭·隽区》卷8《荒隽》，《续修四库全书》编纂委员会：《续修四库全书·子部》第1268册，上海：上海古籍出版社，2002年，第562页。

⑤ 光绪《镇安府志》卷8《舆地志·风俗》，台北：成文出版社，1969年，第168页。

⑥ 光绪《镇安府志》卷8《舆地志·风俗》，台北：成文出版社，1969年，第167—168页。

四日内耕耘已毕，选取吉日共作牛魂节。假如一家有四人，即杀四鸡蒸糯米，糯米仍染五色，以五色蒸熟，合鸡用大叶子包，各人自带到平时看牛处，至午刻各人相食，仍另以糯米饭包一大包灌牛食，以酬其耕作之劳。"①又言："凡初生子，亲戚悉以鸡黍相馈，弥月之期，为儿剪发，则以五色糯饭、红蛋，分送亲戚兼设酒招饮。"②

百色厅辖地，包括今百色市、田阳等地。当地居民清末时"清明扫墓，中元焚楮币，无贫富皆然。富家大族子姓数十，聚饮于墓，席地坐其饭糯，有赤、白、黑三色"③。

来宾县（治今来宾市）。"四月八日，释家故有浴佛，会供盂兰盆，俗亦莫知之。惟必做五色饭"④。"春秋社日作黄花饭，取土产黄花煮汤去渣，浸稻米汤中漉米入甑蒸之，香爽能消食。四月八日作五色饭，黄色即以社日所用黄花制法，红色以土产红蓝曝干，黑色以枫叶春碎，各就热汤搓汁去渣，分浸稻米。或云黑色者，即山家清供，所谓青精饭，以南烛木之叶捣汁为之，黑色之淡者为蓝色，其白色，米之本质也。所浸米以次入甑，黑者居下，次蓝者，又次红、黄两色，最上为白色者，同蒸之"⑤。

南宁府，包括武鸣县、宣化县、宾州等地。道光《武缘县志》载："青精饭……武俗作黄、赤色饭，随时染之。惟三月三日，取枫叶泡汁染饭为黑色，即青精饭也。枫叶老而红，故昔人谓之南天烛。"⑥光绪《武缘县图经》又载："宣化、武缘之俗，三月三日，各村以乌米饭祀真武。"⑦民国《宾阳县志》也载："四月初八日，炊黑米饭食，俗以食之，可以避疫。按黑米饭以枫叶汁渍糯米炊之，或用红蓝等树叶，其饭红、黄、蓝、黑、白各色俱备，色既可爱，气尤香馥，用以酿酒尤佳。是日，农家并以此饭饲牛，盖农事方殷为牛加料，以增其力，是亦农家习俗中之别饶风味者。"⑧

① 光绪《归顺直隶州志》卷3《风俗志》，清光绪二十五年（1899年）刻本，第43页。
② 光绪《归顺直隶州志》卷3《风俗志》，清光绪二十五年（1899年）刻本，第40页。
③ 光绪《百色厅志》卷3《舆地·风俗》，台北：成文出版社，1967年，第45页。
④ 民国《来宾县志》上篇《人民三·风俗》，台北：成文出版社，1975年，第284页。
⑤ 民国《来宾县志》下篇《食货三·昏丧祭晶用品》，台北：成文出版社，1975年，第437页。
⑥ 道光《武缘县志》卷1《舆地志》，清道光二十三年（1843年）刻本。
⑦ 光绪《武缘县图经》卷6《人略下·风俗》，清宣统三年（1911年）铅印本，第33页。
⑧ 民国《宾阳县志》第2编《社会·季节》，南宁：广西壮族自治区档案馆，1961年，第64页。

另据调查，云南广南府一带的壮族，与三江一带的侗族也还保留有食用"五色饭"的习俗。

各地食用"五色饭"的文化内涵不尽相同，大致可分为祭祀、避疫、庆祝小儿满月、祈求丰收等，但都以糯米为基料，使用不同植物染色蒸制而成。"五色饭"的颜色当然与当地壮、苗、侗族等居民的民间信仰有关，由于染色所用植物不同，故也与所在环境密切相关。

从"五色饭"中黑色部分使用的染色植物而言，早期史料称用的是一种叫"南天烛"的植物。清末植物学家吴其濬还称其似木又似草，可在庭院种植观赏。但在清代广西的一些地方史志记载中，明确指出五色饭用的是枫叶染色，并认为枫叶就是古史所载之"南天烛"。众所周知，枫树为落叶乔木，树形高大，南方多有分布。至今在珠江中上游地区还留存有枫木湾、枫树坳、枫树坪等地名。实际上，南天烛与枫为不同科属植物。史书所载染色植物的差异，反映出可染作黑色糯米饭的植物并非一种，使用何种植物染色，当然随所在地区植物环境而定。南烛为杜鹃花科，别名乌饭树，"枝叶止泄除睡、强筋益气力。子亦强筋益气、固精驻颜"[①]。枫叶亦有药用价值，一些研究者认为枫叶具有行气止痛、除湿祛风的功用，内用可以用来治疗肠胃方面的疾病。在珠江中上游地区，当地壮族多摘取嫩枫叶以作染黑色之用。

根据一些学者开展的人类学调查，珠江中上游地区壮族、布依族、苗族等用于食品染色的染料植物计达 14 种，较为常用的则是密檬花、姜黄、红丝线、观音草、枫香树这 5 种染色植物。黄色糯米饭染色使用的植物主要是密檬花、姜黄等。密檬花又名染饭花，壮族称为黄花，属马钱科醉鱼草属灌木植物，有清热利湿等功效，用作黄色糯米饭之用。马山、巴马、忻城等县壮、瑶居民，普遍使用密檬花染色，蒸制黄花饭食用。明代忻城莫氏土司族人莫震曾写有一首竹枝词，称："正月邻村少妇来，彩江清水采青苔。姑姑煮熟黄花饭，盛在香篮待尔回。"[②]道光《庆远府志》载："香饭花，可染黄色饭……《粤述》云：叶如棠棣，花如真珠，二月节开，其香幽静而甜过玫瑰、茉莉甚

---

① 杨丹，程忠泉，刘贤贤主编：《桂北药用植物资源现代研究》，南京：河海大学出版社，2019 年，第 272 页。

② 丘良任等：《中华竹枝词全编·广西卷·忻城竹枝词》，北京：北京出版社，2007 年，第 477 页。

远，土人用以染饭，作黄色，以供祭祀，谓之香饭花。"①姜黄，又称片姜黄，属姜科多年生宿根草本植物，取其根部用于黄色糯米饭染色之用。红色糯米饭主要使用红丝线、观音草染色。红丝线是茄科红色丝属灌木或亚灌木，使用其茎、叶加工，可为糯米染上红色。观音草为多年生直立草本植物，取其茎、叶加工，可为糯米染上红色。此外，一些地方居民也使用苋菜、红蓝草给糯米染成红色或紫红色。光绪《郁林州志》卷 4《舆地略·物产》称："红蓝草捼汁染米，色甚红。拌猪肉煮，名红曲肉，适口能消积。"②其余用于糯米染色的植物还有鼠曲草、鸡屎藤、山栀子、紫番藤、槐花、苏木等。天然染料的选取肯定受当地植被分布的影响，更主要的是受人们对植物可食用性以及药用价值的认识的影响。在实践中用来给糯米染色的植物，大都具有保健养生、预防疾病的功效。这既是当地人们长期生产实践经验的总结，也与人类交往活动频繁，对自然环境认识、利用能力提升密切相关。例如，苏木的利用，显然是明代以后东南亚香料苏木大量传入中国，并在南方地区成功引种之后才被当地居民用于染色原料的。清代起，广西南部地区即有苏木的出产，对此，雍正《广西通志》载："苏木出永康者佳，树似槐而叶微圆，枝叶两两相对，正赤色，开花结实如皂荚，能行血及染布帛等类"③；"宣化县瑶……倩媒以苏木染槟榔为聘"④。因此，从"五色饭"使用染色植物的变化，也可看出其背后人类文化活动、人际交往的内涵。

二、侗族酸食习俗与环境

柳江上游的三江、龙胜一带，为柳江上游都柳江与寻江流域。明清时期，分属怀远县、龙胜厅所辖，境内侗族与瑶、苗族等杂居。明时史料称怀远"浔、榕两江之汇，与夷相犬牙……自三甲以往，多瑶人、侗人，负税掠商，

---

① 道光《庆远府志》卷 8《食货志·物产》，清道光九年（1829 年）刻本，第 17 页。
② 光绪《郁林州志》卷 4《舆地略·物产》，台北：成文出版社，1967 年，第 72 页。
③ 雍正《广西通志》卷 31《物产》，《景印文渊阁四库全书·史部》第 565 册，台北：商务印书馆，1986 年，第 778 页。
④ 雍正《广西通志》卷 93《诸蛮·蛮疆分隶》，《景印文渊阁四库全书·史部》第 567 册，台北：商务印书馆，1986 年，第 565 页。

杀越无虚日"①。嘉庆《广西通志》也载："怀远侗与伶杂处，其服食习尚亦与伶同。"②

当地的侗族饮食习俗，地方县志这样记载："侗人粮食亦多系糯米，晨以木甑炊饭一次，菜蔬鱼肉全系□酸品，其他两餐无须举火。"③在三江、龙胜等地侗族民间社会则向有"侗不离酸"，"住不离田，走不离山，穿不离带，食不离酸"之谚④。生活中，侗族用于制作酸食的食材一般就地取材，主要有鱼、肉、鸭、鹅及一些豆、笋、萝卜、椒、姜等。制作方法为将鱼、鸭、鹅宰杀，去除内脏后洗净，或将猪肉、牛肉等洗净，添加适量盐巴并反复揉搓放进酸坛腌制。黄瓜、萝卜、豆角、青菜、辣椒、姜、竹笋、蕨菜等洗净后，皆可入坛腌制。入坛后，密封深埋，三月后即可食用。

关于侗族"酸食"习俗的成因，学术界有不少学者开展过探讨，或以为源于保存食物的需要，或以为源于古代食盐的缺乏，以酸代盐之需。诚然，如果从腌制食物保存的时间而言，酸食习俗的形成，肯定有食物保存方面的因素。因为侗族腌制的酸菜保存时间较长，一般在 2 年以上，有些食物如酸鸭、酸鸡、酸肉、酸鱼等甚至保存时间可达 10 年以上。至于说以酸代盐的说法，在侗族社会内部确实也有这样的传说⑤。需要注意的是，尽管历史上的封建统治者为强化民族地区的统治，曾实行严格的食盐专卖制度，设关盘查，致使一些民族地区获得食盐较为困难，但历史上食盐封锁毕竟是暂时的，主要是酸食的制作过程本身也是需要一定食盐的。因此，以酸代盐之说似可进一步商榷。有关酸食习俗形成，应该从人类与环境的关系加以考虑。

珠江中上游地区的侗族主要分布在桂北与黔东南的山区，山高谷深，地形崎岖，交通不便。虽有都柳江、寻江流经其间，但因河流湍急，河道多有礁石，而少舟楫之利。气候方面属典型的亚热带气候，具有山区与高原气候特

---

① （明）杨芳：《殿粤要纂》卷 1《怀远县图说》，北京图书馆古籍出版编辑组：《北京图书馆古籍珍本丛刊》第 41 册，北京：书目文献出版社，1998 年，第 754 页。

② （清）谢启昆修，胡虔纂：《（嘉庆）广西通志》卷 279《诸蛮二·侗》，南宁：广西人民出版社，1988 年，第 6899 页。

③ 民国《三江县志》卷 2《社会·风俗》，台北：成文出版社，1975 年，第 142 页。

④ 杨筑慧：《侗族风俗志》，北京：中央民族大学出版社，2006 年，第 34 页。

⑤ 杨筑慧：《侗族风俗志》，北京：中央民族大学出版社，2006 年，第 34 页。

征。潮湿多雾，"日暖夜寒，甚至一日之间，寒懊屡易"①，山区冬季则常有冰雪。"县气候及山水较寒，至夏历清明节前后粘谷始能播种，至三月间插秧，迨七月开始收获。而粳、糯播种插秧又率较粘谷迟二十余日，收获期则在旧九月间，故每年只能一造"②，由于山多田少，水稻只能一年种植一茬，产量较低，多靠种植杂粮补充。这样的地理环境，生产力水平本就不高，生活物资很容易发生短缺，历史上，这一地区的侗族民众多次掀起反抗封建统治的斗争，直接的原因多是由于饥荒引起的③，而起来反抗势必会遭到统治者严密的经济封锁，故当地侗族居民十分重视食物的保存。因此，侗族"酸食"习俗的形成，既有深厚的历史基础，也有现实生活需要的因素。事实上，生活在高寒山区瑶、苗族等居民，历史上也有将狩猎得来的鸟、兽及鱼等腊干，或腌制成"鲊"的习俗，也是出于保存食物的生活需要。宋人周去非《岭外代答》载："深广及溪峒人，不问鸟兽蛇虫，无不食之。其间异味，有好有丑。山有鳖名蛰，竹有鼠名鼺，鸽鹳之足，腊而煮之。鲟鱼之唇，活而脔之，谓之鱼魂。此其至珍者也。……乃鲊莺哥而腊孔雀矣。"④清人屈大均在《广东新语》中也言："粤西善为鱼鲝。"⑤

除此之外，侗族"酸食"习俗，还与其独特的种植结构与饮食结构有关。历史上，都柳江下游地区与寻江流域所在的侗族地区，水稻种植较为普遍。平常种植的有粳稻、糯稻、黍、稷、芝麻、黄豆、黑豆、绿豆等重要农作物。水稻中，糯稻的种植占有较高的比例。这当然与当地的气候环境较为适宜糯稻的生长有关。据民国二十九年（1940 年）《广西农业通讯》统计，其时三江"糯稻面积 56138 亩，占水田面积 54.03%"⑥。在日常饮食结构中，糯米的食用也占主要地位。史料载："怀民饔飧，以糯米为上，粳米次之，不食粘米，

---

① 民国《三江县志》卷 1《舆地·气候》，台北：成文出版社，1975 年，第 90 页。

② 民国《三江县志》卷 4《经济》，台北：成文出版社，1975 年，第 460 页。

③ 广西三江侗族自治县志编纂委员会：《三江侗族自治县志》，北京：中央民族学院出版社，1992 年，第 280 页。

④ （宋）周去非著，杨武泉校注：《岭外代答校注》卷 6《食用门·异味》，北京：中华书局，1999 年，第 237 页。

⑤ （清）屈大均著，李育中等注：《广东新语》卷 14《食语》，广州：广东人民出版社，1991 年，第 350 页。

⑥ 广西三江侗族自治县志编纂委员会：《三江侗族自治县志》，北京：中央民族学院出版社，1992 年，第 274 页。

故不种粘谷。"①当地侗族居民食用糯米的方法，一般是做糯米饭及糯米糍粑。糯米中富含蛋白质、脂肪、糖类、钙、磷、铁、维生素等，营养丰富。根据传统中医的观点，糯米为温补强壮食品，具有补中益气，健脾养胃，止虚汗之功效，清人何本立《务中药性》卷13《谷部·糯米》歌云：

> 糯米甘温益脾肺，虚寒泄泻能温胃。
> 痘疮色白助脓浆，研粉扑汗同牡蛎。
> 熬成饴糖缓中脏，一切糯食性皆滞。
> 多食动火生湿热，病人中满腹胀忌。

其在自注中称："多食发湿热，动痰火，损齿。凡一切糯食，不宜多食。"②正是糯米多食容易导致湿热、消化不良、食欲不振、腹胀等症，当地的侗族才会在日常生活中，通过腌制"酸食"作为均衡饮食的重要手段。通过"酸食"的调节，达到有效增加食欲的目的。因此，侗族民间社会"酸食"习俗，对应的是糯米普通种植与食用的农耕环境。

第四节　服饰与环境

一、蓝靛的种植与利用

蓝靛，又称靛蓝，是爵床科木蓝属植物叶片加工所得的粉末或团块。这是珠江中上游民族地区壮、侗、布依、水、苗等民族常用的染料植物，其种植与利用有悠久的历史。学术界一般认为在魏晋南北朝时，制靛技术由西南地区传入中原，最早用松蓝制靛③。当然，其前提是地处西南的珠江中上游地区各族居民很早就掌握了制靛技术。宋代就有瑶族使用蓝靛染布的记载。史称："瑶人以蓝染布为斑，其纹极细。其法以木板二片，镂成细花，用以夹布，而镕蜡灌于镂中，而后乃释板取布，投诸蓝中。布既受蓝，则煮布以去其蜡，故能受

---

① 民国《三江县志》卷4《经济》，台北：成文出版社，1975年，第429页。
② （清）何本立著，曾广盛等点校：《务中药性》卷13《谷部·糯米》，北京：中国医药科技出版社，1993年，第279页。
③ 贺琛：《苗族蜡染》，昆明：云南大学出版社，2006年，第46页。

成极细斑花，炳然可观。故夫染斑之法，莫瑶人若也。"①历史上，我国用于染蓝色的植物有蓼蓝、大蓝、槐蓝、茶蓝、马蓝、蓼蓝、吴蓝、苋蓝等多种。明代《天工开物》称："凡蓝五种，皆可为靛。茶蓝即菘蓝，插根活。蓼蓝、马蓝、吴蓝等皆撒子生，近又出蓼蓝小叶者，俗名苋蓝，种更佳。"②其所载有菘、蓼、马、吴、苋五种蓝。一些植物学者认为，吴蓝为豆科木蓝属中的一种。《天工开物》所载内地制作蓝靛的技术，从所用植物原料而言，与珠江中上游地区居民所使用的植物，基本上是相同的。

珠江中上游地区分布的苗、侗、瑶、壮、布依等少数民族居民，多有"尚青"之习。广南府被称为"侬人"的一支壮族，"其地多侬人，世传以为侬智高之后。男子束发于顶，多服青衣，下裙曳地，贱者俺胫而已"③。当地被称为"花土僚"的，"服尚青蓝"④。其余还有"白黑沙人、普喇、普央、白黑罗罗……九种，其地山硗获薄，男青衣"⑤。贵州被称为"仲家"的布依族，青布是其主要服饰。独山"仲家好楼居，衣尚青，以帕束首。妇人多织，好以青布蒙髻，长裙细褶，多至二十余幅，拖腰以彩布一幅若绶，仍以青布袭之，勤于纺织"⑥。又载："（兴义府）仲家为苗中最黠者……惟妇女服饰仍沿旧俗，椎髻长簪银环贯耳，项挂银圈，以多为荣，衣短裙长，衣色为青、蓝、红、绿，花绣为缘饰裙，以青布十余幅，纡褶镶边。"⑦贵州荔波县一带的侗族，号侗家苗，"侗家苗亦在荔波县，衣长不过膝"⑧。广西临桂县，"率皆熟瑶，居三乡，男女挽髻，青衣缘绣，嫁娶丧葬，颇近土民，有平地、大良、高

① （宋）周去非著，杨泉武校注：《岭外代答校注》卷6《器用门·瑶斑布》，北京：中华书局，1999年，第224页。

② （明）宋应星著，钟广言注释：《天工开物》卷上《蓝淀》，广州：广东人民出版社，1976年，第118—119页。

③ （明）陈文修、李春龙、刘景毛校注：《景泰云南图经志书校注》卷3《广南府·风俗》，昆明：云南民族出版社，2002年，第190页。

④ 道光《广南府志》卷2《风俗》，南京：凤凰出版社，2009年，第186页。

⑤ 道光《广南府志》卷2《风俗》，南京：凤凰出版社，2009年，第181页。

⑥ 乾隆《独山州志》卷3《地理志·苗蛮》，成都：巴蜀书社，2006年，第89页。

⑦ 咸丰《兴义府志》卷41《风土志·苗类》，民国三年（1914年）铅印本，第4页。

⑧ （清）王韬著，朱世滋、阎中雄、施学珍点校：《后聊斋志异》卷5《黔苗风俗纪》，北京：北京燕山出版社，1992年，第284页。

山、过山之别"①。兴安县"瑶居五排、七地、六峒及融江、穿江、黄柏江,
与民杂处,男女俱青衣短袴,女无裙加布幅蔽下体,坐则兜之"②;博白县
"瑶自明成化间平藤峡后来县治,谓之山子,无户籍,散居各堡,设瑶总以总
之。狼人善用铜炮,健守石梯、界牌诸隘,设狼目总之,皆佃田输租,与民无
异。斑人有二种,其一青衣长裙,一则斑衣短裙,白质而靛章,采樵易粟,女
子出嫁,给琢刀一两副,以索带为妆具"③。"天保瑶聚居瑶庄,距城八十
里,语与民同,男女衣青衣,妇女裹头以花布,性最驯,畏见官长。"④奉议
(今百色市田阳区)"瑶居州属之山老坡……女挽椎髻,衣皆青布"⑤;上映
(今广西天等县)瑶"山僻水少,土瘠民贫。……妇女衣短裙长,纺织自染棉
布,色尚青蓝,务耕作"⑥。

"尚青",即其服饰多以黑、蓝为主色调,并成为一个民族的显著标识。
瑶族中,即有一支蓝靛瑶,综合学者的调查研究,分布有蓝靛瑶的,即有云南
富宁、广南、丘北、砚山、西畴、师宗,广西田林、西林、百色右江区、那
坡、凌云、巴马、凤山等地。在广西那坡一带,还有被称为"黑衣壮"的一支
壮族。他们服饰的染色,即取材于蓝靛。

从"尚青"习俗不难看出,珠江中上游地区的居民对蓝靛的种植与利用已
有较为悠久的历史。明清以来,这一区域的地方史志多有记载。从现存史料记
载看,珠江中上游地区各族居民,提取蓝靛的主要植物中,有蓝草,又叫槐
蓝。黔西南兴义府一带,"蓝靛,旧志云,蓝可染,山地间亦种之。按蓝草之
名……今郡产之蓝,收而为靛,青色,则即《通志》之槐蓝也"⑦;广西梧州
府,"靛,即蓝草,各县出"⑧;广西庆远府地区,"蓝靛、黄草,永顺等土

---

① 雍正《广西通志》卷93《诸蛮·蛮疆分隶》,《景印文渊阁四库全书·史部》第567册,台北:商务
印书馆,1986年,第559页。

② 雍正《广西通志》卷93《诸蛮·蛮疆分隶》,《景印文渊阁四库全书·史部》第567册,台北:商务
印书馆,1986年,第560页。

③ 雍正《广西通志》卷93《诸蛮·蛮疆分隶》,《景印文渊阁四库全书·史部》第567册,台北:商务
印书馆,1986年,第574页。

④ 光绪《镇安府志》卷8《舆地志·风俗》,台北:成文出版社,1967年,第171页。

⑤ 光绪《镇安府志》卷8《舆地志·风俗》,台北:成文出版社,1967年,第172页。

⑥ 光绪《镇安府志》卷8《舆地志·风俗》,台北:成文出版社,1967年,第173页。

⑦ 咸丰《兴义府志》卷43《物产志·货属》,民国三年(1914年)铅印本,第21页。

⑧ 雍正《广西通志》卷31《物产·梧州府》,《景印文渊阁四库全书·史部》第565册,台北:商务印
书馆,1986年,第771页。

司出，可以染色，可以入药"①。一些学者认为，蓝草是古代用于染布的多种植物的统称。除了前述所言槐蓝外，滇东的路南州一带，当地民族用来染色的有一种叫青蓝的植物，称青蓝"蔓生于山岗之上，采以为靛，其色尤青"②。在桂西的镇安府一带，"蓝靛，各属俱出"③。一些学者经过人类学田野调查发现，今靖西、那坡一带少数民族用于染布的是马蓝。光绪《郁林州志》则载："蓝有二种，山蓝似草决明，田蓝如鸡爪兰。一年五六刈，畏暑日霜雪夏冬，须草盖覆，割苗浸池中，加石灰沤，去渣即成青靛。州西北方为盛，与北、陆、兴三县靛，俱从北流江贩运广东、苏杭，人谓为北流靛。"④道光《罗城县志》卷2《物产·杂物属》载："蓝有大叶、小叶二种，小叶一种一收，大叶一种可收数年。七月取水浸经宿，用石灰搅成靛。"⑤

正是传统民族社会对蓝靛有较大的需求，进而带动了蓝靛植物的种植，并由此使蓝靛成为市场交易的重要物资。瑶族的一支"蓝靛瑶"中，即有人专以种植马蓝制靛为生。民国《邱北县志》载："邱北瑶人明初从广西邕黔交界徙入居住……多种靛为业。"⑥梧州府地区，"靛即蓝草，腴田种之，获倍利"⑦。广西郁林州一带，"除五谷外，以蓝取靛，花生取油，甘蔗取糖，三者为大宗，岁得厚利。……惟蓝靛尚常行广东"⑧。

从提取蓝靛的技术而言，珠江中上游各地居民大同小异，但蓝靛始终占据了较为重要的地位，各族都有较深厚的蓝靛情结。这当然是源于蓝靛所染服饰，既具有耐脏的特性，也具有预防疮毒等疾病，利于保健的特性。滇东地区一些蓝靛瑶民间也相传曾穿白色麻布衣裤，但在劳动时容易弄脏，最后想到了用蓝靛将服饰染青黑色，此后一直沿袭。在那坡一带壮族民间则相传在抵御外来侵略中，发现蓝靛具有消肿止痛疗伤的作用，遂用蓝靛染成黑色衣服，从而作为自己族群的标记。

① 道光《庆远府志》卷8《食货志·物产》，清道光九年（1829年）刻本，第24页。

② （明）陈文修，李春龙、刘景毛校注：《景泰云南图经志书校注》卷2《路南州·土产》，昆明：云南民族出版社，2002年，第115页。

③ 光绪《镇安府志》卷12《舆地志·物产》，台北：成文出版社，1967年，第256页。

④ 光绪《郁林州志》卷4《舆地略·物产》，台北：成文出版社，1967年，第72页。

⑤ 道光《罗城县志》卷2《物产·杂物属》，清道光二十四年（1844年）刻本，第35页。

⑥ 徐旭平等点校：《民国〈邱北县志〉点注》，天津：天津古籍出版社，2015年，第55页。

⑦ 乾隆《梧州府志》卷3《舆地志》，台北：成文出版社，1961年，第92页。

⑧ 光绪《郁林州志》卷4《舆地略·物产》，台北：成文出版社，1967年，第74页。

由于蓝靛在当地居民生活中的独特地位，蓝靛有一个从野生状态到人工规模种植的过程，并始终在民族地区种植结构中占有较为特殊地位，这是珠江中上游地区环境变迁的一个重要方面。

二、服饰用料的变迁

珠江中上游地区各民族的服饰用料变迁，是其认识环境、适应环境与改造环境能力的反映。最初，各民族主要通过提取自然界当中的植物纤维，如藤、麻、葛等，或利用蚕丝，纺织为布。

史籍上，就曾记载了珠江中上游地区曾出现过的一些著名纺织品，主要如下：

綀，一些学者称为土锦，流行于广西左右江一带民族地区，用丝纺织而成，在宋代被誉为南方"上服"。史称："邕州左、右江峒蛮，有织白綀，白质方纹，广幅大缕，似中都之线罗，而佳丽厚重，诚南方之上服也。"[1]清中叶以前，镇安府等地，綀还十分流行。史称"旧志云，綀，各土州俱出。"[2]

布，主要由麻纺织而成。珠江中上游地区各地盛产苎麻。"广西触处富有苎麻，触处善织布。柳布、象布，商人贸迁而闻于四方者也"[3]。在左右江一带，人们还以苎麻为原料，织成一种叫練子的布。所谓："邕州左、右江溪峒，地产苎麻，洁白细薄而长，土人择其尤细长者为練子。暑衣之，轻凉离汗者也。"[4]

除此之外，珠江中上游地区还以木棉纤维为原料，织成布匹，其历史十分悠久。至少在唐代时就有取自木棉纤维的"吉贝布"出现。"《岭表录异》云南方草木可衣者，曰卉服。绩其皮者，有勾芒布、红焦布，绩其花者，有桐花布、琼枝布、婆罗布。又古贝木，其花成对，如鹅毳。抽其绪纺之，与苎不异，曰吉贝，俗呼古为吉也。多紫、白二种，亦有诸色相间者，蛮女喜织之"[5]。

---

① （宋）周去非著，杨泉武校注：《岭外代答校注》卷6《器用门·綀》，北京：中华书局，1999年，第223页。

② 光绪《镇安府志》卷12《舆地志·物产》，台北：成文出版社，1967年，第255页。

③ （宋）周去非著，杨泉武校注：《岭外代答校注》卷6《器用门·布》，北京：中华书局，1999年，第223页。

④ （宋）周去非著，杨泉武校注：《岭外代答校注》卷6《器用门·練子》，北京：中华书局，1999年，第225页。

⑤ 雍正《广西通志》卷92《诸蛮·浪》，《景印文渊阁四库全书·史部》第567册，台北：商务印书馆，1986年，第555页。

"吉贝即木绵（棉），各州县出。……岭以南多木绵（棉），土人竞植之，其花成对，如鹅毳，采花作布，与苎不异，即《方勺泊宅编》所谓白叠布也"①。

历史上，珠江中上游地区居民长期以苎麻、木棉作为重要的纺织原料，其固然有轻薄、离汗的优点，但其缺陷也较突出，就是保暖性差、不结实耐用。对此，史载："黔凤产木棉，色黄而绒薄，为棉不暖，为布不韧。"②明代之后，尤其是大规模改土归流完成后，珠江中上游民族地区与外地的联系日益密切，使得一些外来纺织作物得以传播、种植，棉花的新品种草棉就是在明清气候变冷的背景下，开始传入珠江中上游地区，从而成为主要纺织原料的。

据一些学者研究，历史上我国栽培的棉花共有 4 个品种。明代李时珍《本草纲目》云："木棉有草、木二种。交广木棉，树大如抱。此种出南番，宋末始入江南，今则遍及江北与中州矣。"③清人赵学敏《本草纲目拾遗》则称："《纲目》木棉下注云，棉有二种，似木者名古贝，今讹为吉贝；似草者名古终，今俗呼棉花，乃草棉也。"④明人王世懋《闽部疏》称："昔闻长老言，广人种绵（棉）花，高六七尺，有四五年不易者。……不可呼为木棉。"⑤显然，明人所言棉花与岭南本土所长木棉已有区别。史料又载："绵（棉）花，长四五尺，叶青花黄，结铃有绵（棉）亦白，花有白、紫、蓝之色。"⑥因此，明代史籍所载的棉花，乃是从海外引种的草棉。

关于草棉在珠江中上游地区的种植，从史料记载看，明代中叶时已在局部地区引种，至清康熙年间后不断推广。黔西南的普安州明嘉靖时土产已有"棉、布……苎麻……蓝靛"⑦。康熙《全州志》所载土产有"苎麻、绵

---

① 雍正《广西通志》卷31《物产·平乐府》，《景印文渊阁四库全书·史部》第565册，台北：商务印书馆，1986年，第769页。

② 民国《都匀县志稿》卷6《地理志·农桑物产·棉业》，民国十四年（1925年）铅印本，第8页。

③ （明）李时珍著，马美著校点：《本草纲目》，武汉：崇文书局，2008年，第187页。

④ （清）赵学敏著，闫志安、肖培新校注：《本草纲目拾遗》卷5《草部下·草棉》，北京：中国医药出版社，2007年，第119页。

⑤ （明）王世懋：《闽部疏》，《续修四库全书》编纂委员会：《续修四库全书·史部》第734册，上海：上海古籍出版社，2002年，第118页。

⑥ （明）宋诩：《竹屿山房杂部》卷10《树畜部二》，《景印文渊阁四库全书·子部》第871册，台北：商务印书馆，1986年，第256页。

⑦ 嘉靖《普安州志》卷2《食货志·土产·货类》，明嘉靖二十八年（1549年）刻本，第37页。

（棉）花"①。清代，草棉的种植范围进一步扩大。雍正《云南通志》已有棉花布行、棉税等记载，蒙化府已开始种植棉花，棉花成为重要的土产②。至清乾隆年间时，棉花在贵州、广西各地开始种植开来。其中贵州都匀、思南、石阡等府均有棉花种植的记载。例如，史载："棉花，出八寨，高坡间遍植。"③又载贵州"侗家苗亦在荔波县，衣长不过膝。……多种棉花，女善织"④。黔西南的普安县，"山地多种包谷、荞、菽之属，产棉花"⑤。贞丰州"产棉花、甘蔗"⑥。册亨州"地产棉花，树多桃、李、梨、杏"⑦。广西地区，乾隆《柳州府志》卷 12《物产·杂物属》记载有葛布、棉布、麻布，并称："棉花每岁三月种，七月收，至九月止。苎麻，山田俱宜种之。"道光年间之后，棉花的种植不断向流域内的民族地区推进。贵州都匀府地区，"道光丁酉，清平刘莆林官河南光州，兵备道任树森驰书属购棉来黔，教民试种，于是匀地始有棉业。迄今苗仲之族，耕获纺织，咸任己力，襦裳所需，不假外求"⑧。黔西南的安南县，当地史志称："棉花，邑不产棉花，询之土人，俱云地寒不宜。再回劝谕，无有种者。道光六年……教民等栽种棉花，复开导之……乃于是冬捐棉花子二十余石，分给各乡，至收成时未见有不实者也。惟贞丰、归化种棉多在清明前后。"⑨广西东北地区，道光时兴安县已有棉花、棉布、葛布、苎布的记载⑩。民间《灌阳县志》卷 5《物产·货属》则记载了"棉花"。桂平县"各里皆有绵（棉）花，纺而织之，名为家机布。苎麻、络

---

① 康熙《全州志》卷 1《物产》，南京：凤凰出版社，2014 年，第 26 页。

② 雍正《云南通志》卷 11《课程·税课》，《景印文渊阁四库全书·史部》第 569 册，台北：商务印书馆，1986 年，第 363 页；雍正《云南通志》卷 27《物产》，《景印文渊阁四库全书·史部》第 570 册，台北：商务印书馆，1986 年，第 288 页。

③ 乾隆《贵州通志》卷 15《食货·物产·都匀府》，成都：巴蜀书社，2006 年，第 286 页。

④ （清）王韬著，朱世滋、阎中雄、施学珍点校：《后聊斋志异》卷 5《黔苗风俗纪》，北京：北京燕山出版社，1992 年，第 284—285 页。

⑤ （清）爱必达撰，杜文铎等点校：《黔南识略》卷 28《普安县》，贵阳：贵州人民出版社，1992 年，第 229 页。

⑥ （清）爱必撰，杜文铎等点校：《黔南识略》卷 28《贞丰州》，贵阳：贵州人民出版社，1992 年，第 234 页。

⑦ （清）爱必撰，杜文铎等点校：《黔南识略》卷 28《册亨州同知》，贵阳：贵州人民出版社，1992 年，第 235 页。

⑧ 民国《都匀县志稿》卷 6《地理志·农桑物产·棉业》，民国十四年（1925 年）铅印本，第 8 页。

⑨ 民国《安南县志稿》卷 4《土产》，民国二十二年（1933 年）铅印本，第 71 页。

⑩ 道光《兴安县志》卷 4《舆地四·物产》，清道光十四年（1834 年）桂林蒋存远堂刻本，第 42 页。

麻常有。络麻亦名黄麻，芒以为布，络以为索，皆人家所不可少者。近年各墟里中人知种桑学养蚕"①。桂北罗城县，"棉花，每年三月种，七月收，九月止"②。同一时期，云南广南府一带，以土布为主，有花土布、白土布、麻布等，市场上出现了棉纸③。可见，草棉在向珠江中上游地区传播过程中，是存在明显的地区差异的。至民国年间，棉花已在珠江中上游多数地区推广种植。在一些偏僻地区，棉还成为重要物产。例如，荔波县，民国《荔波县志》卷5《物产》称，棉"为本县出产大宗"。至此，草本棉花取代木棉成为当地居民最重要的服饰用料。自然，草本棉花在当地种植结构中的比重逐渐上升。

不过，鸦片战争后，随着清廷国门大开，西方工业化生产的纱、布等纺织品的输入，成为影响珠江中上游居民服饰用料的重要因素，并对当地传统的家庭纺织、染布产生了相当程度的冲击。西方工业化生产的洋纱、洋布，由于拥有价格上的竞争优势，很快成为当地居民服饰用料的重要部分，一些民族地区原有的纺织品逐渐消失。广西镇安府地区，"旧志云，綫，各土州俱出，近墟市惟有纱布，并不见綫"④。黔西南地区，先为清兴义府，后为南笼府辖地。宣统《安南县乡土志》第三编《乡土格致·物产》记载当地植物类有"棉花""蓝靛"，输入货则有洋纱、洋布。史料又载南笼县（今安龙县）"按棉产县治南境，沿南盘江一带，因地气炎热，种此最宜。在昔所出甚富。男资以织，女资以纺，并行销粤境，滇边其利甚薄。近因外货充斥，土产衰落。幸价值奇昂，业此者犹能获厚利耳"⑤。云南富州"种棉甚少，乡间纺织多用洋纱，购自两粤"⑥。洋纱、洋布的输入，使当地居民服饰式样不断向汉化方向发展。民国时黔西南的兴义县，"仲家多居山业农，亦有为土者，服饰节俗多同汉族"⑦；独山县，"按《黔书》男衣尚青，女裙拖腰，彩布一幅，今不行用"⑧。同时，洋纱、洋布的传入也使蓝靛在纺织中的作用下降，

---

① 道光《桂平县志》卷4《物产》，清道光二十三年（1843年）刻本，第22页。

② 道光《罗城县志》卷2《物产·杂物属》，清道光二十四年（1844年）刻本，第35页。

③ 道光《广南府志》卷3《物产》，南京：凤凰出版社，2009年，第456页。

④ 光绪《镇安府志》卷12《舆地志·物产》，台北：成文出版社，1967年，第255页。

⑤ 民国《南笼续志》卷17《风土志·物产》，民国十年（1921年）抄本，第44页。

⑥ 民国《富州县志》第14《物产》，台北：成文出版社，1974年，第86页。

⑦ 民国《都匀县志稿》卷5《地理志·风俗》，民国十四年（1925年）铅印本，第7页。

⑧ 民国《独山县志》卷13《风俗·仲家》，1965年油印本，第16页。

在一些地区，蓝靛甚至退出了种植结构，如民国时兴义县，蓝靛已不再列于地方物产的目录中。

总之，明清以后，珠江中上游地区居民服饰用料从木棉、苎麻向草本棉花、洋纱、洋布的转变，也促使当地种植结构的调整，这是这一地区农业种植环境变化的外在驱动力。

第七章　市场律动与珠江中上游地区的环境效应

历史上，珠江中上游地区山岭连绵，沟谷纵横，道路崎岖，交通闭塞，成为制约这一区域与外界人员与商品往来的重要因素。明清以来，随着改土归流的持续推进，中央王朝统治不断强化，珠江中上游地区的交通条件不断得到改善，这一区域与外界经济联系不断增强，外省籍商人、商帮活跃在各地，商业不断发展。受此影响，珠江中上游地区民众商业观念开始发生变化，当地的矿产得到开采，作物、林木的种植出现了商品化的发展趋势，甘蔗、油茶、油桐、八角、杉、松等种植明显增多。商业发展成为珠江中上游地区环境变迁重要的外在驱动因素。

第一节　明清以来珠江中上游地区的商业发展

一、居民商业观念的变迁

珠江中上游地区地处云贵高原向两广丘陵过渡地带，地形破碎，山高谷深，交通十分不便。当地的一些少数民族居民世代以农耕为生，商业观念向来十分淡薄。明清以来，随着中央统治的不断强化，交通条件的改善，各地商业观念有不同程度的发展。

至清中叶时，滇东地区少数民族居民尽力农耕，商业意识还普遍不强。右江上游地区的广南府，是壮、瑶等多民族杂居之地。当地"村寨皆夷民……地无杂产，人鲜逐末"①。又言"苗僰杂居……人尽刀耕，不治末业"②。其中的"罗夷"，"男女杂处，不事末业，惟耕种以为生涯"③。部分山区的黑沙人，"散居深山及近河渠之所，耕种为业，不事生理"④；当地的瑶人，居深山之中，"自耕而食，少入城市"⑤，根本没有商业的观念。南盘江流域地区，广西府百姓"民务力田……鲜为商贩，不慕浮华"⑥；澂江府地区民众乾隆时"重穑事，不习工商"⑦，直到道光年间，人们的商业观念仍然十分淡薄，所谓"民安于业，其性质实，不事逐末，远商"⑧。

然而，随着中央王朝统治的不断深入，外来人口持续向这一区域流动，各族间经济联系日趋紧密，部分少数民族也开始转变观念，参与到商业活动当中。广南府的另一支黑沙人，"男女俱耕种，亦知贸易"⑨，白沙人"农隙之时亦有贸易为生者"⑩。当地被称为"白罗罗"的，"男子耕种为生，妇人绩麻为衣，平时赴城买卖，价值不敢多增"⑪。至于地当要冲，交通便利的路南州等地，人们早已参与到商业买卖当中，产生了较强的商业观念。乾隆时，"曲靖府山川平旷，人好耕织，事商卖"⑫。道光时，澂江府"日中为市，名曰赶场，以十二支为期，凡居远近山村者，负荷什物，交相贸易，无欺诈之习。……乡村之妇，有入市贸易，田中耕耨者"⑬。

黔西南地区，地处出入云南的交通要冲，人员往来频繁，当地民众较早就有了商业意识。史料记载，明代中叶时普安县民众"事商贾，喜佛老，尚文重

① 道光《广南府志》卷2《风俗》，南京：凤凰出版社，2009年，第180页。
② 乾隆《云南通志》卷8《风俗》，清乾隆元年（1736年）刻本，第6页。
③ 道光《广南府志》卷2《风俗》，南京：凤凰出版社，2009年，第192页。
④ 道光《广南府志》卷2《风俗》，南京：凤凰出版社，2009年，第187页。
⑤ 道光《广南府志》卷2《风俗》，南京：凤凰出版社，2009年，第191页。
⑥ 乾隆《云南通志》卷8《风俗》，清乾隆元年（1736年）刻本，第6页。
⑦ 乾隆《云南通志》卷8《风俗》，清乾隆元年（1736年）刻本，第6页。
⑧ 道光《澂江府志》卷10《风俗》，清道光二十七年（1847年）刻本，第1页。
⑨ 道光《广南府志》卷2《风俗》，南京：凤凰出版社，2009年，第187页。
⑩ 道光《广南府志》卷2《风俗》，南京：凤凰出版社，2009年，第188页。
⑪ 道光《广南府志》卷2《风俗》，南京：凤凰出版社，2009年，第188—189页。
⑫ 乾隆《陆良州志》卷2《风俗》，清乾隆十七年（1752年）刻本，第18页。
⑬ 道光《澂江府志》卷10《风俗》，道光二十七年（1847年）刻本，第4页。

信"①。普定县的罗罗（彝族），"居普定者为阿和，俗同白罗，以贩茶为业"②。清代兴义府，"地居滇省冲途，右扼水西，左联粤壤，四通八达，江广川楚客民源源而至者，日盛月增"③。商业活动十分频繁，商业观念也较浓厚。受商业活动发展的影响，一些地区，如南笼县（今安龙县）"俗习渐变，如前据旧志云，冠婚丧祭，不尚奢华，今则以侈为荣，以俭为辱矣"④。在都匀府地区，乾隆时史志记载当地民众"不事华靡……男无游手，妇勤女工，民风谨厚，分守安贫"⑤，显然还没有什么商业意识。然而，至民国年间，都匀府被称为"水家苗"的水族，"近有读书、经商者"⑥，其商业意识已然显著提升。

广西地区居民的商业观念也有一个发展过程，并表现出明显的地域差异。明代，左江流域地区的民众"不知商贾，惟务耕种"⑦。嘉靖《南宁府志》载："横州，重廉耻，尚文学，男子不事耕商……上思州，风气渐新，夷獠睹文明之化……女不纺绩而日贸贾区……武缘县，男唯力木，女事纺绩……民不事商贾。"⑧至明末时，宾州（治今宾阳）上林县"民不知商贾"⑨。但在桂中地区，当地的一些瑶族已参与民间物物交换的贸易，史称："诸瑶虽奸桀鸷悍，难靖易乱，然方其无事时，亦皆刀耕火种，抱布贸丝。"⑩总体而言，明代广西各地山区居民的商业观念普遍不强。至清代，广西各地商业观念逐渐开始发生新的变化。这个变化与交通发展状况密切相关，同时也是在外省籍商人活动的影响下产生的。康熙年间始，广西局势逐渐稳定下来，一些外省客商

① 嘉靖《普安州志》卷1《舆地志·风俗》，《天一阁藏明代方志选刊》第104册，上海：上海书店，1961年。

② （明）郭子章著，赵平略点校：《黔记》卷59《诸夷》，成都：西南交通大学出版社，2016年，第1165页。

③ （清）罗绕典撰，杜文铎等点校：《黔南职方纪略》，贵阳：贵州人民出版社，1992年，第288页。

④ 民国《南笼续志》卷17《风土志·风俗气候》，民国十年（1921年）抄本，第42页。

⑤ 乾隆《贵州通志》卷7《风俗·都匀府》，成都：巴蜀书社，2006年，第116页。

⑥ 民国《贵州通志·土民志二·水家苗》，民国三十七年（1948年）铅印本，第315页。

⑦ （明）李贤等：《大明一统志》卷85《江州》，西安：三秦出版社，1990年，第1307页。

⑧ 嘉靖《南宁府志》卷1《地理志·风俗》，《日本藏中国罕见地方志丛刊》，北京：书目文献出版社，1990年，第358页。

⑨ 万历《宾州志》卷2《山川志·风俗》，《日本藏中国罕见地方志丛刊》，北京：书目文献出版社，1990年，第14页。

⑩ （明）高岱撰，孙正容、单锦珩点校：《鸿猷录》卷15《再平蛮寇》，上海：上海古籍出版社，1992年，第354页。

开始进入广西，开展经商贸易活动。地处桂江流域的荔浦县，其时已聚集了不少外地客商，"民戍杂居，商贾皆东粤、三楚之民，岁终时归，来春又聚。本邑人民但知耕植，不知贸迁"①。乾隆年间后，外地客商进入广西更趋普遍。梧州城内，已有不少外省籍客商到此，成为当地经商的主要力量。史载："梧州士民，惟知力穑，罔事艺作。……客民闽、楚、江浙俱有，惟东省接壤尤众。专事生息，什一而出，什九而归。中人之家，数十金之产，无不立折而尽……盐商水客，列肆当垆，多新顺、南海人。"②其时，桂东、桂南与桂北的内陆山区，商业观念普遍不强。民国《昭平县志》卷7《风土部·风俗》记载，当地的瑶、壮居民"语言习俗，与民迥殊，但知耕种，不谙贸迁"；横州"男子不事耕商，妇女克勤刺绣"③。道光年间之后，外地客商不断向山区渗透。灌阳"无大商贾，亦无典当……开行皆楚、越客民……营营于三倍之利数十余年。又有海盐竞贩，价增倍蓰……十间之处，即有美衣华屋者，而乡里小民谋朝夕者，贸易不过地方所出，菽、粟、酒、蔬、鸡、豚器用之属而已"④。在交通不便的山区，不少居民淡薄的商业观念变化不大。平乐"士重取于农务稼穑，室多结茅，家鲜储蓄，不事商贾"⑤，"城外街民大抵皆流寓者，服贾于此，远则东粤，近则全州。岁暮散归，来春又聚，邑民但知耕植，不谙贸迁"⑥；"河池瑶僮十居八九……务农业，鲜蚕桑，不学技艺，不为商贾"⑦；思恩（今环江）"民风近朴，力田外，不知末务"⑧。有些山区甚至在民国年间，当地居民的商业观念还没有建立起来。民国《昭平县志》卷7《风土部·风俗》称昭平"县城居民鲜少，商贾集于城外，半属粤、楚之人"。信都县（今贺州市信都镇）"四民皆恋乡间，负笈从游，牵车服贾者无有"⑨，

① 康熙《荔浦县志》卷3《风俗》，年代不详，抄本，第14页。

② （清）汪森编辑，黄振中、吴中任、梁超然校注：《粤西丛载校注》卷18《风气习俗·蛮习》，南宁：广西民族出版社，2007年，第748页。

③ 乾隆《横州志》卷2《气运志·风俗》，清光绪二十五年（1899年）刻本，第10页。

④ 道光《灌阳县志》卷3《风俗》，清道光二十四年（1844年）刻本，第5页。

⑤ 光绪《平乐县志》卷1《舆地志·风俗》，台北：成文出版社，1967年，第34页。

⑥ 光绪《平乐县志》卷1《舆地志·风俗》，台北：成文出版社，1967年，第34页。

⑦ 道光《庆远府志》卷3《地理志下·风俗》，清道光九年（1829年）刻本，第2页。

⑧ 道光《庆远府志》卷3《地理志下·风俗》，清道光九年（1829年）刻本，第2页。

⑨ 民国《信都县志》卷2《风俗》，台北：成文出版社，1967年，第144页。

当地的壮族"妇女从未有负载入城市者，即各乡墟集亦罕见"①。

总之，明清以来，珠江中上游地区居民的商业观念虽然不浓厚，但随着外省籍客商不断向少数民族聚居的山区渗透，对少数民族社会面貌产生影响，一些民族开始参与到商业活动中的同时，商业活动也对山区的生态环境产生了重要的影响。

二、明清以来珠江中上游民族地区商业的发展

明清以来，随着交通条件的不断改善，尤其是改土归流的推进，珠江中上游地区商业逐渐发展，一些边远的山区通过市场与外界的经济联系不断得到加强。这一时期，珠江中上游地区商业的发展主要表现在以下几个方面：

一是商业集镇的兴起。明清以来，由于人口的增长，以及移民的不断进入，珠江中上游民族地区出现了不少商业集镇，成为地方商业贸易的中心。集镇的类型，主要有矿产型集镇，如滇东地区的路南县，因为地处交通要冲，当地矿藏丰富，商旅往来其间，聚集于此遂成集镇。史载："城西象羊山地得矿苗，呈请开之，远近来者数千人，得矿者十之八九，不数月，而荒巅成市，即名之曰象羊厂。"②此外，还有区域行政中心型、驿站驿道型、水运码头型、土司署城型、卫所屯堡型、民间庙会型等商业集镇，遍布珠江中上游各地，交易较为活跃。滇东南盘江流域地区，行政中心所在的府城、县城集镇，称为街市，各乡则叫集场。例如，清代广西府，"日中为市，率名曰街，各以十二支所属曰集场。府城辰戌、丑未日集，午街铺子午日集，大逸圃卯酉日集，大水塘己亥日集，督捕抚己亥日集"③。贵州南部集镇交易日期也大体相似，各以干支决定街期集市。对此，《黔南识略》载："各乡集场八处：曰鸡，曰牛，曰马，曰鼠，曰养龙，曰巴香，曰水田坝，曰谷定坝，六日一集，周而复始。黔人谓市为场，多以十二支所属名其贸易之所，如子日为鼠场，丑日为牛场是也。"④据一些学者统计，清代永宁州（今关岭县境内），乾隆四十二年（1777

---

① 民国《信都县志》卷 2《风俗》，台北：成文出版社，1967 年，第 156 页。

② （清）张泓：《滇南新语》，北京：中华书局，1985 年，第 8 页。

③ 乾隆《广西府志》卷 11《风俗》，台北：成文出版社，1975 年，第 142 页。

④ （清）爱必达撰，杜文铎等点校：《黔南识略》卷 1《贵阳府》，贵阳：贵州人民出版社，1992 年，第 26 页。

年）时，有集市 15 个，至道光时，增至 29 个①。甚至相对偏远的贞丰州，道光年间时亦有 21 个集市②。场市超过 21 个的州县计有普安直隶厅、贞丰、荔波等地。普安直隶厅共有场市 38 个，史称："场市三十八，城内一，余分布四乡，以十二支分配，逢期趁集。"③商业得到相当程度的发展。至于广西，明清以来沿西江流域兴起的商业集镇不在少数。桂林、柳州、梧州、南宁、横州、平乐、宾阳、百色等地，均是各地重要的商业交易中心。清代以来，随着商业的发展，广西各地均出现了相当数量的圩市。据学者研究，沿梧州至南宁的西江、邕江沿线地区圩市都有较快的增长，见表 7-1。

表 7-1　梧州—南宁沿线地区圩市发展一览表 （单位：个）

县名	道光年间	光绪年间	民国年间
平南县	19	23	33
贵县	17	44	46
武鸣县	41	45	51
宾阳县	29	33	32
上林县	25	29	42

资料来源：宾长初：《论广西近代圩市的变迁》，《中国边疆史地研究》2003 年第 4 期

二是客商十分活跃。珠江中上游地区商业的发展与外省籍商人的频繁活动密切相关。以贵州普安县为例，史载："新城县丞所驻之地，为兴义一府适中之所。滇粤两省客货往来，背负肩承，骑驼络绎，东去兴义府之回龙厂仅数十里，人烟辏集。其新来客民从事纺绩，以布易棉，自食其力"④；又言："近年以来，下游各郡并川楚客民，因岁比不登，移家搬住者惟黄草坝及新城两处为最多。揆其所由，其利不在田功。缘新城为四达之冲，商贾辐辏，交易有无，以棉易布。外来男妇无土可耕，尽力织纺。布易销售，获利既多，本处居

---

① 何仁仲主编：《贵州通史》第 3 卷，北京：当代中国出版社，2003 年，第 226 页。

② （清）爱必达撰，杜文铎等点校：《黔南识略》卷 28《贞丰州》，贵阳：贵州人民出版社，1992 年，第 234 页。

③ （清）爱必达撰，杜文铎等点校：《黔南识略》卷 28《贞丰州》，贵阳：贵州人民出版社，1992 年，第 239 页。

④ （清）罗绕典撰，杜文铎等点校：《黔南职方纪略》卷 2《普安县》，贵阳：贵州人民出版社，1992 年，第 294 页。

民共相效法、利之所趋，游民聚焉。"①兴义府，"地居滇省冲途，右扼水
西，左联粤壤，四通八达，江广川楚客民源源而至者，日盛月增"②。普定县
"黔滇楚蜀之货日接于道，故商贾多聚焉"③。商人一般聚集在工商业发达的
城镇、集市、矿场。明清以来，江西、湖南、广东等省商人深入珠江中上游的
滇东、黔南、广西等地，建立会馆，形成带有某种地域性的商帮组织。据学者
研究，有清一代，云南南盘江流域的曲靖府建有商业会馆 11 个，广南府建有商
业会馆 15 个④。广西各地，广东、湖南、江西、福建等省商人均有较大影响，
史称清代的柳州城内，客商云集，"城厢内外，从戎贸易者多异省人"⑤。在众
多的外省商人中，尤以粤商势力较大，影响亦大，向有"无东不成市"之说，粤
东会馆遍布梧州、郁林、平乐、贺县、平南、南宁、百色等广西各地。永淳（今
横县峦城镇），"错处城乡者半宦游商籍之裔……市廛土贾，悉粤东人"⑥。至
民国年间，一些学者甚至称："广东人在桂省之经济势力根深蒂固，且时呈喧
宾夺主之现象。尝闻人谓桂省为粤人之殖民市场，实非过言。"⑦

　　三是矿产交易活跃及经济作物、经济林木出现商品化种植现象。明清以
来，外省籍商人不断深入珠江中上游地区，在促进外界与这一地区商品交流的
同时，也对当地的矿产开发、矿产交易，经济作物、经济林木的商品化种植产
生了积极的推进作用。滇东、黔西南等地，汞、铜、锡、铅、铜等矿藏丰富，不
少矿藏在明代就已开采，明清时成为市场交易的重要物品。明人郭子章有诗称：
"茨屋茅墙到处家，春来各得赛烧畲。荒墟社鼓声全咽，野哨危旌影半斜。客贷
青铅兼白锡，珍奇石绿与丹砂。君王莫据图经看，搜采重劳内使车。"⑧史料又

　　① （清）罗绕典撰，杜文铎等点校：《黔南职方纪略》卷2《普安县》，贵阳：贵州人民出版社，1992 年，
第 293 页。

　　② （清）罗绕典撰，杜文铎等点校：《黔南职方纪略》卷2《兴义府》，贵阳：贵州人民出版社，1992 年，
第 288 页。

　　③ （清）爱必达撰，杜文铎等点校：《黔南识略》卷5《普定县》，贵阳：贵州人民出版社，1992 年，
第 60 页。

　　④ 马晓粉：《清代云南的商人会馆及其经济影响》，《思想战线》2014 年第 5 期，第 123 页。

　　⑤ 乾隆《马平县志》卷2《地舆·形势》，台北：成文出版社，1970 年，第 49 页。

　　⑥ （清）谢启昆修，胡虔纂：《（嘉庆）广西通志》卷 88《舆地九·风俗二·南宁府》，南宁：广西
人民出版社，1988 年，第 2809 页。

　　⑦ 千家驹，韩德章，吴半农：《广西省经济概况》，上海：商务印书馆，1936 年，第 20 页。

　　⑧ （明）郭子章著，赵平略点校：《黔记》卷 59《诸夷》，成都：西南交通大学出版社，2016 年，第
1168 页。

载黔西南的普安直隶厅，"西接滇省之平彝、罗平两州县界，循理莱河而南，路通平彝之铅厂，厂地皆五方杂处，客民往来搬运一切货物道所必经。兼之黄泥河界乎狗场之中，山势疏密相间，左右水田潆带，与各营不同。地虽宽阔，去厅窎远，又为铅厂冲途，客民逗留不少"[1]。由于商人和资本的介入，在市场交易利益的驱动下，棉花、甘蔗等经济作物，以及油桐、杉、松等经济林木均出现了商品化的现象，种植面积不断扩大，在地方种植结构与经济结构中占有较为重要的地位。例如，黔西南地区，"贞丰之下江、册亨产棉花，粤商又多以粤棉来市，故织纴颇多，虽富贵家妇，亦亲主中馈，贫家妇多负儿于背而勤。女工工无奇巧，技多朴拙，商多江右、楚、闽、粤、蜀之人，吴绅、粤棉、滇铜、蜀盐之类"[2]。可以说，商业的发展对珠江中上游的矿产开发与作物种植结构的变化有较大影响，当然也是珠江中上游地区环境变动的重要因素。

第二节　商业发展背景下的矿产开采、经济作物与经济林木的种植

一、商业发展背景下的矿产开采

珠江中上游地区矿产资源十分丰富，地下埋藏着铁、铜、铅、锌、锡、锑等金属，以及煤、水银、滑石等矿产。如前所述，明清以来人类对这一地区矿产资源的开采，是影响环境的重要因素之一。其实，这些矿产资源的开采与明清以来商业发展的社会大环境相关，外界市场的需求状况是矿产开采的外在驱动力。一旦市场发展变化，也直接影响到矿厂的兴衰变迁。

一是银矿的开采。自明代起，随着大航海时代的到来，明代商品经济的不断发展，白银逐渐向货币化转变。史载自明英宗统治时期始，"弛用银之禁。朝野率皆用银，其小者乃用钱"[3]。至明朝中后期，白银成为货币，使用与流通范围更加广泛，对商业发展起到了积极的推动作用。社会上对白银的需求加

① （清）罗绕典撰，杜文铎等点校：《黔南职方纪略》卷 2《普安厅》，贵阳：贵州人民出版社，1992年，第 296 页。

② 咸丰《兴义府志》卷 40《风土志·风俗》，民国三年（1914 年）铅印本，第 1 页。

③ 《明史》卷 81《食货志》，北京：中华书局，1974 年，第 1964 页。

大，带动了全国范围内银矿的开采。云南是其时最重要的银矿开采区之一，明人宋应星所撰《天工开物》称："然合八省所生，不敌云南之半，故开矿煎银，唯滇中可永行也。"①不过，在珠江上游南盘江流经的滇东地区，银矿的开采不多。明清以来，开采的银矿主要在澂江府、罗平州等地。据地方史志记载："滇省银矿多为含银方铅矿，罗平则产角银矿，其北则产含银之砒硫铁矿。"②澂江府开采的有草甸银矿、狗头坡银矿，都属铅银矿，路南州开采的则有大兑城厂银矿。这些银矿开采时间长短不一，均因战乱影响而停办。黔西南地区，明万历年间普安卫曾有两处银矿开采，这从其时收取的"课程"中得到反映，称："课程，银七十二两。安南、安能二所场税，每季各该银九两。"③不过，此后地方史志再未有当地开采银矿的记载，这应与当地银矿规模不大和银矿开采已尽有关。清代有过银矿开采的，还有黔南都柳江上游的都匀县，不过开采时间也不长，称："银为贵金属之一……产黑沟，清道光间曾开采，因兵燹停歇。"④清代中叶时，广西桂北、桂东北山区有少量银矿开采。其中，临桂县，史称："银，出临桂水槽、野鸡，义宁牛路山。"⑤南丹土州，"银，南丹土州孟英山出。出河池州蔡村、南丹土州挂红山"⑥。又载："银，出贺县蕉木山、尖山，荔浦茶溪山。"⑦由于珠江中上游山地并非银矿的富藏区，故尽管受商品经济发展对银需求增大的影响，本地区的银矿开采虽较之以往有所发展，但产量仍较为有限。

二是铜矿的开采。珠江中上游地区中，滇东铜矿蕴藏量较为丰富，明清以来开采量较大。路南州是明代较早开采铜矿的地区，明廷曾于此征收铜课，铜

①（明）宋应星著，钟广言注释：《天工开物》卷14《五金》，广州：广东人民出版社，1976年，第344页。

②民国《新纂云南通志》卷64《物产考七·矿物一·银》，民国三十八年（1949年）铅印本，第4页。

③万历《贵州通志》卷9《普安卫·课程》，《日本藏中国罕见地方志丛刊》，北京：书目文献出版社，1990年，第192页。

④民国《都匀县志稿》卷6《地理志》，民国十四年（1925年）铅印本，第33页。

⑤（清）谢启昆修，胡虔纂：《（嘉庆）广西通志》卷89《舆地十·物产一·桂林府》，南宁：广西人民出版社，1988年，第2837页。

⑥（清）谢启昆修，胡虔纂：《（嘉庆）广西通志》卷90《舆地十一·物产二·庆远府》，南宁：广西人民出版社，1988年，第2859页。

⑦（清）谢启昆修，胡虔纂：《（嘉庆）广西通志》卷91《舆地十二·物产三·平乐府》，南宁：广西人民出版社，1988年，第2876页。

矿"在州东南一百里札龙村，有山产铜矿，岁纳铜课"①。不过，在明宪宗成化十七年（1481年）时，对路南州铜矿开采实行严格管理措施，"封闭路南州铜场，免征铜课，其货贩铜货出境者，本身处死，全家发烟瘴地方充军"②。清代，滇东铜矿开采日益兴盛，清代官府按1/10的比例从中征收铜课。其时，路南的"鸭子塘元兴厂、围桿山厂……凤凰坡、红坡等，清嘉道年间开采极旺"③，咸同年间因兵燹而停产。澂江府的铜矿，"凤凰坡厂，系乾隆六年开采，四十三年定额每年办额铜一万二千斤，每百斤抽课十斤。红石岩厂……红坡厂，系乾隆二十五年开采，四十三年定额每年办额铜四万八千斤……大兴厂……发古厂。以上五厂，每年共办额铜一十六万八千斤，至今并无增减。每百斤抽课十斤"④。此外，滇东南盘江流域开采的铜矿中，澂江还有狮子山，陆良有黄矿坡，罗平则有水塘、瓦鲁、马蚁落村、格干村等铜矿。一些铜矿或因矿脉采尽而关闭，或因冶炼技术不过关而关闭。例如，史称宜良"铜厂在城东二十余里，桄桿山名曰大铜厂，产铜最旺，清乾隆间开采二十余年，洞老山空，久经封闭，惟城西南十里，黄保村后山有铜矿发现，光绪三十年土人循苗开碛试采，矿质亦佳。惟开炉锻炼，铜质清浊不分，旋即闭歇"⑤。至于广西，清代铜矿开采主要在南丹、临桂、阳朔等地，"铜，出南丹下水厂"⑥，"铜，出临桂、阳朔"⑦，史志中没有更多记载，产量应该不大。

三是铁矿的开采。主要集中在滇东与黔西南、黔南与桂北山区。这当中有部分为清代开采，如乾隆时南笼府即有铁出产。贵州荔波，"铁，出瑶庆里等处"⑧。广西思恩县（今环江）也有铁出产，称："铁，思恩出。"⑨至民国年

① （明）陈文修，李春龙、刘景毛校注：《景泰云南图经志书校注》卷2《路南州·土产》，昆明：云南民族出版社，第115页。

② 乾隆《云南通志》卷11《课程》，清乾隆元年（1736年）刻本，第47页。

③ 民国《新纂云南通志》卷64《物产考七·矿产一·铜》，民国三十八年（1949年）铅印本，第9页。

④ 道光《澂江府志》卷7《赋役》，清道光二十七年（1847年）刻本，第4页。

⑤ 民国《宜良县志》卷4《食货志·物产》，民国十年（1921年），第35页。

⑥ （清）谢启昆修，胡虔纂：《（嘉庆）广西通志》卷90《舆地十一·物产二·庆远府》，南宁：广西人民出版社，1988年，第2859页。

⑦ （清）谢启昆修，胡虔纂：《（嘉庆）广西通志》卷89《舆地十·物产一·桂林府》，南宁：广西人民出版社，1988年，第2838页。

⑧ 光绪《荔波县志》卷4《食货志》，台北：成文出版社，1974年，第173页。

⑨ （清）谢启昆修，胡虔纂：《（嘉庆）广西通志》卷90《舆地十一·物产二·庆远府》，南宁：广西人民出版社，1988年，第2859页。

间新开采的铁矿，一度有滇东地区路南县的左席、菜子沟、来复厂等处，其中，"来复厂未开，余因销路不畅而停"①。此外，师宗有山潮、阿藏村铁矿，陆良有天花、卑黑三山等处产铁。贵州都匀县所产铁品质相对较佳，"铁，匀多产之，以坝固产者最良"②。

四是锡、铅、水银、煤、滑石等矿产的开采。桂东北贺江流域所在的富川、贺县一带，锡矿蕴藏量较为丰富，当地民众开采锡矿的历史较早。自清代至民国，当地锡矿的开采未有中断，产量不小。史称："锡，贺州冯乘县有锡冶三，富川县有锡。临贺县北有东游、龙中二冶，百姓采沙烧锡以取利。锡出贺县、富川。……粤中多产锡，以贺出者为最。"③铅，桂北一带自宋代始即有开采。"铅粉，桂州所作最有名，谓之桂粉。……西融州有铅坑"④。此外，清代开采的铅矿，计有红水河流域的上林县、南丹州等地。对此，史载："铅，上林县出"⑤；南丹州是多种金属矿藏的分布地，清代以来多得到开采。"锡，南丹土州出。铅，出南丹厂，今思恩出黑白二种。"⑥黔西南的南笼府，乾隆时已在所辖的丁头山厂开采黑铅。普安直隶厅，"厂二，产白铅，现存中营厂，归西道经管"⑦。都匀土产有"铅、锡、磺"。汞矿，俗称水银。关于水银的开采利用也有相当长的历史，早在宋代时就在广西左右江一带开采。明清以来，开采水银的，有贵州"普安县滥木桥厂"⑧。贞丰州有回龙湾水银厂，"系雍正间开采，嘉庆间拨归兴义府管理"⑨。都匀县，"汞，俗称

① 民国《新纂云南通志》卷 64《物产考七·矿物一·铁》，民国三十八年（1949 年）铅印本，第 15 页。

② 民国《都匀县志稿》卷 6《地理志》，民国十四年（1925 年）铅印本，第 34 页。

③ （清）谢启昆修，胡虔纂：《（嘉庆）广西通志》卷 91《舆地十二·物产三·平乐府》，南宁：广西人民出版社，1988 年，第 2876 页。

④ （清）谢启昆修，胡虔纂：《（嘉庆）广西通志》卷 89《舆地十·物产一·桂林府》，南宁：广西人民出版社，1988 年，第 2838 页。

⑤ （清）谢启昆修，胡虔纂：《（嘉庆）广西通志》卷 90《舆地十一·物产二·思恩府》，南宁：广西人民出版社，1988 年，第 2866 页。

⑥ （清）谢启昆修，胡虔纂：《（嘉庆）广西通志》卷 90《舆地十一·物产二·庆远府》，南宁：广西人民出版社，1988 年，第 2859 页。

⑦ （清）爱必达撰，杜文铎等点校：《黔南识略》卷 29《普安直隶厅》，贵阳：贵州人民出版社，1992 年，第 239 页。

⑧ 乾隆《贵州通志》卷 15《食货志·物产》，成都：巴蜀书社，2006 年，第 287 页。

⑨ （清）爱必达撰，杜文铎等点校：《黔南识略》卷 28《贞丰州》，贵阳：贵州人民出版社，1992 年，第 234 页。

曰水银，朱砂附产也。建灶炼砂，覆釜而取之，其利益丰"①。广西泗城州（今凌云县）所产水银有生、熟两种。滑石矿主要在桂北的龙胜等地，宋代起即开采，使用较广。"滑石，桂林属邑及瑶峒中皆出。……临桂出"②。至于锑、煤矿等，清代中叶以来先后在滇东的路南、黔南的都匀、荔波等地均有开采，如荔波有"硝、煤、锑"③，但产量不大。

以上各类矿产资源的开采，既受制于冶炼等技术条件，也受制于交通、市场销售等条件。清代以来，随着珠江中上游地区进一步融入国内市场，国内对铜、锡等矿产的需求，有效地带动了珠江中上游山地的矿产开采。清代，这一地区的铜、锡等矿产不断外运，销往内地，呈现出一派繁荣景象。矿产开采成为地方利税的重要来源，受到官府的支持与重视，也吸引了不少外省籍民众前往矿区，参与到矿产开采的活动中。由于人群的聚集效应，在矿区的附近，形成了一些矿区型的商业集镇。当然，这些商业集镇由于是依托矿山开采而形成的，当矿山因环境污染而关闭，或因矿脉采尽，以及矿产品缺少销路等原因关闭时，这些矿区周边的商业集镇就随之走向衰落，如清代中叶，黔西南兴义府辖下的册亨州地区就有此种情况出现。称："又有矿厂，民苗夹杂，第矿厂非铜铅可比。各厂户俱住居郡城，各沙丁俱归厂户管束。……洞老山空，产矿稀少，矿厂亦觉凋弊。"④

二、经济作物的种植

明清以后，商品经济的不断发展，深刻地塑造了珠江中上游地区经济作物的种植面貌。在商品流通领域中拥有独特价值的经济作物，其种植不断得到推广，进而改变了人们的社会生活。在经济作物的种植中，较有代表性的是甘蔗的种植。

虽然迄今为止，有关甘蔗起源地的学术争论未有明确结论，但可以肯定，我国是甘蔗最早种植地之一。据相关史料记载，我国在春秋战国时期即开始种

---

① 民国《都匀县志稿》卷6《地理志》，民国十四年（1925年）铅印本，第33页。

② （清）谢启昆修，胡虔纂：《（嘉庆）广西通志》卷89《舆地十·物产一·桂林府》，南宁：广西人民出版社，1988年，第2839页。

③ 光绪《荔波县志》卷4《食货志》，台北：成文出版社，1974年，第173页。

④ （清）罗绕典撰，杜文铎等点校：《黔南职方纪略》卷2《兴义府·册亨州同》，贵阳：贵州人民出版社，1992年，第292页。

植甘蔗。汉代东方朔所撰《神异经》已明确提到甘蔗。称："南方山有盯蠥（甘蔗）之林，其高百丈，围三尺八寸，促节多汁，甜如蜜，咋啮其汁，令人润泽……多则伤人，少则谷不消，是甘蔗能灭多益少，凡蔗亦然。"①晋代稽含所撰《南方草木状》卷上称："诸蔗，一曰甘蔗。交趾所生者，围数寸，长丈余，颇似竹，断而食之，甚甘。笮取其汁，曝数日成饴，入口消释，彼人谓之石蜜。……南人云甘蔗可消酒，又名干蔗。"可见，甘蔗在南方种植已有相当长的历史。据研究，甘蔗作为经济作物，在年均 17—18°C 等温线以上地区生长良好。珠江中上游地区地处亚热带，常年高温多雨，多数地区满足甘蔗生长的气候与土壤环境要求，但是否种植甘蔗，主要取决于土地利用以及甘蔗种植产生的收益的大小。明清以来，珠江中上游地区甘蔗的种植，就有市场因素的影响。众所周知，甘蔗主要的价值在于通过榨汁制糖售卖，而糖是民间生活重要的物资，广泛用于食品、医药等领域。

正是随着国内外市场对糖的需求的变化，珠江中上游地区甘蔗的种植也相应地有一个变迁过程。

明代，广大南方地区种植甘蔗的是闽广地区。宋应星《天工开物》载："凡甘蔗有二种，产繁闽广间，他方合并，得其十一而已。"②其间种植的甘蔗分为果蔗、荻蔗两种。果蔗一般直接食用，荻蔗主要用于制糖。广西地处亚热带，拥有良好的水热光照条件，非常适于甘蔗的生长。从明代史籍记载看，地处珠江中游地区的广西当时种植的甘蔗已有昆仑蔗、竹蔗、蜡蔗、荻蔗等多个品种。"广右甘蔗色白而甚细，其坚如竹，名曰石蜜。《通志》赤者昆仑蔗，白者竹蔗，黄者蜡蔗，小而燥者荻蔗，又芳蔗、杜蔗，旧言草之庶出者以节节侧生也。……石蜜乃甘蔗糖也。"③嘉靖《广西通志》卷 21《食货·物产》与万历《广西通志》卷 42《物产·果属》载有"甘蔗"，与芭蕉、龙眼、枇杷等并列，说明至迟在明中叶时珠江中游地区已开始种植甘蔗。其中，邕江流域与左右江流域是甘蔗种植的重要地区。南宁府，"偏桃、甘

① （汉）东方朔：《神异经》，上海：上海古籍出版社，1990 年，第 3 页。

② （明）宋应星著，钟广言注释：《天工开物》卷 6《甘嗜·蔗种》，广州：广东人民出版社，1976年，第 162 页。

③ （明）田艺蘅：《留青日札》卷 33《石蜜》，上海：上海古籍出版社，1985 年，第 1058 页。

蔗，二种汁可作沙糖"①。在太平府，甘蔗也有种植，但是置于物产中的"果部"之下②。由于明代广西所修地方志多已散佚，据仅存的方志资料，还难以准确判断其时广西地区甘蔗种植分布的情况。至于珠江上游的滇东地区与黔南地区，检索明代史籍，并未有甘蔗种植的记载。据此大体可以判断，明代珠江中上游地区甘蔗的种植主要在广西南部地区。

甘蔗在珠江中上游地区的推广种植是从清代开始的。从当时史料记载看，这一区域甘蔗的种植，已推广到上游地区的滇东地区与黔南地区。

（1）滇东地区。一是以昆明为中心，包括部分南盘江流域在内的云南府地区。雍正年间时，已有种植甘蔗的记载，这从其时征收的税课中得到反映。史称云南府"原额实征税课司课、银酒课……槟榔、芦子果，糖、桥靛、甘蔗、灰、酒、染、煮、乌帕等项"③。又雍正《云南通志》卷 27《物产·果属》中列有"甘蔗"，与石榴、梅、木瓜、银杏等同列。二是滇东南的广西府，其境内弥勒州、邱北等地，也有甘蔗种植的记载。当地方志物产中载："乳饼、蒲席、松花、菉豆、姜、沙糖、甘蔗、毡等，称最上焉。邱北物产略同。本府师弥惟……种其蜜蜡、棉花、小靛、藤墩、藤席等亦足居食货之良云。"④阿迷州，康熙时土产即有"菠萝蜜、酸角、芭蕉果、甘蔗"⑤等，红砂糖成为当地重要交易物品。广南府，据道光《广南府志》载，甘蔗也成为当地较为重要的土产⑥。据此不难看出，至迟至清代雍正年间之后，甘蔗种植已在南盘江流域得到推广。

（2）黔南地区。由于多山的环境，以及高原气候因素，黔南地区甘蔗的种植主要在水热条件相对较佳的兴义府以及荔波县一带。兴义府至咸丰年间时，甘蔗已得到广泛种植。史载："《识略》云：兴义县，蔗浆收美利。按甘蔗，产府亲辖境及兴义县、安南、贞丰、册亨、江滨。考甘蔗，古名柘。……

① 嘉靖《南宁府志》卷 3《物产》，《日本藏中国罕见地方志丛刊》，北京：书目文献出版社，1990 年，第 371 页。

② 万历《太平府志》卷 2《食货志·果部》，《日本藏中国罕见地方志丛刊》，北京：书目文献出版社，1990 年，第 211 页。

③ 雍正《云南通志》卷 11《课程》，《景印文渊阁四库全书·史部》第 569 册，台北：商务印书馆，1986 年，第 357 页。

④ 乾隆《广西府志》卷 20《物产》，台北：成文出版社，1975 年，第 345 页。

⑤ 康熙《阿迷州志》卷 21《物产·果属》，台北：成文出版社，1975 年，第 251 页。

⑥ 道光《广南府志》卷 3《土产·果属》，南京：凤凰出版社，2009 年，第 451 页。

郡之蔗，各种皆有，味极甘美，可敌闽蔗。"①荔波县，至光绪年间，其物产果属中有"梅、桃、李、杏……甘蔗、胡桃、柚"②。

相比较而言，珠江中游的广西地区仍是甘蔗种植的主要区域，从相关地方史志记载看，甘蔗种植的范围有扩大之势。自浔州至梧州的西江两岸平原、丘陵地区，甘蔗的种植量较大。其中浔州府，"甘蔗，各县出"③。桂平县本地人将甘蔗"榨汁煮糖，然不能为糖霜，冰糖也"④。郁林州所在的兴业县，"果则甘蔗……"⑤。梧州府一带，"土人沿江种甘蔗，冬初压汁作糖。以净器贮之，蘸以竹枝，皆结霜"⑥。又载："洋桃，俗呼五敛子。……在田种者，有荸荠、甘蔗。"⑦桂中地区柳江流域一带，"蔗，皮多青者，取其汁用锐煎之，名柳糖，浸酒服可涤痰"⑧。嘉庆年间，武宣县也开始种植甘蔗。桂东北的全州、兴安至灵川一线的湘桂走廊平原地区，康熙年间之后，甘蔗即逐渐种植开来。其中，全州甘蔗"皆畦种，最困地力。荻蔗，以蜀及岭南者胜，有红白二种"⑨。桂江流域地区，平乐、恭城、贺州、永安州（今蒙山）等地，都开始种植甘蔗⑩。左江流域的新宁州（今扶绥县）"蔗，州地出者俱细小。交阯所生者围数寸，长丈余，似竹，断而食之，甚甘"⑪。桂北地区的庆远府，乾隆年间种植的甘蔗"色紫株细"⑫，又言："宜邑自乾隆年间汉民垦地艺豆，曰五月黄，六月黄，两种岁收数千万石。又种蔗，煎糖岁收数

① 咸丰《兴义府志》卷43《物产志·果部》，民国三年（1914年）铅印本，第66页。

② 光绪《荔波县志》卷4《食货志》，台北：成文出版社，1974年，第167页。

③ 雍正《广西通志》卷31《物产·浔州府》，《景印文渊阁四库全书·史部》第565册，台北：商务印书馆，1986年，第774页。

④ 乾隆《桂平县志》卷4《杂志二·土产》，故宫博物院：《故宫珍本丛刊》第202册，海口：海南出版社，2001年，第471页。

⑤ 乾隆《续修兴业县志》卷4《田赋》，台北：成文出版社，1967年，第47页。

⑥ 乾隆《梧州府志》卷3《舆地志·物产》，台北：成文出版社，1961年，第88页。

⑦ 乾隆《梧州府志》卷3《舆地志·物产》，台北：成文出版社，1961年，第87—88页。

⑧ 乾隆《马平县志》卷2《地舆》，台北：成文出版社，1970年，第110页。

⑨ （清）谢启昆修，胡虔纂：《（嘉庆）广西通志》卷89《舆地略十·物产一·桂林府》，南宁：广西人民出版社，1988年，第2829页。

⑩ 康熙《平乐县志》卷6《物产·果类》，故宫博物院：《故宫珍本丛刊》第199册，海口：海南出版社，2001年，第229页；嘉庆《永安州志》卷12《物产》，故宫博物院：《故宫珍本丛刊》第199册，海口：海南出版社，2001年，第380页。

⑪ 光绪《新宁州志》卷2《食货志·物产》，台北：成文出版社，1975年，第198页。

⑫ 乾隆《庆远府志》卷3《食货志·物产》，故宫博物院：《故宫珍本丛刊》第196册，海口：海南出版社，2001年，第190页。

万石，其蛮溪山峒，近皆为楚、粤、黔、闽人垦耕包谷、薯、芋、瓜、菜等物，行见生齿日繁，地无遗利矣。惟土蛮仍多懒耳。"①甘蔗的种植已推进到桂北山地边缘。

甘蔗在珠江中上游地区种植面积的扩展固然是因有适宜的水热条件，但最主要的还是国内商业发展，甘蔗、蔗糖消费增加带动的结果。珠江中上游地区甘蔗的市场销售在清代已较为普遍：一是作为果蔗直接食用，或绞汁饮用。二是榨汁制糖以便储存使用。清雍正时，广西秋冬时节壮族地区市场上即普遍有直接食用的果蔗售卖。有《趁墟》诗云："憧憧来往趁墟辰，细嚼槟榔血点唇。花布抹头多僮老，青巾撮髻是军人。束来甘蔗如修竹，老去藤香作降真。夷俗不知文化近，何时弓弩暂离身？"②榨汁制成糖块售卖是甘蔗种植最主要的收益来源。郁林州有"蜡蔗、甘蔗，干大节密汁浓，宜生啖。竹蔗、肉蔗惟绞汁煎作糖，利颇厚"③。正是蔗糖的市场需求较大，有利可图，珠江下游地区的广东民众多种甘蔗等经济作物，导致稻谷种植减少，成为地方社会治理问题。史称："广西巡抚韩良辅奏称广东地广人稠，专仰给于广西之米。在广东本处之人惟知贪射重利，将地土多种龙眼、甘蔗、烟叶、青靛之属，以致民富而米少。"④

清末，影响珠江中上游地区甘蔗种植的，除了市场价格外，也还有社会因素。由于西方殖民列强的入侵，鸦片交易在国内大行其道，罂粟种植的厚利与甘蔗种植的薄利形成鲜明对比，驱使各地农民纷纷种植罂粟，从而挤占了甘蔗的种植空间。以云南为例，史载清代"道、咸以降，烟禁废弛，一般蔗农不种甘蔗而改种罂粟……本省蔗糖遂一蹶不振"⑤。

民国年间，随着制糖技术更趋成熟，糖作为食品工业的基础原料，食品工业的发展始终对糖有相当的市场需求。国内外市场中蔗糖供求关系影响下的价格变动，对珠江中上游各地甘蔗的商品化种植影响日益明显。这期间，滇东地区的曲靖多种植白蔗，弥勒等地多种植红蔗、黄蔗，其时云南的巴盘江、河底

① 道光《庆远府志》卷3《地理志下·风俗》，清道光九年（1829年）刻本，第5页。
② 雍正《广西通志》卷123《艺文·历朝·七言律师》，《景印文渊阁四库全书·史部》第568册，台北：商务印书馆，1986年，第616页。
③ 光绪《郁林州志》卷4《舆地略》，台北：成文出版社，1967年，第71页。
④ 道光《广东通志》卷1《训典一》，清同治三年（1864年）刻本，第57页。
⑤ 曹立瀛，刘辰：《云南之糖业》，重庆：经济部地质调查所，1940年，第4页。

江及西洋江一带之弥勒、华宁……富宁、广南、宜良等县，是云南三个产蔗区——迤南产蔗区的重要组成部分①。弥勒每年生产甘蔗在一千万斤以上②。所生产的白糖，主要销往贵州，远至湖南长沙一带，每年约200万斤，广南、富宁有少数糖运往贵州、桂林等地销售③。贵州境内的北盘江、南盘江流域，民国年间也是甘蔗种植的重要区域。关岭、安龙、贞丰、兴仁、晴隆等地主要种植木蔗与竹蔗，年产红糖约为2100市担④。

地处珠江中游的广西，民国年间在市场对糖需求旺盛的背景下，甘蔗的种植面积不断扩大，蔗糖产量亦呈现增长之势。甘蔗种植成为一些地方出口、增加财税收入的重要来源，尤其是桂中平原以及邕江至浔江两岸平原地区。据民国《柳城县志》载："甘蔗为工业上最重要之糖料作物，分大蔗、竹蔗、台湾蔗等种。县属沿河一带，恒苦天旱，农家多种蔗，以资补救。每年产糖在二百万斤以上，为出口大宗。"⑤又据民国《邕宁县志》载："吾县南路浦津乡下南一带，所有田亩，十分之八九，改为蔗畬，所产糖额，动以万计，其糖之种类，有黄糖、白糖、冰糖等"⑥，"我县农产品主要为谷米，出口大宗为蔗糖，每年产量约在三百余万斤，以八尺区为最，迁龙区次之，多远销大河下游梧州等地"⑦。郁江平原地区的贵县（今贵港市港南区、覃塘区），甘蔗种植面积也较大。民国《贵县志》载："县属蔗糖运销售颇盛，苏湾所产者为最著名，以县城为集散地，糖榨业凡二百四十户，每户每年平均约制糖二万余斤，工人共约四千人以上。"⑧左江流域的崇善县（今崇左市），民国年间出口商品中，"以豆油、糖等货为大宗"⑨。右江流域的隆安县，民国年间出品"土货以谷、豆、糖、生油、纱纸为大宗"⑩，桂江流域的平乐县，"本邑……桐

① 曹立瀛，刘辰：《云南之糖业》，重庆：经济部地质调查所，1940年，第6页。

② 曹立瀛，刘辰：《云南之糖业》，重庆：经济部地质调查所，1940年，第9页。

③ 云南省档案馆社会利用服务处：《云南百年蔗糖产业概况》，《云南档案》2013年第10期。

④ 丁道谦：《贵州经济地理》，上海：商务印书馆，1946年，第88页。

⑤ 民国《柳城县志》卷2《地舆·物产·农家副产物》，台北：成文出版社，1967年，第24页。

⑥ 民国《邕宁县志》卷18《食货六·物产中·果之属》，台北：成文出版社，1975年，第813页。

⑦ 民国《邕宁县志》卷15《食货二·蔗农调查》，台北：成文出版社，1975年，第715页。

⑧ 民国《贵县志》卷11《实业·工业·糖榨》，台北：成文出版社，1967年，第730页。

⑨ 民国《崇善县志》第4编《经济·产业·商业》，台北：成文出版社，1975年，第256页。

⑩ 民国《隆安县志》卷4《食货考·经济》，台北：成文出版社，1975年，第242页。

子、茶子、糖蔗三种，产量亦极丰富"①。种种迹象表明，民国年间广西各地甘蔗种植都较为普遍，蔗糖作为外销产品成为地方重要税收来源。例如，阳朔"蔗产亦稍有可观，年产价值在三十万元以上，为较易获利之畲地作物。……通常蔗杆含糖约六分之一，蔗汁含糖约四分之一"②。

以民国二十一年（1932 年）与民国二十五年（1936 年）为例，其时广西各地的糖产量见表 7-2。

表 7-2　1932 年、1936 年广西各地糖产量一览表　　（单位：担）

县	1932 年糖产量	1936 年糖产量	县	1932 年糖产量	1936 年糖产量
桂林	6000	4956	宁明	300	624
灵川	3000	3074	凭祥	1300	300
全县	2000	2292	龙津	1100	2308
恭城	20 000	30 582	上金	1500	588
钟山	2000	744	雷平	1300	1913
平乐	4000	15 292	左县	10 000	29 160
阳朔	30 000	7176	同正	3000	16 872
永福	18 000	18 242	养利	5000	11 520
榴江	7000	25 668	隆安	2000	1462
荔浦	500	3870	果德	1000	478
贺县	58 000	9108	龙茗	2000	1661
南丹	100	100	向都	200	84
河池	12 000	9960	天保	1200	1500
隆山	300	816	靖西	3000	4297
上林	1600	2520	永淳	2300	2430
武鸣	1500	9138	宾阳	5000	8868
邕宁	25 000	57 263	来宾	3000	3480
扶南	2000	1942	象县	3000	1920
上思	800	570	柳江	8000	20 649
思乐	3000	2556	忻城	2000	3060
崇善	10 000	19 500	宜山	20 000	12 600
怀集	300	1320	柳城	20 000	21 000
信都	2000	4608	雒容	5800	13 836
岑溪	300	900	融县	6300	12 540

---

① 民国《平乐县志》卷 7《经济·产业·其他出产》，台北：成文出版社，1967 年，第 461 页。

② 千家驹，韩德章，吴半农：《广西省经济概况》，北京：商务印书馆，1936 年，第 35 页。

续表

县	1932 年糖产量	1936 年糖产量	县	1932 年糖产量	1936 年糖产量
平南	600	1172	罗城	200	180
北流	1200	476	天河	200	822
陆川	1500	15 529	思恩	3000	1800
博白	2000	9078	镇边	300	500
郁林	600	15 669	田东	500	76
兴业	700	4050	西林	900	348
贵县	36 000	45 156	西隆	15 000	996

注：1932 年数据为其时估算值；本表只统计县名前后一致的县份

资料来源：黄福添、杨绍光编著：《广西糖业史》，南宁：广西人民出版社，1996 年，第 38—39 页

从表 7-2 不难看出，民国年间广西蔗糖产量较大的地区还是集中在桂东北漓江两岸峰丛平原、茶江与贺江两岸平原，桂中地区柳江平原，桂东南平原以及南宁盆地，这也是当时广西甘蔗种植面积最为集中的区域。

民国年间珠江中上游地区甘蔗种植面积扩大，是食品工业发展的背景下对糖的需求提升的结果。蔗糖的市场价格波动对甘蔗的种植有直接的影响。例如，日本全面侵华后，时局巨变，导致市场糖价大跌，广西地区种蔗面积减少，产糖量下降。之后时局逐渐稳定，市场糖价上升，至 1940 年时，广西全省产糖量达 105582 万担，比 1932 年增产 96%。生产的蔗糖远销黔、湘、赣、浙等省[1]。甘蔗种植以及榨糖业发展所产生的财政收入，成为广西地方重要的经济支柱。例如，贵县（治今贵港市）因为产糖量较大，"年有大量之输出，致使贵县之经济亦较他县为富裕"[2]，故甘蔗种植得到其时广西地方政府的高度重视。其时广西省政府在贵县、柳江等地蔗糖试验场、农林试验场，鼓励科技人员对甘蔗生产技术进行研究，改良糖蔗品种。千家驹等人曾到广西调研，在撰写的调查报告中，称："榨糖工业在广西农家经济上亦占最重要之地位。榨糖一业，以该省产蔗甚多……几各县均有栽培，而以贵县，柳城，宜山，邕宁，西隆，阳朔，贺县，富川，恭城，永福一带，产量尤丰……据《广西年鉴》所载，则广西全省所产蔗糖，约共四二七七○○担，价值四五○八八○○元，其重要盖可想见。"[3]

---

① 覃蔚谦编著：《广西甘蔗史》，南宁：广西人民出版社，1995 年，第 24 页。

② 千家驹，韩德章，吴半农：《广西省经济概况》，上海：商务印书馆，1936 年，第 7 页。

③ 千家驹，韩德章，吴半农：《广西省经济概况》，上海：商务印书馆，1936 年，第 7 页。

民国年间珠江中上游地区甘蔗种植的推广，也是当地民众提高土地利用效率的结果。在一些不便灌溉的丘陵坡地、旱地和冲积土较多的地区，通过集中种植甘蔗并榨糖，以糖换粮。毕竟甘蔗种植与榨糖受气候影响较少，相比杂粮作物每遇干旱天气即往往歉收而言，甘蔗的适应性要大得多，即使遭受旱灾，损失也不大。在市场上蔗糖价格较好的情况下，通过种蔗制糖所得收益，到市场换取粮食，还能提高土地利用的效率。

三、经济林木的种植

1. 油茶的种植与推广

油茶又名茶子树、茶油树、白花茶等，为山茶科山茶属小乔木或灌木。作为重要的木本油料树种，油茶具有较高的经济价值。茶油与花生油、菜籽油是我国传统重要的食用植物油。据一些学者研究，在我国，栽培油茶取油茶果榨油食用已有 2300 多年的历史。此外，茶油还被民间用于美发。至明清时，我国南方很多地区都有种植。史称："韶、连、始兴之间，多茶子树。以茶子为油。客至辄以油煎诸物为献。燕、吴人购之为泽膏发，谓非是油则玫瑰、桂、兰诸香不入。梁简文云：'南油俱满，西漆争然。南油必茶子也。'晋傅巽云：'南中茶子，西极石蜜是也。'"[①]

明代，珠江中上游地区部分丘陵、缓坡地带已开始种植油茶。其中，嘉靖《贵州通志》卷 3《土产·货之属》已明确将"茶油"列为土产，只是没有标明产自贵州何州府，有可能是当时油茶的种植还未普及开来。根据地方史料记载，至清代时，作为重要食用植物油原料的油茶在珠江流域中上游各地先后得到推广种植。其中，云南，史称"茶子，丛生单叶，子可作油"[②]。清人陆廷灿《续茶经》载："曲靖府出茶，子丛生，单叶子可作油"[③]，可见清代云南地区油茶的种植，是从滇东的南盘江流域开始的。贵州兴义府，咸丰年间时，盛产"五油"，即茶油、麻油、菜油、水油、花生油，"按此数油，并

---

① （清）屈大均：《广东新语》卷 14《食语·油》，北京：中华书局，1985 年，第 388 页。

② 雍正《云南通志》卷 27《物产·曲靖府》，《景印文渊阁四库全书·史部》第 570 册，台北：商务印书馆，1986 年，第 285 页。

③ （清）陆廷灿著，志文注译：《续茶经》卷下之四《茶之出》，西安：三秦出版社，2005 年，第 283 页。

产，兴义县者佳"①。广西地区，油茶的种植地区不少。其中，柳州府，"茶油树，各州县出"②，又言"茶油树间有植者"③。梧州府，"南中茶子也。茶梧属山间皆产，种者少。岑溪大峒山巅有之，叶粗味厚，故有峒茶之名。今各乡近山处皆植。谢孟堡山场所植尤夥。远近贩鬻，民资以为利。粉坭可作饼饵，出赤旺山"④。桂东北地区的富川县，"茶有岩口、花山二种。茶油、麻油、桐、花生、豆油"⑤。兴安县，"茶油子，如栗，榨油甚精，可食，点灯良"⑥。

由于清代民间榨油技术日臻成熟，利用油茶果实榨取所得茶油亦颇为可观。史称："榨之之法，用合抱樟木而空其中，以受诸质，名为平槽，下沿凿一小孔，剚一小槽，使油出时，流入承借器中。……束以稻，稍（梢）包裹如饼，箍入槽内，两人对举而撞之，其油自依法流出。茶子每石得油十七八斤。……其渣名曰枯饼，壅田甚佳，其获利甚多。"⑦正是油茶的果实具有较高的经济收益，清中叶后成为重要出口货物。一些英国商人甚至深入内地收购茶子，运送出境。史载清同治年间"英商宝顺行欲运茶子下船出洋，闽关禁止不准，请速饬知。……按值百抽五征税，准其贩运出口"⑧。在商品经济发展的驱动下，茶油成为近代市场交易重要物品，成为珠江中上游地区油茶种植面积扩大的重要影响因素。

至民国年间，珠江中上游地区种植油茶的地区呈增多之势。滇东南地区的富州县一带，茶油已成为重要的地方物产。"县属……有桐油、八角、茶油、

① 咸丰《兴义府志》卷43《物产志》，民国三年（1914年）铅印本，第30页。

② 雍正《广西通志》卷31《物产·柳州府》，《景印文渊阁四库全书·史部》第565册，台北：商务印书馆，1986年，第782页。

③ 乾隆《柳州县志》卷2《地舆·物产》，台北：成文出版社，1961年，第51页。

④ 乾隆《梧州府志》卷3《舆地志·物产》，台北：成文出版社，1961年，第92页。

⑤ 光绪《富川县志》卷2《风土志·物产》，台北：成文出版社，1967年，第29页。

⑥ （清）谢启昆修，胡虔纂：《（嘉庆）广西通志》卷89《舆地略十·物产一·桂林府》，南宁：广西人民出版社，1988年，第2840页。

⑦ （清）郑知侨：《农桑易知录》卷1《农务事宜·一种竹木》，《续修四库全书》编纂委员会：《续修四库全书·子部》第975册，上海：上海古籍出版社，2002年，第430页。

⑧ （清）颜世清：《约章成案汇览》乙篇卷12下《成案·总署咨英商赴内地购买茶子出洋照值百抽五征税文》，《续修四库全书》编纂委员会：《续修四库全书·史部》第875册，上海：上海古籍出版社，2002年，第477页。

杉木、麻栗木、苦楝木、华香树等"①。在黔南地区的都匀县，油茶的种植已较为平常。"山茶，一称油茶，高二丈余……实圆，秋熟，每实有子三四枚，淡黑褐色，仁黄可榨油。妇女以膏沐，或供防锈、食用"②。相较而言，广西地区油茶的种植更加普遍，而且茶油成为不少地区重要的出口贸易物资。桂北罗城县，"出口货有杉木、香信、茶叶、米、谷、豆、麦、桐、茶油以及药材等类"③，当地设有专门的经济林木种植基地，"面积二千四百方丈，苗木种类有梧桐、竹、樟、臭椿、香椿、赤松、油桐、油茶、楝木、枫杉、荔枝、大叶桉等"④。桂西北地区的田西县（今田林）出口货物以茶油等为大宗，其中每年销往外地的"茶油十四万斤"⑤，"各户造林地点多在村边，距离一二里或十里，每户一处或二三处，林场面积大小不一，大约由二亩至十五亩。所种多属茶油、桐油、茶……茶油树种后每年除草一次，五年结实，每树约产油三两至五两，常运销百色及滇省之广南，黔省之安龙，市价每百斤由十七元至二十五元"⑥。桂东与桂东南的丘陵地区，油茶的种植也较为普遍。昭平县"花生油、茶油、桐油、肉麸、茶麸、桐麸，以上邑境各区皆有榨具，最为大宗"⑦。茶油销售征税成为地方重要财政收入来源，当地县志载："生油每石七分，桐油每石七分，茶油每石七分，菜油每石七分。"⑧贺县"出口货物以生油、茶油、桐油、豆饼、谷米、红瓜子为大宗"⑨。北流县一带，"茶油子采之榨油，用以泽发"⑩。贵县，"主要商业为米、猪、豆油、杂货，特产白（百）合粉、山茶油、阿婆茶"⑪。据民国时广西省政府统计，1927 年、1929 年、1930 年，广西各县共产茶油分别为 359 641 担、388 093 担、338 671 担⑫。

---

① 民国《富州县志》第 12《农政·造林》，台北：成文出版社，1974 年，第 79 页。
② 民国《都匀县志稿》卷 6《地理志》，民国十四年（1925 年）铅印本，第 21 页。
③ 民国《罗城县志·经济·商业》，台北：成文出版社，1975 年，第 208 页。
④ 民国《罗城县志·经济·林业·苗圃》，台北：成文出版社，1975 年，第 184 页。
⑤ 民国《田西县志》第 5 编《经济·产业·货物》，台北：成文出版社，1975 年，第 180 页。
⑥ 民国《田西县志》第 5 编《经济·产业·货物》，台北：成文出版社，1975 年，第 177 页。
⑦ 民国《昭平县志》卷 6《物产部·制造物》，民国二十三年（1934 年）铅印本，第 51 页。
⑧ 民国《昭平县志》卷 3《田赋部·榷税》，民国二十三年（1934 年）铅印本，第 83 页。
⑨ 民国《贺县志》卷 4《经济部·商业》，台北：成文出版社，1967 年，第 244 页。
⑩ 民国《贵县志》卷 1《地理·墟市》，台北：成文出版社，1967 年，第 169 页。
⑪ 光绪《北流县志》卷 8《物产》，台北：成文出版社，1975 年，第 317 页。
⑫ 广西省政府统计处：《广西年鉴》第 3 回，民国丛书续编编辑委员会：《民国丛书续编》第 1 编，上海：上海书店出版社，2012 年，第 580 页。

2. 油桐的种植与推广

与油茶的种植相似，在商业发展的影响下，珠江中上游地区油桐的种植也有一个发展演变的过程。油桐，又称油桐树、桐油树、三年桐、桐子树、罂子桐、虎子桐，属大戟科油桐属，为落叶乔木，多生长于海拔较低的丘陵山地、山坡山麓和沟旁。油桐果实所榨的桐油用途较广，最初常用于木制家具、船舶的防腐等领域。随着工业的不断发展，桐油开始用于工业上制防腐剂。

油桐在珠江中上游地区种植较广，但有一个发展过程，明代时一些地区开始有"桐"的出产。从史料记载看，明代贵州地区已开始种植油桐。嘉靖时，贵阳附近地区有"桐木山"和"桐木冈"的地名出现①。其时的土产中，已有"桐"的出现。万历《贵州通志》卷 3《贵阳府·土产·木之属》中也有"桐"。明代云南地区虽有油桐的种植，但据万历《云南通志》所载，主要出现在武定府与楚雄州的"物产"中，滇东地区南盘江流域尚未出现。在广西地区，明代即有"桐油"②的出产。嘉靖《南宁府志》卷 3《物产·货物》中明确记载有"桐油"③。万历《宾州志》卷4《物产·木之品》中也记载有"桐"④。

入清以后，珠江中上游地区的油桐种植进一步得到推广。云南广西府地区，土产中已有"桐"的存在⑤。贵州黔南地区的独山州一带，乾隆时已种植"桐"⑥。黔西南地区，"桐油，产兴义县"⑦。至于广西地区，油桐的种植范围明显扩大。原来种植油桐的南宁盆地地区以及西江两岸河谷地区，继续种植。例如，横州，"又有油桐，子可压油"⑧。苍梧"桐有数种，一种子可作

① 嘉靖《贵州通志》卷 2 下《山川·程蕃府》，《天一阁明代地方志选刊续编》第 68 册，上海：上海书店出版社，2014 年，第 253、255 页。

② 嘉靖《广西通志》卷 21《食货·杂植属》，北京图书馆古籍出版编辑组：《北京图书馆古籍珍本丛刊》第 41 册，北京：书目文献出版社，1998 年，第 269 页。

③ 嘉靖《南宁府志》卷 3《物产·货属》，中国科学院图书馆选编：《稀见中国地方志丛刊》第 48 册，北京：中国书店，第 36 页。

④ 万历《宾州志》卷 4《物产·木之品》，《日本藏中国罕见地方志丛刊》，北京：书目文献出版社，1990 年，第 29 页。

⑤ 乾隆《广西府志》卷 20《物产·木之属》，台北：成文出版社，1975 年，第 341 页。

⑥ 乾隆《独山州志》卷 12《物产》，1965 年油印本，第 8 页。

⑦ 咸丰《兴义府志》卷 43《物产·货属》，民国三年（1914 年）铅印本，第 30 页。

⑧ 乾隆《横州志》卷 6《户产志·物产》，清光绪二十五年（1899 年）刻本，第 31 页。

油"①。容县"桐有数种……油桐本名冈桐,一名膏桐、陈鬻桐,谱曰花桐是也。花白实大而圆,每实三四子,榨作油可鬈器物"②。显著的变化就是此时油桐在不少民族地区得到种植推广。桂东北的富川县,乾隆年间桐树种植就已较普遍,茶油、麻油、桐油是其重要土产。桂北庆远府地区,道光时当地物产载:"桐子可榨油"③。桂西地区的镇安府,"桐油子,各土州俱出"④。桂南地区的上思州,道光年间在其货属中,开始出现"桐油"。

对油桐种植推广起重要作用的是近代以来工业化的不断发展。桐油作为工业防腐剂以及油漆原料具有价廉质优的特点。欧美人发现桐油的干燥性能明显优于亚麻油,不断从我国进口桐油。据一些学者研究,中国自清同治五年(1866年)开始向欧美出口桐油,之后出口量即直线上升,至1911年时,出口桐油达29000吨。1921—1936年,中国桐油生产能力达到136800吨。海外市场的需求,有力地促进了境内油桐的种植。其时桐油的市场价格,1911—1921年桐油每公斤在0.16—0.24元,1932—1940年桐油每公斤也不过0.4—0.6元。清末至民国年间,珠江中上游地区生产的桐油多用于出口。为推动油桐的种植,其时广西地方政府还曾建立油梧研究所,以推广种植技术,故这一时期珠江中上游地区的油桐种植面积扩大较快,在地方经济结构中占有重要的地位。

从油桐的种植面积与桐油产量而言,广西是珠江中上游最主要的地区。广西是中国桐油重要产区之一,据当时所编史料所载:"本省产桐区域,以东北部为最多,柳州以北数县,所产千年桐,每年可得桐籽十二万市担左右,又庆远及柳州对河所产三年桐为数亦多,再次桂林区东南西三面,周围约二百五十华里之地,每年可产桐籽六万市担,此外南宁以西右江流域,如百色附近数县产油亦复不少。"⑤据民国时广西省政府统计,20世纪20—30年代,广西各地

① 同治《苍梧县志》卷10《食货志·物产》,清同治十三年(1874年)刻本,第27页。

② 光绪《容县志》卷5《舆地志·物产》,台北:成文出版社,1974年,第252页。

③ 道光《庆远府志》卷8《食货志·物产》,清道光九年(1829年)刻本,第16页。

④ (清)谢启昆修,胡虔纂:《(嘉庆)广西通志》卷89《舆地略十四·物产五·镇安府》,南宁:广西人民出版社,1988年,第2922页。

⑤ 广西工商局:《广西桐油厂概况》,1938年油印本,第31页。

种植油桐的面积合计达 94 万余亩①。1930 年，广西各县生产的桐油达 338 671 担②。桐油是广西不少县重要的对外贸易商品。桂西地区，田西县（今田林）除茶油外，桐油出口贸易也是大宗。"各户造林地点多在村边……桐树培植与茶油树同种后，三年矮桐，五年高脚桐结实。每树产油约六两至十两，运销百色，市价每百斤由二十五元至四十元"③。每年销往外地的桐子五万斤④。桂北的融县，"茶子种于山地，十年有收，每四五百斤获油一石……茶麸供给本处外，尚有余流出外者，与桐油同为出产之大宗"⑤。当地种植的油桐，有不同品种，产量较大。"桐子分三年桐、千年桐二种。前者三年有收，更二年而树老，即须砍去，故多与茶子并植。桐子砍后，茶子继之。千年桐虽可经久，但结实不如三年桐之旺，桐油分量亦不如茶子，但麸及价格较高于茶子，是桐年约十余万石"⑥。迁江县"桐子可以榨油，昔种甚少，自民国十七年提倡较略胜。花生麸、桐油麸，迁江出口亦多，以此为最"⑦。贺县"出口货物以生油、茶油、桐油、豆饼、谷米、红瓜子为大宗"⑧。昭平县，"肉麸，茶麸，桐麸。以上邑境各区皆有榨具，最为大宗出产，商人以此发达不少"⑨。

贵州南部、西南部地区，桐油的产量也不小，为当地重要贸易物资。油桐在都柳江流域、南盘江流域的民族地区，都得到推广种植。都匀县"罂子桐，一曰荏桐，类冈桐而小，花微红，实圆，中子或二或四，压油入漆，供然（燃）料利甚广，匀人近多种之"⑩。独山县"桐油，桐树二三月开花，十月子熟，去壳取米，暴干碾末，蒸熟榨取油"⑪。兴义县，"邑中市场贸易……出口货仅盘江一带产有少数之糖、麻、土磁等，惟桐、菜油出口较多，但系集

① 广西省政府统计处：《广西年鉴》第 3 回，民国丛书续编辑委员会：《民国丛书续编》第 1 编，上海：上海书店出版社，2012 年，第 575 页。

② 广西省政府统计处：《广西年鉴》第 3 回，民国丛书续编辑委员会：《民国丛书续编》第 1 编，上海：上海书店出版社，2012 年，第 577 页。

③ 民国《田西县志》第 5 编《经济·产业·货物》，台北：成文出版社，1975 年，第 177 页。

④ 民国《田西县志》第 5 编《经济·产业·货物》，台北：成文出版社，1975 年，第 148 页。

⑤ 民国《融县志》第 4 编《经济·物产》，台北：成文出版社，1975 年，第 272 页。

⑥ 民国《融县志》第 4 编《经济·林产》，台北：成文出版社，1975 年，第 272 页。

⑦ 民国《迁江县志》第 4 编《经济·物产略》，台北：成文出版社，1967 年，第 165 页。

⑧ 民国《贺县志》卷 4《经济部·商业》，台北：成文出版社，1967 年，第 244 页。

⑨ 民国《昭平县志》卷 6《物产部·制造物》，民国二十三年（1934 年）铅印本，第 51 页。

⑩ 民国《都匀县志稿》卷 6《地理志》，民国十四年（1925 年）铅印本，第 19 页。

⑪ 民国《独山县志》卷 12《物产》，1965 年油印本，第 8 页。

散地，邻县油亦多在此销售"①。

总之，随着近代工业的发展，桐油的用途日益增多，市场需求增大，成为珠江中上游地区油桐种植的外在动力。

3. 八角的种植与推广

八角，历史上又称为八角茴香，属八角科八角属的一种植物。其果实常由8—9个蓇葖果组成，呈八角形，故名八角。八角可用于食物调味，也可供药用。此外，其果皮、种子、叶都含芳香油，是制造化妆品和食品的重要原料，因而具有较高的经济价值。

八角树的生长对水热气候条件与土壤条件有特别的要求，要求年平均气温在 19—23℃，冬暖夏凉，土层深厚，排水良好，肥沃湿润，偏酸性的沙质土壤才能生长良好，属典型的亚热带植物。因此，在珠江中上游地区主要分布在云南东南部与广西西南部地区。在广西，八角的种植有上千年的历史。据宋人范成大《桂海虞衡志》记载："八角茴香，北人得之以荐酒，少许咀嚼，甚芳香。出左右江州洞中。"②宋人周去非《岭外代答》也载："八角茴香，出左、右江蛮峒中，质类翘尖，角八出，不类茴香，而气味酷似，但辛烈，只可合汤，不宜入药。中州士夫以为荐酒，咀嚼少许，甚是芳香。"③不过，早期广西左右江一带出产的八角茴香，可能以野生为主，少量处于零星种植状态。在明代史籍中，内地出现了较多的八角茴香的使用记载，但在珠江中上游地区却鲜有八角茴香的记载。直到清代，地方史籍中才逐渐将八角列为"物产"之中。

八角种植范围扩大这一过程，与珠江中上游地区商业发展使八角成为重要交易商品密切相关。其时地方史籍记载较多的是桂西左右江流域地区的太平府、镇安府一带。雍正《太平府志》载："八角茴香，《本草纲目》云广西左右江峒中有之，形色与中国茴香迥别，但气味同尔。"④至清光绪年间，镇安府地区种植的八角，已开始向外贩运，甚至出口国外，史称："八角茴香出左

---

① 民国《兴义县志》第 7 章"经济"，1966 年油印本，第 17 页。

② （宋）范成大撰，严沛校注：《桂海虞衡志校注·志果》，南宁：广西人民出版社，1986 年，第 83 页。

③ （宋）周去非著，杨泉武校注：《岭外代答校注》卷 8《花木门·八角茴香》，北京：中华书局，1999 年，第 302 页。

④ 雍正《太平府志》卷 26《物产》，清雍正四年（1726 年）刻本，第 4 页。

右江蛮峒中……谨案八角茴香产于恩阳、百色等处，天保间已栽植，近来榨油出洋者，获利甚厚，惜未广种尔。"①又言："八角茴香、草果诸药，各遂其利，不困乏。"②

国内外市场对八角的需求增长，是八角种植范围扩大的驱动力。至清代中叶时，八角向西传至云南文山、富宁等地。今云南文山壮族苗族自治州八角种植主要分布在富宁、广南等地。其中以富宁种植八角的历史最为悠久，可追溯至清代康乾年间。据当地学者调查，富宁最早种植八角的高楼村，为清康熙年间。由自广东灵山县移居的韦氏家族从广西百色泮水、大楞、务后等村，采集八角种，种植于村后山之上。至咸丰年间时，韦氏宗族种植的八角有上千亩，每年驮运八角至剥隘售卖，生活日渐富裕。富宁民村栽培八角始于清雍正年间，为该村黄氏始祖接受清廷招安，从广西泮水招徕几户人家，这些人家带来八角种植，产生了较高的经济效益，于是逐年扩大种植面积。富宁县洞波瑶寨八角的种植，则始于清道光十一年（1831 年）。其时，来自广西十万大山地区的移民，从附近的高楼村引种八角后，世代种植，坚持不懈，逐年发展。清咸丰年间时，扩大到其他壮、瑶村寨③。之后，八角又从富宁洞波、谷拉一带引种至广南、马关④。民国年间，富宁种植的八角，主要通过剥隘这个水运商埠，销往沿海及香港等地。不过，因于交通不便，病虫防治不力，富宁一带八角种植发展并不快，每年产量仅在 15 万公斤而已⑤。

八角在珠江中上游地区的种植范围也进一步扩大。百色厅，八角的种植数量不少，所产八角由粤商贩运至广东销售。"八角，出阳里二三四都及万里二都之温石、两图，生植蕃盛，粤东商贩运之。八角油分市泰西诸国，其值颇昂"⑥。那坡县，八角的种植数量不少，通过八角提取的茴油，是当地出口的

① 光绪《镇安府志》卷 12《舆地志·物产》，台北：成文出版社，1967 年，第 256 页。

② 光绪《镇安府志》卷 8《舆地志·风俗》，台北：成文出版社，1967 年，第 166 页。

③ 黄开祥：《富宁八角源流及其发展》，中国人民政治协商会议文山壮族苗族自治州委员会文史资料委员会：《文山州文史资料》第 11 辑，内部资料，1998 年，第 77 页。

④ 赵敏、康美玲、谢进花：《文山三宝——三七、八角、八宝米》，昆明：云南教育出版社，2018 年，第 54 页。

⑤ 黄开祥：《富宁八角源流及其发展》，中国人民政治协商会议文山壮族苗族自治州委员会文史资料委员会：《文山州文史资料》第 11 辑，内部资料，1998 年，第 78 页。

⑥ 光绪《百色厅志》卷 3《舆地·物产》，台北：成文出版社，1967 年，第 47 页。

大宗物品①。凌云县，民国时八角已成为当地较为重要的经济林木，"八角属于八角茴香科，百合属于百合科"②。邕宁县，当地种植的八角，称八角茴香，"落叶乔木，干高数丈，树皮黑绿色……果为八角形，树之全体，均含香质，果叶与嫩枝，均可制油，为吾省出口之特产，其值甚昂，且挥发性极大，可供化学工业之原料。此树自植山后，越三年可采叶，迨七年已结果。诚森林中获利最厚之植物也。现县内林场，多有植者"③。据民国时期学者陈正祥研究，其时八角的种植，"仅我国广西之西南部及西部有所出产，八角树虽也有野生，但大多仍属人工栽培，且亦有较大规模之经营。广西八角的栽培，当以天保、靖西、龙茗、敬德、百色、龙州、凭祥等左右江流域为最盛"④。

由于八角树富含经济价值较高的茴油，国际市场需求量大，故清末民国年间，广西中、东部地区也开始引种八角。上林县种植八角始于清末。1906 年左江总兵黄忠立从龙州县引种八角到崇春村，并带动周边民众种植。由于经济效益高，八角种植遂迅速在大明山地区蔓延开来⑤。昭平县开始引种八角及生产八角油始于民国年间。当地县志载："八角形扁，八瓣，大如指，气芳香，茴香之类为药笼中物，食科宜之。昭平向来无此，民国五年，王羌里、黄彦龂自镇安采种子于独田山栽植成林，越三年，督工甄油销售香港各埠，经获美利，古袍、五将各山庄，亦经仿种，未有成效，盖地有肥硗，人事不齐也。黄彦龂著有《八角栽植全书》一卷，果能研究得法，广为流传，当大有兴旺，亦地方多一利源。"⑥另根据一些民族学者调查，民国时期金秀大瑶山地区也开始种植八角，并在当地经济生活中占有重要地位。八角主要在罗香、金秀、长垌、忠良、六巷、大樟等乡镇种植。民国二年（1913 年），李子端、李子其、李乔云等人由外地引进县内种植⑦。藤县古龙镇种植八角始于 20 世纪初，其时古龙人周凤祺从马来西亚带回八角种子种植。此后，八角种植在古龙镇逐

---

① 广西那坡县志编纂委员会：《那坡县志》，南宁：广西人民出版社，2002 年，第 1 页。

② 民国《凌云县志》第 5 篇《经济·产业》，台北：成文出版社，1974 年，第 233 页。

③ 民国《邕宁县志》卷 19《食货志六·物产中·木之属》，台北：成文出版社，1975 年，第 825 页。

④ 陈正祥：《广西地理》，北京：中正书局，1946 年，第 83 页。

⑤ 本书编委会：《中国地理标志产品集萃：调味品》，北京：中国质检出版社，2016 年，第 195 页。

⑥ 民国《昭平县志》卷 6《物产部·制造物》，民国二十三年（1934 年）铅印本，第 52 页。

⑦ 广西地方志编纂委员会办公室：《广西名优品牌志》，南宁：广西人民出版社，2005 年，第 348 页。

步推广，古龙镇也成为广西八角种植规模最大、最集中的区域①。

伴随种植范围的扩大，八角及茴油的出口数量也在不断提升。1933 年，广西出口到南洋的茴油有 399 吨。八角的出口量在 1934 年达 1840 吨②。1937 年广西输入的八角成果在 2 万市担以上，茴油则全部用于出口。1937—1940 年广西部分县市茴油的产量见表 7-3。

表 7-3　1937—1940 年广西部分县市茴油生产情况一览表（单位：市担）

县市名	1937 年	1938 年	1939 年	1940 年
藤县	5	5	5	5
桂平	512	526		
郁林	1847	2000		
武宣	10	12		
那马			4	3
思乐	32	37	61	53
凭祥	27	12	500	100
龙津	13	52	45	49
雷平	9	9	20	20
养利	1	1		
龙茗	1450	1500	1055	1277
向都	7	6		
天保	892	785	724	1067
靖西	1100	1000	965	933
镇边	130	126	98	98
敬德	309	350	502	532
田阳	4	4		
百色	200	140	150	90
凌云	10	10	8	8
田西	10	13	12	12

资料来源：广西省政府统计处：《广西年鉴》第 3 回，民国丛书续编编辑委员会：《民国丛书续编》第 1 编，上海：上海书店出版社，2012 年，第 583 页

4. 杉、松的种植

杉树、松树是民间用途最广，也是最重要的经济林木。杉、松多用于房屋

---

① 刘光琳：《藤县：传统八角产业的"突围"》，《农家之友》2019 年第 12 期。

② 覃尚文、陈国清主编：《壮族科学技术史》，南宁：广西科学技术出版社，2003 年，第 59 页。

建造、家具制作等方面。杉木由于具有纹理顺直、耐腐防虫的特征，还在桥梁、造船、工艺制品等方面广泛得到使用。杉树皮还可用于防雨，古代民间还常以之覆屋当瓦。松木虽易遭虫蚁，不耐腐，但松子可食用，具有重要的营养价值，松脂则可用于药及化工领域，松木板材则是重要的家居用材。杉、松都具有生长期短（十年左右即可成材）、经济价值高等许多优点。正因如此，杉、松成为民间重要的建材林木，是我国南方最重要的特产用材树种之一。

明清以后，在珠江中上游的很多山区，杉、松都是重要的人工种植树种。杉木，古代又称为沙木。早在宋代时，广西民族地区就开始种植售卖杉木。宋人周去非《岭外代答》载："沙木与杉同类，尤高大，叶尖成丛，穗小，与杉异。瑶峒中尤多。劈作大板，背负以出，与省民博易。舟下广东，得息倍称。"[1]清人吴其浚《植物名实图考》认为，沙乃土语，系俚语转音，故沙木实际上就是杉木。作为常绿针叶乔木，松木在我国有马尾松、罗汉松、红松、雪松、云南松等多个品种。珠江中上游地区种植的，多为马尾松、云南松等。明代以前，珠江中上游地区居民即有种植杉、松并加以利用的传统。据《岭外代答》载，容州"多大松"[2]。又言浔州（治今桂平市）"罗丛岩在浔州西南六十里。……有超然亭。亭之左右，则用石板为路，连亘一二里，四围皆植松竹"[3]。至明代时，珠江中上游不少地区都以杉、松作为地方主要出产。史载贵州康佐长官司（今贵州紫云县一带），盛产"紫杉木"，安顺州一带，盛产"杉木"[4]。金筑安抚司（治今广顺）有翠松山，"其上松木森然"[5]。广西平乐府，"凤凰山在城东北，山多产松"[6]。另嘉靖《广西通志》卷 21《食货志·物产》一目中已将松、杉收入，可见松、杉已成为当时广西各地较为常见

① （宋）周去非著，杨武泉校注：《岭外代答校注》卷 8《花木门·沙木》，北京：中华书局，1999 年，第 290—291 页。

② （宋）周去非著，杨武泉校注：《岭外代答校注》卷 6《器用门·墨》，北京：中华书局，1999 年，第 202 页。

③ （宋）周去非著，杨武泉校注：《岭外代答校注》卷 1《地理门·罗丛岩》，北京：中华书局，1999 年，第 21 页。

④ （明）沈庠删正，（明）赵瓒编集，张光祥点校：《贵州图经新志》卷 9《安顺州·土产》，贵阳：贵州人民出版社，2015 年，第 180 页。

⑤ （明）沈庠删正，（明）赵瓒编集，张光祥点校：《贵州图经新志》卷 8《程蕃府长官司·金筑安抚司长官司·山川》，贵阳：贵州人民出版社，2015 年，第 142 页。

⑥ 嘉靖《广西通志》卷 14《山川志三》，北京图书馆古籍出版编辑组：《北京图书馆古籍珍本丛刊》第 41 册，北京：书目文献出版社，1998 年，第 204 页。

的人工种植林木。

　　不过，以经营谋利，或出于售卖换取生活、生产资料为目的，种植杉、松主要还是在清代之后。自明代中叶之后，商品经济不断发展，中央对这一区域的统治不断加强，水陆交通条件日渐改善，使珠江中上游地区经济生活日益融入国内外市场之中。商品市场的力量深刻影响到这一地区经济林木的种植，也深刻塑造了当地的自然环境。主要是清代康乾年间以来，随着平原地区人口不断增长，城镇不断发展，对山区松、杉等林木的需求大增，杉木、松木成为市场流动重要的商品，带动了山区杉、松林木的种植。珠江中上游的右江上游、柳江上游、桂江上游及桂中大瑶山区等地，都是杉、松经济林的重要种植地。

　　右江上游的云南广南府、广西西林一带，清代杉、松经济林木种植不少。雍正《云南通志》载："沙人……在富州者属于李氏、沈氏……地产老杉，生悬崖千丈间，伐之多无全材，坚逾蜀产。"[1]又言广南府民众"岁前伐松二株，径四五寸，长丈余，连枝叶栽诸门首，无论官廨，土民之家，皆然云摇钱树"[2]，松木也是当地较为重要的物产。广西西林县，康熙《西林县志》虽未明载当地杉、松的种植情况，但可从其风俗中能够反映。所谓："西林本土人，其居散处山林，架木为屋，中作两层，爨寝在上，畜牧在下，遇水则种植于山巅，而引以灌溉，终年一收。"[3]一般而言，南方民族地区干栏建筑所用木料以杉木为主。因此，当地应种植有一定数量的杉木作为建材林。

　　柳江上游地区，包括黔南都柳江流域所在的都匀府南部、黎平府南部，以及广西柳州府北部、庆远府北部的苗岭山地以及北部今三江、龙胜与湖南交接山岭地带，这些地区在清代是重要的杉木种植区域。对此，史籍多有记载。据乾隆《独山州志》载，松、杉其时已是当地重要物产[4]。都匀府"土产以……著名，树宜杉、楠、桐、梓"[5]。包括今丛江县境在内的黎平府广大地区，种植杉木已成生活日常，且有相当成熟的种植经验，史载："山多戴土，树宜

　　① 雍正《云南通志》卷 24《土司》，《景印文渊阁四库全书·史部》第 570 册，台北：商务印书馆，1986 年，第 241 页。

　　② 嘉庆《广南府志》卷 2《风俗》，清道光五年（1825 年）刻本，第 22 页。

　　③ 康熙《西林县志·风俗》，清康熙五十七年（1718 年）刻本，第 15 页。

　　④ 乾隆《独山州志》卷 5《物产》，成都：巴蜀书社，2006 年，第 164 页。

　　⑤ （清）爱必达撰，杜文铎等点校：《黔南识略》卷 8《都匀府》，贵阳：贵州人民出版社，1992 年，第 88 页。

杉。土人云，种杉之地必豫种麦及包谷一二年，以松土性，欲其易植也。杉阅十五六年始有子，择其枝叶向上者撷其子，乃为良；裂口坠地者，弃之。择木以慎其选也。春至则先粪土，覆以乱草，既干而后焚之，然后撒子于土，面护以杉枝，厚其气以御其芽也。秧初出谓之杉秧，既出而后复移之，分行列界，相距以尺，沃之以土膏，欲其茂也。稍壮，见有拳曲者则去之，补以他栽，欲其亭亭而上达也。树三五年即成林，二十年便供斧柯矣。"①虽然杉树种植主要区域在清水江流域，但在都柳江流域的丛江一带苗族居民，以及今三江一带侗族居民，据调查，自清以来一直保留传统的种杉传统。三江侗族地区，生女儿后，要种杉以为日后女儿嫁妆。思恩（今环江）、荔波一带，也是杉木的重要产区，"杉木出思恩、荔波。案，《月山丛谈》二县西北界与贵州烂土、黎平接壤，有美杉生"②。

桂江上游地区的越城岭、海洋山等地，也是松、杉种植的重要地区。义宁（今龙胜南部与临桂北部一带），产杉，史称："杉，义宁出者佳。"③道光时，松、杉是义宁等地一带重要的物产④。此外，在富川、昭平等地，乾嘉之际所修县志中，都已将杉、松列为当地物产，说明杉树、松树的种植都已较为普遍。

桂中的大瑶山地区，原为大片尚未开发的天然林区，自明代中叶后，随着瑶族的持续迁入，成为瑶族重要聚居区，四周边缘地带则与壮、汉族等居民交错杂居在一起。至清中叶，当地瑶民在大瑶山区开始种植松木、杉木等经济林木。史称："大瑶山在县正南十余里黄峒山后，丛山叠箐，宽袤六七十里，险峻难行。修水自此发源，内有六噶、六定、三片、六假等瑶，皆自耕自食，不轻出瑶界，种香草，植松、杉以为业。"⑤桂平县"杉……桂平紫荆山多有

---

① （清）爱必达撰，杜文铎等点校：《黔南识略》卷 21《黎平府》，贵阳：贵州人民出版社，1992年，第 177 页。

② 雍正《广西通志》卷31《物产·庆远府》，《景印文渊阁四库全书·史部》第565册，台北：商务印书馆，1986 年，第 784 页。

③ 雍正《广西通志》卷31《物产·桂林府》，《景印文渊阁四库全书·史部》第565册，台北：商务印书馆，1986 年，第 765 页。

④ 道光《义宁县志》卷2《物产》，台北：成文出版社，1975 年，第 40 页。

⑤ 雍正《广西通志》卷14《山川·修仁县》，《景印文渊阁四库全书·史部》第565册，台北：商务印书馆，1986 年，第 349 页。

之，名荆杉。其余植松诸山，亦有兼植者，如罗秀中下都各里所出不少"①。

珠江中上游地区杉、松的广泛种植还反映在地名文化上。明清以来，滇东、黔南与广西各地均出现了一些以杉、松命名的地名。下面以明清以来地方史籍记载略作粗略统计（表 7-4、表 7-5）。

表 7-4　明清以来珠江中上游部分地区"杉"地名简况表

地区	地名	资料出处
桂林府	杉木塘	（明）曹学佺：《广西名胜志》卷 1《桂林府》
崇善（今崇左市）	杉谷	《广西名胜志》卷 8《南宁府》
兴安	杉木堰	雍正《广西通志》卷 21《沟洫》
富川	杉木、杉木寨	乾隆《富川县志》卷 1《舆地·里长村落》
恭城	杉木寨	光绪《恭城县志》卷 1《厢里》
贺县	杉木	光绪《贺县志》卷 1《地理志·厢里》
钟山	杉木寨	民国《钟山县志》卷 1《地理志·乡村》
平乐	杉木冲	民国《平乐县志》卷 1《旧厢里》
贵县	杉山村	民国《贵县志》卷 1《区乡镇》
平南	杉山脚、杉木埇	道光《平南县志》卷 4《舆地·图里》
容县	杉木村	光绪《容县志》卷 1《村庄》
永宁州（今永福县百寿乡）	杉木	光绪《永宁州志》卷 3《村落》
三江	杉木	民国《三江县志》卷 3《行政区划沿革》
古州（今榕江县）	杉木坳	光绪《古州厅志》卷 1《山川》

表 7-5　明清以来珠江中上游部分地区"松"地名简况表

地区	地名	资料出处
阳朔	大松偃	雍正《广西通志》卷 3《禨祥》
贺县	四松岭、里松乡、松柏、松木、里松墟、松江	雍正《广西通志》卷 14《山川·平乐府》；光绪《贺县志》卷 1《地理志·山川》；光绪《贺县志》卷 1《地理志·厢里》
荔浦	松柏岩	雍正《广西通志》卷 14《山川·平乐府》；雍正《广西通志》卷 43《寺观》
修仁	松明山、松山庵	雍正《广西通志》卷 14《山川·平乐府》
怀集	松柏山	雍正《广西通志》卷 14《山川·平乐府》
来宾	居松山	雍正《广西通志》卷 16《山川·柳州府》
容县	松岭隘	雍正《广西通志》卷 18《关梁·梧州府》

---

① 民国《桂平县志》卷 19《纪地·物产下·植物·木之属》，台北：成文出版社，1968 年，第 532—533 页。

续表

地区	地名	资料出处
上林	万松桥、松柏村	雍正《广西通志》卷19《关梁思恩府》；嘉庆《上林志稿》卷3《政纪·村庄》
天河（今罗城县境）	松峒	道光《庆远府志》卷3《村里》
榴江县（今鹿寨中渡）	松岭	民国《榴江县志》卷1《山》
岑溪	云松山、云松村	乾隆《岑溪县志》卷1《地舆志·山》；乾隆《岑溪县志》卷1《地舆志·厢乡》
藤县	松芬顶、松山岭、独松岭	同治《藤县志》卷4《舆地志·山川》
贵县	松山岭、松柏村、松村、水松村	民国《贵县志》卷1《区乡镇》
富川	松木寨	乾隆《富川县志》卷1《舆地·里长村落》
信都（今贺州市信都镇）	松冈寨、高松寨、松柏村、松柏寨	民国《信都县志》卷2《厢里》
钟山	松木寨、松木脚、松柏寨、上松岩、下松岩、松林塘、松木仔	民国《钟山县志》卷1《地理志·乡村》
昭平	松雾山、松岭	民国《昭平县志》卷2《舆地部·山》；民国《昭平县志》卷2《舆地部·要隘》
荔浦	松柏岩	康熙《荔浦县志》卷1《山川》
平乐	松山脚、松山	民国《平乐县志》卷1《旧厢里》；民国《平乐县志》卷1《山脉》
澂江府	松岭、万松山、杉松哨	道光《澂江府志》卷5《山川》；道光《澂江府志》卷6《关哨》
广南府	松木岭水	道光《广南府志》卷2《山川》
陆凉州	松林哨	道光《陆凉州志》卷1《村寨》
邱北县	万松山、松毛地	民国《邱北县志》卷2《地理部·山川》；民国《邱北县志》卷3《建置部·村庄表》
定番州	松岐山、翠松山、翁松岭、松明岭	乾隆《贵州通志》卷5《地理·山川》
普安	松岩寺	乾隆《贵州通志》卷10《营建·坛庙》
南笼府	杨松、杨松驿	乾隆《贵州通志》卷6《地理·关梁》
普安直隶厅	森松坳	光绪《普安直隶厅志》卷3《地理·山水》

除此之外，检索地图即可发现，珠江中上游地区还有不少以杉、松命名的小地名，如融水苗族自治县境内有杉木山、杉木沟、杉木；融安县境内有杉木、杉木坳；三江侗族自治县境内有杉木寨；凤山县境内有杉木山；凌云县境内有杉木林；灵川县境内有中杉木岭、杉才坪；兴安县境内有杉村；龙胜各族自治县境内有丛杉、蜡杉岭、杉银冲；永福县境内有杉山；平乐县境内有杉木桥、杉木冲口；惠水县境内有杉沟、杉关；荔波县境内有共杉峰；罗甸县境内

有杉湾；罗平县境内有杉松坡脚等。至于以松命名的小地名，珠江中上游各地也有不少。

地名无疑是人类活动的印记，而且地名自产生也有相当的稳定性。杉、松地名的分布状况，从一个侧面反映了明清以来珠江中上游地区杉、松经济林的种植与发展。

杉、松经济林的种植发展，一方面固然是当地人们生活需求增加的结果；另一方面也是商品经济发展影响下的结果。清代中叶以来，国内市场对杉、松木材的需求，是珠江中上游地区杉、松经济林种植的外在动力。当时，随着两湖平原、珠江三角洲等平原地区人口不断增长，农业垦殖发展，林地日渐减少，家居建材需要上游山区供给。杉木、松木成为商品，由于其体积、重量的关系，其流动需要便捷的交通，尤其是水上交通，河流成为木材贸易的商道。

明清以来，为加强珠江中上游民族地区的统治，政府先后派人修筑道路、疏浚河道，为当地原木的外运提供了便捷条件。史载明洪武年间，黎平府古州（今榕江）少数民族曾掀起反抗朝廷的斗争，为镇压反抗，明廷命杨文统兵征剿，"自沅州伐木开道二百余里，抵天柱，与贵州都指挥陈暹兵会"[①]。清代自雍正改土归流之后，贵州地方官府多次疏浚都柳江河道，使其通航能力不断提升。先是雍正时云贵总督鄂尔泰组织清军疏浚了都柳江上游自独山州之三脚屯（今三都）至三洞，下至古州这一段河道。史载："雍正间，鄂文端以都江三水自都匀达粤之柳庆，沿江洞苗多未附，道弗不治，调粤兵平之。乃檄文武勘视，上自独山州之三脚屯至三洞，下自古州诸葛洞至溶洞，疏浅滩，伐恶木，铲怪石，唐蒙古道闭塞累代，一旦开辟遂成康衢。陆行可舆，水行可舟，两省文符迅疾如驶。于是粤盐得行于黔，设总埠于古州，而分子埠于黎平诸郡县……古州遂为一都会云。"[②]乾隆年间，贵州巡抚张广泗再次组织人力继续疏浚都柳江河道，"查自都匀府起……由独山州属之三脚屯达来牛、古州，抵粤西属之怀远县，直达粤东，乃天地自然之利。请在各处修治河道，凿开纤

---

① （清）段汝霖撰，伍新福校点：《楚南苗志》卷3《苗人总叙下》，长沙：岳麓出版社，2008年，第113页。

② （清）吴振棫撰，杨汉辉校点：《黔语》卷上《三通都江之利》，罗书勤等点校：《黔书·续黔书·黔记·黔语》卷上《开通都江之利》，贵阳：贵州人民出版社，1992年，第333页。

路，以资辁运而济商民"①。史料又载下江厅（今从江）"左拥永从，右挹古州，地虽偏小，而古州江界乎其中，处黔粤之要冲，由古州顺流而下百里而近，由粤界沂流而上百里而遥，两省客民逗遛甚便"②。可见，经过持续疏浚后的都柳江上游抵达广西三江一带的水路，已成为重要的水上交通、商贸通道，商旅往来频繁，今榕江县成为黔东南地区重要商埠。史载："溶、都二水两岸皆山，惟车江自乐乡以下至厅城，凡三十里之遥，迤逦潆洄，平原通坦，榕树参天，榕城所由名也。民食粤盐，自乾隆五年题准以古州为总埠，丙妹、永从、三脚屯为子埠，每年额引五千九百二十六道。"③水上交通的发展，也为黔南、黔东南地区的木材贸易兴盛提供了重要的运输条件。

都匀府、黎平府以及柳州府、庆远府北部山区，气候温暖湿润，土地肥沃，植被十分茂密，明清以来一直是杉木种植的重要基地，木材交易十分活跃。"按黎平物产种类甚繁……环山皆木也，伐之篝之浮牂牁江，达于粤，十倍息。厅之北，斩阴木出清水江，筏于楚，亦十倍息。闽、粤、楚、扬之民，辐辏于古者，十之七"④。古州是木材商人较为集中之地。此地生产的杉木一部分沿清水江顺流东运，销往湖南、湖北地区；一部分沿都柳江顺流南下，销往广西、广东。史称："黎郡产木极多，若檀梓樟楠之类，仅以供本境之用，惟杉木则遍行湖广及三江等省，远商来此购买。在数十年前，每岁可卖二三百万金，今虽盗伐者多，亦可卖百余万。此皆产自境内，若境外则为杉条，不及郡内所产之长大也，黎平之大利在此。"⑤又言："黔诸郡之富最黎平，实唯杉之利。"⑥直至民国年间，木材贸易都是榕江、从江两县财政收入的主要来源。民国时所编之《从江县志概况》称："全县所赖以资救济者，惟恃两粤

---

① 《清实录·高宗纯皇帝实录》卷74 "乾隆三年八月辛卯"条，北京：中华书局，1985年，第185页。

② （清）罗绕典撰，杜文铎等点校：《黔南职方纪略》卷6《黎平府》，贵阳：贵州人民出版社，1992年，第324页。

③ （清）爱必达撰，杜文铎等点校：《黔南识略》卷22《古州同知》，贵阳：贵州人民出版社，1992年，第184页。

④ 光绪《黎平府志》卷3下《食货志·物产》，清光绪十八年（1892年）刻本，第134页。

⑤ 光绪《黎平府志》卷3下《食货志·物产》，清光绪十八年（1892年）刻本，第129页。

⑥ （清）吴振棫撰，杨汉辉校点：《黔语》卷下《黎平木》，罗书勤等点校：《黔书·续黔书·黔记·黔语》，贵阳：贵州人民出版社，1992年，第386页。

外来之木商耳，木植稍有停滞，则金融即为枯窘矣。"①

桂北的大苗山、九万大山、天平山、八十里大南山一带山区，也是杉木、松木种植的重要区域，出产的木材也多沿江南运，销往广西、广东等地。这当中，柳州因地处桂中平原，拥木材水运之便，成为清代木材转运的中心。其时许多外省木商常深入黎平府的古州、丙妹（今从江县境）、永从（今黎平永从乡）、三脚屯等地采购木材，之后将购集到的木材沿都柳江浮流而下，至柳州后，再分销至各地。清末柳州知府杨道霖在《上农工商部代呈股商集资试办华兴木植公司公禀并调查苗山木植情形禀》中言："查柳州土货出口以杉木为大宗，从贵州古州大镇沿江顺流而下，至柳会集，扎排径运广东各府销售。……道霖春间派人深入贵州苗山，调查杉植情形。山中魁材大木委积极多，皆以岭高涧曲难于运出。苗民多种木耳，率将大木砍倒。春夏积雨蒸变发出菌形，收干即木耳。每株所出多者值银两许，少者不过钱数百文。两年木便腐坏。至于山户贫穷，多将未成之材轻行斩伐，速售贸利。"②民国时张先辰在《广西经济地理》中称：

> 广西杉木栽培以沿北部及东部边境山地为最盛。……故广西杉木之产区，可以其所由运输出口之河流别之，其中最重要之地域，为融江、背江、恭城河及贺江各流域。融江杉木多产于融江上游桂黔毗邻之榕江及大年河两岸，尤以大年河之出产为最丰，产地以属于黔境者较多，然以其杉木须经广西出口，故普通亦称广西之产品。此区杉木产量既丰，木质又佳，杉围亦大，故用途最广，出口最多，约占桂省杉木出口量百分之五十上下。③

外部市场对木材强劲的需求，木材贸易的兴盛，对珠江中上游地区人工经济林的种植，起到了十分重要的推动作用。黔东南都柳江流域一带居民，清以来一直都有种植杉木的传统，并拥有十分丰富的培植经验。至民国年间，木材贸易还成为广西一些山区县域财政收入的主要来源，因而各地对于发展林业，

① 吕小梅：《清代都柳江下游地区的移民与社会变迁》，滕兰花，胡小安主编：《清代广西民间信仰、族群与区域社会研究》，北京：民族出版社，2017年，第257页。
② 柳州市地方志编纂委员会：《柳州市志》卷7，南宁：广西人民出版社，2003年，第680页。
③ 张先辰：《广西经济地理》，桂林：文化供应社，1941年，第84页。

建立林场，种植杉、松经济林均十分重视。民国年间，罗城县建有县属之东、西两个公有林场，也有村属林地，每年添植松苗，"现在东、西两林场，林木葱葱，翠色满眼。至于凤山区各村……亦有公同植松柏于村旁，岭地面积宽窄不等，各村各管禁止偷伐放火，亦系属村有之林木"①。私有林以杉木居多，"县属森林颇富，林木之有价值者则为杉木，产于黄金龙岸及三防各处。杉木林地占全县面积百分之一五，年产量有数十万株，皆属私有。其业主殆千百计，不可枚举。培植保护之法极简单，凡于每山伐木清楚后，即另栽杉木苗，每年刈除杂草一次，并将旁枝斩去，使干木一直上升，及禁止牛马践蹈，野火焚烧，三五年后，木已长成，则草亦无须刈矣"②。售卖杉木成为当地居民收入主要来源，"出口货有杉木、香信、茶叶、米、谷、豆、麦、桐、茶油以及药材等类。其中惟以杉木为大宗，年约五六万元。其余为香信、茶叶、米、谷、麦、豆、油等类，每种不过数百元或千余元而已"③。融县成立了专门的垦殖公司，经营杉、松木材，"仙人岭为南区东方之屏蔽，上产松、杉。附近村落皆在山下垦植茶桐。……元宝山由西北下行之小支脉，安业垦植公司以此为根据地，多植松、杉、茶、桐"④。"乐游山属中区，距县城西北约百里，高约三四里，周约十余里，山势高崇，多产杂树、杉木。……大群山……其上产杉木、竹树，森茂参天"⑤。宜北县（今环江毛南族自治县东北），"县属位于本省之极边，商业冷落。……属出产，城厢、中和两乡，以黄豆为大宗。治安、崇兴两县（按：疑为乡），以香菌、桐油、茶油、五倍子、蜜糖、茶叶、杉木为大宗。驯乐乡、道安两乡以铁矿、铁锅、铁块、杉木、白米为大宗"⑥。凌云县"各乡多私有林，以松、杉、茶油、茴油、桐等为大宗，如蒙村岑姓之杉林"⑦。信都县，地方官府要求"各姓宗祠山业多者，集赀种植松、柯等木"⑧。

① 民国《罗城县志·经济·林业·公有林》，台北：成文出版社，1975年，第199页。
② 民国《罗城县志·经济·林业·私有林》，台北：成文出版社，1975年，第200页。
③ 民国《罗城县志·经济·商业·当地贸易状况》，台北：成文出版社，1975年，第208页。
④ 民国《融县志》第1编《地理·山脉》，台北：成文出版社，1975年，第45—46页。
⑤ 民国《融县志》第1编《地理·山脉》，台北：成文出版社，1975年，第43—44页。
⑥ 民国《宜北县志》第4编《经济》，台北：成文出版社，1967年，第116页。
⑦ 民国《凌云县志》第5篇《经济·产业》，台北：成文出版社，1974年，第231页。
⑧ 民国《信都县志》卷2《社会·职业团体》，台北：成文出版社，1967年，第226页。

第三节　市场作用下珠江中上游山地的环境变动

一、山区原始植被不断减少

明清以来，随着商业的发展，珠江中上游山区水陆交通条件不断得到改善，人们的生活空间与生产空间不断扩大。外地移民不断进入，毁林开荒，从事各种农耕垦殖活动，导致山区原始植被不断减少。

地处黔南的荔波一带，崇山峻岭，道路崎岖，为苗、侗、水、瑶、壮等多民族杂居之地，清乾隆之前还保留着较为原始的生态环境，分布有大片的原始森林。自乾隆后，逐渐有汉人以及外地苗人迁入其中，从事开荒垦殖，成为山区植被变迁的重要变量。史称："荔波县属……万山丛杂，久为生苗巢穴，外人无与往来，乾隆五十年后，始有汉人入山伐木者。嘉庆中黔楚军兴，有镇筸、铜仁红苗窜入其中，诡为生苗佃种地土。"①这些进入珠江中上游山区的移民，除了伐木垦荒之外，也通过伐木种植小麦等杂粮，以及棉花、甘蔗、香菇、木耳等土产，出售以营生。人们生产空间的扩大，导致原始植被的分布不断缩小。人类居民点附近的原始植被，最先变为田地，至于深山密林，也有了人类生产活动的足迹。一些移民进入其中，砍伐林木，种植香菇、木耳等出售，以换取必要的生活物资，这也是原始植被减少的重要因素。清时黎平府古州，原先有大片的原始植被，但至嘉庆年间，外地人口的迁入，伐林开荒耕种，导致植被大幅减少。"山头地角，高下田丘，方圆大小阔狭，形势悉依地而成，不能以丈量计亩。……境内有可开垦水田者，一丘一壑，纤悉无余，无水之地种植荞麦、大麦、燕麦、包谷等"②。至于黔西南的兴义府与广西交接的南盘江流域地区，清乾隆年间随着大量的移民到来，开田种地，种植玉米等杂粮，以及市场需求较多的棉花、甘蔗以求利，原始植被早已为农作物所取代，史称："其田土则近城之东坝、长坝、泥溪坝三处，平畴无际，绿稼如云。黔省苦无水利，此则上引龙潭，下达巴皓河，蓄泄以时，旱涝无忧，黔

---

① （清）爱必达撰，杜文铎等点校：《黔南识略》卷 22《下江通判》，贵阳：贵州人民出版社，1992 年，第 186 页。

② （清）林溥：《古州杂记》，清嘉庆年间刻本，第 8 页。

省水田之多无过于此者。至若包谷杂粮，则山头地角无处无之。其附近粤西之三江一带，地气炎热，汉苗多种棉花，而蔗浆亦收美利。"①至民国年间时，当地居民为扩大农业生产，不断砍伐林木，破坏森林植被，造成严重的水土流失。"邑中森林迭奉中央及省令，严饬保护，而放火烧山，任意砍伐者，所在皆是。每岁政府虽令饬植树，遇期敷衍，事过辄忘，致成活数目实属有限，年来地方迭遭兵燹，水旱频仍，洪水冲激沃壤，化为瘠土，良田由森林砍伐殆尽"②。都柳江流域的榕江山区，至嘉庆年间时，原始植被已遭到一定程度的破坏。

二、原生林逐渐向人工经济林演替

珠江中上游山地，原属交通闭塞，商品经济落后之地。随着改土归流的完成，交通道路条件的改善，商人与商业资本开始渗入山地居民的生产、生活之中，促使这一区域不断与外部市场融入。种植外部市场所需，又能产生较高经济价值的甘蔗、油茶、油桐、八角、杉、松等，成为山地居民摆脱贫困生活的重要途径。在这样的情况下，原生林向人工经济林演替的速率明显加快。

黔南、黔东南所在的都柳江流域，清以前属未充分开发的区域，保有大片原始植被。"滇黔人谓竹木蒙翳处为'箐'。以箐为名者所在多有，然未有大于牛皮箐者。地在今丹江厅治之东南，而南亘古州、八寨、都江，迤逦盖数百余里。狠谷遭回，复岭盘郁，树古铁色，不知其年。落叶数尺，俯履无地；雾雨冰雪，四时不春；豸牙宓厉，虺毒喷喝，自辛亥以来，未尝有车辙马迹涉其境者。雍正间，经略张公分兵入箐搜捕伏戎，后遂稍稍开通"③。其后外来移民不断进入，从事农耕垦殖，导致山区植被日渐减少。史载：

> 牛皮箐绵亘新疆之中，于丹江为南境，于古州为北境，清江、台拱抱于左，八寨、都江倚于右，经略疏中云："其峭壁悬岩高出云表，深林密树雾雨不开，泥泞没膝，蛇虺交行。不特人迹罕到，即本地苗蛮亦只知附近

---

① （清）爱必达撰，杜文铎等点校：《黔南识略》卷 27《兴义县》，贵阳：贵州人民出版社，1992 年，第 225 页。

② 民国《兴义县志》第 7 章"经济"，1966 年油印本，第 22 页。

③ （清）吴振棫撰，杨汉辉校点：《黔语》卷上《牛皮箐》，罗书勤等点校：《黔书·续黔书·黔记·黔语》，贵阳：贵州人民出版社，1992 年，第 339 页。

大概。"斯言不谬。今封禁已久，文武官犹复按季会哨。其中相距，地究不满百里。非民苗之不敢擅入也，实缘箐内非石即木，无土可耕，且阴寒之气，逼人甚厉，所以历年于兹，弃与毒蛇猛兽耳。其余各寨之山，荒土辽阔，贫民挖种住居既久，日渐增多，或三二里一户，或十里八里三户五户。苗寨中住居汉户典买苗产者，不见其多，而种山客民则日益月盛。且山系公山，土无专主，离寨近者，尚须向寨头承租，离寨远者，不肖客户欺侮愚苗，每多占种，此丹江情形也。①

导致都柳江流域植被发生根本变化的，主要还是清代以来外界市场对杉木的旺盛需求，为追逐利益，许多外地商人（被称为木客）纷纷携带资本深入此地采购杉木外运，都柳江流域形成了杉木交易的"木市"，极大地激发了当地民众种植杉木的热情。人们有意识地选育、培植杉木、马尾松等，人工经济林种植范围不断扩大，在航运便捷的河谷地区最先实现了原始植被向人工林的演替。"杉木、茶林到处皆有，于是客民之贸易者、手艺者，邻省邻府接踵而来，此客民所以多也"②。又言："黎平物产种类甚繁……环山皆木也，伐之篼之浮牂牁江，达于粤，十倍息。……种桐、茶榨油，种包谷、薯芋，为伐山者之食，产药材识者，掘之山……至今山童童，室寥寥。"③河流两岸山地原始植被，因人类的生产活动已完全消失。市场交易的发展，使人工经济林种植范围不断扩大。宜北县"木之类，杉木、茶油木、桐树、枫树……以上所列之木，除杉、桐、茶等木用人力种植外，其余均系自然生长。县地天然林颇多，满山满野，森林苍翠，不知其名者，可称杂树，邑人砍树造成香菌，获利甚大"④。同时，商人通过逐利购买林地，也使林区产权发生复杂的变更。民国时张先辰曾对贵州榕江与广西融县一带进行深入的社会调查，称："融江流域一带，本为苗族聚居之区……以'种山'为业，除杂粮之外，所栽培者即为杉、油桐、油茶等经济林木……榕江、背江等杉木产区之山地与林木，过去本

① （清）罗绕典撰，杜文铎等点校：《黔南职方纪略》卷5《都匀府·丹江厅》，贵阳：贵州人民出版社，1992年，第314页。

② （清）罗绕典撰，杜文铎等点校：《黔南职方纪略》卷6《黎平府》，贵阳：贵州人民出版社，1992年，第322页。

③ 光绪《黎平府志》卷3下《食货志·物产》，清光绪十八年（1892年）刻本，第134页。

④ 民国《宜北县志》第4编《经济》，台北：成文出版社，1967年，第109页。

为苗族所有，其后因杉木销路甚广，价格颇高，经营斯业，利益优厚，故一般外来'客人'多迁居杉区附近，收购林地，于是杉木山地之所有权，乃逐渐转移于'客人'手中。"①至民国中期，广西桂江上游的大溶江、恭城河、贺江沿岸，都是杉木种植的重要地区，木材交易活跃十分活跃，外地木客将采伐的杉木通过桂江南运，经梧州而售卖至广东江门等处。显然，这些山地在此前已完成由原生植被向人工经济林的演替。

三、森林遭到过度砍伐，影响水土

人类的生产方式与生产活动是环境变动的重要影响因素。就生产方式而言，对山区环境影响最大的，主要还是山区居民粗放的刀耕火种方式。通过砍伐林木，焚山开荒种地，以获得生存所需食物。这种生产方式效率低下，对山区植被的破坏也较大。长期焚山而耕，最直接的后果就是山林植被减少，水源枯竭，进而影响农田灌溉。贺江流域所在的信都县，一方面当地居民注意种植经济价值较高的杉、松等经济林；另一方面他们又维持较为原始的焚山而耕生产方式。清末光绪年间，地方官绅董大培曾饬令植松，"因人民放火烧山，故未成林。近年省府禁止烧山，禁令甚严"②。然而效果有限，至民国年间，当地山林植被多遭破坏，"境内山多田少，然山皆出泉，惟焚山不禁，遂至山枯而泽竭，故田多旱"③。

森林遭到过度砍伐破坏的，除了粗放的生产方式外，对市场利润的过度追求也是重要因素。下游平原地区城镇不断发展，建材、薪火需求等不断增大，因而市场对木材的需求十分旺盛，出售木材、贩卖木材有利可图。在丰厚市场利润的诱使下，地方民众对杉、松等林木资源的商业砍伐无度，种植速度赶不上砍伐速度，致使林木资源锐减，此外，市场的厚利还导致民间盗伐现象严重，也极大地影响到人工经济林的发展。常年种植杉木的黔南黎平府地区，因为商业砍伐过度，造成植被的大量减少，影响水土，当地百姓虽通过出售木材暂时得利，但仍不免陷于困顿。史称："黎郡旧多杉，排山塞谷，价值巨万，居人命之曰积金满山。及其伐之也，修皮涤节，黄明耀目，居人命之曰黄金

① 张先辰：《广西经济地理》，桂林：文化供应社，1941年，第84页。

② 民国《信都县志》卷2《社会·职业团体》，台北：成文出版社，1967年，第226页。

③ 民国《信都县志》卷2《风俗》，台北：成文出版社，1967年，第152—153页。

晒……近年来肆意砍伐，杉几尽，其有砍伐所不到者，则立而剥其皮，名曰脱壳。"①这一现象，直到民国年间都还存在。据民国时人调查，"至三江县之榕江、大年河、平卯、拱峒一带，本亦杉木之大宗出产地，惟斫伐殆尽，无人续种，故近年以来出产甚少"②。松木因存在易招蚁蛀蚀的缺点，其使用范围不及杉木，然可作为薪炭用材，通过出售松炭亦可获得相当的经济利益，故也成为影响种植、产生盗伐现象的重要因素。例如，桂平县，"松，境内诸山多产之……小者为薪，但松性招蚁，故以供薪炭者为多。自轮舰既通，松价腾贵，贫民日刊一二株挑入城市，高者银五六角，少亦三毫以上。近年乡中小户贫民生计经营比诸中产之家反似容易，松亦为之也。官吏无法保护，种者多被火烧，及乎长成，又多遭盗砍，种者心灰可惜耳"③。

---

① 光绪《黎平府志》卷3下《食货志·物产》，清光绪十八年（1892年）刻本，第81页。

② 广西统计局：《广西年鉴》第1回，民国丛书续编编辑委员会：《民国丛书续编》第1编，上海：上海书店出版社，2012年，第285页。

③ 民国《桂平县志》卷19《纪地·物产下·植物·木之属》，台北：成文出版社，1968年，第532页。

第八章　珠江中上游山地人类活动与环境效应的规律

明清以来珠江中上游山地环境经历了一个明显的演化过程。在环境演化过程中，当地居民无疑扮演了重要角色。他们的生产行为、生活方式与环境有密切的效应关系。对于由此产生的环境效应问题，我们不应站在自然的角度对人类行为进行批判，而应借鉴相关理论，客观分析当地的人类活动与行为选择，才能正确理解多民族分布的山区人地关系演变的规律，并认识其特殊性。

第一节　"了解之同情"及"他者"理论与人类活动的山地特征

一、"了解之同情"

"了解之同情"之说源自我国著名史学家陈寅恪的《冯友兰中国哲学史上册审查报告》一文。文中称：

> 凡著中国古代哲学史者，其对于古人之学说，应具了解之同情，方可下笔。……其所处之环境，所受之背景，非完全明了，则其学说不易评论，而古代哲学家去今数千年，其时代之真相，极难推知。……所谓真了解者，必神游冥想，与立说之古人，处于同一境界，而对于其持论所以不得不如

是之苦心孤诣，表一种之同情，始能批评其学说之是非得失，而无隔阂肤廓之论。否则数千年前之陈言旧说，与今日之情势迥殊，何一不可以可笑可怪目之乎？但此种同情之态度，最易流于穿凿附会之恶习。①

"了解之同情"的思想核心，就是主张研究者充分了解古人所处生活环境与社会背景，然后再对其思想与行为进行客观公正的评价，而不是站在研究者所处的位置去臆读史料，评价古代的人和事。作为一种治史的思想与方法，陈寅恪又将"了解之同情"推论及于文艺批评领域，在学术界产生了较大影响。"了解之同情"提出后，得到诸多后世学者的推崇，并逐渐运用于不同领域的学术研究当中。

在历史地理学研究领域，较早运用"了解之同情"思想方法的，当属张建明、鲁西奇等学者。张建明、鲁西奇主编的《历史时期长江中游地区人类活动与环境变迁专题研究》一书中，明确提出："欲评判历史时期某一区域人地关系状况，必须对当时当地人所处的环境、所感知的环境，'具了解之同情'，设想与所研究之古人处于同一环境中，始能对古人的人地关系观念产生设身处地的同情心。"②在研究人地关系的演进方面，固然需要从今天科学的角度去思考古人的行为与方式所产生的后果，但更重要的是，要"站在古人的立场上，以古人的眼光——他的知识水平、生存需要、文化态度等——来看待古人所处的地理环境，以'了解之同情'的态度去体察古人对环境的感知，设身处地地去理解他们的行为环境以及这种行为环境对古人行为的影响"③。其后鲁西奇在《长江中游的人地关系与地域社会》一书中再次指出："以'了解之同情'的态度考察历史时期人地关系的演变，我们会更清楚地认识到人地关系的丰富内涵与多样性。"④在人与环境的关系问题上，景爱也持类似的观点。他从人类活动的影响度去思考环境的变迁问题，认为："自然环境的变化，既有

①　陈寅恪：《冯友兰中国哲学史上册审查报告》，《陈寅恪文集之三·金明馆丛稿二编》，上海：上海古籍出版社，1980 年，第 247 页。

②　张建明，鲁西奇主编：《历史时期长江中游地区人类活动与环境变迁专题研究》，武汉：武汉大学出版社，2011 年，第 8 页。

③　张建明，鲁西奇主编：《历史时期长江中游地区人类活动与环境变迁专题研究》，武汉：武汉大学出版社，2011 年，第 13 页。

④　鲁西奇：《长江中游的人地关系与地域社会》，厦门：厦门大学出版社，2016 年，第 35 页。

自然本身的原因，又有人类的影响。自然变化的本身原因，不是环境史研究的重点，环境史研究的重点是人类对环境变化的影响：人类活动在哪些方面影响了自然环境？这种影响的幅度有多大？如果能确定人类开发利用自然、但又不破坏自然的'度'（即临界值），便可以保护自然了。人们常常有一种误识，认为开发、利用即破坏。其实并非如此，对树木的合理采伐（间伐），有利于树木的更新；然而，把树木全部砍光，就会出现水土流失。"①应该说，以上学术见解对于研究区域人地关系演化具有重要的思想启迪意义。

二、"他者"理论

"他者"（the other）理论，源自西方后殖民理论话语。因为在后殖民的理论体系中，西方人往往将欧洲视为"本土"，视自己为主体，称为"自我""我者"，而将殖民地的人民称为"殖民地的他者"或"他者"。其背后反映的是"自我中心"的意识形态。这一方面的思想家有斯图亚特·霍尔等人②。由于"他者"理论在发展、传播过程中，增加了较为丰富的文化内涵，受到学者的推崇，被应用于文学评论、景观学、人类学等研究领域中。实际上，不论是"我者"也好，"他者"也罢，只是观察研究问题的角度或者角色不同，本身并不应该有身份地位高低等方面的差异。"我者"不应该高高在上，而应在充分尊重、了解"他者"的立场上开展研究，才会得出公允的结论。

对于珠江中上游地区的居民而言，他们当然是这一地区的主人。他们长期生活在云贵高原向两广丘陵的过渡地带，在如何适应自然与利用自然方面，积累了极为丰富的经验，有一套较为成熟的与自然相处的模式，然而对于历代统治者而言，这些居民无疑是"他者"。历代统治者及文人基于农耕文明的优越感，总会不自觉地以内地社会生产发展、风俗文化作为评判标准，去评价这些"他者"的行为与生活方式，并得出某些带有明显偏见，甚至毫无依据的结论。例如，明人称贵州南部地区少数民族居民为"贵南诸夷"，认为他们"天性负悍好杀"③。一些史籍又载："黔偏处西南，穷山深箐，所在无非苗蛮，

---

① 景爱：《环境史：定义、内容与方法》，《史学月刊》2004 年第 3 期，第 6 页。
② 邹威华，伏珊：《斯图亚特·霍尔与"他者"理论》，《当代文坛》2014 年第 2 期，第 62—66 页。
③ （明）罗日褧著，余思黎点校：《咸宾录》卷 8《南夷志·贵南诸夷》，北京：中华书局，2000 年，第 210 页。

其种类各殊……莫悍于仲家，莫恶于生苗。"①记载广西地区的少数民族时，也多是如此，如称："僮者，撞也。粤之顽民，性喜攻击撞突，故曰僮。"②对于少数民族的生产与生活活动，汉籍史料的记载中，总给人一些"俗陋""落后"的深刻印象。例如，载忻城县的瑶人，"俗贫而陋"③。平乐瑶"散处林麓，贮粟岩窦。男女服饰与桂林僮同。夜宿，衾短不蔽足，不酣寝，恐人之谋己也。性耐饥，日淡盐数颗，草木皆可食"④。很显然，这些史籍所记载的"他者"形象，无论是性悍也好，俗陋也罢，都是基于自身的文化优越感的一种有意识的贬低，不一定是事实的真实反映。要深入了解珠江中上游山地居民的活动与环境的互动关系，肯定要站在"他者"的角度去观察、分析，才能得出中肯公允的结论。

三、人类活动的山地特征

地理环境深刻影响到人类活动与行为方式，珠江中上游地区多高山峡谷的地形，使得当地居民的生产活动与生活方式，呈现出明显的山地特征。对于这些特征，需要站在对"他者"了解并同情的基础上，去深入体会、认识。

首先，从这一地区人类的生产活动而言，耕山是最主要也是最重要的生产形态。由于山地条件的限制，坡度平缓，适于开垦成田的土地不多，向山要地成为当地居民扩张生产范围的主要形态。在人口分布较少的山区，刀耕火种成为主要的生产方式。例如，史载桂北怀远（今三江侗族自治县）瑶，"种山而食，去来无常"⑤。龙胜厅的瑶人，以耕山为生，"伐木耕山，土薄则去，故又名过山瑶"⑥。武宣一带被称为"山子"的瑶族居民，"无版籍转徙无定，

①（清）田雯编，罗书勤点校：《黔书》卷上《苗蛮种类部落》，贵阳：贵州人民出版社，1992年，第16页。

②（清）谢启昆修，胡虔纂：《（嘉庆）广西通志》卷278《诸蛮一·僮》，南宁：广西人民出版社，1988年，第6884页。

③（清）谢启昆修，胡虔纂：《（嘉庆）广西通志》卷278《诸蛮一·瑶》，南宁：广西人民出版社，1988年，第6876页。

④（清）谢启昆修，胡虔纂：《（嘉庆）广西通志》卷278《诸蛮一·瑶》，南宁：广西人民出版社，1988年，第6878页。

⑤（清）谢启昆修，胡虔纂：《（嘉庆）广西通志》卷278《诸蛮一·瑶》，南宁：广西人民出版社，1988年，第6876页。

⑥ 道光《龙胜厅志·风俗》，台北：成文出版社，1967年，第95页。

穴居野处，编茅以庇风雨，男女鬃黑徒跣，斫山种畲，或治陶瓠田，不粪不火，耕耘一二年，视地力尽辄徙去，去则火之炙地使饶，叠石为记，一二年乃复来，谓之打寮"①。由于耕山农作物产量较低，难以完全满足生活所需，因而山区居民在耕山的同时，往往又伴随一些有目的的猎捕活动，以作为生产活动的补充。史载清代云南广西直隶州一带被称为"拇鸡"（壮族一支）的居民，"性劲，男子蓬首，女衣绣长不过腹，耕山好猎"②。怀集县一带，瑶族"刊木为业，畲禾为生……居无定处，斫山种畲，猎野兽以助食"③。

其次，从生产用具与生活用品的制作看，当地各族居民主要通过就地取材，选取山区生长的木、竹等，制作成弓箭、犁、盆、碗、杯等生产工具或生活用具，以适应山区生活需要。明代时，广西横州一带的"山子夷人"（今瑶族），就习惯于"斫山种畲，旋木盆、锅，射兽而食之"④。象州的瑶人"州之各乡多其种类，男女徒跣截竹筒而炊，待雨而耕"⑤。清代云南广西直隶州被称为"沙人"（壮族的一支）的少数民族，"多艺能于悬岩千丈间，伐老杉，量材成器，又能作沙釜、竹匙以易粟"⑥。民国年间，怀集瑶人"治木货以供日食"⑦，贵县居民"循猫头山路至武宣通挽墟，杉、竹蓊郁，居民以制农具、木器贩销武宣境"⑧。

最后，从居民的一些习俗看，为了适应山区的自然环境，产生了一些具有山地特色的生活习俗，如跣足、随身佩刀、短衣等。珠江中上游地区少数民族居民不少都有跣足、佩刀传统，这是汉籍史料记载中很早就描绘出的形象，并一直沿袭到明清。宋时范成大《桂海虞衡志·志蛮》载："（瑶人）静江之兴安、义宁、古县，融州之融水、怀远县界，皆有之。生深山重溪中，椎髻跣

---

① 嘉庆《武宣县志》卷16《杂录》，清嘉庆十三年（1808年）刻本，第4页。

② （清）佚名：《夷人图说·广西直隶州》，清嘉庆年间刻本，第6页。

③ 民国《怀集县志》卷10《杂事志·瑶僮》，台北：成文出版社，1975年，第725—727页。

④ 嘉靖《南宁府志》卷11《杂志·蛮夷》，中国科学院图书馆选编：《稀见中国地方志汇刊》第48册，北京：中国书店，1992年，第188页。

⑤ 乾隆《象州志》卷4《诸蛮》，清乾隆二十九年（1764年）刻本，第14页。

⑥ （清）佚名：《夷人图说·广西直隶州》，清嘉庆年间刻本，第6页。

⑦ 民国《怀集县志》卷10《杂事志·瑶僮》，台北：成文出版社，1975年，第725页。

⑧ 民国《贵县志》卷1《地理·墟市》，台北：成文出版社，1967年，第181—182页。

足，不供征役。"[1]明时，贵州的"仲家"（今布依族）"男女皆着青布短衣，科头、跣足，好佩刀弩"[2]。清代广西西林一带的"土人"，"性情慓悍，男持镖佩刀，女戴笠跣足"[3]；横州一带"山谷半僮瑶，缠头跣足，负贩为生"[4]。清时云南阿迷州的"沙人"，"刀枪器械寝处不离，慓劲好斗"，"朴喇"（彝族的一支）则"蓬首跣足……常衣麻披羊皮"[5]。罗平州一带的"倮儸"（今彝族）男子"披毡佩刀，妇人蒙头青布……跣足"[6]。跣足、佩刀之习，并非史籍描述的落后、野蛮好斗的象征，而是缘于适应山地生活环境的需要。珠江中上游地区，地处亚热带，气候炎热，高温多雨，山区植被茂密，毒蛇、猛兽较多。当地居民跣足，既便于山区攀爬，也便于田地劳作。至于佩带刀具，主要还是出于防范毒蛇、野兽侵害的需要。尤其随着居民生产空间由平坝、山谷地带不断向原始林区扩展，人类活动区与野生动物栖息地不断重叠，人兽相逢、人兽冲突的概率不断增大，这从明清以来不断增多的"虎患"现象，可以得到相当程度的反映。因而出行随身佩带弓箭、刀枪，以及近代以来的火铳等，并非史料记载所描述的犷悍好斗，更多的是山区生活环境中猎捕、防范野兽攻击的需要。

此外，考察明清以来史籍记载的珠江中上游地区少数民族居民，不难发现有这样的规律，即越是交通闭塞，道路崎岖山区的少数民族，越是"性悍"，而居住在河谷、平地的少数民族"性淳""畏法"。例如，云南广南府的"白土僚""黑沙人""白沙人"，"白土僚性狡诈，重农力穑。……黑沙人散处溪河，性情狡悍，素好仇杀……又一种性情暴戾，贪利，散居深山……白沙人散居四乡，性情梗顽多疑"[7]。贵州普安州，"有僰人、罗罗、仲家，悍

① （宋）范成大撰，严沛校注：《桂海虞衡志校注·志蛮》，南宁：广西人民出版社，1986 年，第116 页。

② （明）沈庠删正，（明）赵瓒编集，张祥光点校：《贵州图经新志》卷 9《永宁州长官司·风俗》，贵州：贵州人民出版社，2015 年，第 168 页。

③ （清）谢启昆修，胡虔纂：《（嘉庆）广西通志》卷 87《舆地略八·风俗一·泗城府》，南宁：广西人民出版社，1988 年，第 2793 页。

④ （清）谢启昆修，胡虔纂：《（嘉庆）广西通志》卷 88《舆地略九·风俗二·南宁府》，南宁：广西人民出版社，1988 年，第 2809 页。

⑤ 康熙《阿迷州志》卷 11《沿革》，台北：成文出版社，1975 年，第 138 页。

⑥ 康熙《罗平州志》卷 2《风俗志》，清康熙五十七年（1718 年）刻本，第 42 页。

⑦ 道光《广南府志》卷 2《风俗·种人》，台北：成文出版社，1967 年，第 50 页。

戾倔强"①。黔东南榕江一带，"生苗尤为最悍，轻生嗜杀，睚眦之仇虽久必报"②。广西临桂"皆熟瑶……大良瑶，性淳谨，习汉文字"③；苍梧瑶"居止无常，伐木为业。性淳朴"④，隆安瑶"性愿谨，风俗与民无大异"⑤。"临桂僮……然近省地畏法"⑥，"兴安僮……而不事剽窃，蛮俗之醇，为九属最"⑦。这些形象上的差异，一方面是因为山区生产空间有限，获取生活资源较为困难，当地少数民族居民对于个人利益较为敏感。另一方面也是地形条件所限，山区少数民族居民与外界交通往来较少，外部对其缺乏了解的缘故。在平原地区以及靠近统治中心附近，少数民族与汉族交往较多，彼此有了更多的了解，同时地处平原地区，生产力得到更高的发展，生产资料与生活物资的获得也相对容易，故史料记载当地的少数民族所呈现出的形象就显得较为正面。

四、行为选择

在人与环境的关系演化过程中，在一定生产力水平下，人具有主动适应环境的一面。一些独特习俗的形成，就是珠江中上游山地人们主动适应环境的结果。同时，人在适应环境的过程中，还有行为选择的另一面。

行为选择，根据《社会科学大词典》的解释，是指人在目标取向后对达到目标的最佳活动方式的确定。社会成员或群体成员之间的价值意识、兴趣、需要及个性特质存在着差异，人们对不同的活动方式会有所偏好，对最佳活动方式的界定也会有所不同。同时，主客观条件往往给人提供了活动方式的多种可能性，而人必须对此加以取舍。因此行为选择便成了目标导向行为的必不可少

---

① 嘉靖《普安州志》卷1《舆地志·风俗》，明嘉靖二十八年（1549年）刻本，第21页。

② 光绪《古州厅志》卷1《地理志·苗种》，清光绪十四年（1888年）刻本，第19页。

③ （清）谢启昆修，胡虔纂：《（嘉庆）广西通志》卷278《诸蛮一·瑶》，南宁：广西人民出版社，1988年，第6874页。

④ （清）谢启昆修，胡虔纂：《（嘉庆）广西通志》卷278《诸蛮一·瑶》，南宁：广西人民出版社，1988年，第6879页。

⑤ （清）谢启昆修，胡虔纂：《（嘉庆）广西通志》卷278《诸蛮一·瑶》，南宁：广西人民出版社，1988年，第6880页。

⑥ （清）谢启昆修，胡虔纂：《（嘉庆）广西通志》卷278《诸蛮一·僮》，南宁：广西人民出版社，1988年，第6884页。

⑦ （清）谢启昆修，胡虔纂：《（嘉庆）广西通志》卷278《诸蛮一·僮》，南宁：广西人民出版社，1988年，第6884页。

的前奏。行为选择是目标取向行为和目标导向行为的中介[1]。珠江中上游地区人类的活动，就具有明显的行为选择特征。

　　从种植行为而言。珠江中上游山区岩溶广布，土薄石厚，地下水埋藏深，地表缝隙多，易旱易漏。山高水冷，早晚温差大，光照时间较平原地区短。这样的地理环境对山区居民的种植选择有深刻的影响。水稻种植以耐旱的畲稻为主，以及耐阴耐冷的糯谷居多，芋、薯等杂粮在饮食结构中所占比例较大。例如，都柳江流域一带民族地区，在水稻的种植上，糯谷的种植在作物结构中占有较为重要的地位。贵州古州厅（今榕江）"稻之种有十，有黏有不黏，黏者为糯"[2]，当地"有侗家、水家、瑶家、黑苗、熟苗、生苗各种……食糯稻"[3]。都匀一带，种植的糯谷有多种，"秋稻，俗曰糯谷，亦不一种，早熟不甚黏者曰早糯，粒大而黏者曰瓜子糯，茎高而粒不易脱者曰折糯，茎低者曰冷水糯，熟之而芳香者曰香粳糯，茎叶及颗粒带紫色者曰紫糯，皆秋分后熟"[4]。广西三江地区，谷类有"糯米、粳米、黍……怀民饔飧，以糯米为上，粳米次之"[5]。在种植活动方面，当地民众充分利用地之所宜，合理安排种植活动。水田种稻，旱地种畲禾以及豆、芋等杂粮。古州厅"地多油沙，惟附郭三保与乐乡一带，地势宽平，蔬稻瓜果收获差早。其他高山穷谷，水冷风寒，较他处转迟，凡水田皆宜稻，冷水田独宜糯，干田宜胡豆，山地肥者宜诸豆，高山宜包谷，山地之新垦者宜小谷，俗作粟。冷泻地宜稗子，干松地宜薯、荞香麦、老麦、包谷、高粱，虽瘠地亦获微收，种不一，各以其土之宜以树之"[6]，"早粳，俗名百日黄，早获收歉，乏水田及计利者种之"，"晚粳，种不一……别种曰旱稻，即陆稻也……乏水田种之"[7]。在滇东、黔西南、桂西等地，旱稻的种植都极为普遍，尽管旱稻产量不高，但较适合缺水灌溉的旱地生长，成为当地少数民族水稻种植的重要选择。例如，云南师宗州"地瘠皆

[1]　彭克宏主编：《社会科学大词典》，北京：中国国际广播出版社，1989年，第291页。
[2]　光绪《古州厅志》卷4《食货志·农事》，清光绪十四年（1888年）刻本，第1页。
[3]　光绪《古州厅志》卷1《地理志·苗种》，清光绪十四年（1888年）刻本，第18页。
[4]　民国《都匀县志稿》卷6《地理志》，民国十四年（1925年）铅印本，第10页。
[5]　民国《三江县志》卷4《经济·产业·物产》，台北：成文出版社，1975年，第429页。
[6]　光绪《古州厅志》卷4《食货志·农事》，清光绪十四年（1888年）刻本，第1页。
[7]　民国《都匀县志稿》卷6《地理志》，民国十四年（1925年）铅印本，第10页。

高原……居民种荞为业……间种旱稻"①。贵州普安县"多干田，种旱稻，宜种烟草，宜种包谷、荞麦、高粱、靛皆宜"②。广西向武（今广西天等县西北）瑶，"稻田无几，种水芋、山薯以佐食"③。上思县"地土多间杂沙石，须用人力或犁或锄，方可播种芋头及旱稻……大半乏水灌溉"④。其余山区各地，对于杂粮的种植均十分重视，且多选择种植那些喜阴、对土壤要求不高的豆类、薯类作物。

从商业行为而言。珠江中上游地区沟谷幽深，道路崎岖，并不利于商业的发展，当地居民的商业意识不强，生产活动以自给自足为主。明清以来，随着中央统治的不断强化，山区水陆交通不断得到改善，与外界联系不断加强。尤其随着外省籍商人纷纷进入，从事土特产品的购销，贩卖各类生活必需品，使山区的生活日益融入外界市场经济发展当中。持久、频繁的交往，使山区居民的商业观念逐渐改变，开始主动尝试从事一些商业活动。在此过程中，一些居民甚至能主动根据市场变化适时调整生产内容，"利"成为山区居民组织生产活动的外在驱动力源泉。例如，清代富川瑶人"有四种，曰七都瑶、上九都瑶、一六都瑶、畸零瑶……种棉花、豆、苎，烧木炭以市利"⑤。嘉庆《平乐府志》亦载："瑶本盘瓠种类……多种棉花、豆、麦、苎麻及烧灰炭以市利，通县屋宇薪爨之资，取给而鬻焉。"⑥清时桂平县乡绅曾莫资修建桂平县至荔浦县的道路，其募资榜文称："兹路商货所经，而武、象、修、荔之牛、马、鸡、豚、麋鹿、狸、虎、蛤蚧、狗鱼山瑞珍禽之属，皮革、麻枲与夫首乌、黄精、桔梗、百合、天冬之药材，诸瑶山玉桂、苓香、香菇，东乡之米石，近而紫金、平隘、罗录诸山峒之蓝，至为大宗，木材、腊笋、生姜、磋沙、茶叶各项山货，又近而各乡之谷、粟、豆、麦麸、油、糖、蔗、果蓏、蔬菜，诸山产

① 康熙《师宗州志》卷上《物产纪略》，台北：成文出版社，1974 年，第 110 页。

② 民国《普安县志》卷 11《经业志·农业·农宜》，民国十五年（1926 年）刊印本，第 4 页。

③ （清）谢启昆修，胡虔纂：《（嘉庆）广西通志》卷 278《诸蛮一·瑶》，南宁：广西人民出版社，1988 年，第 6881 页。

④ 民国《上思县志》卷 3《食货志·田赋》，民国四年（1915 年）铅印本，第 26 页。

⑤ （清）谢启昆修，胡虔纂：《（嘉庆）广西通志》卷 278《诸蛮一·瑶》，南宁：广西人民出版社，1988 年，第 6878 页。

⑥ 嘉庆《平乐府志》卷 33《夷民部·瑶僮》，清光绪五年（1879 年）刻本，第 12 页。

凡负担来市者，必由此。"①由此可见，清代桂平县（今桂平市）山区许多土产已进入市场交易，其中不乏人工种植的物产，如香菇、茶叶等。市场价格的波动，肯定会影响到山区民众种植的积极性。还有的地方，在商品经济发展过程中，妇女积极投身到商品交易活动当中，并扮演了重要角色，如江州（今广西崇左市）瑶，"男力耕，女反逐末"②。这都是明清以来珠江中上游各地民众主动适应市场经济发展的行为选择。当然，对环境影响较大的，还是近代以来在国内外市场需求驱动下，由各地方政府引导，当地民众积极参与的杉、松木材的种植与交易，以及油桐、油茶、八角等经济林的种植。在促进地方经济发展，增加地方财政家庭个人收入的同时，也大大加快了山区原生植被的演替步伐。

从组织行为而言，珠江中上游地区山岭连绵，溪河密布，在很长的历史时期内，人烟稀少，植被茂密。可以说，在自然环境面前，人的个体力量十分渺小。在生产工具落后、生产效率较低的情况下，为提高战胜自然的能力，当地人们往往会自发地组织起来，进行有组织的分工与协调，以开展生产，合理分配水资源，保护林木等资源。珠江中上游地区各族民众十分重视组织分工、合作，发挥团体力量。这既表现在对外战斗的组织中，如明代史籍记载了两则事例，其一，"岑氏家法，七人为伍，每伍自相为命。四人专主击刺，三人专主割首，所获首级，七人共之。割首之人，虽有照护主击刺者之责，但能奋杀上前，不必武艺精绝者"③。其二，"云𪩘娘相思寨兵，能以少击众。部署之法：将千人者，得以军令临百人之将；将百人者，得以军令临十人之将。一人赴敌，则左右大呼夹击，一伍争救之。一人战没，左右不夹击者，即斩；一伍之众皆论罪及截耳。一伍赴敌，则左右伍呼而夹击，一队争救之。一伍战没，左右伍不夹击者，即斩；一队之众皆论罪及截耳"④。同时也体现在一些生产

① 民国《桂平县志》卷 49《纪文·重修新墟采村江马口石路募捐引黄榜书》，台北：成文出版社，1968 年，第 2235—2236 页。

② （清）谢启昆修，胡虔纂：《（嘉庆）广西通志》卷 278《诸蛮一·瑶》，南宁：广西人民出版社，1988 年，第 6880 页。

③ （明）魏濬：《峤南琐记》卷下，四库全书存目丛书编纂委员会：《四库全书存目丛书·子部》第 243 册，济南：齐鲁书社，1995 年，第 560 页。

④ （明）邝露著，蓝鸿恩考释：《赤雅考释》卷上《云𪩘君兵法》，南宁：广西民族出版社，1995 年，第 10 页。

活动的组织中，黔西南、桂北等广大民族地区民间都有自觉自愿性质的互帮互助传统习俗存在。民国时兴义县，人们有"出入相友，守望相助，疾病相扶持之互助精神"[1]。宜北县（今环江）民间社会也有一种"合耕"的互助传统，"家人合耕，正所谓自耕而食。如逢耕作紧急之时，则邀邻互助，不出工资，他日邻家工作紧急，则出力以偿其工，即交换工作式佃耕农"[2]。桂西一带少数民族居民，为保护农耕生产，防止野兽践踏吃食农作物，常于秋后组织狩猎活动。对于狩猎较为大型的虎、豹、熊等野兽，常常组织"围猎"活动，通过实行"见者有份"的分配机制，以调动集体力量，提高狩猎成功率[3]。当然，这样的组织行为，虽然从初衷看是保护农耕生产的顺利进行，但肯定对环境有一定的影响。在保护山林环境，调解生产纠纷等方面，往往需要村社、宗族等多方面的参与，才能达到目的，故而壮族社会有"都老"，瑶族社会有"瑶老"，侗族社会有"款"，苗族社会有"议榔"等不同形式的组织，功能不尽相同，但制定的民约中都有相同的保护山林、水资源等方面的内容。

第二节　明清以来珠江中上游山地环境效应的规律

一、环境效应的人口因素与市场因素

考察明清以来珠江中上游地区环境效应的过程不难发现，环境效应的驱动因素中有两个因素较为明显，一个是人口因素，另一个是市场因素。

从人口因素看，珠江中上游山地环境效应最直接的因素，就是移民活动，表现为外省籍人口持续不断地向本区域迁移，至清代中期，人口又持续向山区流动。明时史料称："广西岭徼荒服，大率一省狼人半之，瑶僮三之，居民二之。"[4]至清代康乾年间，随着汉族人口的持续迁入，广西人口构成发展了明显的变化，其时史料称："桂、柳、平、浔、梧五府，则僮人多于民人，甚或

---

① 民国《兴义县志》第 11 章"社会"，贵阳：贵州省图书馆，1966 年，第 35 页。
② 民国《宜北县志》第 2 编《社会·社会问题》，台北：成文出版社，1967 年，第 63 页。
③ 刘祥学：《明清以来壮族地区的狩猎活动与农耕环境的关系》，《中国社会经济史研究》2010 年第 3 期。
④ 《明实录·世宗实录》卷 312 "嘉靖二十五年六月丁亥"条，台北："中央研究院"历史语言研究所，1962 年，第 5844 页。

僮七民三。"①。嘉庆《广西通志》称："广西为南方边徼……元明以来，腹地数郡，四方寓居者多……然犹民四蛮六，习俗各殊，他郡则民居什一而已。……其改流府县，亦已民七蛮三。"②汉族人口所占比例，稳定增加。珠江上游地区的滇东、黔西南地区，人口增加以及汉族移民也有一个持续发展的过程。清代广西府，"编户殷繁，登版籍者，数倍于昔"③；广南地区"广南向止夷户，不过蛮、僚、沙、侬耳。今国家承平日久，直省生齿尤繁，楚、蜀、黔、粤之民，携挈妻孥，风餐露宿而来，视瘴乡如乐土，故稽烟户不止较当年倍"④。贵州兴义府，"诚以地方之田土有限，苗民之户口殷繁，既将苗地安插屯民，不得不仍令苗民耕种屯地……迨后历年久远，屯民日渐滋生，族党亲故，援引依附而来。……兴郡则又地居滇省冲途，右挹水西，左联粤壤，四通八达，江广川楚客民源源而至者，日盛月增。……比年以来，下游各郡以及川播贫民，偶值岁有不登，携老挈幼担负而来，或入滇，或入粤。由郡经过因而逗遛者，每岁冬春，日以数百计"⑤。

　　人口的增加以及外来移民的进入，使明清以来珠江中上游地区人地关系逐渐发生变化。丘陵平原地带，人地关系率先趋于紧张。明代，魏浚曾描述郁江流域桂平至贵县一带的情况，称："浔州西行过横、永道上，竟日无人居。抵州县次方止。日中小憩，野馆萧条，丛莽荒荆，勾衣胃帻，狨豹昼啼"⑥，尚属地广人稀，垦殖不充分之地。至清代乾隆、道光年间，沿江两岸地区，大多已得到完全开垦。浔州府桂平至平南县一带，道光时"环山左右，村烟相接，鸡犬皆宁，绝壑穷山，化为乐土"⑦。梧州府苍梧、岑溪等地，乾隆年间已是"田野日辟，无复旷土"⑧的景象，但在上游山地，人地关系的变化则主要发

　　① （清）李绂：《穆堂别稿》卷 21《广西二兵记上》，《清代诗文集汇编》编纂委员会：《清代诗文集汇编》第 233 册，上海：上海古籍出版社，2010 年，第 177 页。

　　② （清）谢启昆修，胡虔纂：《（嘉庆）广西通志》卷 87《舆地略八·风俗一》，南宁：广西人民出版社，1988 年，第 2771 页。

　　③ 乾隆《广西府志》卷 9《户口》，台北：成文出版社，1975 年，第 125 页。

　　④ 道光《广南府志》卷 2《民户》，台北：成文出版社，1967 年，第 54 页。

　　⑤ （清）罗绕典撰，杜文铎等点校：《黔南职方纪略》卷 2《兴义府》，贵阳：贵州人民出版社，1992 年，第 288—289 页。

　　⑥ （明）魏浚：《峤南琐记》卷上，四库全书存目丛书编纂委员会：《四库全书存目丛书·子部》第 243 册，济南：齐鲁书社，1995 年，第 550 页。

　　⑦ 道光《浔州府志》卷首《舆图·平南县图》，清道光六年（1826 年）刻本，第 7 页。

　　⑧ 民国《岑溪县志》卷 2《田赋志·蠲恤》，台北：成文出版社，1967 年，第 84 页。

生在清代中叶以后。黔西南地区，清嘉庆年间之前，还"终觉人稀土旷"①，但随后不久，随着移民的不断进入，"户口日盈……新垦之田土有限，滋生之丁口渐增，纵有弃产之家，不待外来客民存心觊觎，已为同类中之捷足者先登"②。人地关系显然已十分紧张。

随着移民的不断进入，人口的不断增长，进入山区从事垦殖的汉族人口不断增多，珠江中上游地区人地关系紧张的压力，从平原丘陵地带逐渐向山区传导。为满足生活所需，自清以来，不少美洲作物，如玉米、番薯、马铃薯、南瓜、花生等被引进到山区种植。人类的这些垦殖活动成为引起山区环境效应的首要因素。

从市场因素看，近代以来，随着土司割据、社会封闭的状态得以打破，国内市场与国际市场日益接轨，外省商人及商业资本不断向山区渗透，市场力量从平原向山区传导，珠江中上游地区不断参与到市场的分工与资源的配置中，市场的价格波动成为推动山区植被演替的外在因素。

商品经济的发展，使珠江中上游地区与外界的经济交流日益发展，其中既有外地日用商品的输入，也有当地土产的输出。土产中有香菇、木耳、八角、果类、竹笋、薪炭、棉花、蚕丝、茶油、桐油、杉松板材等，市场的价格波动都会影响到当地人们的不同生产行为的选择，进而对环境变迁产生影响。例如，山区所产的木耳、香菇是市场交易的重要食材，种植售卖木耳、香菇是农户收入重要来源之一。广西庆远府地区，有很多圩场，就是交易木耳、香菇等山货的重要场所。南丹土州，"浦上场，州北二百里……逢子午日为赶期，山货出处。巴峨墟，州北二百一十里……逢卯酉日为赶期，棉花、布、山货聚处。……巴桃场，州北八十里者勤哨，逢寅申日为赶期，木耳山货聚处"③。永顺长官司（今广西都安瑶族自治县板岭乡永顺村）"喇浪墟，司北一百二十里，逢一、四、七日为赶期，木耳山货聚处"④。东兰土州、忻城土县等地，都有木耳等山货交易的专门墟市。市场的旺盛需求，很显然会刺激木耳等土货

---

① （清）罗绕典撰，杜文铎等点校：《黔南职方纪略》卷 2《兴义府》，贵阳：贵州人民出版社，1992年，第 288 页。

② （清）罗绕典撰，杜文铎等点校：《黔南职方纪略》卷 1《安顺府》，贵阳：贵州人民出版社，1992 年，第 282 页。

③ 道光《庆远府志》卷 8《食货志·墟市》，清道光九年（1829 年）刻本，第 37 页。

④ 道光《庆远府志》卷 8《食货志·墟市》，清道光九年（1829 年）刻本，第 39 页。

的生产，在此过程中，不可避免地造成一些原始植被的损毁。黎平府下江厅（今从江县）一带，香菇的种植就是通过砍伐深山中的楮树进行的，史称："香蕈，香菇也。香蕈即香菇，蔬中上品，产下江、永从，土人于深山中伐楮树卧地，俟木将腐，用香菇浸水洒之，越十数日，菌即出。其味芳美，比他省产者尤妙。"①古州"牛皮箐……深山密箐，遍山数围大木，不可亿计。……其中客民结夥入内，开垦掘不及地，而止惟砍伐大树，种植香菇往往有之"②。又如养蚕，也同样深受市场力量的影响，蚕丝的市场价格变化成为地方环境演替的重要影响因素。清末时，贵州安顺府为发展养蚕业，推广种植栎树、橡树等，史称："栎树，在黔之上游曰青枫，在下游曰麻栎。……新种之树，或三年，或五年，树成乃饲蚕……树高勿过一丈，过高则难剪移与摘茧，树近十年则已老，即伐之可为薪炭"③；又载："种橡育蚕，事虽因而功实同于创也。……龙图、贯洞各寨，多橡树，只供薪炭，甚惜之。"④当蚕丝价格较好时，养蚕则颇利于民，栎树、橡树的种植促进了局部地区人工经济林的更替过程。当生丝行情不佳时，养蚕无利可图，则会导致蚕户砍伐桑树，使经济林地发生明显变更。光绪年间，广西巡抚马丕瑶倡导养蚕，"迄今数十年，本省育蚕事业，已由平南而达藤县、苍梧、恭城、左县等十余县之广，每年蚕产不下数十万元，于农民经济上，裨补匪鲜。比年以来，科学发达，外邦人造丝业，突飞猛进，价格低廉，年中以大量输入，本省天然丝之销场，乃大受打击，最近浔江一带蚕户，纷将桑树砍伐，改桑田为稻田"⑤。主要依赖出口国际市场的桐油、茴香油等，其树种的种植莫不如此。可以说，市场以其特有的方式对珠江中上游地区的环境产生了持久的影响。

二、珠江中上游地区环境效应的规律

在人地关系发展过程中，人类活动不可避免地对环境系统产生影响，进而引发环境诸要素物质，如物理、化学和生物作用等多方面的综合反应。例如，

---

① 光绪《黎平府志》卷3下《食货志·物产》，清光绪十八年（1892年）刻本，第64页。

② （清）林溥：《古州杂记》，清嘉庆年间刻本，第7页。

③ 咸丰《安顺府志》卷46《艺文志·蚕树》，清咸丰元年（1851年）刻本，第16页。

④ 咸丰《安顺府志》卷49《艺文志·橡茧图说》，清咸丰元年（1851年）刻本，第10页。

⑤ 广西统计局：《广西年鉴》第1回，民国丛书续编辑委员会：《民国丛书续编》第1编，上海：上海书店出版社，2012年，第268页。

矿产开采、冶炼，会有废水产生，废水排入江河、湖泊，改变水体原有的物理、化学和生物条件，进而影响到人类自身生活。山地砍伐、种植导致林地减少，水土流失，产生地表土壤效应，改变野生动物栖息的环境，进而影响到动物种群的分布，产生生物效应。可以说，人地关系演化过程，也同样是环境效应产生的过程。明清以来，在人类活动的持久影响下，珠江中上游地区也产生了多方面的环境效应。在环境效应的演变过程中有以下规律值得注意。

一是河流上下游区域间环境具有"联动"效应。珠江中上游地区由于地处云贵高原向两广丘陵的过渡地带，河网密布，河流呈"树状"分布。水系存在许多"节点"，两条河道，甚至三条河道在此交汇，最后汇集成西江干流，流往珠江三角洲地区。这样的地形结构与河网结构，使得水系的上下游之间，人地关系过程中的环境具有明显的"联动"效应。从水患而言，河道交汇之平原、谷地，受集雨范围大小的影响，要承受上游山区不同方向来水，故遭受水灾的频次较多。以清代为例，清康熙至乾隆年间水灾发生频次较高。在雨热同季的五月至七月之间，具有上下游关系的柳州与梧州相比，梧州发生水灾的次数明显要多于柳州。这是因为梧州汇集了西江上游所有河道来水，暴雨季节，无论哪个方向产生洪水，最终都会影响到梧州。在同一气候带上，河流上下游之间的水灾往往是先后发生的，带有明显的流域关联性。同样，珠江上游山区人类的生产与生活活动，产生的水土流失，以及河水污染等，最终也会影响到下游地区。例如，明清时期漓江河道上沙洲的发育，就是人类在漓江上游山区垦殖的结果。清代富川一带山林的砍伐，最终影响到贺县一带的农田灌溉。清代红水河名称的确定，亦是上游地区人类的农业垦殖与矿产开采，导致水土流失，河流泥沙含量增大的缘故。

二是平原、坝子与山地的"互动"效应。明清以来，珠江中上游地区人地关系演进的过程中，平原、坝子与山地之间形成了具有一定分工性质的经济互动关系。由于珠江中上游地区属典型的山多平原少之地，少量的平原、坝子地区聚集了较多的人口，成为附近人们开展交易的重要场所。例如，清代滇东地区的广西府，"崇山环列为屏，八甸潆溪为堑"①，境内拥有小块的平原坝子，是人口分布较为密集之地，弥勒、师宗等下辖州治，就设立在此。其中，

---

① 乾隆《广西府志》卷5《疆域》，台北：成文出版社，1975年，第90页。

师宗州"州郭虽分四乡，然村寨落落如星辰，汉居其一，倮居其二"①。这些平原坝子也是交通必经要道，故在明清时就成为滇东地区平原与山地之间生产物资与生活物资交换的重要场所。分布在周边山区的少数民族"颇通商贩，牵牛马载皮囊远近赴市"②。黔西南的兴义县治所在，也是一块小平原，"邑之山水形胜视他省为奇险，而较之黔省诸境，则善觉迤逦宽舒焉。其田土则近城之东坝、长坝、泥溪坝三处，平畴无际，绿稼如云"③。当地地处滇黔要冲，是四方客商往来的重要交易场所，"兴义一府为全省至要之地，而兴义一县尤为府属至要之处，故客民多辏集其地"④。"兴义府场市凡十有四，兴义县场市凡二十有八"⑤。这些场市吸引了周边山区的苗、布依等少数民族前来贸易。清人李其昌《普坪市》诗云："环山风静普坪开，四野苗人趁市来。俗尚不分男女积，货交无异米盐该。"⑥甚至云南罗平州等地的民众，"以花易布者源源而来"⑦。地处桂中平原地区的柳州府，早在明代就是商品交易的中心，附近的瑶壮等居民纷纷入城交易。清代至民国年间，柳江上游山区的杉木、松木、桐油等集散于此，运销各地，食盐等日用商品，则沿江而上，进入山区。这样，珠江中上游地区环境效应过程中，平原、坝子与山区之间不自觉地形成了经济分工、交流的关系。

三是山地人地关系中"客"的地位变化。明清以来，在珠江中上游山区的环境演化过程中，外地移民无疑是一大变量因素。考察珠江中上游各地人地关系的变化过程，移民都有一个由"客"到"主"的地位转换过程。"客"，即客籍，是相对原先定居于此的居民而言的。明清以来，随着内地人口的增长，周边各省汉族移民，纷纷迁入珠江中上游地区，在带来先进工具与耕作技术的

① 康熙《师宗州志》卷上《州郭村寨》，台北：成文出版社，1974 年，第 63 页。

② （明）陈文修，李春龙、刘景毛校注：《景泰云南图经志书校注》卷 3《广西府》，昆明：云南民族出版社，2002 年，第 181 页。

③ （清）爱必达撰，杜文铎等点校：《黔南识略》卷 27《兴义县》，贵阳：贵州人民出版社，1992 年，第 225 页。

④ （清）罗绕典撰，杜文铎等点校：《黔南职方纪略》卷 2《兴义府》，贵阳：贵州人民出版社，1992 年，第 290 页。

⑤ 咸丰《兴义府志》卷10《地理志·场市》，民国三年（1914年）铅排本，第 1 页。

⑥ 咸丰《兴义府志》卷10《地理志·场市》，民国三年（1914年）铅排本，第 2 页。

⑦ （清）罗绕典撰，杜文铎等点校：《黔南职方纪略》卷 2《兴义府》，贵阳：贵州人民出版社，1992 年，第 290 页。

同时，也引起了土地占有关系的变化。一些汉族移民通过典买土地的形式，由"客"的地位开始向"主"的身份演化。黔西南地区兴义府属地区，"昔日顽苗恃险负隅之处，山高箐深，瘴疠尤甚，实夷脓要隘也。今则分为上、中、下三江，苗户日渐凋零。田土悉归客有，所有苗人尽成佃户矣，县治为黄坪营地土目黄姓所管之寨也。营地杂于花阁五屯之间，亦多汉户云。二亭类是。惟布雄之营界居捧蚱、黄坪之间，地方宽阔，昔日为人烟不到之区。历久相沿，客民深入其中"①。贞丰州，"归流而后，土司裁汰，各兵目称为业户……寨内田土，非业户不能典卖于人。自地遭兵革，铲削消磨，苗户陵夷殆尽。地既偏僻，产价必不能昂，于是客民之奸黠者，以一人向业户当产多分，展转招租，借图余利。甚有欺侮新来客民不知根底，转当转卖。日久月深，自称田主者"②。这样的情况，其实在广西北部山区也同样存在。

---

① （清）罗绕典撰，杜文铎等点校：《黔南职方纪略》卷 2《兴义县》，贵阳：贵州人民出版社，1992 年，第 290 页。

② （清）罗绕典撰，杜文铎等点校：《黔南职方纪略》卷 2《贞丰州》，贵阳：贵州人民出版社，1992 年，第 291 页。

参 考 文 献

一、古籍

（清）爱必达撰，杜文铎等点校：《黔南识略》，贵阳：贵州人民出版社，1992 年。

（汉）班固：《汉书》，北京：中华书局，1962 年。

（明）毕自严：《石隐园藏稿》，《景印文渊阁四库全书·集部》第 1293 册，台北：商务印书馆，1986 年。

（明）蔡清：《蔡文庄公集》，四库全书存目丛书编纂委员会：《四库全书存目丛书·集部》第 42 册，济南：齐鲁书社，1996 年。

（明）曹学佺：《广西名胜志》，《续修四库全书》编纂委员会：《续修四库全书·史部》第 735 册，上海：上海古籍出版社，2002 年。

（明）曹学佺：《石仓历代诗选》，《景印文渊阁四库全书·集部》第 1394 册，台北：商务印书馆，1986 年。

（晋）常璩撰，刘琳校注：《华阳国志校注》，成都：巴蜀书社，1984 年。

（清）陈澧著，郭忠培点校：《水经注西南诸水考》，上海：上海古籍出版社，2008 年。

（清）陈梦雷编，（清）蒋廷锡校订：《古今图书集成》，北京、成都：中华书局、巴蜀书社，1985 年。

（明）陈全之著，顾静标校：《蓬窗日录》，上海：上海书店出版社，2009 年。

（晋）陈寿：《三国志》，北京：中华书局，1959 年。

（宋）陈思编，（元）陈世隆补：《两宋名贤小集》，《景印文渊阁四库全书·集部》第

1362—1364 册，台北：商务印书馆，1986 年。

（宋）陈言：《三因极一病证方论》，北京：人民卫生出版社，1957 年。

（明）陈子龙等：《明经世文编》，北京：中华书局，1962 年。

（清）程岱葊：《野语》，《续修四库全书》编纂委员会：《续修四库全书·子部》第
1180 册，上海：上海古籍出版社，2002 年。

（清）戴瑞徵著，梁晓强校注：《〈云南铜志〉校注》，成都：西南交通大学出版社，
2017 年。

（汉）东方朔：《神异经》，上海：上海古籍出版社，1990 年。

（唐）杜甫著，（清）杨伦笺注：《杜诗镜铨》，上海：上海古籍出版社，1962 年。

（唐）杜甫撰，（清）钱谦益笺注：《钱注杜诗》，上海：上海古籍出版社，2009 年。

（唐）杜佑撰，王文锦等点校：《通典》，北京：中华书局，1988 年。

（清）段汝霖撰，伍新福校点：《楚南苗志》，长沙：岳麓书社，2008 年。

（清）鄂尔泰：《鄂尔泰奏稿》，《续修四库全书》编纂委员会：《续修四库全书·史
部》第 494 册，上海：上海古籍出版社，2002 年。

（清）鄂辉等：《钦定平苗纪略》，《四库未收书辑刊》编纂委员会：《四库未收书辑
刊》第 5 辑第 14 册，北京：北京出版社，2000 年。

（唐）樊绰撰，向达校注：《蛮书校注》，北京：中华书局，1962 年。

（宋）范成大撰，孔凡礼点校：《范成大笔纪六种》，北京：中华书局，2002 年。

（宋）范成大撰，严沛校注：《桂海虞衡志校注》，南宁：广西人民出版社，1986 年。

（南朝·宋）范晔：《后汉书》，北京：中华书局，1965 年。

（明）方孔炤：《全边略记》，《续修四库全书》编纂委员会：《续修四库全书·史部》
第 738 册，上海：上海古籍出版社，2002 年。

（明）高岱撰，孙正容、单锦珩点校：《鸿猷录》，上海：上海古籍出版社，1992 年。

（明）高拱：《边略》，四库禁毁书丛刊编纂委员会：《四库禁毁书丛刊·史部》第 72 册，
北京：北京出版社，1997 年。

（晋）葛洪：《抱朴子》，上海：上海书店，1986 年。

（清）龚炜撰，钱炳寰点校：《巢林笔谈》，北京：中华书局，1981 年。

（明）顾岕：《海槎余录》，台北：学生书局，1985 年。

（清）顾炎武撰，黄坤等校点：《天下郡国利病书》，上海：上海古籍出版社，2012 年。

（清）顾炎武撰，谭其骧等点校：《肇域志》，上海：上海古籍出版社，2004 年。

（清）顾祖禹撰，贺次君、施和金点校：《读史方舆纪要》，北京：中华书局，2005年。

（周）管仲撰，（唐）房玄龄注：《管子》，《景印文渊阁四库全书·子部》第729册，台北：商务印书馆，1986年。

（明）过庭训：《本朝分省人物考》，周骏富：《明代传记丛刊》第130册，台北：明文书局，1991年。

（晋）郭璞注：《尔雅》，北京：中华书局，1985年。

（明）郭应聘：《郭襄靖公遗集》，《续修四库全书》编纂委员会：《续修四库全书·集部》第1349册，上海：上海古籍出版社，2002年。

（明）郭子章：《郡县释名》，四库全书存目丛书编纂委员会：《四库全书存目丛书·史部》第166—167册，济南：齐鲁书社，1996年。

（明）郭子章著，赵平略点校：《黔记》，成都：西南交通大学出版社，2016年。

（清）何本立著，曾广盛等点校：《务中药性》，北京：中国医药科技出版社，1993年。

（明）何镗：《古今游名山记》，《续修四库全书》编纂委员会：《续修四库全书·史部》第736册，上海：上海古籍出版社，2002年。

（清）贺长龄：《耐庵奏议存稿》，《清代诗文集汇编》编纂委员会：《清代诗文集汇编》第550册，上海：上海古籍出版社，2010年。

（清）贺长龄等：《清经世文编》，北京：中华书局，1992年。

（明）黄光升著，颜章炮点校：《昭代典则》，北京：商务印书馆，2017年。

（清）黄宗羲：《明文海》，北京：中华书局，1987年。

（晋）嵇含：《南方草木状》，广州：广东科技出版社，2009年。

（清）江澐源：《介亭文集》，《续修四库全书》编纂委员会：《续修四库全书·集部》第1453册，上海：上海古籍出版社，2002年。

（清）金武祥：《粟香三笔》，《续修四库全书》编纂委员会：《续修四库全书·子部》第1183册，上海：上海古籍出版社，2002年。

（明）亢思谦：《慎修堂集》，《四库未收书辑刊》编纂委员会：《四库未收书辑刊》第5辑第21册，北京：北京出版社，2000年。

（明）邝露：《赤雅》，北京：中华书局，1985年。

（明）雷礼：《国朝列卿纪》，《续修四库全书》编纂委员会：《续修四库全书·史部》第523册，上海：上海古籍出版社，2002年。

（宋）李曾伯：《可斋续稿》，《景印文渊阁四库全书·集部》第1179册，台北：商务印书馆，1986 年。

（清）李绂：《穆堂别稿》，《清代诗文集汇编》编纂委员会：《清代诗文集汇编》第 233 册，上海：上海古籍出版社，2010 年。

（明）李时珍：《本草纲目》，《景印文渊阁四库全书·子部》第 774 册，台北：商务印书馆，1986 年。

（唐）李延寿：《北史》，北京：中华书局，1974 年。

（唐）李延寿：《南史》，北京：中华书局，1975 年。

（明）李中梓著，包来发、郑贤国校注：《删补颐生微论》，北京：中国中医药出版社，1998 年。

（北魏）郦道元撰，谭属春、陈爱平校点：《水经注》，长沙：岳麓书社，1995 年。

（清）林溥：《古州杂记》，清嘉庆年间刻本。

（汉）刘安撰，高诱注：《淮南鸿烈解》，《钦定四库全书荟要·子部》第 277 册，长春：吉林出版集团有限责任公司，2005 年。

（清）刘锦藻：《清朝续文献通考》，北京：商务印书馆，1936 年。

（后晋）刘昫等：《旧唐书》，北京：中华书局，1975 年。

（宋）柳开：《河东先生集》，《景印文渊阁四库全书·集部》第 1085 册，台北：商务印书馆，1986 年。

（清）陆廷灿著，志文注译：《续茶经》，西安：三秦出版社，2005 年。

（清）罗绕典修，杜文铎等点校：《黔南职方纪略》，贵阳：贵州人民出版社，1992 年。

（明）罗日褧著，余思黎点校：《咸宾录》，北京：中华书局，2000 年。

（汉）高诱：《吕氏春秋》，上海：上海书店，1986 年。

（元）马端临著，上海师范大学古籍研究所、华东师范大学古籍研究所点校：《文献通考》，北京：中华书局，2011 年。

《明实录》，台北："中央研究院"历史语言研究所，1962 年。

（唐）莫休符：《桂林风土记》，北京：中华书局，1985 年。

（明）潘季驯：《潘司空奏疏》，《景印文渊阁四库全书·史部》第 430 册，台北：商务印书馆，1986 年。

（清）潘耒：《遂初堂诗集》，《续修四库全书》编纂委员会：《续修四库全书·集部》第 1417 册，上海：上海古籍出版社，2002 年。

（清）彭而述：《读史亭诗集》，《清代诗文集汇编》编纂委员会：《清代诗文集汇编》

第 22 册，上海：上海古籍出版社，2010 年。

（清）齐召南：《水道提纲》，《景印文渊阁四库全书·史部》第 583 册，台北：商务印书馆，1986 年。

（清）钱大昕著，孙显军、陈文和校点：《十驾斋养新录（附余录）》，南京：江苏古籍出版社，2000 年。

《清实录》，北京：中华书局，1985—1987 年。

（明）丘濬撰，丘尔谷编：《重编琼台会稿》，《景印文渊阁四库全书·集部》第 1248 册，台北：商务印书馆，1986 年。

（清）屈大均：《广东新语》，北京：中华书局，1985 年。

（明）瞿九思：《万历武功录》，北京：中华书局，1989 年。

（明）申时行：《大明会典》，北京：中华书局，1989 年。

（南朝·梁）沈约：《宋书》，北京：中华书局，1974 年。

（战国）慎到：《慎子》，上海：上海古籍出版社，1990 年。

（汉）司马迁：《史记》，北京：中华书局，1959 年。

（明）宋诩：《竹屿山房杂部》，《景印文渊阁四库全书·子部》第 871 册，台北：商务印书馆，1986 年。

（明）宋应星著，钟广言注释：《天工开物》，广州：广东人民出版社，1976 年。

（唐）孙思邈撰，刘更生、张贤瑞等点校：《千金方》，北京：华夏出版社，1993 年。

（明）谈迁著，张宗祥校点：《国榷》，北京：中华书局，1958 年。

（清）檀萃辑，宋文熙、李东平校注：《滇海虞衡志校注》，昆明：云南人民出版社，1990 年。

（清）田雯编，罗书勤点校：《黔书》，贵阳：贵州人民出版社，1992 年。

（明）田艺蘅：《留青日札》，上海：上海古籍出版社，1985 年。

（元）脱脱等：《宋史》，北京：中华书局，1977 年。

（清）汪森编辑，黄振中、吴中任、梁超然校注：《粤西丛载校注》，南宁：广西民族出版社，2007 年。

（清）汪森编辑，黄盛陆等校点：《粤西文载校点》，南宁：广西人民出版社，1990 年。

（唐）王冰撰注，鲁兆麟等点校：《黄帝内经素问》，沈阳：辽宁科学技术出版社，1997 年。

（清）王昶：《滇行日录》，方国瑜主编：《云南史料丛刊》第 12 卷，昆明：云南大学出版社，2001 年。

（东汉）王充：《论衡》，上海：上海人民出版社，1974 年。

（明）王士性撰，吕景琳点校：《广志绎》，北京：中华书局，1981 年。

（明）王世贞撰，魏连科点校：《弇山堂别集》，北京：中华书局，1985 年。

（清）王之春著，赵春晨点校：《清朝柔远记》，北京：中华书局，1989 年。

（北齐）魏收：《魏书》，北京：中华书局，1974 年。

（明）魏浚：《峤南琐记》卷下，四库全书存目丛书编纂委员会：《四库全书存目丛书·子部》第 243 册，济南：齐鲁书社，1995 年。

（明）魏浚：《西事珥》，四库全书存目丛书编纂委员会：《四库全书存目丛书·史部》第 247 册，济南：齐鲁书社，1996 年。

（唐）魏征等：《隋书》，北京：中华书局，1973 年。

（清）吴其浚：《植物名实图考》，北京：商务印书馆，1957 年。

（明）吴瑞登：《两朝宪章录》，《续修四库全书》编纂委员会：《续修四库全书·史部》第 352 册，上海：上海古籍出版社，2002 年。

（明）吴有性：《瘟疫论》，上海：上海科学技术出版社，1990 年。

（清）吴振棫撰，杨汉辉校点：《黔语》，贵阳：贵州人民出版社，1992 年。

（梁）萧统编，（唐）李善等注：《六臣注文选》，北京：中华书局，1987 年。

（南朝·梁）萧子显：《南齐书》，北京：中华书局，1974 年。

（明）谢肇淛：《滇略》，《景印文渊阁四库全书·史部》第 494 册，台北：商务印书馆，1986 年。

（明）谢肇淛：《五杂组》，上海：上海书店出版社，2001 年。

（明）徐光启著，石声汉校注：《农政全书校注》，上海：上海古籍出版社，1979 年。

（明）徐弘祖著，褚绍唐、吴应寿整理：《徐霞客游记》，上海：上海古籍出版社，2010 年。

（清）许起：《珊瑚舌雕谈初笔》，《续修四库全书》编纂委员会：《续修四库全书·子部》第 1263 册，上海：上海古籍出版社，2002 年。

（汉）许慎撰，（宋）徐铉等校：《说文解字》，上海：上海古籍出版社，2007 年。

（清）颜世清：《约章成案汇览》，《续修四库全书》编纂委员会：《续修四库全书·史部》第 875 册，上海：上海古籍出版社，2002 年。

（明）杨芳：《殿粤要纂》，北京图书馆古籍出版编辑组：《北京图书馆古籍珍本丛刊》第 41 册，北京：书目文献出版社，1998 年。

（北魏）杨炫之撰，周祖谟校释：《洛阳伽蓝记校释》，北京：中华书局，2010 年。

（唐）姚思廉：《梁书》，北京：中华书局，1973 年。

（明）佚名：《土官底簿》，《景印文渊阁四库全书·史部》第 599 册，台北：商务印书馆，1986 年。

（清）佚名：《夷人图说》，清嘉庆年间刻本。

（晋）袁宏撰，周天游校注：《后汉纪》，天津：天津古籍出版社，1987 年。

（清）袁枚著，王英志校点：《袁枚全集》，南京：江苏古籍出版社，1993 年。

（清）查礼：《铜鼓书堂遗稿》，《清代诗文集汇编》编纂委员会：《清代诗文集汇编》第 338 册，上海：上海古籍出版社，2010 年。

（清）张泓：《滇南新语》，北京：中华书局，1985 年。

（晋）张华撰，范宁校证：《博物志校证》，北京：中华书局，1980 年。

（明）张介宾：《类经》，北京：人民卫生出版社，1965 年。

（明）张鸣凤著，齐治平、钟夏校点：《〈桂胜·桂故〉校点》，南宁：广西人民出版社，1988 年。

（唐）张说：《张说之文集》，《丛书集成续编》第 123 册，台北：新文丰出版公司，1988 年。

（明）张天复：《皇舆考》，四库全书存目丛书编纂委员会：《四库全书存目丛书·史部》第 166 册，济南：齐鲁书社，1996 年。

（清）张廷玉等：《明史》，北京：中华书局，1974 年。

（明）张萱：《西园闻见录》，《续修四库全书》编纂委员会：《续修四库全书·子部》第 1169 册，上海：上海古籍出版社，2002 年。

赵尔巽等：《清史稿》，北京：中华书局，1997 年。

（清）赵学敏著，闫志安、肖培新校注：《本草纲目拾遗》，北京：中国中医药出版社，2007 年。

（清）郑光祖：《醒世一斑录》，《续修四库全书》编纂委员会：《续修四库全书·子部》第 1140 册，上海：上海古籍出版社，2002 年。

（明）郑灵渚：《瘴疟指南》，上海：上海科学技术出版社，1986 年。

（宋）郑樵：《尔雅郑注》，北京：中华书局，1991 年。

（清）郑知侨：《农桑易知录》，《续修四库全书》编纂委员会：《续修四库全书·子部》第 975 册，上海：上海古籍出版社，2002 年。

（明）郑仲夔：《玉麈新谭》，《续修四库全书》编纂委员会：《续修四库全书·子部》
　　第 1268 册，上海：上海古籍出版社，2002 年。

（宋）周去非著，杨泉武校注：《岭外代答校注》，北京：中华书局，1999 年。

（明）朱橚等：《普济方》，北京：人民卫生出版社，1960 年。

二、地理志、地方志

（明）陈文修，李春龙、刘景毛校注：《景泰云南图经志校注》，昆明：云南民族出版
　　社，2002 年。

澂江县政府：《澂江县乡土资料》，台北：成文出版社，1975 年。

道光《澂江府志》，清道光二十七年（1847 年）刻本。

道光《灌阳县志》，清道光二十四年（1844 年）刻本。

道光《广东通志》，《续修四库全书》编纂委员会：《续修四库全书·史部》第 675 册，上
　　海：上海古籍出版社，2002 年。

道光《广南府志》，台北：成文出版社，1967 年。

道光《归顺直隶州志》，台北：成义出版社，1968 年。

道光《桂平县志》，清道光二十三年（1843 年）刻本。

道光《济南府志》，南京：凤凰出版社，2004 年。

道光《龙胜厅志》，台北：成文出版社，1967 年。

道光《罗城县志》，清道光二十四年（1844 年）刻本。

道光《庆远府志》，清道光九年（1829 年）刻本。

道光《琼州府志》，台北：成文出版社，1967 年。

道光《武缘县志》，清道光二十三年（1843 年）刻本。

道光《西延轶志》，清光绪二十六年（1900 年）西延理苗州署刻本。

道光《宣威州志》，台北：成文出版社，1967 年。

道光《浔州府志》，清道光六年（1826 年）刻本。

道光《义宁县志》，台北：成文出版社，1975 年。

道光《云南通志稿》，清道光十五年（1835 年）刻本。

道光《云南志钞》，清道光九年（1829 年）刊本。

光绪《百色厅志》，台北：成文出版社，1967 年。

光绪《北流县志》，台北：成文出版社，1975 年。

光绪《富川县志》，台北：成文出版社，1967年。

光绪《恭城县志》，台北：成文出版社，1968年。

光绪《古州厅志》，清光绪十四年（1888年）刻本。

光绪《广西通志辑要》，台北：成文出版社，1967年。

光绪《广州府志》，台北：成文出版社，1966年。

光绪《黎平府志》，清光绪十八年（1892年）刻本。

光绪《荔波县志》，台北：成文出版社，1974年。

光绪《临桂县志》，台北：成文出版社，1967年。

光绪《宁明州志》，台北：成文出版社，1970年。

光绪《平乐县志》，台北：成文出版社，1967年。

光绪《容县志》，台北：成文出版社，1974年。

光绪《武缘县图经》，清宣统三年（1911年）铅印本。

光绪《新宁州志》，台北：成文出版社，1975年。

光绪《郁林州志》，台北：成文出版社，1967年。

光绪《霑益州志》，台北：成文出版社，1967年。

光绪《镇安府志》，台北：成文出版社，1967年。

嘉靖《广西通志》，北京图书馆古籍出版编辑组：《北京图书馆古籍珍本丛刊》第41
　　册，北京：书目文献出版社，1998年。

嘉靖《贵州通志》，《天一阁藏明代地方志选刊续编》第68册，上海：上海书店出版社，
　　2014年。

嘉靖《马湖府志》，明嘉靖三十四年（1555年）刻本。

嘉靖《南安府志》，《天一阁藏明代地方志选刊续编》第50册，上海：上海书店出版社，
　　2014年。

嘉靖《南宁府志》，中国科学院图书馆选编：《稀见中国地方志汇刊》第48册，北京：中
　　国书店，1992年。

嘉靖《南宁府志》，明嘉靖十七年（1538年）刻本。

嘉靖《钦州志》，《天一阁藏明代方志选刊》，上海：上海书店，1961年。

嘉庆《广南府志》，清道光五年（1825年）刻本。

嘉庆《平乐府志》，清光绪五年（1879年）刻本。

嘉庆《全州志》，清嘉庆四年（1799年）刻本。

嘉庆《武宣县志》，清嘉庆十三年（1808 年）刻本。

嘉庆《永安州志》，故宫博物院：《故宫珍本丛刊》第 199 册，海口：海南出版社，2001 年。

康熙《阿迷州志》，台北：成文出版社，1975 年。

康熙《灌阳县志》，故宫博物院：《故宫珍本丛刊》第 198 册，海口：海南出版社，2001 年。

康熙《荔浦县志》，年代不详，抄本。

康熙《罗平州志》，清康熙五十七年（1718 年）刻本。

康熙《平乐县志》，故宫博物院：《故宫珍本丛刊》第 199 册，海口：海南出版社，2001 年。

康熙《平彝县志》，台北：成文出版社，1974 年。

康熙《全州志》，中国科学院图书馆选编：《稀见中国地方志汇刊》第 48 册，北京：中国书店，1992 年。

康熙《师宗州志》，台北：成文出版社，1974 年。

康熙《西林县志》，清康熙五十七年（1718 年）刻本。

康熙《阳春县志》，上海：上海书店出版社，2003 年。

康熙《云南通志》，清康熙三十年（1691 年）刻本。

康熙《左州志》，故宫博物院：《故宫珍本丛刊》第 196 册，海口：海南出版社，2001 年。

（宋）乐史撰，王文楚等点校：《太平寰宇记》，北京：中华书局，2007 年。

（唐）李吉甫撰，贺次君点校：《元和郡县图志》，北京：中华书局，1983 年。

（明）李贤等：《大明一统志》，西安：三秦出版社，1990 年。

（明）刘文征撰，古永继校点：《滇志》，昆明：云南教育出版社，1991 年。

民国《宾阳县志》，南宁：广西壮族自治区档案馆，1961 年。

民国《崇善县志》，台北：成文出版社，1975 年。

民国《都匀县志稿》，民国十四年（1925 年）铅印本。

民国《独山县志》，1965 年油印本。

民国《富州县志》，台北：成文出版社，1974 年。

民国《贵县志》，台北：成文出版社，1967 年。

民国《贵州通志》，民国三十七年（1948 年）铅印本。

民国《桂平县志》，台北：成文出版社，1968 年。

民国《贺县志》，台北：成文出版社，1967年。

民国《怀集县志》，台北：成文出版社，1975年。

民国《来宾县志》，台北：成文出版社，1975年。

民国《灵川县志》，台北：成文出版社，1975年。

民国《凌云县志》，台北：成文出版社，1974年。

民国《榴江县志》，台北：成文出版社，1968年。

民国《柳城县志》，台北：成文出版社，1967年。

民国《隆安县志》，台北：成文出版社，1975年。

民国《路南县志》，台北：成文出版社，1967年。

民国《罗城县志》，台北：成文出版社，1975年。

民国《南笼续志》，民国十年（1921年）抄本。

民国《平乐县志》，台北：成文出版社，1967年。

民国《普安县志》，民国十五年（1926年）刊印本。

民国《迁江县志》，台北：成文出版社，1967年。

民国《融县志》，台北：成文出版社，1975年。

民国《三江县志》，台北：成文出版社，1975年。

民国《上思县志》，民国四年（1915年）铅印本。

民国《田西县志》，台北：成文出版社，1975年。

民国《新纂云南通志》，民国三十八年（1949年）铅印本。

民国《信都县志》，台北：成文出版社，1967年。

民国《兴义县志》，1966年油印本。

民国《宜北县志》，台北：成文出版社，1967年。

民国《宜良县志》，台北：成文出版社，1967年。

民国《邕宁县志》，台北：成文出版社，1975年。

民国《昭平县志》，民国二十三年（1934年）铅印本。

（清）穆彰阿等：《大清一统志》，《续修四库全书》编纂委员会：《续修四库全书·史部》第623册，上海：上海古籍出版社，2002年。

（宋）欧阳忞：《舆地广记（附札记）》，北京：中华书局，1985年。

乾隆《独山州志》，1965年油印本。

乾隆《汾州府志》，《续修四库全书》编纂委员会：《续修四库全书·史部》第692册，上海：上海古籍出版社，2002 年。

乾隆《广西府志》，台北：成文出版社，1975 年。

乾隆《贵州通志》，清乾隆六年（1741 年）刻本。

乾隆《桂平县志》，故宫博物院：《故宫珍本丛刊》第 202 册，海口：海南出版社，
　　2001 年。

乾隆《横州志》，清光绪二十五年（1899 年）刻本。

乾隆《柳州府志》，故宫博物院：《故宫珍本丛刊》第 197 册，海口：海南出版社，
　　2001 年。

乾隆《柳州县志》，台北：成文出版社，1961 年。

乾隆《陆凉州志》，台北：成文出版社，1975 年。

乾隆《马平县志》，台北：成文出版社，1970 年。

乾隆《南笼府志》，故宫博物院：《故宫珍本丛刊》第 223 册，海口：海南出版社，
　　2001 年。

乾隆《庆远府志》，故宫博物院：《故宫珍本丛刊》第 196 册，海口：海南出版社，
　　2001 年。

乾隆《梧州府志》，台北：成文出版社，1961 年。

乾隆《象州志》，清乾隆二十九年（1764 年）刻本。

乾隆《续修兴业县志》，台北：成文出版社，1967 年。

乾隆《宜良县志》，南京：凤凰出版社，2009 年。

（明）沈庠删正，（明）赵瓒编集，张祥光点校：《贵州图经新志》，贵阳：贵州人民出
　　版社，2015 年。

（清）苏凤文：《广西全省舆地图说》，清同治五年（1866 年）刻本。

（明）唐胄纂，彭静中点校：《正德琼台志》，《海南地方志丛刊》，海口：海南出版
　　社，2006 年。

同治《苍梧县志》，清同治十三年（1874 年）刻本。

同治《苏州府志》，南京：江苏古籍出版社，1991 年。

同治《浔州府志》，清同治十三年（1874 年）刻本。

万历《宾州志》，《日本藏中国罕见地方志丛刊》，北京：书目文献出版社，1990 年。

万历《广西通志》，明万历二十七年（1599 年）刻本。

万历《贵州通志》，《日本藏中国罕见地方志丛刊》，北京：书目文献出版社，1990 年。

万历《雷州府志》，北京：书目文献出版社，1990年。

万历《太平府志》，《日本藏中国罕见地方志丛刊》，北京：书目文献出版社，1990年。

万历《温州府志》，四库全书存目丛书编纂委员会：《四库全书存目丛书·史部》第210册，济南：齐鲁书社，1996年。

万历《云南通志》，林超民主编：《中国西南文献丛书》第一辑《西南稀见方志文献》第21卷，兰州：兰州大学出版社，2004年。

（宋）王象之：《舆地纪胜》，北京：中华书局，1992年。

咸丰《安顺府志》，清咸丰元年（1851年）刻本。

咸丰《兴义府志》，民国三年（1914年）铅印本。

（清）谢启昆修，胡虔纂：《（嘉庆）广西通志》，南宁：广西人民出版社，1988年。

雍正《阿迷州志》，台北：成文出版社，1975年。

雍正《广西通志》，《景印文渊阁四库全书·史部》第566—568册，台北：商务印书馆，1986年。

雍正《灵川县志》，故宫博物院：《故宫珍本丛刊》第198册，海口：海南出版社，2001年。

雍正《平乐府志》，故宫博物院：《故宫珍本丛刊》第200册，海口：海南出版社，2001年。

雍正《太平府志》，清雍正四年（1726年）刻本。

雍正《云南通志》，清乾隆元年（1736年）刻本。

雍正《浙江通志》，《景印文渊阁四库全书·史部》第523册，台北：商务印书馆，1986年。

（宋）祝穆撰，祝洙增订，施和金点校：《方舆胜览》，北京：中华书局，2003年。

三、专著

本书编委会：《中国地理标志产品集萃：调味品》，北京：中国质检出版社，2016年。

曹立瀛，刘辰：《云南之糖业》，重庆：经济部地质调查所，1940年。

曹树基：《中国人口史》第五卷，上海：复旦大学出版社，2005年。

陈寅恪：《冯友兰中国哲学史上册审查报告》，《陈寅恪文集之三·金明馆丛稿二编》，上海：上海古籍出版社，1980年。

陈正祥：《广西地理》，北京：中正书局，1946年。

陈宗瑜主编：《云南气候总论》，北京：气象出版社，2001 年。

程瀚章：《西医浅说》，上海：商务印书馆，1933 年。

丁道谦：《贵州经济地理》，上海：商务印书馆，1946 年。

方国瑜：《中国西南历史地理考释》，北京：中华书局，1987 年。

高言弘，姚舜安：《明代广西农民起义史》，南宁：广西人民出版社，1984 年。

高耀亭等：《中国动物志》，北京：科学出版社，1987 年。

广西地方志编纂委员会办公室：《广西名优品牌志》，南宁：广西人民出版社，2005 年。

广西工商局：《广西桐油厂概况》，1938 年油印本。

广西那坡县志编纂委员会：《那坡县志》，南宁：广西人民出版社，2002 年。

广西三江侗族自治县志编纂委员会：《三江侗族自治县志》，北京：中央民族学院出版
    社，1992 年。

广西省政府统计处：《广西年鉴》第 3 回，民国丛书续编编辑委员会：《民国丛书续编》
    第 1 编，上海：上海书店出版社，2012 年。

广西统计局：《广西年鉴》第 2 回，民国丛书续编编辑委员会：《民国丛书续编》第 1 编，
    上海：上海书店出版社，2012 年。

广西统计局：《广西年鉴》第 1 回，民国丛书续编编辑委员会：《民国丛书续编》第 1 编，
    上海：上海书店出版社，2012 年。

广西壮族自治区编辑组：《广西壮族社会历史调查》第 2 册，南宁：广西民族出版社，
    1985 年。

广西壮族自治区编辑组：《广西壮族社会历史调查》第 3 册，南宁：广西民族出版社，
    1985 年。

广西壮族自治区编辑组：《广西壮族社会历史调查》第 5 册，南宁：广西民族出版社，
    1986 年。

广西壮族自治区编辑组：《广西壮族社会历史调查》第 1 册，南宁：广西民族出版社，
    1984 年。

桂林文物管理委员会：《桂林石刻》，1977 年。

郭红，靳润成：《中国行政区划通史·明代卷》，上海：复旦大学出版社，2007 年。

何仁仲主编：《贵州通史》，北京：当代中国出版社，2003 年。

贺琛：《苗族蜡染》，昆明：云南大学出版社，2006 年。

黄方方主编：《梧州市志·综合卷》，南宁：广西人民出版社，2000 年。

黄家信：《壮族地区土司制度与改土归流研究》，合肥：合肥工业大学出版社，2007年。

李荣高等：《云南林业文化碑刻》，潞西：德宏民族出版社，2005年。

李乡壮主编：《中国国家地理百科》上册，长春：吉林大学出版社，2008年。

廖正城主编：《广西壮族自治区地理》，南宁：广西人民出版社，1988年。

刘锋：《百苗图疏症》，北京：民族出版社，2004年。

刘祥学，刘玄启：《走向和谐：广西民族关系发展的历史地理学研究》，北京：民族出版社，2011年。

柳州市地方志编纂委员会：《柳州市志》，南宁：广西人民出版社，2003年。

卢星，许智范，温乐平：《江西通史·秦汉卷》，南昌：江西人民出版社，2008年。

鲁西奇：《长江中游的人地关系与地域社会》，厦门：厦门大学出版社，2016年。

彭克宏主编：《社会科学大词典》，北京：中国国际广播出版社，1989年。

千家驹，韩德章，吴半农：《广西省经济概况》，上海：商务印书馆，1936年。

黔东南苗族侗族自治州地方志编纂委员会：《黔东南苗族侗族自治州志·地理志》，贵阳：贵州人民出版社，1990年。

黔南布依族苗族自治州史志编纂委员会：《黔南布依族苗族自治州志》，贵阳：贵州人民出版社，1986年。

沈英森：《岭南中医》，广州：广东人民出版社，2000年。

司有和主编：《信息传播学》，重庆：重庆大学出版社，2007年。

覃彩鸾，卢运福主编：《多维视野中的来宾壮族文化》，南宁：广西民族出版社，2005年。

覃尚文，陈国清主编：《壮族科学技术史》，南宁：广西科学技术出版社，2003年。

覃蔚谦编著：《广西甘蔗史》，南宁：广西人民出版社，1995年。

谭邦杰：《中国的珍禽异兽》，北京：中国青年出版社，1985年。

唐楚英主编：《全州县志》，南宁：广西人民出版社，1998年。

唐兆民：《灵渠文献粹编》，北京：中华书局，1982年。

滕兰花，胡小安主编：《清代广西民间信仰、族群与区域社会研究》，北京：民族出版社，2017年。

田敏，徐杰舜主编：《民族旅游与文化中国》，哈尔滨：黑龙江人民出版社，2017年。

王同惠：《广西省象县东南乡花篮瑶社会组织》，上海：商务印书馆，1936年。

吴尊任：《粤西矿产纪要》，桂林：文化印刷局，1936年。

忻城县志编纂委员会：《忻城县志》，南宁：广西人民出版社，1997年。

兴安县地方志编纂委员会：《兴安县志》，南宁：广西人民出版社，2002 年。

阳朔县人民政府：《阳朔县地名志》重修本，南宁：广西人民出版社，2019 年。

阳雄飞主编：《广西林业史》，南宁：广西人民出版社，1997 年。

杨丹，程忠泉，刘贤贤主编：《桂北药用植物资源现代研究》，南京：河海大学出版社，2019 年。

杨年珠主编：《中国气象灾害大典·广西卷》，北京：气象出版社，2007 年。

杨筑慧：《侗族风俗志》，北京：中央民族大学出版社，2006 年。

雍万里：《中国自然地理》，上海：上海教育出版社，1985 年。

袁延胜：《中国人口通史·东汉卷》，北京：人民出版社，2007 年。

云南农业地理编写组：《云南农业地理》，昆明：云南人民出版社，1981 年。

《云南森林》编写委员会：《云南森林》，昆明、北京：云南科技出版社、中国林业出版社，1986 年。

云南省地方志编纂委员会：《云南省志》，昆明：云南人民出版社，1988 年。

曾昭璇：《珠江流域的人地关系》，谢觉民主编：《人文地理笔谈：自然·文化·人地关系》，北京：科学出版社，1999 年。

张建明，鲁西奇主编：《历史时期长江中游地区人类活动与环境变迁专题研究》，武汉：武汉大学出版社，2011 年。

张先辰：《广西经济地理》，桂林：文化供应社，1941 年。

赵含森，游捷，张红编著：《中西医结合发展历程》，北京：中国中医药出版社，2005 年。

赵敏，康美玲，谢进花：《文山三宝——三七、八角、八宝米》，昆明：云南教育出版社，2018 年。

周振鹤：《随无涯之旅》，北京：生活·读书·新知三联书店，1996 年。

朱凤祥：《中国灾害通史·清代卷》，郑州：郑州大学出版社，2009 年。

邹逸麟编著：《中国历史地理概述》，上海：上海教育出版社，2007 年。

《中国少数民族社会历史调查资料丛刊》修订编辑委员会：《广西少数民族地区碑文契约资料集》修订本，北京：民族出版社，2009 年。

《中国少数民族社会历史调查资料丛刊》修订编辑委员会：《瑶族〈过山榜〉选编》修订本，北京：民族出版社，2009 年。

四、论文

宾长初：《论广西近代圩市的变迁》，《中国边疆史地研究》2003 年第 4 期。

陈明媚：《黔西南乡规民约碑碑文分析》，《兴义民族师范学院学报》2013 年第 1 期。

邓荫伟，杨林林，邓鑫州：《广西桂林古银杏现状与开发利用》，中国林学会银杏分会：《全国第十九次银杏学术研讨会论文集》，北京：中国林业出版社，2012 年。

范玉春：《灵渠的开凿与修缮》，《广西地方志》2009 年第 6 期。

高海燕，乔健：《从尹湾简牍〈集薄〉谈西汉东海郡的人口、土地、赋税》，连云港市博物馆，中国文物研究所：《尹湾汉墓简牍综论》，北京：科学出版社，1999 年。

韩昭庆：《雍正王朝在贵州的开发对贵州石漠化的影响》，《复旦学报》（社会科学版）2006 年第 2 期。

黄开祥：《富宁八角源流及其发展》，中国人民政治协商会议文山壮族苗族自治州委员会文史资料委员会：《文山州文史资料》第 11 辑，内部资料，1998 年。

黄泉熙：《壮语村落地名书写规范问题》，中国翻译学会：《第 18 届世界翻译大会论文集》，内部资料，2008 年。

景爱：《环境史：定义、内容与方法》，《史学月刊》2004 年第 3 期。

刘光琳：《藤县：传统八角产业的"突围"》，《农家之友》2019 年第 12 期。

刘祥学：《当今边疆地区环境史视野下的"瘴"研究辩（辨）析》，《江汉论坛》2013 年第 6 期。

刘祥学：《地域形象与中国古代边疆的经略》，《中国史研究》2014 年第 3 期。

刘祥学：《明代驯象卫考论》，《历史研究》2011 年第 1 期。

刘祥学：《明清以来壮族地区的狩猎活动与农耕环境的关系》，《中国社会经济史研究》2010 年第 3 期。

罗智丰：《明清时期漓江流域水利社会研究刍议》，《桂林航天工业学院学报》2018 年第 4 期。

马晓粉：《清代云南的商人会馆及其经济影响》，《思想战线》2014 年第 5 期。

麦思杰：《赋役关系与明代大藤峡瑶乱》，《广西民族师范学院学报》2016 年第 2 期。

覃乃昌：《"那"文化圈论》，《广西民族研究》1999 年第 4 期。

熊昌锟：《明末至民国时期桂北圩镇与周边农村社会研究——以灵川大圩为中心》，广西师范大学 2012 年硕士学位论文。

徐道一，李树菁，高建国：《明清宇宙期》，《大自然探索》1984 年第 4 期。

杨煜达：《清代中期（公元 1726—1855 年）滇东北的铜业开发与环境变迁》，《中国史研究》2004 年第 3 期。

应岳林：《"江南"初析》，《江南论坛》1998 年第 8 期。

云南省档案馆社会利用服务处：《云南百年蔗糖产业概况》，《云南档案》2013 年第 10 期。

张雅昕，王存真，白先达：《关系漓江洪涝灾害及防御对策研究》，《灾害学》2015 年第 1 期。

赵云：《漓江流域旅游开发与生态环境耦合状态的实证性研究》，《经贸实践》2017 年第 18 期。

郑大中：《百越首领吴芮》，《上饶日报》2014 年 11 月 24 日，第 3 版。

郑维宽：《近六百年来广西气候变化研究》，《社会科学战线》2005 年第 6 期。

竺可桢：《中国近五千年来气候变迁的初步研究》，《考古学报》1972 年第 1 期。

邹威华，伏珊：《斯图亚特·霍尔与"他者"理论》，《当代文坛》2014 年第 2 期。

左鹏：《汉唐时期的瘴与瘴意象》，荣新江主编：《唐研究》第 8 卷，北京：北京大学出版社，2002 年。

后　记

　　历史地理研究，对我而言，算是半路出家。2005 年，我有幸能够进入复旦大学历史地理研究中心，求学于周振鹤师门下，开启了三年艰辛的攻读博士学位生涯。在这里，我开始接受了较为系统的历史地理研究的理论与方法学习，算是正式跨入了历史地理研究的门槛。

　　韶华易老，光阴易去。不觉间，我从复旦大学毕业已经十多年了。十余年间，我始终围绕着自己的志趣爱好，聚焦于南方边疆历史地理的研究当中。然而回望过去，似乎没有取得什么值得夸耀的成绩，这让我多少有些愧对母校的感觉。本书的完成，也算是我的一个自我安慰。书稿完成了，有几句话要交代一下。

　　我一直想为一些江河写一些历史传记，写一部与传统不一样的江河史，当然需要作一些深入的基础研究。由于所在地域的关系，我重点关注的还是珠江流域，希望对岭南人民的母亲河有全面的了解。2016 年，我申报的国家自然科学基金项目"明清以来珠江中上游山地的人类活动与环境效应"（项目编号：41661024）有幸获得批准。此后数年，我一直围绕基金项目进行相关研究。研究过程是辛苦的，主要是心累。心心念念就想着如何才能按时完成，以至于头脑中时时有一个声音在提醒自己，丝毫轻松不起来。

　　在研究中，环境史是我重点关注的内容。我将想要研究的内容，分为几个方面，对其历史演变过程进行全方位的探讨。此外，笔者对一些内容进行了必要的回溯研究，但都是为了厘清其历史发展脉络，重点还是为了突出明清以来的变化情况，探讨人类活动与环境之间复杂的互动关系问题，并尝试总结其规律。当然，囿于能力不足，学识有限，书中难免会有不足，希望同行专家及读者予以指正。

项目已于 2020 年底顺利结题。书稿如今付梓，略感轻松的同时，更多的是感怀。感激将我引上学术研究之路的两位导师，一位是陈梧桐师，将我引入明史研究的大门，多年来一直从事着相关研究。一位是周振鹤师，将我引上历史地理研究之路。在学术研究中，从行文到选题，再到治学思维、学术理念，我都深受他们的影响。能够报答两位恩师的，只有奋发努力，争取取得更多的学术成果。伏愿吾师身体健康，一切安好！

也要感谢我的项目成员江田祥博士、闫西徽同学。他们在参与项目过程中，积极参与探讨，并开拓了自己的学术视野，江田祥博士成功申报了国家社会科学基金，闫西徽同学顺利毕业并有了自己的工作。还要感谢贾宏康同学，在毕业前夕，还抽时间帮我对书稿一些章节进行校对，为我减少许多差错。本书责任编辑任晓刚也为本书提供了很多细致的修改建议。

本书的完成，也有家人的功劳。默默承担的家务，悄悄放在案边的水果，都是无声的支持与鼓励。

刘祥学

2022 年 6 月 15 日